高职高专计算机任务驱动模式教材

网络工程规划设计与项目实训

冯 昊 杨海燕 主 编

清华大学出版社
北 京

内 容 简 介

网络工程的规划设计能力和对网络核心设备的配置与管理能力是网络从业人员必须掌握的最核心的专业技能。本书以规划设计和组建完成一个拥有三个校区的某大型高校园区网络和模拟的因特网为例,并以该案例为主线,组织各章内容,采用任务驱动方式,详细介绍了大型局域网和因特网的规划设计和配置实现方法,并对高可靠性局域网的规划设计和配置实现方法也进行了详细介绍。

全书共 10 章,内容新颖,实用性和可操作性极强,具体包括计算机网络技术简介、Cisco Packet Tracer 网络仿真软件、交换机配置基础、虚拟局域网技术、网络地址转换、访问控制技术、DHCP 与 DHCP 监听、动态路由协议、VPN 配置与应用、规划设计高可靠性网络等实用内容。

本书配有实训内容,可作为高职高专院校计算机相关专业教材,也可作为网络培训教材。

图书在版编目(CIP)数据

网络工程规划设计与项目实训/冯昊,杨海燕主编. —北京:清华大学出版社,2020.1
高职高专计算机任务驱动模式教材
ISBN 978-7-302-52862-3

Ⅰ.①网… Ⅱ.①冯… ②杨… Ⅲ.①计算机网络－高等职业教育－教材 Ⅳ.①TP393

中国版本图书馆 CIP 数据核字(2019)第 082236 号

责任编辑:张龙卿
封面设计:徐日强
责任校对:袁 芳
责任印制:丛怀宇

出版发行:清华大学出版社
  网 址:http://www.tup.com.cn,http://www.wqbook.com
  地 址:北京清华大学学研大厦 A 座   **邮 编:**100084
  社 总 机:010-62770175   **邮 购:**010-62786544
  投稿与读者服务:010-62776969,c-service@tup.tsinghua.edu.cn
  质量反馈:010-62772015,zhiliang@tup.tsinghua.edu.cn
  课件下载:http://www.tup.com.cn,010-83470410
印 装 者:北京鑫海金澳胶印有限公司
经 销:全国新华书店
开 本:185mm×260mm   **印 张:**26.5   **字 数:**608 千字
版 次:2020 年 1 月第 1 版   **印 次:**2020 年 1 月第 1 次印刷
定 价:65.00 元

产品编号:078839-01

编审委员会

出版说明

我国高职高专教育经过十几年的发展,已经转向深度教学改革阶段。教育部于 2012 年 3 月发布了教高〔2012〕第 4 号文件《关于全面提高高等教育质量的若干意见》,重点建设一批特色高职学校,大力推行工学结合,突出实践能力培养,全面提高高职高专教学质量。

清华大学出版社作为国内大学出版社的领跑者,为了进一步推动高职高专计算机专业教材的建设工作,适应高职高专院校计算机类人才培养的发展趋势,2012 年秋季开始了切合新一轮教学改革的教材建设工作。该系列教材一经推出,就得到了很多高职院校的认可和选用,其中部分书籍的销售量超过了三四万册。现根据计算机技术发展及教改的需要,重新组织优秀作者对部分图书进行改版,并增加了一些新的图书品种。

目前,国内高职高专院校计算机相关专业的教材品种繁多,但符合国家计算机技术发展需要的技能型人才培养方案并能够自成体系的教材还不多。

我们组织国内对计算机相关专业人才培养模式有研究并且有过丰富的实践经验的高职高专院校进行了较长时间的研讨和调研,遴选出一批富有工程实践经验和教学经验的"双师型"教师,合力编写了该系列适用于高职高专计算机相关专业的教材。

本系列教材是以任务驱动、案例教学为核心,以项目开发为主线而编写的。我们研究分析了国内外先进职业教育的教改模式、教学方法和教材特色,消化吸收了很多优秀的经验和成果,以培养技术应用型人才为目标,以企业对人才的需要为依据,将基本技能培养和主流技术相结合,保证该系列教材重点突出、主次分明、结构合理、衔接紧凑。其中的每本教材都侧重于培养学生的实战操作能力,使学、思、练相结合,旨在通过项目实践,增强学生的职业能力,并将书本知识转化为专业技能。

一、教材编写思想

本系列教材以案例为中心,以技能培养为目标,围绕开发项目所用到的知识点进行讲解,并附上相关的例题来帮助读者加深理解。

在系列教材中采用了大量的案例,这些案例紧密地结合教材中介绍的各个知识点,内容循序渐进、由浅入深,在整体上体现了内容主导、实例解析、以点带面的特点,配合课程采用以项目设计贯穿教学内容的教学模式。

二、丛书特色

本系列教材体现了工学结合的教改思想,充分结合目前的教改现状,突出项目式教学改革的成果,着重打造立体化精品教材。具体特色包括以下方面。

(1)参照和吸纳国内外优秀计算机专业教材的编写思想,采用国内一线企业的实际项目或者任务,以保证该系列教材具有更强的实用性,并与理论内容有很强的关联性。

(2)准确把握高职高专计算机相关专业人才的培养目标和特点。

(3)每本教材都通过一个个的教学任务或者教学项目来实施教学,强调在做中学、学中做,重点突出技能的培养,并不断拓展学生解决问题的思路和方法,以便培养学生未来在就业岗位上的终身学习能力。

(4)借鉴或采用项目驱动的教学方法和考核制度,突出计算机技术人才培养的先进性、实践性和应用性。

(5)以案例为中心,以能力培养为目标,通过实际工作的例子来引入相关概念,尽量符合学生的认知规律。

(6)为了便于教师授课和学生学习,清华大学出版社网站(www.tup.com.cn)免费提供教材的相关教学资源。

当前,高职高专教育正处于新一轮教学深度改革时期,从专业设置、课程体系建设到教材建设,依然有很多新课题值得我们不断研究。希望各高职高专院校在教学实践中积极提出本系列教材的意见和建议,并及时反馈给我们。清华大学出版社将对已出版的教材不断地进行修订并使之更加完善,以提高教材质量、完善教材服务体系,继续出版更多的高质量教材,从而为我国的职业教育贡献我们的微薄之力。

编审委员会
2017 年 3 月

前　言

随着计算机和网络技术的迅猛发展,计算机网络及应用已渗透到社会各个领域,各行各业都处在全面网络化和信息化建设的进程中,对高层次的网络应用型人才的需求也与日俱增。作为具有"高技术性"和"职业性"双重特性的高等职业教育,在计算机网络专业或计算机应用技术专业开设网络工程规划设计课程是至关重要和紧迫的,并且该课程应成为核心主打课程之一。

本书是编者二十多年来从业经验和教学经验的结晶,根据计算机网络行业对网络专业技能的需求,精心选择知识点和技能点,以一个拥有三个校区的高校大型园区网络的规划设计和组建作为案例,并以该案例为主线,精心组织各章内容,采用项目教学和任务驱动的编写模式,详细介绍了大型局域网的规划设计与配置实现方法,因特网的体系结构与配置实现方法,最后一章对高可靠性网络的规划设计与配置实现方法进行了详细介绍。

本书侧重对网络实用技能的培养,内容讲解清晰透彻,案例新颖完整,实用性和可操作性非常强。所有案例和技能点均可通过 Cisco Packet Tracer 7.1.1 或 7.2 网络仿真软件进行全真的网络实训操作。本书的编写目的是通过读者对本书内容的学习和实践操作,达到能独立规划设计大、中型局域网或高可靠性局域网,并能独立配置交换机和路由器设备,实现整个网络的组建和运维管理的能力。

对网络进行规划设计,对交换机和路由器进行配置和管理,都需要具备一定的网络理论知识,为此,本书在第 1 章对必须掌握和需要充分理解的网络理论知识进行了简明扼要的介绍。对于未学习过计算机网络基础知识的读者来说,通过本章的学习,也能无障碍地进行后续章节的学习。由于篇幅或 Cisco Packet Tracer 7.1.1 网络仿真软件的功能限制,策略路由、QoS、多生成树协议(MSTP)、Cisco ASA 防火墙、无线网络组网等知识点和技能点本书未能讲解。对于策略路由、多生成树协议、VRRP 协议等 Cisco Packet Tracer 不支持的内容的配置及组网应用,读者可使用 EVE-NG (Emulated Virtual Environment-NextGeneration, http://www. eve-ng. net)网络模拟平台软件来进行网络实训学习。在本书刚编写完成时,Cisco Packet Tracer 推出了最新的 7.2 版,新增了 Cisco ASA 5506-X 防火墙设备、MX65W 无线 AP 和 WRT120N 无线路由器等设备,新增了 PPPoE 和 802.1x 认证协议,Cisco ISR 2911 路由器新增支持子接口配置 HSRP。读者可使用最新的 Cisco Packet Tracer 7.2 软件来进行网络实训操作。本书的教学 PPT 等资源可通过清华大学出版社网站获取。

全书共 10 章,第 1~3 章由杨海燕编写,第 4~10 章由重庆工商职业学院冯昊编写。建议学时数为 96 学时。

限于编者学识,不当之处敬请批评、指正。

编 者

2019 年 6 月

目　录

第 1 章　计算机网络技术简介 ……………………………………… 1

　1.1　计算机网络基本概念 ………………………………………… 1
　　1.1.1　计算机网络的定义与分类 ……………………………… 1
　　1.1.2　网络拓扑结构 …………………………………………… 3
　　1.1.3　网络通信协议 …………………………………………… 5
　1.2　计算机网络体系结构 ………………………………………… 5
　　1.2.1　OSI 参考模型 …………………………………………… 6
　　1.2.2　TCP/IP 模型 …………………………………………… 6
　1.3　以太网简介 …………………………………………………… 10
　1.4　数据链路层与以太网帧格式 ………………………………… 12
　　1.4.1　数据链路层简介 ………………………………………… 12
　　1.4.2　以太网帧格式 …………………………………………… 12
　1.5　TCP/IP ………………………………………………………… 13
　　1.5.1　TCP ……………………………………………………… 13
　　1.5.2　IP ………………………………………………………… 20
　　1.5.3　IP 地址及分类与管理 …………………………………… 21
　　1.5.4　子网划分与变长子网掩码 ……………………………… 25
　　1.5.5　无分类编址 ……………………………………………… 27
　1.6　局域网技术简介 ……………………………………………… 29
　　1.6.1　带宽共享式以太网络 …………………………………… 29
　　1.6.2　网桥 ……………………………………………………… 30
　　1.6.3　交换式以太网络 ………………………………………… 31
　　1.6.4　虚拟局域网技术 ………………………………………… 33
　1.7　网络传输介质 ………………………………………………… 34
　　1.7.1　有线传输介质 …………………………………………… 34
　　1.7.2　无线传输介质 …………………………………………… 41
　1.8　局域网设备简介 ……………………………………………… 41
　　1.8.1　网络互联设备 …………………………………………… 41

1.8.2　网络安全设备 ································· 46

1.8.3　网络计费系统与设备 ···················· 48

习题 ··· 49

实训　制作直通线与交叉线 ························· 53

第2章　Cisco Packet Tracer 网络仿真软件 ········ 55

2.1　Cisco Networking Academy 简介 ············ 55

2.2　安装使用 Cisco Packet Tracer ················ 56

2.2.1　安装 Cisco Packet Tracer ·············· 56

2.2.2　使用 Cisco Packet Tracer ·············· 56

实训　使用 Cisco Packet Tracer 进行网络实训 ··· 76

第3章　交换机配置基础 ································· 77

3.1　交换机 IOS 简介 ······························· 77

3.2　交换机配置途径与配置方法 ················ 79

3.2.1　通过配置端口本地配置 ················ 79

3.2.2　通过 Telnet 远程配置 ·················· 82

3.3　Cisco IOS 配置模式 ··························· 84

3.4　交换机的基本配置 ···························· 91

3.4.1　配置主机名与管理地址 ················ 91

3.4.2　查看交换机信息 ························· 92

3.4.3　配置指定 DNS 服务器 ················· 95

3.4.4　端口基本配置 ··························· 96

3.4.5　三层设备的路由配置 ··················· 98

实训　配置简单的交换式局域网络 ··············· 105

第4章　虚拟局域网技术 ································· 109

4.1　VLAN 技术 ···································· 109

4.1.1　VLAN 简介 ····························· 109

4.1.2　VLAN 划分方法 ······················ 110

4.1.3　VLAN 工作原理 ······················ 111

4.2　创建并配置 VLAN ···························· 115

4.2.1　VLAN 的创建与配置方法 ············· 115

4.2.2　VLAN 配置案例 ······················· 124

4.3　单臂路由的配置与应用 ······················ 128

4.4　规划设计大型局域网络 ······················ 134

4.4.1　案例需求与网络拓扑规划设计 ········· 134

　　　　4.4.2　业务地址与互联接口地址规划 ················· 135

　　　　4.4.3　网络的配置与实现 ······················ 140

　　4.5　网络扁平化设计 ·························· 148

　　　　4.5.1　网络扁平化设计方案 ··················· 148

　　　　4.5.2　使用 VTP 管理 VLAN ··················· 149

　　　　4.5.3　网络扁平化设计案例 ··················· 153

　　实训 1　验证数据帧加标签与本征 VLAN ··············· 158

　　实训 2　利用 VLAN 实现网段划分与网段间通信 ··········· 159

　　实训 3　单臂路由的配置与应用 ··················· 160

　　实训 4　利用 VLAN 与路由交换组建大型局域网络 ·········· 161

　　实训 5　大型局域网络的扁平化设计与实现 ············· 163

第 5 章　网络地址转换 ························ 164

　　5.1　NAT 简介 ···························· 164

　　5.2　NAT 的工作原理 ························· 165

　　5.3　NAT 的分类 ··························· 166

　　5.4　NAT 配置命令 ·························· 167

　　5.5　NAT 配置案例 ·························· 175

　　实训 1　使用接口地址配置 NAT ··················· 180

　　实训 2　使用地址池配置 NAT ···················· 181

　　实训 3　B 校区网络的 NAT 配置 ·················· 182

第 6 章　访问控制技术 ························ 185

　　6.1　访问控制列表简介 ······················ 185

　　6.2　标准访问控制列表 ······················ 187

　　　　6.2.1　标准访问控制列表配置命令 ··············· 187

　　　　6.2.2　标准访问控制列表应用案例 ··············· 189

　　6.3　扩展访问控制列表 ······················ 191

　　　　6.3.1　扩展访问控制列表配置命令 ··············· 191

　　　　6.3.2　扩展访问控制列表应用案例 ··············· 192

　　6.4　利用 ACL 配置交换机防火墙 ·················· 194

　　　　6.4.1　交换机防火墙简介 ···················· 194

　　　　6.4.2　防火墙的数据流分析 ··················· 195

　　　　6.4.3　配置 ACL 实现防火墙功能 ················ 199

　　实训　利用 ACL 配置防火墙 ···················· 211

第 7 章　DHCP 与 DHCP 监听 ·· 214

　7.1　DHCP 概述 ·· 214

　7.2　DHCP 服务配置与应用 ·· 217

　　　7.2.1　DHCP 服务配置命令 ·· 217

　　　7.2.2　DHCP 服务应用案例 ·· 219

　7.3　DHCP 监听配置与应用 ·· 223

　　　7.3.1　DHCP 网络面临的安全威胁 ·· 223

　　　7.3.2　DHCP 监听概述 ·· 224

　　　7.3.3　DHCP 监听配置命令 ·· 226

　　　7.3.4　DHCP 监听应用案例 ·· 231

　7.4　IP 源保护与动态 ARP 检测 ·· 235

　　　7.4.1　ARP 协议与 ARP 欺骗 ·· 235

　　　7.4.2　配置动态 ARP 检测 ·· 242

　　　7.4.3　配置端口安全 ·· 246

　　　7.4.4　配置 IP 源保护 ·· 250

　实训 1　DHCP 服务具体配置与应用 ·· 253

　实训 2　DHCP 监听具体配置与应用 ·· 254

第 8 章　动态路由协议 ·· 255

　8.1　路由协议概述 ·· 255

　　　8.1.1　路由协议简介 ·· 255

　　　8.1.2　路由协议工作原理 ·· 259

　8.2　RIP 动态路由协议 ·· 259

　　　8.2.1　RIP 路由协议简介 ·· 259

　　　8.2.2　RIP 路由协议的工作过程 ·· 260

　　　8.2.3　RIP 的配置及应用 ·· 261

　　　8.2.4　RIPv2 认证配置及应用 ·· 273

　8.3　OSPF 动态路由协议 ··· 277

　　　8.3.1　OSPF 路由协议概述 ··· 277

　　　8.3.2　OSPF 配置命令 ··· 280

　　　8.3.3　OSPF 单区域应用配置案例 ······································· 281

　　　8.3.4　OSPF 多区域应用配置案例 ······································· 289

　　　8.3.5　路由重分发 ·· 297

　8.4　BGP 动态路由协议 ·· 308

　　　8.4.1　BGP 路由协议概述 ·· 308

　　　8.4.2　BGP 配置命令 ·· 309

8.4.3　BGP 配置应用案例 ················ 310

实训 1　配置 RIP 路由协议 ················ 315

实训 2　配置 OSPF 路由协议 ················ 316

实训 3　RIP 与 OSPF 网络的互联互通 ················ 316

实训 4　BGP 路由协议配置与应用 ················ 317

第 9 章　VPN 配置与应用 ················ 320

9.1　VPN 概述 ················ 320

9.2　数据安全技术 ················ 321

9.2.1　数据加密技术 ················ 322

9.2.2　数据完整性和身份校验 ················ 324

9.2.3　公钥基础设施 ················ 326

9.3　IPSec VPN 技术 ················ 327

9.3.1　IPSec 协议框架 ················ 328

9.3.2　ISAKMP 与 IKE 简介 ················ 329

9.3.3　IPSec 的工作模式 ················ 330

9.4　IPSec VPN 的配置与应用 ················ 331

9.4.1　IPSec VPN 配置命令 ················ 331

9.4.2　点对点的 VPN 配置案例 ················ 336

9.4.3　一点对多点的 VPN 配置案例 ················ 342

实训　配置一点对多点 VPN ················ 345

第 10 章　规划设计高可靠性网络 ················ 347

10.1　高可靠性技术简介 ················ 347

10.2　端口聚合 ················ 348

10.2.1　端口聚合简介 ················ 348

10.2.2　端口聚合配置命令 ················ 349

10.2.3　端口聚合应用案例 ················ 351

10.3　高可靠性网络的设计方案 ················ 356

10.4　HSRP 协议的配置与应用 ················ 359

10.4.1　HSRP 概述 ················ 359

10.4.2　HSRP 的配置命令 ················ 361

10.4.3　用 HSRP 配置实现高可靠性网络 ················ 365

10.5　VRRP 路由冗余协议 ················ 379

10.5.1　VRRP 简介 ················ 379

10.5.2　VRRP 的配置命令 ················ 379

10.6　生成树协议及配置应用 ················ 381

10.6.1 生成树协议概述 ……………………………………………… 381

10.6.2 PVST＋与 Rapid-PVST＋配置命令 ……………………… 391

10.6.3 Rapid-PVST＋HSRP 配置应用案例 ……………………… 392

10.6.4 配置实现双汇聚双核心双出口的高可靠性网络 …………… 398

实训 1 规划设计双核心双出口的高可靠性网络 …………………………… 406

实训 2 规划设计高可靠性的楼宇网络 …………………………………… 408

参考文献 ……………………………………………………………………… 409

第1章 计算机网络技术简介

本章介绍在计算机网络工程规划设计、网络组建和运维管理过程中必须要理解和掌握的网络基础知识,并重点介绍了 TCP/IP 模型和 TCP/IP 协议。

1.1 计算机网络基本概念

计算机网络是计算机技术和通信技术发展的必然产物,进入 20 世纪 90 年代以后,以因特网(Internet)为代表的计算机网络得到了飞速发展,加速了全球数字化、网络化和信息化革命的进程。计算机网络正日益影响和改变着人们的生活方式、工作方式和学习方式,现在人们的生活、工作、学习和交往都离不开计算机网络了。

1.1.1 计算机网络的定义与分类

1. 计算机网络的定义

计算机网络是指利用有线或无线(Wi-Fi、3G、4G、5G 无线信号)传输介质,将分布在不同地理位置、自治的计算机互联起来而构成的计算机集合。组建网络的目的是实现资源共享和通信。

目前最庞大的计算机网络就是因特网,它是利用传输介质和网络互联设备,将分布在全球范围内的计算机和计算机网络互联起来而形成的一个覆盖全球的计算机网络。

2. 计算机网络的分类

可以从不同的角度对计算机网络进行分类。

(1) 根据网络的交换功能的不同,计算机网络可分为电路交换网、报文交换网、分组交换网和混合交换网。混合交换就是在一个数据网络中同时采用了电路交换技术和分组交换技术。

目前计算机网络主要采用分组交换技术;电话网络采用电路交换技术。

(2) 根据网络覆盖的地理范围的大小,计算机网络可分为局域网、城域网和广域网。

- 局域网(Local Area Network,LAN):局域网是指网络覆盖范围在几百米至几千米的网络,网络覆盖的地理范围较小,如校园网、企事业单位内部网等。

局域网可运行的协议主要有以太网协议(IEEE 802.3)、令牌总线(IEEE 802.4)、令牌环(IEEE 802.5)和光纤分布数据接口(FDDI)。目前局域网最常用的是以太网协议,因此,在没有特别说明的情况下,局域网通常是指以太局域网。以太网是指运行以太网协议的网络。

- 城域网(Metropolitan Area Network,MAN):城域网是指网络覆盖范围在几千米至几十千米的网络,其作用范围为一个城市。
- 广域网(Wide Area Network,WAN):广域网是指网络覆盖范围在几十千米至几千千米的网络,可以跨越不同的国家或洲。因特网是全球最大的一个广域网,因特网通信采用 TCP/IP 协议簇,该协议簇就是为因特网而设计的,目前局域网也常采用 TCP/IP 协议来通信。

(3) 根据网络的使用者,计算机网络可划分为公用网络和专用网络。

3. 网络的性能指标

计算机网络的主要性能指标有带宽和时延。

(1) 带宽。在模拟信号中,带宽是指通信线路允许通过的信号频率范围,其单位为赫兹。

在数字通信中,带宽是指数字信道发送数字信号的速率,其单位为比特每秒(b/s 或 bps),因此带宽有时也称为吞吐量,常用每秒发送的比特数来表示。比如,通常说某条链路的带宽或吞吐量为 100M,实际上是指该条链接的数据发送速率为 100Mb/s 或 100Mbps,即每秒可传送 100 兆比特的数据。

注意:在数字通信中,单位换算关系与计算机领域是不相同的,其换算关系如下:

$$1kbps=1000bps$$

$$1Mbps=1000kbps$$

$$1Gbps=1000Mbps$$

(2) 时延。时延是指一个报文或分组从链路的一端传送到另一端所需的时间。时延由发送时延、传播时延和处理时延三部分构成。

发送时延是使数据块从发送节点进入传输介质所需的时间,即从数据块的第一个比特数据开始发送算起,到最后一个比特发送完毕所需的时间,其值为数据块的长度除以信道带宽,因此,在发送的数据量一定的情况下,带宽越大,则发送时延越小,传输越快。发送时延又称传输时延。

传播时延是指电磁波在信道中传输一定的距离所花费的时间。一般情况下,这部分时延可忽略不计,但若通过卫星信道传输,则这部分时延较大。电磁波在铜线电缆中的传播速度约为 $2.3×10^5 km/s$,在光纤中的速度约为 $2.0×10^5 km/s$,1000km 长的光纤线路产生的传播时延约为 5ms。

处理时延是指数据在交换节点为存储转发而进行一些必要处理所花费的时间。在处理时延中,排队时延占的比重较大,通常可用排队时延作为处理时延。

1.1.2　网络拓扑结构

网络拓扑结构是指用传输介质互联的各节点的物理布局。在网络拓扑结构图中,通常用点来表示联网的计算机,用线来表示通信链路。

在计算机网络中,网络拓扑结构主要有总线形、星形、环形、网状和树形,最常用的主要是星形结构。

1. 总线形拓扑结构

总线形结构网络使用同轴电缆细缆或粗缆作为公用总线来连接其他节点,总线的两端安装一对 50Ω 的终端电阻,以吸收剩余的电信号,避免产生有害的反射电信号。采用细同轴电缆时,每一段总线的长度一般不超过 185m。其拓扑结构如图 1.1 所示。总线结构网络可靠性差,速率慢(10Mbps),目前已很少使用。

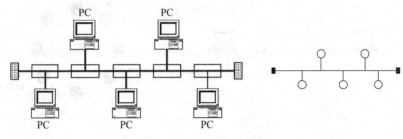

图 1.1　总线形拓扑结构

主要优点:结构简单,所需电缆数量较少。

主要缺点:故障诊断和隔离较困难,可靠性差,传输距离有限,共享带宽,速度慢。

2. 星形拓扑结构

星形结构网络中,各节点以星形方式连接到中心交换节点,通过中心交换节点,实现各节点间的相互通信,是目前局域网的主要组网方式。中心交换节点可以用集线器或交换机,集线器是共享带宽设备,已淘汰,目前主要采用交换机来作为中心交换节点。其拓扑结构如图 1.2 所示。

主要优点:控制简单,故障诊断和隔离容易,易于扩展,可靠性好。

主要缺点:需要的电缆较多,交换节点负荷较重。

3. 环形拓扑结构

环形结构由通信线路将各节点连接成一个闭合的环,数据在环上单向流动,网络中用令牌控制来协调各节点的发送,任意两节点都可通信。其拓扑结构如图 1.3 所示。

主要优点:所需线缆较少,易于扩展。

主要缺点:可靠性差,一个节点的故障会引起全网故障;故障检测困难。

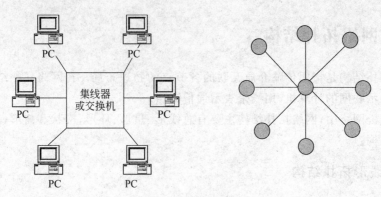

图 1.2　星形拓扑结构

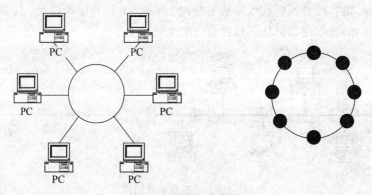

图 1.3　环形拓扑结构

4. 网状拓扑结构

网状结构在网络的所有设备间实现点对点的互联,其拓扑结构如图 1.4 所示。

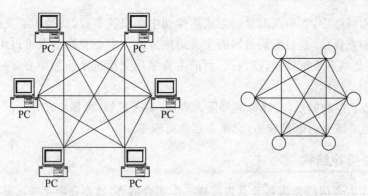

图 1.4　网状拓扑结构

在局域网中,使用网状结构较少,在因特网中,骨干路由器彼此间的互联可采用该种网状结构,以提供到目标网络的多种路径选择和链路冗余。

5．树形结构

树形结构像一棵倒置的树,顶端是树根,树根以下带分支,每个分支还可再进行分支。树形结构易于扩展,故障隔离较容易,其缺点是各个节点对根的依赖性较大。

1.1.3　网络通信协议

1．网络通信协议的概念

在计算机网络中,要做到有条不紊地交换数据和通信,就必须共同遵守一些事先约定好的规则。这些为进行网络数据交换而建立的规则、标准或约定,就称为网络协议。

网络协议由语法、语义和同步三个要素组成。语法规定了数据与控制信息的结构或格式;语义则定义了所要完成的操作,即完成何种动作或做出何种响应;同步则定义了事件实现的详细说明。

2．常用的网络通信协议

在局域网中,常用的协议主要有 NetBEUI 和 TCP/IP 协议,用得最广泛的主要是 TCP/IP 协议。

（1）NetBEUI 协议

NetBEUI(NetBIOS Extended User Interface,NetBIOS 用户扩展接口)是 IBM 于 1985 年开发的一种体积小、效率高、速度快的通信协议,但不具备跨网段工作的能力,主要用于小型网络。

（2）TCP/IP 协议

TCP/IP 协议是因特网的标准通信协议,支持路由和跨平台特性,在局域网中,也广泛采用 TCP/IP 协议来工作。

TCP/IP 协议是一个大的协议集,并不仅是 TCP 和 IP 这两个协议。有关 TCP/IP 协议的详细介绍,将在后续部分讲解。

1.2　计算机网络体系结构

相互通信的两个计算机系统必须高度协调一致才能正常工作,而这种协调过程是相当复杂的,因此,计算机网络实际上是个非常复杂的系统。

对计算机网络体系结构进行分层,可将庞大而复杂的问题转化为若干较小的局部问题,这样就比较容易研究和处理。

对计算机网络体系结构的分层模型有 OSI 参考模型和 TCP/IP 模型两种。OSI 属于国际标准,由于分层较多,实现较复杂,主要用于理论研究;TCP/IP 模型分层较少,实现较容易,成为事实上的国际标准和工业生产标准。

1.2.1 OSI 参考模型

OSI(Open System Interconnection Reference Model，开放系统互联参考模型)是国际标准化组织 ISO 于 1983 年正式推出的开放系统互联参考模型，即著名的 ISO 7498 国际标准。

在 OSI 参考模型中，将网络体系结构分成七层，由低层到高层，依次是物理层、数据链路层、网络层、传输层(运输层)、会话层、表示层和应用层。每一层均向相邻的上一层通过层间接口提供服务，上一层要在下一层所提供服务的基础上实现本层的功能，因此服务是垂直的。而协议是水平的，它是控制对等层实体之间通信的规则，即只有对等的层才能相互通信。比如，A 计算机的数据链路层与 B 计算机的数据链路层之间的通信，A 计算机的传输层与 B 计算机的传输层之间的通信。

应用层为用户提供所需的各种应用服务，如 WWW 服务、FTP 服务、邮件服务、域名服务等。

表示层主要用于数据的表示、编码和解码，实现信息的语法语义表示和转换。如加密解密、转换翻译、压缩与解压缩等。

会话层用于为不同机器上的应用进程建立和管理会话。

传输层解决数据在网络之间的传输问题，用于提高网络层服务质量，提供点对点的数据传输。它从会话层接收数据，并在必要时将数据分割成适合在网络层传输的数据单元，然后将这些数据交给网络层，再由网络层负责将数据传送到目的主机。该层的数据传输单位为数据报。

网络层解决网络与网络之间的通信问题，主要功能有逻辑编址、分组传输、路由选择等。此层的数据传送单位为 IP 数据包。

数据链路层为网络层提供一条无差错的数据传输链路。在发送数据时，接收网络层传递来的数据包，封装成数据帧；在接收数据时，数据链路层将物理层传递来的二进制比特流，还原为数据帧。数据链路层传送的基本单位为数据帧，使用物理地址(Media Access Control，MAC)进行寻址。

物理层负责传送原始比特流，并屏蔽传输介质的差异，使数据链路层不必考虑传输介质的差异，实现数据链路层的透明传输，另外，物理层还必须解决比特同步的问题。

1.2.2 TCP/IP 模型

1. TCP/IP 模型体系结构

OSI 的七层体系结构仅是一个纯理论的分析模型，本身并不是一个具体协议的真实分层，既复杂又不实用，因此，具有四层体系结构的 TCP/IP 模型得到了广泛应用，成为事实上的国际标准和工业生产标准。

在 TCP/IP 模型中，网络体系结构由低层到高层，依次分为网络接口层、网络层、传输层(运输层)和应用层,其网络体系结构与 OSI 七层结构的对应关系如图 1.5 所示。

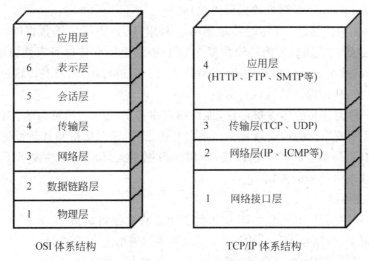

OSI 体系结构　　　　　　　　　　TCP/IP 体系结构

图 1.5　OSI 与 TCP/IP 体系结构

　　在 TCP/IP 体系结构中,网络接口层整合了 OSI 体系结构中的物理层和数据链路层的功能,因此,从协议的层次结构看,TCP/IP 模型实际上是一个具有五层协议的体系结构。

　　在实际应用中,网络接口层的功能主要由网络接口(网卡)来实现,它实现了数据链路层和物理层的功能。网络层主要由路由器或三层交换机来实现。传输层(运输层)由用户主机中的应用进程(比如,QQ 服务进程、IIS 服务进程等)来实现,它存在于分组交换网之外的主机中,传输层的任务就是负责两个主机中的服务进程之间的通信。传输层之上的应用层就不再关心信息的传输问题了。通常也将分组交换网称为通信子网,而将用户主机的集合称为资源子网。

2. 各层常用的协议

（1）应用层协议

　　常用协议主要有 HTTP(HyperText Transfer Protocol,超文本传输协议)、HTTPS(HyperText Transfer Protocol over Secure Socket Layer,安全的超文本传输协议)、SMTP(Simple Mail Transfer Protocol,简单邮件传输协议)、IMAP4(Internet Mail Access Protocol Version 4,因特网邮件访问协议第 4 版)、POP3(Post Office Protocol Version 3,邮局协议第 3 版)、Telnet(终端仿真协议)、SSH(Secure Shell)、FTP(File Transfer Protocol,文件传输协议)、TFTP(Trivial File Transfer Protocol,简单文件传输协议)、DNS(Domain Name System,域名系统)、DHCP(Dynamic Host Configuration Protocol,动态主机配置协议)、SNMP(Simple Network Management Protocol,简单网络管理协议)等。

（2）传输层协议

　　传输层提供端到端(主机服务进程对另一主机服务进程)的数据传输,提供有可靠传输协议 TCP(Transmission Control Protocol,传输控制协议)和不可靠传输协议 UDP(User Datagram Protocol,用户数据报协议)两种。

TCP 提供面向连接的、可靠的传输服务。利用 TCP 协议传输数据时,必须先建立 TCP 连接,连接建立成功后才能传输数据。TCP 协议提供有传输可靠性控制机制,通过流量控制、分段/重组和差错控制功能,能对传送的分组进行跟踪,对在传输过程中丢失的报文会要求重传,从而保证传输的可靠性。

UDP 是一种无连接的传输层协议,提供面向事务的、简单、不可靠的信息传送服务。UDP 协议无法跟踪报文的传输过程。当报文发送之后,是无法得知其是否安全完整地到达目标主机的,故是不可靠的传输协议,常用于数据量大且对可靠性要求不高的传输应用,比如音频或视频信号的传输。

(3) 网络层协议

网络层协议主要是 IP 协议。IP 协议的作用是将数据封装成 IP 数据包,并运行必要的路由算法,对 IP 数据包进行路由转发,实现网络与网络之间的通信。

网络层协议除了 IP 协议之外,还有 2 个附属协议,分别是 ICMP(Internet Control Message Protocol,因特网控制报文协议)和 IGMP(Internet Group Management Protocol,因特网组管理协议),它们可视为工作在网络层和传输层之间,其数据采用 IP 数据包进行封装。对这 2 个协议,没有严格定义它们是属于网络层还是传输层,一般习惯上将其视为网络层协议。

ICMP 协议是一种无连接的协议,用于在 IP 主机、路由器之间传递控制消息,这些控制消息包括网络通不通、主机是否可达、路由是否可用等控制消息。检测网络是否通畅的 ping 命令和 Tracert 路由追踪命令就是基于 ICMP 协议工作的。

IGMP 是因特网协议家族中的一个组管理协议,用于组播通信,属于组成员管理协议,管理组播组成员的加入和离开。主机和组播路由器之间通过 IGMP 协议来实现组播组成员信息的交互。

(4) 网络接口层

网络接口层完成了 OSI 中的数据链路层和物理层的功能,在进行数据分组传送时,负责建立无差错的数据传输链路。

数据链路层常用的协议主要有 HDLC(High-level Data Link Control,高级数据链路控制)、PPP(Point-to-Point Protocol,点对点协议)、Frame Relay(帧中继)、LLC(Logical Link Control,逻辑链路控制)、MAC(Medium Access Control,介质访问控制)、ARP(Address Resolution Protocol,地址解析协议)、RARP(Reverse Address Resolution Protocol,反向地址解析协议)、MPLS(Multi-Protocol Label Switching,多协议标签交换协议)等。

HDLC 和 PPP 是串行链路在数据链路层常用的封装协议,思科公司的网络设备的串口默认采用 HDLC 封装协议,其他厂商的网络设备的串口通常采用 PPP 协议进行封装,PPP 支持多种网络层协议,支持认证、多链路捆绑等功能。

在以太网的 IEEE 802.3 规范中,数据链路层分为逻辑链路控制层 LLC 和介质访问控制 MAC 两个子层。LLC 是数据链路层的上层部分,为网络层提供统一的接口,LLC

层实现与硬件无关的功能,比如流量控制、差错恢复等。在 LLC 子层下面是 MAC 子层,MAC 子层提供与物理层之间的接口。

ARP、RARP 和 MPLS 协议工作时涉及数据链路层和网络层,可视为工作在数据链路层和网络层之间的协议。

ARP 协议用于将目的 IP 地址解析为数据链路层物理寻址所需的 MAC 地址,解析成功后,IP 地址与 MAC 地址的对应关系将保存在主机的 ARP 缓冲区中,从而建立起一个 ARP 列表,以供下次查询使用。ARP 缓冲区中的 ARP 列表有老化期,以保证列表的有效性。

RARP 协议用于将 MAC 地址解析为对应的 IP 地址,功能与 ARP 相反。

MPLS 多协议标记交换是一种标记(label)机制的包交换技术,通过简单的 2 层交换来集成 IP 路由的控制功能。利用 MPLS 技术与 VPN 技术相结合,可实现 MPLS VPN。

目前国内使用得较多的仍是 TCP/IP 协议的第 4 版,即 IPv4。新版的 IPv6 已开始在骨干网络中部署和应用。IPv4 与 IPv6 将共同存在较长的时间。IPv6 是当前发展和应用的方向,也是物联网发展的基础。

3. 数据在各层间的传递过程

为简化问题,假设计算机 1 和计算机 2 直接相连,现在计算机 1 的应用进程 AP_1 要向计算机 2 的应用进程 AP_2 发送数据。下面分析该数据在发送端和接收端的各层间的传递过程。

应用进程 AP_1 将要传送的数据交给应用层,应用层在数据首部加上必要的控制信息 H_5,然后将数据传递给下面的传输层,数据和控制信息就成为下一层的数据单元。

传输层接收到这个数据单元后,在首部加上本层的控制信息 H_4,再交给下面的网络层,成为网络层的数据单元。

网络层接收到这个数据单元后,在首部加上 IP 包头 H_3,再交给下面的数据链路层。

数据链路层收到这个数据单元后,在首部和尾部分别加上控制信息 H_2 和 T_2,将数据单元封装成数据帧,然后交给物理层进行传送。

对于 HDLC 数据帧,在首部和尾部各加上 24bit 的控制信息;对于 Ethernet V2 格式的数据帧,首部添加 14(6+6+2)字节,尾部添加 4 字节的帧校验序列(Frame Check Sequence,FCS)。

物理层直接进行比特流的传送,不再加控制信息。当这一串比特流经网络传输介质到达目的主机时,就从第 1 层依次交付给上一层进行处理。每一层根据控制信息进行必要的操作,然后将本层的控制信息剥去,将剩下的数据单元再交付给上一层进行处理,最后,应用进程 AP_2 就可收到来自 AP_1 应用进程传送的数据。

从中可见,在发送时,数据从高层向低层流动,每一层(物理层除外)都给收到的数据单元套上一个本层的"信封"(控制信息);接收时,数据从低层向高层流动,每一层(物理层除外)进行必要处理后,再去掉本层的"信封",将"信封"中的数据单元再上交给上一层进行处理。整个传递过程如图 1.6 所示。

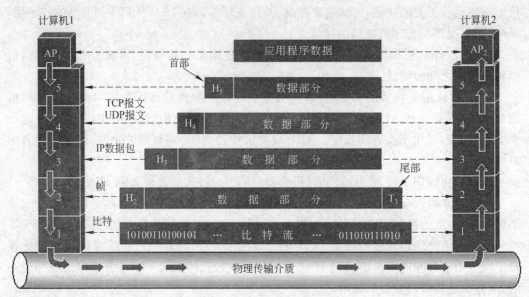

图 1.6 数据在各层间的传递过程

1.3 以太网简介

1. 以太网标准

以太网是美国施乐(Xerox)公司于 1975 年研制成功的,是一种基于基带总线的局域网,采用无源电缆作为总线来传送数据帧,当时的数据速率为 2.94Mbps。

1980 年,DEC、Intel 和施乐公司联合提出了 10Mbps 速率的以太网规范(DIX V1),1982 年修改为第 2 版(DIX Ethernet V2),成为世界上第一个局域网规范。

在此基础上,IEEE 802 委员会于 1983 年制定了第一个以太网标准,编号为 802.3,数据速率为 10Mbps,该标准仅对 Ethernet V2 帧格式作了很小的一点调整,允许基于这两种标准的硬件可以在同一个局域网上互操作。由于这两个标准差异很小,通常不严格区分。因此存在两个以太网协议标准,即国际标准的 IEEE 802.3 和 DIX Ethernet V2 标准。

由于商业竞争,IEEE 的 802 委员会并未形成统一的局域网标准,除了以太网局域网标准(802.3)外,还有令牌总线(802.4)和令牌环网(802.5)的局域网标准。目前局域网主要采用以太网协议标准,称为以太局域网。

2. 以太网工作原理

以太网使用带冲突检测的载波侦听和多路访问协议 CSMA/CD (Carrier Sense Multiple Access with Collision Detection)进行工作。

载波侦听是指每一个站点在发送数据之前,要先检测总线是否空闲,是否有其他计算机在发送数据,若有,则暂时不要发送数据,以免发生冲突。

冲突检测是指站点应边发送数据边检测信道上的信号电压的大小,以判断当前是否有冲突。若有冲突,信号将产生严重失真,此时必须立即停止发送,并等待一段随机时间后,再重新进行载波侦听和发送。

从中可见,使用 CSMA/CD 协议工作时,一个站点不能同时发送数据和接收数据,属于半双工通信。连接在同一总线上的所有站点均在同一个冲突域范围,站点越多,碰撞冲突的概率就越大,网络通信速率和效率就会大大降低。

早期使用集线器设备连接构建的局域网,整个网络属于同一个冲突域,因此通信速度和效率很低下。

3. 高速以太网

传统以太网的速率为 10Mbps,且以半双工方式工作。速率达到和超过 100Mbps 的以太网统称为高速以太网。

(1) 快速以太网

快速以太网(Fast Ethernet)是指速率达到 100Mbps 的以太网,采用星形拓扑结构,在双绞线(100Base-TX)或光纤(100Base-FX)上传送 100Mbps 的基带信号,1995 年 IEEE 正式将快速以太网定为国际标准,编号为 802.3u。

快速以太网的数据帧格式仍采用 IEEE 802.3 标准规定的帧格式,由于速率提高了10 倍,为了保持最短帧长(64 字节)不变,采取了将网段的最大电缆长度减小到 100m,帧间时间间隔也从原来的 $9.6\mu s$ 改为 $0.96\mu s$。

快速以太网是对 IEEE 802.3 标准的补充,能自动识别和适应 10Mbps 和 100Mbps 网速。

(2) 吉比特以太网

吉比特以太网又称为千兆以太网,IEEE 于 1997 年通过了吉比特以太网标准,编号为 IEEE 802.3z,1998 年成为正式标准。

吉比特以太网允许在 1Gbps 速率下以全双工或半双式两种模式工作,向下兼容10Base-T 和 100Base-T。使用 IEEE 802.3 协议规定的帧格式,在半双工模式工作时使用CSMA/CD 协议。

吉比特以太网目前常用作主干网,对带宽要求较高的应用场合,也可采用吉比特以太网,千兆交换到桌面。

吉比特以太网的物理层可以使用基于光纤(1000Base-X)和双绞线(1000Base-T)的传输介质。使用不同的传输介质,传输距离有所不同。1000Base-T 使用 4 对 5 类或超 5 类UTP 双绞线时,传输距离为 100m。对于光纤传输介质,会因光纤种类(多模或单模)、光纤质量等级、纤芯直径和工作波长的不同,其传输距离也不相同。

(3) 10 吉比特以太网

10 吉比特以太网又称万兆以太网,由 IEEE 802.3ae 委员会制定,编号为 IEEE 802.3ae,于 2002 年 6 月成为正式标准。

10 吉比特以太网的帧格式、最小帧长和最大帧长均与 IEEE 802.3 标准规定相同,以

11

利于以太网的升级。10 吉比特以太网只能以全双工方式工作,因此不再使用 CSMA/CD 协议。采用星形结构组网。由于数据速率很高,传输介质一般使用光纤,而不使用铜缆。

1.4 数据链路层与以太网帧格式

1.4.1 数据链路层简介

为了使数据链路层更好地适应多种局域网标准,IEEE 802 委员会将局域网的数据链路层分成了两个子层,分别是逻辑链路控制(Logical Link Control,LLC)子层和介质访问控制(Medium Access Control,MAC)子层。与传输介质有关的内容均放在 MAC 子层中,这样 LLC 子层就与传输介质无关,不管采用何种局域网协议标准,对 LLC 子层来说都是透明的。

LLC 子层在 MAC 子层的基础上向网络层提供服务,LLC 层实现与硬件无关的功能。MAC 子层提供与物理层之间的接口,MAC 子层的存在屏蔽了不同物理链路种类的差异性,其主要功能包括数据帧的封装和拆封、帧的寻址和识别、帧的接收与发送、链路管理、帧差错控制等。

MAC 子层也提供对共享介质的访问方法,包括以太网的带冲突检测的载波侦听和多路访问协议(CSMA/CD)、令牌环(Token Ring)、光纤分布式数据接口(FDDI)等。

数据链路层传输的数据单位为数据帧,寻址时使用的地址为 MAC 地址(物理地址或硬件地址)。MAC 地址采用 6 字节,48bit 的二进制数编码表示,表达时采用十六进制数来表示。对于 Windows 系统,采用"××-××-××-××-××-××"格式表示,例如 00-0F-EA-01-B9-4E;在华为和华三交换机或路由器中,采用"××××-××××-××××"格式表示,例如 000F-EA01-B94E;在 Cisco 交换机或路由器中,采用"××××.×××××.××××"格式表示,例如 000F.EA01.B94E。

MAC 地址是全球唯一的,不允许重复,前 3 字节为厂商标识,后 3 字节为该厂商所生产的网络设备的序号。

网络适配器(网卡)实现了数据链路层和物理层的功能。

1.4.2 以太网帧格式

目前以太网有 4 种不同标准的帧格式,分别是 DIX Ethernet V2 帧格式、IEEE 802.3 raw 帧格式(Novell 专用的以太网标准帧格式)、IEEE 802.3 SAP 帧格式和 IEEE 802.3 SNAP 帧格式。目前最常用的是 DIX Ethernet V2 标准的帧格式,也是目前以太网的网络设备默认采用的帧格式,该种帧格式较简单。下面针对该种帧格式进行介绍。

以太网设备默认采用 Ethernet V2 数据帧格式,将网络层传输来的 IP 数据包,通过添加帧头和帧尾,封装成数据帧,然后在物理层中传输。Ethernet V2 数据帧格式如图 1.7 所示。

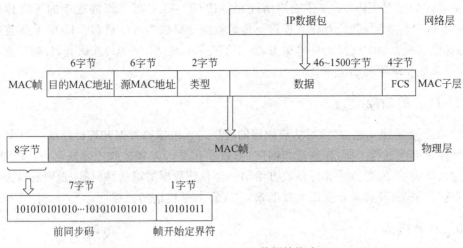

图 1.7　Ethernet V2 数据帧格式

Ethernet V2 数据帧格式的帧头由目的 MAC 地址、源 MAC 地址和 2 字节的类型标识字段构成,帧头共 14 字节。接下来的是不定长的数据字段,该字段为帧的负荷(payload),即所封装的 IP 数据包,该部分数据的长度为 46～1500 字节,即 MTU(Maximum Transmission Unit,最大传输单元)值。帧尾由 4 字节构成,代表帧校验序列(Frame Check Sequence,FCS),采用 32 位的 CRC 循环冗余校验,对从目标 MAC 地址字段到数据字段的数据进行校验。

2 字节的类型标识字段用于标识以太网帧中所携带的上层数据的协议类型,采用十六进制数表示。比如 0x0800 代表 IP 协议数据,0x86DD 代表 IPv6 协议数据,0x809B 代表 AppleTalk 协议数据,0x8137 代表 Novell IPX 协议数据。

从中可见,以太网中,数据帧最短有效帧长为 64 字节,凡是长度小于 64 字节的帧都是无效帧,并直接丢弃。最大帧长为 1518 字节。

从 MAC 子层将数据帧交给物理层进行传输时,还要在帧的前面插入 8 字节(由硬件自动生成和插入)。这 8 字节由两部分构成,第一部分为 7 字节构成的前同步码(1 和 0 交替出现),其作用是使接收端在接收数据帧时能迅速实现比特同步;第二部分为 1 字节的帧开始定界符,定义为 10101011,表示在这后面的信息就是数据帧了。因此在物理层传输的数据要比数据帧多 8 字节。

1.5　TCP/IP

1.5.1　TCP

1. TCP 简介

TCP(Transmission Control Protocol,传输控制协议)和 UDP(User Datagram

Protocol,用户数据报协议)是传输层所使用的协议。TCP 提供面向连接的可靠传输服务,利用 TCP 传送数据时,有建立连接→传送数据→释放连接的过程。UDP 是无连接的协议,提供尽最大努力交付的传输服务,属于不可靠服务,常用于传输语音、视频等数据量大,对可靠性要求不高的应用。

2. TCP 的功能

TCP 主要是建立连接,然后从应用层的应用进程中接收数据并进行传输。TCP 采用虚电路连接方式进行工作,在发送数据前,它需要在发送方和接收方建立起一个连接,数据在发送出去后,发送方会等待接收方给出一个收到数据的确认性应答,否则发送方将认为此数据包丢失,并将重新发送此数据报,以保证数据传输的可靠性。

3. TCP 报头

传输层使用 TCP 时,在数据单元首部所添加的控制信息就是 TCP 报头。TCP 报文首部(报头)的前 20 字节是固定的,后面有 4N(N 为整数)字节是根据需要而增加的选项,因此 TCP 报头的总长度最小为 20 字节。报头结构如图 1.8 所示。

0	15 16	31
源端口(16)	目的端口(16)	
序列号(32)		
确认号(32)		
TCP偏移量(4) 保留(6) 标志(6)	窗口(16)	
校验和(6)	紧急(16)	
选项(0或32)		
数据(可变)		

图 1.8　TCP 报头结构

- 源端口:指定了发送端所使用的端口号。端口采用 2 字节共 16bit 的二进制编码表示,因此 TCP 端口最多可有 65536 个端口。端口是传输层向应用层提供服务的层间接口。
- 目的端口:指定接收端所使用的端口号。
- 序列号:占 4 字节(32bit)。TCP 给在一个 TCP 连接中传送的数据流中的每一字节都编上一个序号,整个数据的起始序列号在连接建立时设置。TCP 报头中的序列号字段的值代表的是本报文段所发送的数据的第一字节的序号。例如,若当前 TCP 报头中的序列号值为 101,本报文所携带的数据为 100 字节,则下一个 TCP 报文的报头序列号值就应为 201。
- 确认号:占 4 字节,代表期望收到的下一个报文段的数据的第一字节的序号,即期望收到的下一个报文段首部的序列号字段的值。

TCP 在传输的过程中,使用序列号和确认号来跟踪数据的接收情况。

- TCP 偏移量:占 4bit,它指定了段头的长度。即 TCP 报文段的数据起始处距离

TCP 报文段的起始处有多远。段头的长度与段头选项字段的设置有关。

- 保留：占 6bit，指定了一个保留字段，以备将来使用，目前应置为 0。
- 标志：占 6bit，从左到右依次是 URG、ACK、PSH、RST、SYN、FIN 标志位，含义如下。
  - URG：表示紧急指针。当 URG 位为 1 时，TCP 报头的紧急字段才有效，它相当于告诉系统该报文段有紧急数据，需要尽快传送，而不是按原来的排队顺序传送。
  - ACK：表示确认。只有当 ACK 标志位为 1 时，TCP 报头的确认号字段才有效。
  - PSH：表示尽快地将数据送往接收进程处理，而不再等到缓冲区填满后才向上交付给应用进程处理。
  - RST：表示复位连接。当 RST 位被置为 1 时，表明 TCP 连接中出现严重差错，必须释放连接，然后再重新建立连接。利用复位比特可实现异常终止一个连接。
  - SYN：表示同步，在连接建立时用来同步序号。当 SYN＝1 而 ACK＝0 时，表明这是一个连接请求报文；若对方同意建立连接，则在响应报文中，应使 SYN＝1 且 ACK＝1，因此同步比特 SYN 置为 1，就表明这是一个连接请求报文或连接接受的响应报文。
  - FIN：用于释放一个连接。当 FIN 位为 1 时，表明此报文段的发送端数据已发送完毕，并要求释放连接。
- 窗口：占 2 字节(16bit)，用于指定发送端允许传输的下一报文段数据的大小，单位为字节。发送方与接收方之间的流量控制是通过调整发送方的窗口大小来实现的，是用接收方的数据接收能力来控制发送方的窗口大小，从而控制发送端的数据发送量。
- 校验和：校验和包含 TCP 报头和数据部分，用来校验报头和数据部分在传输过程中的完整性。
- 紧急：指明报文中包含紧急信息，只有当 URG 标志位置 1 时，紧急指针才有效。
- 选项：长度可变。目前 TCP 只规定了一个选项，即 MSS(Maximum Segment Size，最大报文段长度)，它代表了 TCP 报文中数据字段的最大长度。在连接建立过程中，双方应将自己能够支持的 MSS 填写在这一字段中，在以后的数据传送阶段，MSS 取双方的较小值来决定 TCP 报文负荷的大小。若选项字段未填(0 值)，则 MSS 默认值为 536 字节，此时 TCP 报文的大小为 536＋20＝556(字节)。

对 TCP 报文的解码如图 1.9 所示。

4. TCP 的工作原理

(1) TCP 连接建立过程

利用 TCP 传送数据之前，应先建立起 TCP 连接，其连接建立过程又称为 TCP 的三次握手。

```
TCP - Transport Control Protocol  [34/20]
    Source Port:              80            [34/2]
    Destination Port:         3406          [36/2]
    Sequence Number:          4161759990    [38/4]
    Ack Number:               0             [42/4]
    Header Length:            80            20 bytes [46/1]  0x00F0
    Reserved:                 0             [46/2]  0x0FC0
    Flags:                    ..00 0100     [47/1]  0x003F
        Urgent pointer:       ..0. ....     [48/1]  0x0020
        Acknowledgment number: ...0 ....    [48/1]  0x0010
        Push Function:        .... 0...     [48/1]  0x0008
        Reset the connection: .... .1..     [48/1]  0x0004
        Synchronize sequence: .... ..0.     [48/1]  0x0002
        End of data:          .... ...0     [48/1]  0x0001
    Window:                   0             [48/2]
    Check Sum:                0xA9FB        Correct  [50/2]
    Urgent point:             0x0000        [52/2]
    No TCP Options:                         [54/0]
Extra Data:                                 [54/6]
```

图 1.9　TCP 报文解码

第一次握手：连接请求发送方(客户端)向接收方(服务器端)发起一个建立连接的请求报文,报文首部的同步位 SYN 置为 1,初始序号 seq＝x(随机数),然后 TCP 客户端进程进入 SYN_SENT(同步已发送)状态,等待服务端确认。

第二次握手：服务端收到连接请求报文后,如果同意建立连接,则向客户端发送确认报文。在确认报文中,SYN＝1,ACK＝1,确认号 ack＝x＋1,初始序号 seq＝y,接下来服务端进入 SYN_RCVD(同步收到)状态。

第三次握手：客户端进程收到服务端的确认报文后,要向服务端发送一个确认报文,在确认报文中,ACK＝1,确认号 ack＝y＋1,序号 seq＝x＋1,服务端收到该确认报文后,连接建立成功,双方均进入 ESTABLISHED(已建立连接)状态,完成三次握手过程,至此 TCP 连接建立成功,客户端和服务端就可开始传送数据了。TCP 建立连接的三次握手过程如图 1.10 所示。

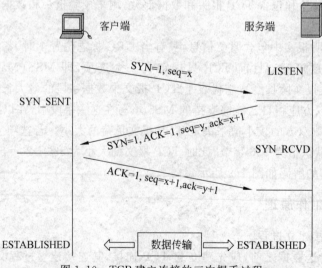

图 1.10　TCP 建立连接的三次握手过程

（2）TCP 连接的关闭

当应用进程结束数据传送后，就要释放已建立的连接。TCP 连接是双向的，数据可双向传输，每个方向都要进行单独关闭。首先进行关闭的一方执行主动关闭，而另一方则执行被动关闭，关闭连接要经历四次握手过程，过程如下。

当客户端的数据传输完后，可执行主动关闭操作，主动发送出 FIN 置 1 的报文给服务端（客户端主动关闭），以关闭客户端至服务端方向的数据传送，并等待服务端的 ACK 确认应答，同时进入 FIN_WAIT_1 状态。

服务端收到 FIN 置 1 的报文后，进入被动关闭，回复一个 ACK 确认报文，并进入 CLOSE_WAIT 状态；客户端收到该 ACK 确认报文后，进入 FIN_WAIT_2 状态。

至此完成了 TCP 连接的半关闭，即关闭了客户端至服务端方向的数据发送，此时客户端虽然不能向服务端发送数据，但还能接收服务端发给客户端的数据，即服务端至客户端方向的连接还未被关闭，此时，若服务端还有要传输给客户端的数据，就可继续传送。数据传送完毕后，服务端再向客户端发出一个 FIN 置 1 的报文，关闭服务端至客户端方向的数据传送，并等待客户端的 ACK 确认应答，同时进入 LAST_ACK 状态。

客户端收到 FIN 置 1 的报文后，回复 ACK 确认报文，并进入 TIME_WAIT 状态，经过 2 倍报文最大生存时间（MSL）后，TCP 删除原来建立的连接记录，返回到初始的 CLOSED 状态。服务端收到 ACK 确认报文后，进入 CLOSED 状态，完成连接的双向关闭。

TCP 关闭连接的四次握手过程如图 1.11 所示。

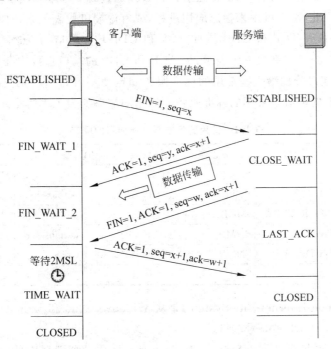

图 1.11　TCP 连接关闭的四次握手过程

若要观察 TCP 连接状态的变迁，选择 Windows 的"开始"→"运行"命令，然后执行

cmd 命令进入命令行状态。接着打开浏览器访问某一个网站,然后快速在命令行输入 netstat -an 命令并按 Enter 键执行,即可查看到当前的网络连接和各连接的状态。通过不断地反复执行 netstat -an 命令,进行状态刷新显示,即可观察到 TCP 连接的不同状态。

(3) TCP 重传

在 TCP 的传输过程中,如果在重传超时时间内没有收到接收方主机对某数据报文的确认回复,发送方主机就认为此数据报文丢失,并再次发送这个数据报文给接收方,这称为 TCP 重传。

5. 端口的概念

端口(Port)是传输层的服务访问点,传输层使用端口与位于上层的应用进程进行通信,应用层的各种进程也通过相应的端口与传输层进行交互。

在发送数据时,应用层的应用进程通过相应的端口将数据传递给传输层,传输层就会在数据的首部添加一个报文头,并在报文头中写入源端口和目的端口号,然后将封装后的数据交给下层的网络层进行传输。

在接收数据时,网络层将收到的 IP 包的包头去掉,将数据上交给传输层。传输层再从报文头部取出该数据要送达的目的端口号,然后将报文头部去掉,将剩下的数据通过目的端口上交给相应的应用进程接收和处理。

从中可见,端口的作用就是让应用层的各种应用进程能将其数据通过端口向下交付给传输层;在接收数据时,让传输层知道应该将数据通过哪一个端口向上交付给目的应用进程接收处理,因此,端口可用来标志应用进程,或者说端口代表了某一种服务。

传输层的协议有 TCP 和 UDP,因此 TCP 和 UDP 均有端口的概念。在报文头中,端口采用一个 16 位的二进制数编码表示,故 TCP 和 UDP 的端口总数均有 65536 个。

0~1023 号端口分配给一些常用的标准服务固定使用,用户自行开发的应用进程应使用 1024 及以上的端口。常用的标准服务所使用的端口如表 1.1 所示。

表 1.1 常用的标准服务所使用的端口

服务程序	协议及端口	服务程序	协议及端口	服务程序	协议及端口
HTTP	TCP 80	SMTP	TCP 25	RPC	TCP/UDP 135
S-HTTP	TCP 443	POP3	TCP 110	netbios-ns	TCP/UDP 137
FTP	TCP 21 和 TCP 20	IMAP4	TCP 143	netbios-dgm	UDP 138
TFTP	UDP 69	SNMP	UDP 161	netbios-ssn	TCP 139
DNS	TCP/UDP 53	SNMPTRAP	UDP 162	CIFS	TCP/UDP 445
TELNET	TCP 23	SSH	TCP 22		

CIFS(Common Internet File System)是从 Windows 2000 和 Windows XP 系统开始新增的,使用 TCP/UDP 445 号端口。

在 Windows 系统中,SMB(Server Message Block,服务器消息块)用于实现文件和打印共享服务。NBT(NetBIOS over TCP/IP)使用 TCP 137、UDP 138 和 TCP 139 端口来实现基于 TCP/IP 的 NetBIOS 网际互联。在 Windows NT 4.0 中,SMB 基于 NBT 实

现，从 Windows 2000 开始，SMB 除了基于 NBT 实现外，还可直接通过 TCP/UDP 445 号端口来实现。

当 Windows 2000/Windows XP 系统未禁用 NBT 时(UDP 137、138 和 445、TCP 139 和 445 号端口将开放)，当连接 SMB 服务时，会尝试连接 TCP 139 和 TCP 445 号端口。若 TCP 445 号端口有响应，则会发送 RST 标志位置 1 的报文给 TCP 139 号端口，以断开 TCP 139 号端口的 TCP 连接，然后改用 TCP 445 号端口建立连接；当 TCP 445 号端口无响应时，才使用 TCP 139 号端口。

当系统禁用 NBT(只会开放 TCP/UDP 445 号端口)的情况下访问 SMB 服务时，只会尝试连接 TCP 445 号端口；若无响应，则连接失败。

RPC(Remote Procedure Call，远程过程调用)协议使用 TCP/UDP 135 端口工作，用于提供 DCOM(分布式组件对象模型)服务，利用 RPC 可以实现远程调用执行另一台计算机中的程序代码。

若要使用网管软件(SNMP 协议)，在防火墙上应注意打开 UDP 161 和 UDP 162 端口。

6. TCP 的缺陷

TCP 在三次握手过程中存在一定的缺陷。人们利用这个缺陷，可发动 SYN 泛洪(SYN Flood)攻击，最终导致系统拒绝服务(Denial of Service，DoS)。

如果一个客户端向服务器发送了 SYN 连接请求报文后突然死机或掉线，则服务器在发出 SYN＋ACK 应答报文后，是无法收到客户端的 ACK 应答报文的，第三次握手无法完成，此时的连接状态称为半连接状态。这种情况下，服务器端一般会重试(再次发送 SYN＋ACK 给客户端)并等待一段时间，若仍接收不到 ACK 确认报文，则丢弃这个未完成的连接，这段时间的长度称为 SYN 超时(timeout)，一般为 30s～2min。

一个客户端出现异常导致服务器的一个线程等待并不会造成大的问题，但如果一个恶意的攻击者或者大量的攻击者大量模拟这种情况，就会消耗系统的大量资源，导致系统运行缓慢甚至发生崩溃，出现无法响应正常用户访问请求的现象，从用户的角度来看，服务器没有响应，拒绝提供服务。

目前由于服务器的运行速度和性能非常高，一对一地进行 SYN 泛洪攻击一般不会成功，但可采取大量的主机同时对一台服务器发起 SYN 泛洪攻击来实现，这种攻击方式称为分布式拒绝服务攻击(Distributed Denial of Service)，一般容易成功，危害性较大。

7. 利用 TCP 分析网络连接故障

对于网络连接访问故障，可利用 TCP 的相关知识来分析，以发现和解决问题。

在故障分析中，要注意从 TCP 建立连接的三次握手过程来进行分析，并注意连接是双向的，数据报文(访问请求报文)有去就必有回(响应报文)，否则就无法建立连接。可沿着数据报文出去的路径和回来的路径进行分析，注意请求报文的源端口与目的端口以及响应报文的源端口和目的端口的变化，并注意检查沿途的网络设备(三层交换机、路由器或防火墙)是否开放了对这些目的端口的访问。

比如,在实际应用中,若出现了局域网用户可正常访问网页和其他互联网服务,就是无法登录网上银行的现象。面对该网络故障,其分析思路如下。

既然用户能访问网页,说明网络连接和互联网出口没有问题,出现某一项服务无法访问,则说明对该服务的访问请求报文或者其响应报文被防火墙、路由器或三层交换机拦截了;接下来就可沿着请求报文出去的路径和回来的路径,检查路径的三层设备中的 ACL 包过滤规则,看是否对该项服务(端口)的访问请求报文或响应报文给拒绝(deny)了。网上银行出于安全考虑,使用的是 S-HTTP 协议,其服务端口为 TCP 443。

另外要结合网络拓扑图,考虑和检查三层网络设备上相关的路由是否设置,以及设置是否正确,特别要注意响应报文的回程路由是否添加。很多时候是添加了数据包出去的路由,而忘了添加响应数据包回来时的回程路由,使响应数据包回到局域网边界设备后,由于缺乏回程路由,导致网络不通,TCP 连接无法建立,而出现访问失败。

1.5.2 IP

1. IP 简介

IP(Internet Protocol,因特网协议)是负责网络互联的网络层协议,也是 TCP/IP 协议集中最主要的协议之一。IP 具有分组与重新组装、寻址和路由的功能。

IP 提供一种无连接的传输机制,在发送数据时,IP 将数据进行分割,封装成 IP 数据包在网络中传输。每个 IP 数据包都作为独立的单元来对待,根据 IP 数据包中的目标网络地址进行路由转发,以将 IP 数据包送达到目标主机。IP 数据包全部到达目标主机后,再进行重新组装还原。

无论传输层使用何种协议,都要依赖 IP 发送和接收数据。IP 不保证数据传输的可靠性,其可靠性由传输层的 TCP 协议负责。

2. IP 数据包的格式

IP 数据包由首部和数据两部分构成。IP 首部由固定部分和可变部分组成,固定部分总共为 20 字节,可变部分最多为 40 字节。最常用的首部长度为 20 字节,即不使用任何可选项。IP 数据包的格式如图 1.12 所示。

- 版本:占用 4bit,指定 IP 的版本。目前常用的是 IPv4 版,IPv6 是发展方向。
- 首部长度:占用 4bit,可表示的最大值为 15 个单位,每个单位代表 4 字节,因此 IP 的首部长度最大值为 60 字节。数据部分在 4 字节的整数倍时开始。
- 服务类型:占用 8bit,前 3bit 代表优先级,因此 IP 数据包具有 8 个优先级。D 比特表示要求有更低的时延,T 比特表示要求有更高的吞吐量,R 比特表示要求有更高的可靠性,C 比特表示要求选择代价更小的路由。
- 总长度:代表首部和数据之和的长度,单位为字节。由于总长度占用 16bit,因此 IP 数据包的最大长度为 65536 字节,即 64KB。

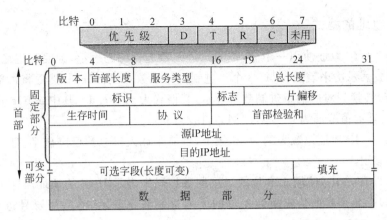

图 1.12　IP 数据包格式

- 标识：占 16bit,是一个计数器,用来产生数据包的标识。当数据包的长度超过网络允许的 MTU 值时,就必须对 IP 数据包进行分片传输。分片时,这个标识字段的值就会被复制到所有 IP 数据片的标识字段中。在接收端对各分片的 IP 数据包进行重装还原时,就根据该标识字段的值来识别,具有相同标识字段值的 IP 分片包组装在一起。
- 标志：占 3bit,目前只有低 2 位的比特有意义。最低位代表 MF(More Fragment,更多分片),当该位为 1 时,表示后面还有分片;该位为 0 时,表示这是若干个数据片中的最后一个。中间一位为 DF(Don't Fragment,不再分片)标志位,代表不允许分片。只有 DF 位为 0 时,才允许分片传输。
- 片偏移：较长的分组在分片后,某片的数据在原分组中的相对位置。片偏移以 8 字节为单位,因此每个分片的长度一定是 8 字节的整数倍。
- 生存时间：代表数据报在网络中的寿命,单位为秒。通常为 32s。
- 协议：占用 8bit,该字段指出此数据包携带的数据的协议类型。该字段的取值与协议的对应关系如表 1.2 所示。

表 1.2　协议字段值与协议类型

协议名	ICMP	IGMP	TCP	EGP	IGP	UDP	IPv6	OSPF
协议字段值	1	2	6	8	9	17	41	89

- 首部检验和：对数据包首部的检验和,不包括数据部分。
- 源 IP 地址和目的 IP 地址：各占 4 字节。

1.5.3　IP 地址及分类与管理

IP 地址是 IP 所使用的协议地址(逻辑地址),在网络层寻址使用 IP 地址。根据 IP 版本号的不相同,IP 分为 IPv4 和 IPv6 两个版本,目前网络使用最多的仍是 IPv4 版本,IPv6 是目前应用和发展的方向,目前的网络设备一般均支持 IPv6 协议。

21

1. IP 地址的格式

在 IPv4 中,IP 地址使用一个 32 位的二进制数进行编码表示,为便于记忆,通常采用点分十进制数表示法来表达,即每 8 个二进制位用小数点进行分隔,然后将每部分的二进制数(1 字节)转换为对应的十进制数来表示,其格式为 a.b.c.d。其中 a、b、c、d 四个部分均为 1 字节,其取值范围为 0~255。例如,192.168.120.250。

在 IPv4 中,IP 地址总数大约为 43 亿个,目前全球人口总数已突破 74 亿,因此,IPv4 地址严重不够用。

在新版的 IPv6 中,使用 128 位的二进制数编码来表示 IPv6 的地址。这 128 位分为 8 个 16 位的块,每个块的值转换为 4 位的十六进制数来表示,然后用冒号进行分隔,例如,2001:0000:3238:DFE1:0063:0000:0000:FEFB。

由于 IPv6 的地址比较长,提供了一些规则来缩短地址的长度。

(1) 一个块中的前导 0 可以省掉不写,比如 0063 可以表达为 63。

(2) "0000"可以缩写为单个 0,因此,上面的 IP 地址可缩写为:2001:0:3238:DFE1:63:0000:0000:FEFB。

(3) 连续为 0 的两个及以上的块,可用"::"替换。但这种替换只能有一次,因此,上面的 IP 地址可进一步缩写为:2001:0:3238:DFE1:63::FEFB。

2. IP 地址的编址

IP 地址的编址方法经历了有类 IP 地址、子网划分和无分类编址(CIDR)三个历史阶段。目前主要采用无分类编址(CIDR)和变长子网掩码(VLSM)方法来划分使用 IP 地址。

3. IP 地址的结构

IP 地址从结构上看,由"网络编号+主机编号"两部分构成,其地址结构如图 1.13 所示。

图 1.13　IP 地址结构

4. 有类 IP 地址

有类 IP 地址是指将 IP 地址划分为若干个固定的类,分别是 A、B、C、D、E 五类地址,最常见的主要是 A、B、C 三类。D 类地址属于组播地址(Multicast),E 类地址为保留地址。

A 类、B 类和 C 类地址分别采用 1 字节、2 字节和 3 字节来编码表示网络号,剩余的二进制位编码表示该网络中的主机编号,如图 1.14 所示。

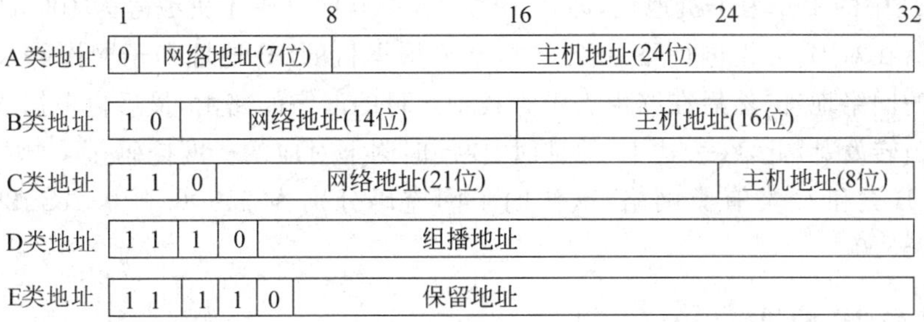

图 1.14　IP 地址的分类

A 类地址：网络地址编码位数最少，而主机地址位数最多，因此 A 类网络最少，只有 126 个，第 1 个可用网络号为 1.0.0.0/8，最后一个网络号为 126.0.0.0/8；每一个 A 类网中可拥有的主机数则是最多的，可容纳($2^{24}-2$)台主机。

B 类地址：网络地址采用 14 位二进制编码表示，可有 2^{14} 个 B 类网络，第 1 个可用网络号为 128.0.0.0/16，最后一个网络号为 191.255.0.0/16；每个网络可有（$2^{16}-2$）台主机。

C 类地址：网络地址和主机地址分别占 21 位和 8 位，网络数较多，共有 2^{21} 个，第 1 个可用网络号为 192.0.0.0/24，最后一个可用网络号为 223.255.255.0/24，每个 C 类网可容纳的主机数仅有 254 台，即（2^8-2）台。

D 类地址：属于组播地址，支持多目标传输，不能分配给单独的主机使用，地址范围为 224.0.0.0～239.255.255.255。组播是指一台主机可以同时将数据包转发给多个接收者。

E 类地址：保留，专门用来供研究使用。地址范围为 240.0.0.0～247.255.255.255。

5. 子网掩码

IP 地址由网络号和主机号两部分构成，为了能根据 IP 地址识别出其网络地址，引入了子网掩码。

在 IP 地址中，与子网掩码中为 1 的二进制位相对应的代表网络地址，与子网掩码中为 0 的二进制位相对应的为主机编号（主机地址）。因此，将 IP 地址与子网掩码进行二进制数的逻辑与运算，即可获得网络地址；将子网掩码的反码与 IP 地址进行逻辑与运算，则可获得主机地址。

例如，若 IP 地址为 192.168.2.100，子网掩码为 255.255.255.0，则该 IP 所属的网络地址如下。

十进制数：　192　　　　168　　　　2　　　　100
二进制数：　11000000　10101000　00000010　01100100
子网掩码：　11111111　11111111　11111111　00000000
AND 运算：　11000000　10101000　00000010　0000000
网络地址：　192　　　　168　　　　2　　　　0

经过逻辑与（AND）运算后，得到网络地址如下：192.168.2.0。

IP 地址中的 100 为主机地址,即在 192.168.2.0 网络中主机编号为 100 的主机。

路由器在对 IP 分组进行路由转发时,需要根据目的 IP 地址和子网掩码来获得目的主机所在的网络地址,然后在路由表中查找到达目的网络的路由,最后再根据该路由的指示进行路由转发,因此,在表达 IP 地址时,要同时附上对应的子网掩码。

A 类、B 类和 C 类有类网络,默认的子网掩码分别为 255.0.0.0、255.255.0.0 和 255.255.255.0。

6. 特殊 IP 地址

在 IP 地址中,有一些 IP 地址具有特殊的含义。

(1) 回环地址。以 127 开头的 IP 地址($127.x.y.z$),比如常用的 127.0.0.1,用作本地回环地址,用于对本地主机的网络进行回路测试。发送到这个地址的数据包不会输出到实际的网络,而是送给系统的回环(Loopback)驱动程序来处理。比如要检查本地主机的网卡工作是否正常,可使用 ping 命令来测试 127.0.0.1 这个地址。

(2) 广播地址。主机地址编码的二进制数位均为 1 的地址用于广播通信,属于广播地址。这种广播地址称为定向广播地址或直接广播地址,路由器会转发这种广播报文到目标网络。比如 192.168.11.255 就属于定向广播地址,IP 数据包的目标主机地址若为该地址,则该 IP 数据包将广播到 192.168.11.0 网络中的每一台主机。

全为 1 的 IP 地址,即 255.255.255.255 代表的是本网络中的所有主机,用于网内广播。路由器不转发这类广播报文,广播范围受限,称为有限广播。即 255.255.255.255 地址用于向本地网络的所有主机发送广播消息。

(3) 网络地址。主机地址编码的二进制数位均为 0 的地址用于代表该网络的地址。例如 192.168.11.0 就是网络地址,它代表编号为 192.168.11 的这个网络。

全为 0 的 IP 地址(0.0.0.0)表示整个网络,即网络中的所有主机。在路由配置时,可使用 0.0.0.0/0 来配置默认路由,此时该 IP 地址代表的是所有主机和目的网络,即在路由表中无到达目的网络的路由时,都按默认路由的指示进行路由转发。

(4) $169.254.x.x$。被微软买断,在自动获得 IP 地址的 IP 分配方式下,用作用户获取不到 IP 地址时自动分配的 IP 地址。在计算机采取自动获取 IP 地址分配方式时,若计算机不能正常获得 IP 地址,则将给计算机分配 169.254 开始的 IP 地址。

(5) $224.x.x.x$。第一个字节以 224 开始的 IP 地址为组播地址段,用于多点广播,属于 D 类地址。

7. IP 地址的管理

IP 地址的分配和管理由 ICANN 管理机构负责。ICANN(The Internet Corporation for Assigned Names and Numbers,互联网名称与数字地址分配)是一个非营利性的国际组织,负责因特网协议(IP)地址的分配、协议标识符的指派、通用顶级域名以及国家和地区顶级域名系统的管理,以及根服务器系统的管理。

IP 地址的分配和管理最初是由 IANA(Internet Assigned Numbers Authority,因特网地址分配)机构负责,现在由 ICANN 行使 IANA 的职能。

亚太互联网络信息中心(APNIC)是具有 IP 地址管理权的国际机构,负责亚太地区的 IP 地址分配和管理。中国互联网络信息中心(CNNIC)是亚太互联网络信息中心的国家级 IP 地址注册机构成员。

8. 专用 IP 地址

专用 IP 地址也称为私网 IP 地址。在 IPv4 中,由于 IP 地址数量严重不足,因此,因特网地址管理机构规定了一批专用 IP 地址(私网地址),规定这些地址只能用在局域网中,不同的局域网可以重复使用这些私网地址,从而在一定程度上解决 IP 地址严重不足的问题。

对 A 类、B 类和 C 类网,均划分出了一部分私网地址,局域网中可以使用的私网地址段如下。

A 类:10.0.0.0/8　　　　　　　　　　　约 1658 万个

B 类:172.16.0.0 到 172.31.255.255　　　约 97.5 万个

C 类:192.168.0.0/16　　　　　　　　　约 6.5 万个

因此,在进行局域网地址规划设计时,只能使用这三类私网地址。除私网地址外的其他地址称为公网地址,即允许在因特网中使用的合法地址。

私网地址不能在因特网中使用,因此,因特网中的路由器不会转发含有私网地址的 IP 分组,这就是使用私网地址的计算机不能直接访问因特网的原因。使用私网地址的计算机要访问因特网,必须进行网络地址转换(NAT),在数据包离开局域网进入因特网之前,进行网络地址转换,将 IP 数据包中的私网地址(源 IP 地址)替换成公网地址,然后再路由到因特网中,这样数据包才能被路由器路由转发,从而到达目标主机。

1.5.4　子网划分与变长子网掩码

1. 子网划分的目的

在网络的规划与组建中常常需要进行子网的划分,子网划分的目的是节约 IP 地址。比如三层设备互联时,两端的互联接口需要各设置一个 IP 地址,总共需要 2 个 IP 地址,这 2 个 IP 地址必须在一个独立的网段中。最小的 C 类网,一个网段可用的 IP 地址数有254 个,如果直接分配一个 C 类网络给互联接口使用,则 IP 地址浪费太大,因此需要进行子网划分。

2. 子网划分的方法

子网划分是将一个大的网络划分为若干个小的了网络,每个子网得有一个子网络编号,该子网的编码所需的二进制位从何而来呢?

方法是:将原来用于主机编码的二进制位,从高位(左端)拿一部分用于子网的编码使用,剩下的二进制位用于编码表达子网中的主机编号,如图 1.15 所示。

下面以将 192.168.250.0/24 网段划分为 4 个子网,每个子网 64 个 IP 地址为例,介

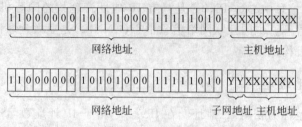

图 1.15　子网划分

绍子网的划分方法。

由于要划分 4 个子网,需要 2 个二进制位来编码表示,这 4 个子网的编号分别为 00、01、10 和 11。

要划分的网段为 C 类网,原主机编码有 8 个二进制位,将高位(左侧)的 2 个二进制位(图 1.15 中用 Y 表示)用作子网编码,剩下的 6 个二进制位用作子网中的主机编码,因此每个子网可有 2^6 共 64 个 IP 地址。此时子网掩码的最后一字节的二进制数就应为 "11000000",转换为十进制数就为 192,因此,进行子网划分后,子网掩码就应为 255.255.255.192。

下面逐一分析每个子网的起始 IP 地址,分析时只考虑 IP 地址的最后一字节,因为前 3 字节不会变,均应为 192.168.250。

每一个网段主机的第一个编号全为 0,该地址实际上是该网段的网络地址;最后一个主机地址编号全为 1,是该网段的广播地址。网络地址和广播地址不能分配给用户使用,在网络地址和广播地址之间的 IP 地址,是实际可使用的 IP 地址。

- 第 1 个子网(子网号 00)

网络地址:.**00** 000000　　　　即 192.168.250.0。

广播地址:.**00** 111111　　　　即 192.168.250.63。

- 第 2 个子网(子网号 01)

网络地址:.**01** 000000　　　　即 192.168.250.64。

广播地址:.**01** 111111　　　　即 192.168.250.127。

- 第 3 个子网(子网号 10)

网络地址:.**10** 000000　　　　即 192.168.250.128。

广播地址:.**10** 111111　　　　即 192.168.250.191。

- 第 4 个子网(子网号 11)

网络地址:.**11** 000000　　　　即 192.168.250.192。

广播地址:.**11** 111111　　　　即 192.168.250.255。

由以上内容可见,进行子网划分后,IP 地址总数不会改变,网段增加了,但可用的 IP 地址数会减少,这是因为每一个子网的第 1 个 IP 地址和最后 1 个 IP 地址将不能分配给用户使用。

经验总结:可根据子网的 IP 地址数量,快速计算出子网掩码的最后一字节的十进制值,其值为"256-子网中的 IP 地址数量"。

例如,上面的例子中,子网中的 IP 地址数量为 64 个,因此子网掩码的最后一字节的值就应为 $256-64=192$,故子网掩码为 255.255.255.192。

若要划分出只有 4 个 IP 地址的子网掩码,则此时的子网掩码的最后一字节值应为 $256-4=252$,即子网掩码为 255.255.255.252。

反之,知道子网掩码,也可快速算出每个子网拥有的 IP 地址数量,方法相同。比如,若子网掩码为 255.255.255.224,则子网中的 IP 地址数量为 $256-224=32$(个)。

子网的个数或主机数必须是 2^n,不可能为奇数。

3. 变长子网掩码

在前面的子网划分中,每个子网的掩码长度是相同的,也即每个子网的主机数量相同,这种划分子网的方式称为定长子网掩码(Fixed-Length Subnet Mask,FLSM)。

在实际应用中,定长子网掩码有时并不能满足应用需求,比如某单位申请到有 256 个 IP 的地址段,需要分配给 5 个部门使用,这 5 个部门需要的 IP 地址数量分别是 50、60、60、30、30。这时,每个子网的主机数量不完全相同,即子网掩码的长度不相同,这种划分子网的方式称为变长子网掩码(Variable-Length Subnet Mask,VLSM)。

在刚才的应用需求中,可将拥有 256 个 IP 的地址段依次划分出 5 个子网,每个子网的地址数分别为 64 个地址、64 个地址、64 个地址、32 个地址、32 个地址,具有 64 个地址的子网的子网掩码为 255.255.255.192,具有 32 个地址的子网的子网掩码为 255.255.255.224。

1.5.5　无分类编址

有类 IP 地址是将 IP 地址分成了 A、B、C、D、E 类地址来使用,地址使用时没有进行子网划分,直接按类进行分配使用,因此 IP 地址利用率不高,闲置占用得较多。

为了提高 IP 地址资源的利用,在 VLSM 技术的基础上,在 1993 年提出了无分类域间路由选择(Classless Inter-Domain Routing,CIDR),IP 地址不再分类使用,利用 VLSM 技术,可根据地址数量的需求进行分配使用。目前因特网服务商(ISP)均是采用无分类编址(CIDR)方案来划分和分配 IP 地址。

CIDR 取消了传统的 A、B、C、D、E 类地址以及子网划分的概念,使用各种长度的网络前缀代替分类地址中的网络号和子网号。使 IP 地址又回到了两级编址(无分类的两级编址),即网络前缀＋主机标识。

子网划分相当于将 IP 地址变成了三级编址,即网络号＋子网号＋主机号。

CIDR 使用斜线记法来表达 IP 地址,又称 CIDR 记法,它是在 IP 地址的后面加上一斜线"/",然后写上网络前缀所占的比特数(二进制位数),位数采用十进制数表示。

例如 128.30.36.12/24,表示在 32 比特的 IP 地址中,前 24 位为网络前缀(网络地址),后面的 8 位表示主机标识(主机地址)。

因此,128.30.36.12/24 等价于子网掩码为 255.255.255.0 的 IP 地址 128.30.36.12。

网络前缀都相同的连续的 IP 地址组成 CIDR 地址块(超网),通过让主机号分别为全 0 和全 1,可以得到一个 CIDR 地址块的最小地址和最大地址。

例如,对于 128.14.32.0/20 地址块而言,前 20 位为网络前缀,后 12 位为主机号。

由于网络前缀是 20 位,因此,第 3 字节的 8 个二进制位中,最前面的 4 个高位应是网络地址位,掩码对应的二进制数为 11110000,转换为十进制数为 240,因此,采用点分十进制法表达的子网掩码为 255.255.240.0。

因此,128.14.32.0/20 等价于子网掩码为 255.255.240.0 的 IP 地址 128.14.32.0。

所以 128.14.32.0/20 地址块包含了(16×256)个地址,地址范围如下。

最小地址:128.14.32.0。

最大地址:128.14.47.255。

常用的 CIDR 地址块如表 1.3 所示。

表 1.3 常用的 CIDR 地址块

CIDR 前缀长度	点分十进制表示	包含的地址数	包含的有类网络数
/8	255.0.0.0	16M	256 个 B 类地址
/9	255.128.0.0	8M	128 个 B 类地址
/10	255.192.0.0	4096K	64 个 B 类地址
/11	255.224.0.0	2048K	32 个 B 类地址
/12	255.240.0.0	1024K	16 个 B 类地址
/13	255.248.0.0	512K	8 个 B 类地址
/14	255.252.0.0	256K	4 个 B 类地址
/15	255.254.0.0	128K	2 个 B 类地址
/16	255.255.0.0	64K	1 个 B 类地址
/17	255.255.128.0	32K	128 个 C 类地址
/18	255.255.192.0	16K	64 个 C 类地址
/19	255.255.224.0	8K	32 个 C 类地址
/20	255.255.240.0	4K	16 个 C 类地址
/21	255.255.248.0	2K	8 个 C 类地址
/22	255.255.252.0	1K	4 个 C 类地址
/23	255.255.254.0	512	2 个 C 类地址
/24	255.255.255.0	256	1 个 C 类地址
/25	255.255.255.128	128	1/2 个 C 的地址
/26	255.255.255.192	64	1/4 个 C 的地址
/27	255.255.255.224	32	1/8 个 C 的地址
/28	255.255.255.240	16	1/16 个 C 的地址
/29	255.255.255.248	8	1/32 个 C 的地址
/30	255.255.255.252	4	1/64 个 C 的地址

1.6 局域网技术简介

计算机技术与通信技术的结合促进了计算机网络的飞速发展,局域网经历了从单工到双工,从共享式到交换式,从低速到高速,从昂贵到普及的发展过程。本节主要介绍局域网技术的发展历程和主流的局域网技术。

1.6.1 带宽共享式以太网络

早期的以太局域网络属于带宽共享式的以太网,有总线结构和星形两种组网方式,遵循 IEEE 802.3 以太网协议标准,通信速率为 10Mbps,采用半双工通信。

1. 总线形结构的共享式以太网

共享式以太局域网最早采用总线形拓扑结构,使用同轴电缆(细缆或粗缆)作为公用总线来连接其他节点,其中一个节点是网络服务器,提供资源共享服务;其余节点是网络的工作站。总线的两端安装一对 50Ω 的终端电阻以消除回波干扰。

共享式以太网采用广播方式通信,总线长度和工作站数目都是有限制的,大约为30 台。总线形结构网络连接的可靠性较差,只要有一台工作站连接处的 T 形头出现连接故障,则会造成整个网络瘫痪。

2. 星形结构的共享式以太网

总线结构的网络连接可靠性差,之后逐渐被使用集线器(Hub)和双绞线,以星形结构组网所取代。利用多台集线器级联或堆叠组网,曾是局域网很流行的组网方式。

集线器是一种多端口的中继器,共享带宽,工作在物理层,属于物理层设备,是星形拓扑结构的接线点,安装连接好网线,通上电源之后即可工作,不需要特殊的配置。

集线器的基本功能是使用广播技术进行信息分发,将一个端口上接收到的信号,以广播方式发送到集线器的其他所有端口,各端口接收到广播信息后,就会对信息进行检查,若发现该信息是发给自己的则接收,否则丢弃,其工作原理如图 1.16 所示。

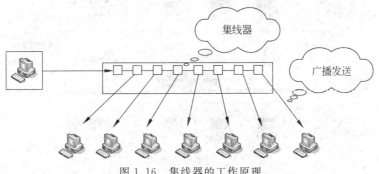

图 1.16 集线器的工作原理

带宽共享式以太网遵循载波侦听多路访问/冲突检测协议(CSMA/CD),工作在半双工通信方式,所有主机均在同一个冲突域中。当集线器连接的主机数目越多,集线器的信息碰撞(冲突)概率就会显著提高,从而导致集线器的工作效率变差、速率降低。

一般而言,对于 10Mbps 集线器,其工作站点不宜超过 25 个,采用 100Mbps 集线器时也不宜超过 35 个。

3. 冲突域与广播域的概念

使用同轴电缆以总线结构或用集线器以星形结构组建的局域网,其上的所有节点同处于一个共同的冲突域,一个冲突域内不同设备同时发出数据帧就会产生冲突,导致发送失败。冲突域内的一台主机发送数据时,处于同一个冲突域内的其他主机都可以接收到,而且只能接收数据,不能发送数据。当主机太多时,冲突将成倍增加,带宽和速度将显著下降。

广播域是指广播帧所能到达的范围。连接在多个级联在一起的集线器上的所有主机构成了同一个冲突域,同时也构成了一个广播域,此时冲突域和广播域的范围是相同的。而连接在一个没有划分 VLAN 的交换机上的主机,它们分别属于不同的冲突域,交换机的每一个端口构成一个冲突域,接在不同端口上的主机分属于不同的冲突域,但都属于同一个广播域,即交换机的所有端口构成了同一个广播域。

1.6.2 网桥

1. 利用网桥隔离冲突域

用集线器构建的局域网属于同一个冲突域。随着用户数量的增多,冲突会成倍提高,带宽利用率也将显著降低。为了隔离冲突域,出现了桥接技术。

利用网桥可以将两个或多个共享式以太网段连接起来,位于网桥两边的以太网段分属于不同的冲突域,但仍处于同一个广播域中。这个时代的局域网通常是多个网桥将许多的集线器互联起来而构成的网络。图 1.17 所示为利用网桥连接两个以太网段。

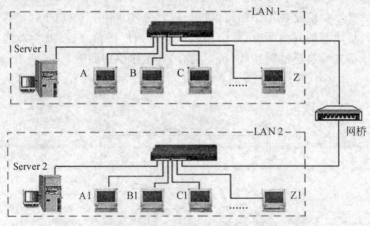

图 1.17 利用网桥隔离冲突域

网桥(Bridge)是一个局域网与另一个局域网之间建立连接的桥梁,又称桥接器,是工作于数据链路层的网络设备,可以将两个或两个以上的局域网互联为一个逻辑局域网,使一个局域网上的用户可以通过网桥去访问另一个局域网中的资源,以实现局域网的互联。

2. 网桥的分类

IEEE 802 委会员制定了两种互不兼容的网桥方案用于互联局域网,分别是透明网桥和源路由选择网桥。以太网和令牌总线网采用透明网桥,令牌环网通常使用路由选择网桥。

透明网桥(Transparent Bridge)使用比较方便,即连即用,不需要改变现有局域网的硬软件配置,也不需要添加或设置路由选择表和参数,可以透明地在局域网之间转发帧。所谓透明,是指局域网间可自由通信,就与没有网桥而直接相连一样,网桥对用户是不可见的,就好像没有这个设备一样。

3. 透明网桥的工作原理

透明网桥以混杂方式工作,它接收与网桥相连的所有局域网传送的每一帧,当一帧到达时,网桥必须决定是丢弃还是转发。若要转发,则必须进一步决定转发到哪一个局域网中。这需要通过查询网桥中保存的一张路径表来做出决定,该表保存着目的地址和对应的输出路径。查询到后,网桥就直接将帧转发到相应局域网中;若未找到,则以广播方式广播该帧到与网桥相连接的其他所有局域网中,当目标主机回应后,就可得知相应的路径,网桥便会将该路径添加到路径表中,以后就可直接转发了。

网桥具有逆向学习功能,当网桥刚开始工作时,路径表是空的,但可通过逆向学习法来获知路径并逐步建立起路径表。逆向学习是指网桥通过检查收到帧的源地址及输入路径(从中可获得地址与路径的对应关系),从而找到目的站及其输出路径的方法。

从中可见,帧到达网桥后,下一步的路径选择过程取决于发送的源局域网和目的地所在的局域网,有以下两种情况:

若源 LAN 和目的 LAN 相同,则丢弃该帧,使本地通信限制在本网段内;

若源 LAN 和目的 LAN 不同,则进一步查看地址表中是否有目的 LAN,若有则转发该帧,若没有则进行广播。

在图 1.17 中,当 A 向 C 发送数据时,由于 A 与 C 处于同一网络,该数据包将被网桥过滤,而不会送至网络 2,从而实现网络间的隔离,使本地通信限制在本网络内;当从 A 向 H 发送数据时,由于目的和源所处的网络不同,因此网桥将转发数据包至网络 2,从而实现网络间的通信。

1.6.3　交换式以太网络

交换式以太网是指采用交换机设备,并以星形结构组建的以太网络。

1. 交换机简介

网桥的一个端口所连接的网络属于一个冲突域,因此利用网桥来连接和组建局域网,可缩小冲突域的范围,减少冲突的概率,提高网络通信的速度和效率。

网桥端口较少,于是诞生了交换机设备。最早的以太网交换机出现在 1995 年,交换机的前身是网桥,相当于是一个多端口的网桥。交换机的任意两个端口就相当于一个 2 端口的网桥。

交换机的每一个端口属于一个冲突域,不同端口属于不同的冲突域。如果交换机的一个端口连接的是一台主机,则该主机收发数据获得收发权的概率就是 100%,不会发生冲突,因此交换机可以工作在全双工模式。

交换机拥有一条高带宽的背板总线和内部交换矩阵,并为每个端口设立了独立的通道和带宽,交换机的所有端口挂接在这条背板总线上,通过内部交换矩阵可实现高速的数据转发,因此交换机的每一个端口的带宽是独享的,比如对于 100Mbps 的交换机,则每一个端口的通信速率均可同时达到 100Mbps。集线器的端口带宽是共享的,比如一台 100Mbps 的集线器,是所有端口共享使用这 100Mbps 的带宽。

交换机的背板带宽越宽(背板带宽是指交换机在无阻塞情况下的最大交换能力),交换机的处理和交换速度就越快。交换机的数据转发算法较简单(相对于路由算法),可基于硬件(ASIC 芯片)来实现,因此交换机可基于硬件实现线速交换。

从中可见,交换机各端口是独享带宽,并可实现全双工通信,线速转发数据帧。

交换机工作于数据链路层,能识别数据帧中的 MAC 地址,根据目标 MAC 地址进行数据帧的转发。三层交换机是指可以工作在第三层(网络层)的交换机,三层交换机增加了路由功能,能识别 IP 地址,可对 IP 数据包进行路由转发。三层交换机也可工作在第二层,作为一个二层交换机来使用。

以太网交换机具备强大的数据交换处理能力和丰富的功能,交换机和路由器已成为局域网组网的核心关键设备,交换式以太网成为目前最流行也是最佳的组网方式。

2. 交换机的工作原理

交换机的工作原理是存储转发,它将某个端口发送来的数据帧先存储下来,通过解析数据帧,获得目的 MAC 地址,然后在交换机的 MAC 地址与端口对应表中,检索该目的主机所连接到的交换机端口,找到后就立即将数据帧从源端口直接转发到目的端口。

若在地址表中找不到目的 MAC,交换机便采用广播方式,将数据帧广播到所有的端口,接收到端口的回应后,便知道目的主机所连的端口,然后将数据帧直接转发给该端口。之后交换机还会记忆该 MAC 地址和所对应的端口,并将其添加到内部的地址表中,以后若要向该目的地址发送信息,就可以直接转发了,由此可见,交换机对目的地址具有记忆学习功能,是一种智能化的设备。当将主机连入交换机后,交换机即开始了对该地址的学习,并将学习到的 MAC 地址与端口对应关系保存在交换机的 MAC 地址表中。MAC 地址表具有衰老期,以便及时更新 MAC 地址表。

1.6.4 虚拟局域网技术

1. 虚拟局域网的诞生

利用交换机构建交换式局域网,解决了冲突域的问题,提高了网络数据的交换处理速度和网络性能。但所有交换机互联所构成的局域网属于同一个广播域。一台主机所发出的广播帧,将广播到整个局域网络中的每一台主机。

在局域网技术中,广播帧是大量被使用的,这些大量的广播帧将占用大量的网络带宽,并给主机为处理广播帧而造成额外的负荷。网络越大,用户数越多,就越容易形成广播风暴,特别是目前病毒、木马泛滥成灾的时代,如果不对广播域进行隔离缩小,不抑制广播风暴的产生,将严重影响网络的正常运行,甚至会导致网络的阻塞和瘫痪。

要隔离广播域,可使用路由器来实现,路由器不会转发广播帧,可有效实现分割广播域,并实现网间的通信。但由于路由器的端口数量较少,路由转发速度较慢(路由算法复杂,采用软件方式实现),且成本较贵,因此在局域网中,要全部采用路由器来实现广播域的隔离,造价昂贵,难以普及,为了实现廉价的解决方案,于是诞生了虚拟局域网技术。

2. 虚拟局域网技术简介

虚拟局域网(Virtual Local Area Network,VLAN)是将局域网从逻辑上划分为若干个子网的交换技术,即利用交换机来实现对广播域的隔离。

利用虚拟局域网技术所划分出的每个子网形成一个独立的网段,称为一个VLAN。每个 VLAN 内的所有主机间的通信和广播仅限于该 VLAN 内,广播帧不会被转发到其他 VLAN(网段),即一个 VLAN 就是一个广播域,从而实现了对广播域的分割和隔离。

利用 VLAN 技术,在局域网的规划与组网时,就可将一个大的局域网规划设计成由若干个网段来构成。

由于是在同一个局域网,各网段(子网)间肯定存在相互通信的需求。要实现网段间的相互通信,可通过为每一个 VLAN 配置指定 VLAN 接口地址来实现,该 VLAN 接口地址就成为该网段的网关地址,通过网关地址就可实现网段间的相互通信。

二层交换机可以划分 VLAN,但无法实现 VLAN 间的通信;三层交换机支持路由功能,可以通过配置 VLAN 接口地址来实现 VLAN 间通信,因此,VLAN 接口地址常配置在三层交换机中。

如果没有三层交换机,二层交换机也可借助外部的路由器来实现 VLAN 间的相互通信。在目前的交换式以太网络中,广泛采用了 VLAN 技术来隔离和缩小广播域。

1.7　网络传输介质

1.7.1　有线传输介质

有线传输介质有同轴电缆、双绞线和光纤三种。

1. 同轴电缆

同轴电缆用于总线型组网,分细缆和粗缆两种,常用的主要是细缆,如图 1.18 所示。

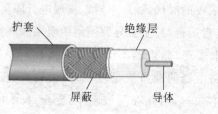

护套　　　　　　绝缘层

屏蔽　　　　导体

图 1.18　细同轴电缆

同轴电缆接头使用 BNC 头和 T 形接头,如图 1.19 所示。BNC 头用于连接主机;T 形头用于串接总线并与连接主机的 BNC 头相连,实现对总线的分接。

图 1.19　BNC 接头

对于同轴电缆细缆,遵循 10Base-2 标准,每一网络段的总线长度最大为 180m,最高传输率为 10Mbps;粗缆遵循 10Base-5 标准,总线长度可达 500m。总线与工作站之间的连接距离不应超过 0.2m,总线上工作站与工作站之间不应小于 0.46m。

2. 双绞线

双绞线由 4 对电缆组成,每对相互绝缘的铜导线缠绕成螺旋状,以减少邻近线对引起的电磁干扰,其外观如图 1.20 所示。双绞线的网络接头使用 RJ-45 接头(又称水晶头),外观如图 1.21 所示。

双绞线分为屏蔽双绞线(STP)和非屏蔽双绞线(UTP)两大类。非屏蔽双绞线又分为三类(UTP CAT3)、五类(UTP CAT5)、超五类(UTP CAT5E)和六类(UTP CAT6)等型号。UTP CAT3 是语音级的双绞线缆,数据速率可达 16Mbps,主要用于电话线路。五类、超五类和六类用于网络数据传输布线使用。五类和超五类的主要区别在于双绞线的缠绕绞距不相同,超五类缠绕绞距要小,缠绕更密一些,性能更好。五类和超五类主要用于 100Mbps 传输网络的布线,单段最大传输距离为 100m,即从交换机端口出来到用户 PC 之间的线路最大距离为 100m。六类网线主要用于 1000Mbps 网络的布线使用,六类网线与五类和超五类相比要粗一些,其铜芯线径要大一些,传输性能更好,以适应于 1000Mbps 网络的传输要求。布线时,单段的信道长度也要控制在 100m 之内。

图 1.20　双绞线

图 1.21　RJ-45 水晶头

在综合布线时,交换机和配线架放置在楼宇配线间,配线架至用户接线盒间的最大距离要控制在 90m 之内,接线盒至用户 PC 间的网线跳线长度控制在 5m 之内,配线架至交换机端口间的跳线控制在 5m 之内,从而保证整个信道长度控制在 100m 之内。配线方式如图 1.22 所示。

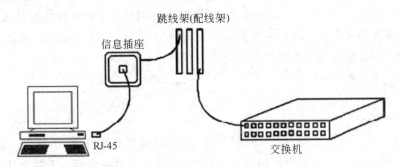

图 1.22　网络布线结构

屏蔽双绞线增加了铝箔包裹以减小辐射,价格比非屏蔽双绞线昂贵,国内使用较少。欧洲标准使用较多。一个网络若要使用屏蔽双绞线,则双绞线、水晶头、信息模块、配线架等都要使用屏蔽类型的。屏蔽双绞线国内工程使用较少。

双绞线与水晶头连接的线序有 EIA/TIA 568A 和 EIA/TIA 568B 两种标准。这两种标准的线序如图 1.23 所示。

EIA/TIA 568B 标准线序,从左至右线序为:

1 脚	2 脚	3 脚	4 脚	5 脚	6 脚	7 脚	8 脚
白橙	橙	白绿	蓝	白蓝	绿	白棕	棕

EIA/TIA 568A 标准线序,从左至右线序为:

1 脚	2 脚	3 脚	4 脚	5 脚	6 脚	7 脚	8 脚
白绿	绿	白橙	蓝	白蓝	橙	白棕	棕

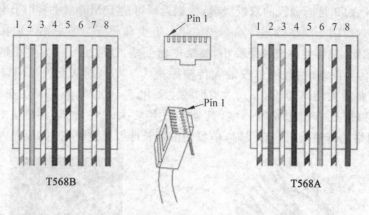

图 1.23　T568A 与 T568B 标准线序

从中可见,T568A 和 T568B 标准的线序差异就是 1 与 3、2 与 6 相互交换了位置。

在制作网线的水晶头时,如果网线两端的水晶头采用相同的标准,比如 T568A 或 T568B 标准的线序,这样制作出来的网线就是直通线。如果一端采用 T568A 标准的线序,另一端采用 T568B 标准的线序,这样制作出来的网线就是交叉线。

同类设备(DTE 或 DCE 设备)间相连使用交叉线,异类设备间相连使用直通线。比如 PC 与 PC 之间的直连,PC 与路由器端口的相连,路由器与路由器端口之间的相连要使用交叉线。路由器与交换机之间的连接,交换机普通端口与 PC 之间的连接要使用直通线。不过,现在的网络设备端口一般都具有自动翻转(Auto MDI/MDI-X)功能,对交叉线和直通线的需求,能按需在端口内部自动进行转换。

3. 光纤

(1) 光纤简介

光纤是光导纤维的简称,采用玻璃纤维或塑料制成的透明纤维,由纤芯、包层和保护层组成。光纤的纤芯只有头发丝粗细,一根光缆可封装多对至成百上千对光纤。

光纤具有带宽高、数据传输率高、无电磁辐射、抗干扰能力强、传输距离远等优点。光纤分单模光纤(Single Mode Fiber,SMF)和多模光纤(Multi Mode Fiber,MMF)两种。

单模光纤的纤芯直径为 $8\sim10\mu m$(一般为 $9\mu m$ 或 $10\mu m$),包层外直径为 $125\mu m$,只能传输一种模式的光,光线以直线形状沿纤芯中心轴线方向传播,模间色散很小,信号畸变很小,能进行远距离传输,适用于远程通信。单模光纤由于纤芯很小,对光源的谱宽和稳定性有较高的要求,因此,单模光纤使用激光光源,造价较高。

在 $1.31\mu m$(1310nm)波长处,单模光纤的材料色散和波导色散为一正一负,大小也刚好相等,因此,在 $1.31\mu m$ 波长处,单模光纤的总色散为零。从光纤的损耗特性(光纤损耗一般是随波长加长而减小)来看,$1.31\mu m$ 也正好是光纤的一个低损耗窗口(损耗为 0.35dB/km)。这样,$1.31\mu m$ 波长就成了光纤通信的一个很理想的工作波长。单模光纤的 $1.31\mu m$ 工作波长被国际电信联盟 ITU-T 在 G652 标准中确定下来,满足 ITU-T. G.652 标准的光纤就称为 G652 光纤,这是目前使用最广泛的一种单模光纤。

单模光纤除了 $1.31\mu m$ 工作波长之外,还有损耗更低的 $1.55\mu m$(1550nm)工作波长,光链路损耗为 0.20dB/km,该波长是 ITU-T.G.653 标准中所规定的工作波长,遵循该标准规范的光纤称为 G653 光纤。

多模光纤可传多种模式的光。纤芯直径为 $50\sim62.5\mu m$,包层外直径为 $125\mu m$。多模光纤最常用的纤芯直径为 $50\mu m$ 和 $62.5\mu m$。多模光纤的光源使用发光二极管(LED)或激光光源,模间色散较大,随着距离的增加色散会更加严重,故适用于短距离的传输。多模光纤的工作波长为 $0.85\mu m$(850nm)。

光纤的传输距离与单模光纤/多模光纤的类型、光纤的质量等级、传输速率和光纤收发器光功率有关。多模光纤传输距离一般为几百米,单模光纤一般为几千米至几十千米。在 1Gbps 速率下,多模光纤传输距离为 550m,在 10Gbps 速率下,一般选择使用单模光纤,其传输距离与所使用的光纤收发器的类型和光功率大小有关。

对于光纤跳线,可从跳线的颜色来识别光纤的类型,黄色的光纤跳线一般是单模光纤,橘红色或者灰色的光纤跳线一般是多模光纤。另外,光纤跳线还有千兆和万兆的区分。

(2) 光纤收发器与光模块

光纤收发器也称为光电转换器,用于光信号和电信号的相互转换,一般应用在以太网电缆(双绞线)无法覆盖,必须使用光纤来延长传输距离的网络环境中。

光纤可成对使用,也可单纤使用。成对使用时,一根光纤用于接收数据,另一根光纤用于发送数据。单纤使用时,该根光纤可以同时收发数据,但要配合单纤收发器使用,单纤收发器采用了波分复用的技术,因此,光纤收发器从使用的光纤数量来分,有单纤收发器和双纤收发器两种;根据传输光的模式的多少,分为单模光纤收发器和多模光纤收发器;根据传输速率,分为 100Mbps、1000Mbps 和 10Gbps 速率的光纤收发器;根据结构划分,光纤收发器分为桌面式(独立式、台式)光纤收发器和机架式(模块化)光纤收发器。

桌面式光纤是独立的终端设备,成对使用,外观如图 1.24 所示。

机架式光纤收发器一般为 16 槽机箱,安装于标准机柜中,采用集中供电方式,有16 个业务插槽,可以插 16 块双纤芯或单纤芯的卡式收发器,其外观如图 1.25 所示。

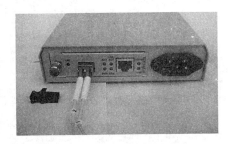

图 1.24　桌面式光纤收发器

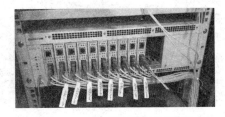

图 1.25　机架式光纤收发器

除了光纤收发器能实现光电信号的转换外,还有一种光纤模块(简称光模块)也能实现相同的功能。光纤模块是功能性模块,支持热插拔,属于配件,不能单独使用,光纤收发器属于设备,可单独使用。光模块要插入交换机或路由器的光模块插槽中才能使用。

GBIC(Giga Bitrate Interface Converter)是千兆位电信号转换为光信号的接口器件,

支持热插拔使用,是早期网络设备使用的光模块封装类型,其光纤接口类型为 SC 型。

SFP(Small Form-factor Pluggable,小型可插拔)是 GBIC 的升级版,体积减小了一半,有利于提高网络设备的端口密度。有些交换机厂商称为小型化 GBIC(Mini-GBIC)。目前 SFP 封装形式已取代 GBIC。

万兆光模块最终也采用了 SFP 封装的尺寸大小,称为 SFP+封装,SFP(千兆)和 SFP+(万兆)封装形式的光模块的光纤接口为 LC 型。SFP 光纤模块外观如图 1.26 所示。

光模块有单模和多模之分,根据传输速率的不同,有 100Mbps、1000Mbps 和 10Gbps 之分。根据传输距离,光模块可分为短距(2km 以内)、中距(10~20km)和长距(30km 及以上)三种。

多模光模块工作波长为 850nm,造价低但传输距离短,一般只能传输 550m 以内,使用激光光源和 1310nm 波长的多模光纤,最大可传输 2km;单模光模块工作波长有 1310nm 和 1550nm 两种,1310nm 的单模光模块,传输过程光损耗相对较大,但色散小,一般用于 40km 以内的传输;1550nm 的单模光模块,传输过程光损耗小,但色散大,一般用于 40km 以上的长距离传输,最远可以无中继传输 120km。单模模块的传输距离规格常见的主要有 10km、15km、40km、50km、80km、100km 和 120km 等。

Cisco 厂商的光模块种类很多,常见的主要有:

- GLC-SX-MM SFP 多模光模块(850nm-1.25Gbps-550M-LC)
- GLC-LH-SM SFP 单模光模块(1310nm-1.25Gbps-10KM-LC)
- GLC-ZX-SM SFP 单模光模块(1550nm-1.25Gbps-80KM-LC)
- GLC-T SFP 电口模块(1.25Gbps-100M-RJ-45)

光模块是将电信号与光信号进行相互转换,对外的表现接口为光纤接口。目前还有一种称为 SFP-T 的光模块(SFP 千兆电口模块),封装形式是 SFP,对外的接口为 RJ-45 口,用于连接五类、超五类或六类双绞线,传输距离为 100m,该种模块相当于实现光口转电口的功能。Cisco GLC-T 光模块是指千兆电口的光模块,外观如图 1.27 所示。

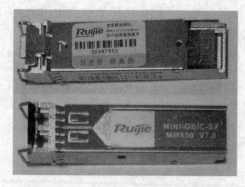

图 1.26 SFP 光纤模块

图 1.27 Cisco GLC-T SFP 千兆电口光模块

(3) 光纤接头类型与光纤跳线

光纤接头类型主要有 ST 型、FC 型、SC 型和 LC 型四种,接口形状总体上分为圆口和方口两类,这些光纤接头是早期不同企业开发形成的标准。

ST 头为金属圆形卡口式结构,插入后旋转半周有一卡口固定,常用于光纤配线架,缺点是容易折断。

FC 头紧固方式为螺丝扣,有一螺帽拧到适配器上,优点是牢固、防灰尘。

SC 头为矩形塑料插拔式结构,不需旋转,直接插拔,容易拆装,使用很方便,缺点是容易掉出来。常用于连接 GBIC 光纤模块。

LC 头用于连接 SFP 或 SFP+光纤模块,目前交换机和路由器的光纤模块一般都采用 SFP 或 SFP+。光纤接头类型如图 1.28 所示,图中的 SC 接头为双联装的 SC 头。

| ST | FC | SC | LC |

图 1.28   光纤接头类型

光纤跳线是两端制作好光纤接头的一根光纤。光纤跳线两端的接头类型根据需要,可以任意搭配。常见的有 SC-SC、ST-ST、FC-FC、LC-LC、LC-FC、ST-LC、ST-FC、FC-SC、SC-LC 等类型的光纤跳线,外观如图 1.29 所示。

图 1.29   LC-FC 光纤跳线

(4) 光纤适配器

光纤适配器(Fiber Adapter)又称光纤耦合器或光纤法兰盘,是实现光纤活动连接的重要器件,它通过尺寸精密的开口套管,在适配器内部实现光纤的精密对准连接。利用光纤适配器可延长光纤跳线的长度,或进行光纤接头的活动连接,比如尾纤与光纤跳线的连接。

根据要连接的光纤接头类型的不同,光纤适配器也有多种,如图 1.30 所示。

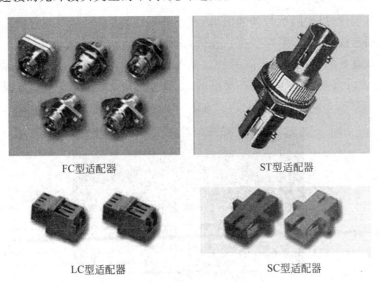

FC型适配器   ST型适配器

LC型适配器   SC型适配器

图 1.30   光纤适配器

（5）光纤熔接

光缆通常封装有多对光纤，这些光纤还没有光纤接头，无法使用，必须将每根光纤熔接上一根尾纤，以提供光纤连接所需的接头。

尾纤是一端已制作好光纤接头，另一端没有接头的光纤。可利用成品光纤跳线，从中间剪断来获得尾纤。

光纤熔接使用光纤熔接机，外观如图 1.31 所示。光缆的每一根光纤和熔接好的尾纤盘整在光纤终端盒（光纤分线箱、光纤配线架）中，然后将尾纤的光纤接头，从盒子内部插接在光纤终端盒面板上的光纤适配器（法兰盘）上，光纤适配器的另一端就可供用户插接光纤跳线，连接到网络设备的光模块上。连接示意如图 1.32 所示。

图 1.31　藤仓 FSM-50S 光纤熔接机

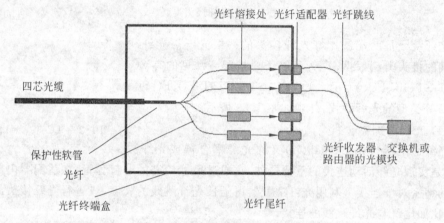

图 1.32　光纤终端盒连线示意图

光缆中有钢丝，以增强抗拉伸的能力，在光纤终端盒中，必须将钢丝固定连接到光纤终端盒中的固定柱上，并拧紧螺丝夹住光缆，以防止外力拉断熔接的光纤。

光纤终端盒有机架式和桌面式两种。桌面式光纤终端盒一般放置在桌面或挂在墙上使用，机架式光纤终端盒安装固定在标准的 19 英寸机柜上，机架式光纤终端盒如图 1.33 所示。

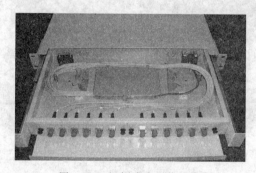

图 1.33　机架式光纤终端盒

1.7.2　无线传输介质

无线局域网(Wireless LAN,WLAN)的传输介质采用无线传输介质(电磁波)。在不便于进行有线网络铺设的应用环境,或者要快速搭建临时性网络,可采用无线网络。随着移动设备应用的普及和使用率的大大提高,在组建企事业局域网时,一般都要组建无线网络,实现整个园区无线信号的全覆盖,以增强用户使用无线网络的便捷性和使用效果。

无线传输介质主要有红外线和微波(300MHz～300GHz),主要使用微波,工作频率有 2.4GHz 和 5GHz。现在生产的 AP(Access Point,无线接入点)设备,一般都支持2.4GHz 和 5GHz 双频工作,以增加用户接入量。

无线局域网使用的协议是 IEEE 802.11 协议簇,不同种类、不同用途的协议较多,用于无线网络连接的协议主要有 IEEE 802.11a、IEEE 802.11b、IEEE 802.11g(802.11g+)、IEEE 802.11n、IEEE 802.11ac 和 IEEE 802.11ad(WiGig),通信速率分别可达 54Mbps、11Mbps、54Mbps(108Mbps)、300Mbps,或大于 1Gbps、7Gbps。

IEEE 802.11ac 是 IEEE 802.11n 标准的继任者,核心技术主要基于 IEEE 802.11a,继续工作在 5GHz 频段,以保证向下兼容。IEEE 802.11ac 支持更多的 MIMO(Multiple-Input Multiple-Output)空间流(增加到 8 个)和多用户支持,支持更宽的 RF 带宽和更高阶的调制,传输速率可超过 1Gbps,主要用于千兆无线网络的组网。

MIMO 技术是指在发射端和接收端分别使用多个发射天线和接收天线,使信号通过发射端与接收端的多个天线传送和接收,从而改善通信质量。它能充分利用空间资源,通过多个天线实现多发多收,在不增加频谱资源和天线发射功率的情况下,可成倍地提高系统信道容量,具有明显的优势,被视为下一代移动通信的核心技术。

IEEE 802.11ad 主要用于实现高清视频和无损音频的高码率(超过 1Gbps)传输要求,用于实现家庭内部无线高清音视频信号的传输,为家庭多媒体应用带来更完备的高清视频解决方案。IEEE 802.11ad 标准的无线信号工作在 60GHz 的高频段,通过对 MIMO技术的支持,通过多路传输,支持高达 7Gbps 的数据传输速率。

对于大中型无线网络的组建,由于 AP 数据众多,为便于对这些 AP 进行统一控制和管理,一般都采用瘦 AP＋无线 AC 控制器(Wireless Access Point Controller)的组网模式。

1.8　局域网设备简介

1.8.1　网络互联设备

在局域网的组建过程中,用于实现网络互联互通的设备是交换机和路由器。用量最多的是交换机,路由器仅用在局域网络的边界,用于实现局域网与因特网的互联互通,实现局域网用户能访问因特网,因特网中的用户能访问局域网中的服务器。

1. 交换机

（1）交换机的分类

① 根据可工作的协议层次，交换机分为二层交换机和三层交换机两类。

在网络的最底层，用于实现将 PC 接入网络的交换机，通常称为接入层交换机，这类交换机数量众多，从建设成本角度考虑，一般都采用二层交换机。在一幢楼宇中，用于汇聚级联所有接入层交换机的交换机，通常称为汇聚交换机。汇聚交换机一般都采用高性能的三层交换机来担任，以提供高性能的数据交换能力和 VLAN 间的相互通信（路由功能）。

② 根据交换机的性能，交换机可分为接入交换机、汇聚交换机（数据中心交换机）和核心交换机。

在组建局域网时，接入交换机的数量由网络信息点总数除以单台接入交换机端口数量，取最大值来确定。汇聚交换机一幢楼宇至少需要一台。接入交换机和汇聚交换机放置在楼宇配线间的机柜中。

各幢楼宇的汇聚交换机再向上，通过光缆汇聚到中心机房的核心交换机，因此，一个局域网至少需要一台核心交换机，用于实现整个局域网的互联互通，属于核心交换点。楼宇内部的数据交换，通过汇聚交换机来完成，楼宇间的数据交换，通过核心交换机来实现。核心交换机一般选用具有更高性能的、大型的、模块化的三层交换机来担任。

③ 根据交换机端口的速率，交换机可分为百兆交换机、千兆交换机、万兆交换机和十万兆交换机等类型。交换机的工作速率可向下兼容，自适应。目前主流的组网方式是百兆交换到桌面、千兆骨干、万兆核心。如果经费预算足够，对网络性能要求较高，可采用千兆交换到桌面、万兆骨干、十万兆核心的组网方式。如果对网络的可靠性要求极高，还可采取双汇聚交换机、双核心交换机和路由器以及冗余链路的设计方案（即设备冗余和链路冗余相结合）来实现高可靠性的局域网络。有关这方面的规划设计和实现方法，将在后续章节详细介绍

④ 根据交换机的可扩展性，交换机可分为固定配置交换机和模块化交换机两类。低端的接入层交换机一般都是固定配置交换机。核心交换机一般都选用模块化交换机，用户可根据性能、功能和端口需求，选择具有一定插槽数量的主机箱，然后再选配冗余电源、引擎板、电口交换板和光口交换板等板卡来进行组装，从而获得所需要的核心交换机。

RG-S8600 系列是锐捷网络推出的面向十万兆平台设计的下一代高密度多业务 IPv6 核心路由交换机，满足未来以太网的应用需求，支持下一代的以太网 100Gbps 速率接口，提供有 14 横插槽设计、10 竖插槽设计和 6 横插槽设计三种主机，对应型号分别为 RG-S8614、RG-S8610 和 RG-S8606-B。RG-S8610E 核心交换机外观如图 1.34 所示。

该核心交换机配置了一块 48 端口的千兆电口板，一块 8 端口的 SFP＋万兆光口板，一块 24 端口的 SFP 千兆光口板。

⑤ 根据所应用的网络类型的不同，交换机可分为以太网交换机、ATM 交换机、FDDI 交换机和令牌环交换机等。

（2）交换机的性能指示

影响交换机性能的指标主要是包转发速率和背板带宽。

① 包转发速率。包转发速率的单位为 Mpps（Million Packet Per Second），即每秒可转发多少个百万数据包，其值越大，交换机的交换处理速度也越快，这是交换机最主要的性能指标之一。

② 背板带宽。背板带宽也是衡量交换机性能的重要指标，它直接影响交换机包转发和数据处理能力。对于由几百台计算机构成的中小型局域网，每秒几十兆位的背板带宽一般可满足应用需求；对于由几千台甚至上万台计算机而构成的大型局域网，比如高校校园网或城域教育网，则需要支持每秒几百兆位的核心交换机来担任。锐捷 RG-S8610 背板带宽高达每秒 100 兆兆位，RG-S8614 的背板带宽更是高达每秒 150 兆兆位，足以满足任何需求。

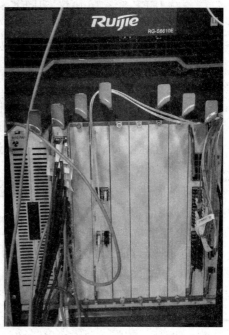

图 1.34　RG-S8610E 核心交换机

（3）交换机的功能指标

交换机通常应具备以下方面的功能，以增强交换机的应用能力。

① 支持 VLAN 和 Trunk 封装协议。支持 VLAN，是交换机的基本功能，一般都应支持 4K 个 VLAN。

IEEE 802.1q 协议和 ISL 协议是 trunk 链路打标封装协议，以实现跨交换机的 VLAN 划分和通信。目前交换机一般均支持 IEEE 802.1q 协议。ISL 协议是 Cisco 交换机特有的类似于 IEEE 802.1q 的协议。

② 支持 QoS。QoS（Quality of Service，服务质量）机制能够识别通过交换机的数据包的特征，并根据这些特征采取不同的传输策略，对于多媒体传输意义重大。利用 QoS 可以给不同的应用程序分配不同的带宽。

③ 广播抑制功能。在某些情况下，三层交换机需要转发广播包，比如 DHCP 客户机发送的 BOOTP 广播包，但是不能任由广播包任意广播，而是在广播包超过一定数量时能加以限制。因此，交换机应具备广播抑制功能。

④ 端口聚合与端口镜像。端口聚合（链路聚合）是指将若干个端口聚合捆绑在一起，形成一个逻辑端口或者称为以太通道（EtherChannel）。通过端口聚合，可成倍提高端口的通信速度。比如将 2 个 1000Mbps 端口聚合成一个逻辑端口后，该逻辑端口的通信速度就是 2000Mbps；若将 4 个这样的端口聚合，则通过速度为 4000Mbps。利用这种技术，可大大提高与上行链路的带宽。

端口镜像是指将一个或多个源端口的数据流量转发到指定的另一个端口，以便对源端口流量进行捕包分析，实现对网络的监控分析。

⑤ 支持 IEEE 802.1d 协议。IEEE 802.1d 协议也即生成树协议。在大型网络中,为提高网络的可靠性,往往采用冗余链路的方式保证网络的连通。为防止网络出现环路,必须运行生成树协议。此时交换机就必须支持该协议。

⑥ 支持流量控制。能够控制交换机的数据流量。HDX、FDX 是通用的流量控制标准,目前的交换机一般均支持。

⑦ 支持组播。组播不同于单播(点对点通信)和广播,它可以跨网段将数据发给网络中的一组节点,在视频点播、视频会议、多媒体通信中应用较多。

⑧ 支持 SNMP 网管协议。支持 SNMP 网管协议的交换机,支持利用网管软件对其进行远程管理和控制。

⑨ 可扩展性。对于核心层交换机,应注意其扩展性,通常应是模块化的交换机,能在未来根据应用的需要,通过添加功能模块来增强交换机的功能和增加接口。

(4) 交换机端口

交换机的端口根据用途来划分,分为配置口(Console)、接入端口(Access)和级联端口(Uplink)三类,根据信号的种类,分为电口和光口两类,如图 1.35 所示,最左端的那个端口就是配置口,端口处标注有 Console 字样。中间的 24 个端口就是接入端口,最右侧的 4 个端口是级联端口。

图 1.35 所示的是一台锐捷 RG-S2628G-I 型号的百兆二层交换机,属于 RG-S2600G-I 系列。该交换机有 24 个 10/100M 自适应电口,固化有 2 个 10/100/1000M 电口(级联用)和 2 个的 SFP 千兆光口(级联用,只是一个空的插槽,没有配光模块,需要用户增配),总共有 28 个可用的端口,故具体型号为 RG-S2628G-I,型号中的 28 代表端口数量。

配置口也称为控制端口,为串行端口,用于与计算机的串口相连,实现对交换机的配置管理。接入端口主要用于连接 PC,实现将 PC 接入网络,这是交换机最主要的端口。级联端口专门用于交换机与交换机彼此间的级联,端口速率一般比普通的接入端口要高一个等级。比如这台交换机,普通接入端口是 100Mbps,但 4 个级联端口都是 1000Mbps 速率。4 个级联端口提供了 2 个电口和 2 个光口,以供用户灵活选择使用。

交换机的普通接入端口数量一般有 8 端口、16 端口、24 端口和 48 端口之分,级联端口的数量,不同厂家不同型号的产品数量不相同。有的提供 2 组光电复用的级联端口。光电复用就是一个电口和一个光口为一组,从外表上看是两个物理端口,但实际上是同一个端口,这两个端口在使用时,只能二选一使用,不能同时使用。在交换机配置时,也要明确配置使用电口还是光口。光电复用的 2 个端口,在面板上标注为同一个端口号。

图 1.36 为锐捷的 RG-S5750-48GT/4SFP-E 交换机,属于 RG-S5750-E 系列,这是一台有 48 个 10/100/1000M 自适应电口的三层交换机,有 4 个复用的 SFP 接口(SFP 为千兆/百兆口),2 个扩展槽,可用作汇聚交换机。型号中带 E 标志的属于功能增强型。

图 1.35　锐捷 RG-S2628G-I 型百兆二层交换机　　图 1.36　锐捷 RG-S5750-48GT/4SFP-E 交换机

RG-S5750-E 系列交换机的级联端口仍是千兆。若要求级联端口是万兆 SFP＋端口,则可选择 RG-S5750-H 高性能以太网交换机系列。

（5）生产厂商

交换机和路由器的主流生产厂商,国外的主要是 Cisco 公司,国内的主要有华为、新华三和锐捷。Cisco 和锐捷的指令相似度较高,华为和新华三公司的产品,基础指令基本相同,对于新版本,配置指令有较大差异。

2. 路由器

（1）路由器简介

路由器主要用于网络的互联,可实现不同类型网络的互联互通。在局域网的组建中,通常是在局域网的边界部署路由器,实现与因特网的互联互通。在这种应用环境,主要是利用路由器的网络地址转换（NAT）和路由功能,实现使用私网地址的内网用户,能访问因特网。

对于中小型局域网络,可使用中、低端路由器,对于用户数众多的大型局域网络,应采用中、高端的路由器,或采用防火墙或出口网关设备,以提供高性能、高速率的 NAT 功能。

（2）路由器的接口类型

路由器的接口中,应用最多的主要是快速以太网接口和高速同步串口（Serial）。

高速同步串口主要用于 DDN、帧中继（Frame Relay）、X.25 等网络连接。在企业网之间,也可通过高速同步串口,利用广域网连接技术来实现局域网间的互联。最大带宽可达 2Mbps,高速同步串口外观如图 1.37 所示。

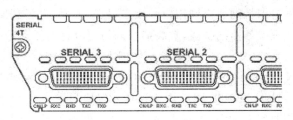

图 1.37　高速同步串口

3. 出口网关

出口网关是专门针对中大规模网络出口的应用需求而设计的多业务网络设备,集成了高性能的 NAT、智能选路、无线 AC 控制器、广域网流量优化、网络流量控制、上网行为管理、内容审计、IPSec VPN、SSL VPN、防火墙、Web/实名/微信认证等多种功能,功能丰富而且强大,成为目前局域网络出口设备的更好选择。

为了解决局域网访问因特网,需要在局域网的边界部署 NAT 设备,局域网的规模越大,用户数越多,就要求设备的 NAT 性能就必须十分强劲,否则将影响上网速度。

能提供 NAT 功能的网络设备通常有路由器、防火墙和出口网关设备。在这三类设备中,出口网关是专为网络出口而设计的,其 NAT 性能很高,并且具有智能选路功能,这

对有多条因特网出口链路的局域网络,可简
化网络配置的难度,因此,对于大、中型局域
网络,建议首选出口网关设备,当然,也可选
择下一代防火墙产品来作为网络出口设备。

图 1.38 为锐捷的 RG-EG2000X 出口网
关设备,集成了路由器、流量控制、负载均衡、
防火墙、行为管理和 VPN 设备的功能,提供
有 8 个千兆电口、8 个千兆 SFP 光口、4 个万

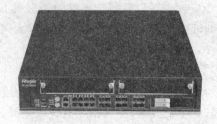

图 1.38　锐捷 RG-EG2000X 出口网关设备

兆 SFP+光口和 2 个扩展槽;并标配 500GB 硬盘,用于存储上网行为管理的日志。该设
备能胜任具有万兆出口带宽,具有上万人的高校局域网络的出口设备对性能的需求。

1.8.2　网络安全设备

网络安全设备主要有传统防火墙(Firewall)、入侵检测系统(IDS)、入侵防御系统
(IPS)、下一代防火墙(NG Firewall)、Web 应用防火墙(WAF)和上网行为管理等设备。

1. 传统防火墙

传统防火墙(标准的第一代防火墙)是指基于网络层进行安全防护的防火墙,其原理
是利用 IP 包过滤,过滤和阻隔有危害的攻击数据包,从而保护网络或服务器免受攻击。
传统防火墙具有 IP 数据包过滤、网络地址转换(NAT)、协议状态检查以及 VPN 功能。

在局域网中,防火墙主要用于保护局域网不受来自因特网的攻击,或者保护 DMZ 区
中的服务器群不受来自因特网或内网用户的攻击;另一方面,也可利用防火墙的 NAT 功
能和路由功能实现代理服务器的功能,解决局域网访问因特网的问题。

防火墙的端口通常有 3 个或 4 个(多一个 IDS 口),这些接口分别是 WAN、LAN、
DMZ 和 IDS。WAN 口用于连接因特网,LAN 用于连接局域网内网,DMZ 用于连接
DMZ 区的服务器群的接入交换机,IDS 用于连接入侵检测系统。

对防火墙的配置通常采用基于 Web 页面来进行配置和管理。不同的防火墙产品,
Web 服务的端口号不同,出于安全考虑,Web 的协议通常采用 HTTPS 协议。

除了购买防火墙专门产品外,也可采用三层交换机中的某 3 个端口,通过配置 ACL
规则实现防火墙的包过滤功能,配置方法将在后继章节详细介绍。

2. 入侵检测系统

入侵检测系统(Intrusion Detection System,IDS)是依照一定的安全策略,对网络流
量进行实时监控,实时收集和分析网络事件,尽可能地发现各种攻击企图、攻击行为或者
攻击结果,并发出警报的网络安全设备,相当于网络系统的实时安全监视系统。

入侵检测系统注重的是网络安全状况的监管,只有监视和报警功能,并不能实时阻断
网络攻击行为。入侵检测系统通常采用旁路部署,作为一个旁路监听设备使用。为了达
到可以全面检测网络安全状况的目的,入侵检测系统可以旁路方式部署在网络的核心交

换机上。

入侵检测系统的核心价值在于通过对全网流量的监控和分析，及时了解网络的安全状况，进而指导安全策略的确立和调整。

入侵检测系统是一种智能化的设备，能深入应用层，对网络流量进行监控和分析，属于主动安全检测设备。普通防火墙一般是基于网络层，针对源IP、目标IP、源端口和目标端口，根据过滤规则安全策略，进行IP数据包的过滤，属于被动防御。传统防火墙由于无法识别应用层数据，对于SQL注入攻击、拒绝服务攻击等高级攻击行为无能为力。虽然入侵检测系统可与防火墙配合工作，通过防火墙来阻断有害的连接，但在实际应用中，效果并不显著，于是入侵防御技术应运而生。

3. 入侵防御系统

入侵防御系统(Intrusion Prevention System，IPS)能够实时检测和阻断包括溢出攻击、RPC攻击、WebCGI攻击、拒绝服务攻击、木马、蠕虫、系统漏洞等各种网络攻击行为，并具有应用协议智能识别、流量控制、网络病毒防御等功能，可为用户提供完整的立体式网络安全防护功能。

入侵防御系统重点关注对入侵行为的控制，实现深层次防御，即从应用层检测出攻击并予以阻断、能精确阻断各种网络攻击行为，这是传统防火墙和IDS所无法实现的。

入侵防御系统通常采用桥接模式，以在线部署方式串接在网络主干链路中，保证所有流量都要流经IPS系统，从而保证能对网络攻击进行及时检测和阻断。

4. 下一代防火墙

随着网络攻击技术的不断提高和网络安全所面临的威胁，防火墙技术和防火墙产品也在不断更新和升级换代，新一代的防火墙产品已经产生，行业称为下一代防火墙(Next Generation Firewall，NG Firewall)。

下一代防火墙是可以全面应对应用层威胁的高性能防火墙。通过深入洞察网络流量中的用户、应用和内容，并借助全新的高性能单路径异构并行处理引擎，能够为用户提供有效的应用层一体化安全防护。

下一代防火墙产品与标准的第一代防火墙相比，在功能上已有质的飞跃，除了具有第一代防火墙的功能外，已融合了入侵防御系统和上网行为管理等系统的功能，功能十分强大。

5. Web应用防火墙

Web应用作为当前因特网应用最广泛的业务，面临的安全威胁和受到的攻击也是最多的，而且很多的攻击行为隐藏在正常访问业务的行为中，比如SQL注入攻击，导致传统防火墙和入侵防御系统无法发现和阻止这些攻击。为了专门应对和保护Web应用服务，诞生了Web应用防火墙(Web Application Firewall，WAF)。

下一代防火墙产品功能很全面，功能上包括Web应用防火墙，只是Web应用防火墙更专注于对Web应用服务的安全保护，更专业一些。

6. 上网行为管理

上网行为管理设备是用于防止非法信息或不良言论恶意传播,可对全网用户上网内容和上网行为进行实时监控,对网络应用进行管控,并可管理网络资源使用情况的网络设备。

上网行为管理系统最主要的功能是内容审计和行为监控,用户的所有上网内容和上网行为(比如用户访问的网站、搜索的关键字、发送的邮件、访问的论坛、发布的微博等)都会被系统监控、追踪和记录,而且每一次对访问行为的监控都是具体到每一个人的,因此,在部署了上网行为管理系统的网络中,都会要求采用实名制上网。

上网行为管理系统在功能上还包括对网页访问过滤(URL 过滤)、网络应用控制、带宽流量管理、信息收发审计(可进行关键字过滤)、用户行为分析等。

上网行为管理系统由于要对不良信息进行拦截,并对网络应用进行访问控制,因此,设备要以桥接模式串接在主干链路中,比如部署在出口路由器或者出口网关设备与核心交换机之间的链路中。图 1.39 是深信服科技股份有限公司(简称深信服)的 AC-10000 型号的万兆上网行为管理设备。

图 1.39　深信服万兆上网行为管理设备

1.8.3　网络计费系统与设备

若要对局域网用户的上网进行收费,则需要在局域网中部署 Radius 认证计费系统(软件)和宽带远程接入服务器(Broadband Remote Access Server,BRAS)硬件设备。

图 1.40　安朗万兆 BRAS 设备

BRAS 硬件设备如图 1.40 所示,这是广州安朗通信科技有限公司(简称安朗)的 AM-BRAS-3210U 型号的万兆 BRAS 设备。

BRAS 设备根据 Radius 认证结果,控制用户上网以及上网带宽,并根据计费策略进行计费。BRAS 设备还具有防代理上网和流量控制功能。

安朗计费系统支持时长、流量、包月、包天、包年、内外网分层等各种计费方式,同时支持 PPPOE、VPN、WEB PORTAL(网页登录认证)、IEEE 802.1x、LDAP 等认证方式。

Radius 是一种 C/S 结构的协议,在部署了安朗的 Radius 认证计费系统后,局域网用户要访问因特网,必须先安装并启动安朗的客户端软件,然后输入自己的上网账号和密码。Radius 认证成功后,BRAS 硬件设备才会允许该用户访问因特网,并对上网进行计费。若要支持网页登录认证方式,则还必须安装部署 WEB PORTAL 认证系统。

BRAS 设备由于要控制用户上网,因此,BRAS 设备必须以桥接模式串接在主干链路中。通常串接在出口网关设备和核心交换机之间。

以上介绍了局域网常用的网络设备的功能及用途,在规划设计网络时,可根据组网的功能需求和项目预算进行灵活选择和取舍。

习　　题

一、选择题

1. 目前计算机网络主要采用的是(　)交换技术。
    A. 电路　　　　　　　B. 分组　　　　　　　C. 报文　　　　　　　D. 混合

2. 计算机网络在逻辑功能上可以分为(　)。
    A. 通信子网与资源子网　　　　　　　B. 通信子网与共享子网
    C. 主从网络与对等网络　　　　　　　D. 数据网络与多媒体网络

3. 根据计算机网络的覆盖范围,可以把网络划分为三大类,以下不属于其中的是(　)。
    A. 广域网　　　　　　B. 城域网　　　　　　C. 局域网　　　　　　D. 宽带网

4. 目前速率为100Mbps 的局域网采用的协议标准是(　)。
    A. IEEE 802.3　　B. IEEE 802.3u　　C. IEEE 802.3z　　D. IEEE 802.4

5. 以下关于带宽和时延的描述,正确的是(　)。
    A. 带宽越大,数据的传输速度越快
    B. 利用光纤代替铜质电缆,可减少传播时延,从而提高网速
    C. 带宽越大,数据的发送速率也越快,发送时延就越小
    D. 带宽是指允许通过的频率范围

6. 目前局域网组网采用的拓扑结构主要是(　)。
    A. 总线形　　　　　　B. 环形　　　　　　　C. 网状结构　　　　　D. 星形

7. 在 OSI 模型中,第 N 层和其上的 $N+1$ 层的关系是(　)。
    A. N 层为 $N+1$ 层提供服务
    B. $N+1$ 层是在 N 层基础上增了一个头
    C. N 层利用 $N+1$ 层提供的服务
    D. N 层对 $N+1$ 层没有任何作用

8. 关于协议的描述,正确的是(　)。
    A. 协议是实体向上一层提供的服务
    B. 协议是控制相邻层实体之间通信的规则
    C. 协议是控制对等实体之间通信的规则
    D. 协议是实体向上一层提供服务的能力

9. 通信子网一般由 OSI 参考模型的(　)组成。
    A. 高三层　　　　　　B. 中间三层　　　　　C. 低三层　　　　　　D. 以上都不对

10. 在 OSI 参考模型中,实现端到端的可靠通信服务的协议层是(　)。
    A. 物理层　　　　　　　　　　　　　　B. 数据链路层
    C. 网络层　　　　　　　　　　　　　　D. 运输层(传输层)

49

11. 在 OSI 参考模型中,负责使分组以适当的路径通过通信子网的是(　　)。
　　A. 表示层　　　　　B. 传输层　　　　　C. 网络层　　　　　D. 数据链路层
12. 数据链路层传送的数据的基本单位是(　　)。
　　A. 报文　　　　　　B. 数据包　　　　　C. 数据帧　　　　　D. 数据段
13. 在实际网络应用中,数据链路层的功能主要由(　　)来实现。
　　A. 网络接口卡　　　B. 路由器　　　　　C. 服务进程　　　　D. 传输介质
14. IP 协议是无连接的,只提供尽最大努力的交付,数据传输的可靠性由(　　)协议负责。
　　A. UDP　　　　　　B. TCP　　　　　　C. ICMP　　　　　　D. S-HTTP
15. 在 TCP/IP 参考模型应用层协议中,下列(　　)完全不需要使用 UDP 协议。
　　A. SNMP　　　　　B. FTP　　　　　　C. TFTP　　　　　　D. DNS
16. 在 TCP 协议中,采用(　　)来区分不同的应用进程。
　　A. 端口号　　　　　B. IP 地址　　　　　C. 协议类型　　　　D. MAC 地址
17. TCP 是因特网中的传输层协议,使用(　　)次握手协议建立连接,这种建立连接的方法可以防止(　　)。
　　A. 1　　　　　　　B. 2　　　　　　　　C. 3　　　　　　　　D. 4
　　E. 出现半连接　　　F. 无法连接　　　　G. 产生错误的连接　　H. 连接失效
18. ARP 协议的作用是通过 IP 地址求出 MAC 地址。ARP 请求是广播发送的,ARP 响应(　　)发送的。
　　A. 单播　　　　　　B. 组播　　　　　　C. 广播　　　　　　D. 点播
19. SYN 泛洪攻击主要是利用了(　　)协议的缺陷来实现的。ARP 病毒的传播主要是利用了(　　)协议的缺陷来实现的。
　　A. ARP　　　　　　B. IP　　　　　　　C. TCP　　　　　　　D. ICMP
20. 在发送数据时,将网络层的 IP 包封装成数据帧时,需要使用(　　)协议来获得目标主机的 MAC 地址。
　　A. RARP　　　　　B. ARP　　　　　　C. IP　　　　　　　　D. TCP
21. 对 IP 数据包分片的重组通常发生在(　　)上。
　　A. 源主机　　　　　　　　　　　　　　B. 目的主机
　　C. IP 数据包经过的路由器　　　　　　D. 目的主机或路由器
22. TCP 协议的端口号范围是(　　)。
　　A. 1~65536　　　B. 0~65535　　　　C. 0~1023　　　　　D. 0~1024
23. 下面选项中,属于传输层安全协议的是(　　)。
　　A. IPSec　　　　　B. L2TP　　　　　　C. TLS　　　　　　　D. PPTP
24. 某银行为用户提供网上服务,允许用户通过浏览器管理自己的银行账户信息。为保障通信的安全,该 Web 服务器可选的协议是(　　)。
　　A. POP　　　　　　B. SNMP　　　　　C. HTTP　　　　　　D. HTTPS
25. (　　)不属于电子邮件协议。
　　A. POP3　　　　　B. SMTP　　　　　　C. IMAP　　　　　　D. MPLS

26. 若两台主机在同一网段中,则这两台主机的 IP 地址分别与它们的子网掩码相"与",其结果一定是(　　)。
　　A. 相同　　　　　　B. 为全 0　　　　　C. 为全 1　　　　　D. 不相同

27. 以下对子网掩码的说法中,正确的是(　　)。
　　A. 子网掩码中为 0 的部分代表的是网络地址
　　B. 子网掩码中为 1 的部分代表的是主机地址
　　C. 子网掩码只能表达为 255.255.255.0 的格式
　　D. 子网掩码用于从 IP 地址中区分出网络地址

28. 以下 IP 地址中,不属于私有地址的是(　　)。
　　A. 10.8.1.1　　　　　　　　　　　B. 172.32.1.1
　　C. 192.168.254.254　　　　　　　D. 192.168.10.1

29. 主机的 IP 地址为 192.168.5.121,子网掩码为 255.255.255.248,则该主机的子网号为(　　)。
　　A. 192.168.5.12　　　　　　　　B. 121
　　C. 15　　　　　　　　　　　　　D. 168

30. 以下 IP 地址中,属于广播地址的是(　　)。
　　A. 192.168.1.7/30　　　　　　　B. 192.168.1.4/30
　　C. 192.168.1.4/24　　　　　　　D. 192.168.1.254/24

31. 若要划分出只有 4 个 IP 地址的子网,则子网掩码应为(　　)。
　　A. 255.255.255.192　　　　　　B. 255.255.255.252
　　C. 255.255.255.0　　　　　　　D. 255.255.255.4

32. 以下 IP 地址中,不能作为目标地址的是(　　),不能作为源地址的是(　　)。
　　A. 0.0.0.0　　　　　　　　　　B. 127.0.0.1
　　C. 100.10.255.255　　　　　　　D. 10.0.0.1

33. 某公司网络的地址是 202.100.192.0/20,要把该网络分成 16 个子网,则对应的子网掩码应是(　　),每个子网可分配的主机地址数是(　　)。
　　A. 255.255.240.0　　　　　　　B. 255.255.224.0
　　C. 255.255.254.0　　　　　　　D. 255.255.255.0
　　E. 30　　　　F. 62　　　　G. 254　　　　H. 510

34. 以下地址中,不属于子网 192.168.64.0/20 的主机地址是(　　)。
　　A. 192.168.78.17　　　　　　　B. 192.168.79.16
　　C. 192.168.82.4　　　　　　　D. 192.168.66.15

35. 特别适合高速网络系统和中远距离数据传输的传输介质是(　　)。
　　A. 双绞线　　　　B. 同轴电缆　　　　C. 光纤　　　　D. 无线介质

36. 在快速以太网(Fast Ethernet)中,UTP-5 双绞线的最大传输距离为(　　)m。
　　A. 100　　　　B. 185　　　　C. 200　　　　D. 550

37. 10Gbps 的以太局域网中,传输介质应采用(　　)。
　　A. 铜介质双绞线　　　　　　　B. 屏蔽双绞线或光纤

51

C. 无线信道   D. 光纤

38. 以下网络设备中,属于带宽共享式的是(　　)。

    A. 集线器   B. 二层交换机   C. 三层交换机   D. 路由器

39. 以下关于冲突域和广播域的说法中,错误的是(　　)。

    A. 集线器的所有端口连接组成的整个网络,属于同一个冲突域和广播域

    B. 交换机的不同端口属于不同的广播域

    C. 交换机的不同端口属于不同的冲突域,因为网桥可以隔离冲突域

    D. 利用路由器可以隔离广播域

40. 以下关于交换机工作原理的描述,正确的是(　　)。

    A. 交换机根据数据帧中的目标 MAC 地址进行转发,当目标 MAC 地址在 MAC 地址表中找不到时,该数据帧将被丢弃

    B. 交换机的 MAC 地址表是由管理员配置添加的,交换机无法自动学习

    C. 交换机采用广播的方式对数据帧进行转发

    D. 交换机根据数据帧中的目标 MAC 地址进行转发。若目标 MAC 地址在 MAC 地址表中找不到,则采用广播方式转发

41. 以下关于 VLAN 的描述,正确的是(　　)。

    A. 利用 VLAN 可隔离广播域

    B. 一个 VLAN 就是一个独立的网段,VLAN 间无法相互通信

    C. 只有三层交换机才能划分 VLAN

    D. 二层交换机也可划分 VLAN,但无法实现 VLAN 间的通信

42. 要隔离或缩小广播域,可采用以下(　　)设备或技术来实现。

    A. 在交换机中划分 VLAN   B. 使用路由器进行隔离

    C. 使用交换机进行组网   D. 使用集线器进行组网

43. 下面关于二层交换机和三层交换机的描述,不正确的是(　　)。

    A. 二层交换机只能工作在数据链路层,无法对数据包进行路由选择

    B. 三层交换机只能工作在第三层,即网络层,具有路由功能,能对数据包进行路由转发

    C. 三层交换机可以工作在第二层,也可以工作在第三层

    D. 三层交换机要启用 IP 路由协议,并配置路由器后,才能正确实现路由选择功能

44. 以下关于三层交换机和路由器的描述,正确的是(　　)。

    A. 三层交换机可简单地视为由一个二层交换机加一个路由模块构成

    B. 三层交换机一般不具备 NAT 功能,但路由器通常都具有 NAT 功能

    C. 三层交换机的端口数量较多,而路由器端口数量则较少

    D. 三层交换机的端口可划分子接口,而路由器的端口不能划分子接口

45. 主要用于解决网络安全的设备有(　　)。

    A. 下一防火墙   B. 出口网关   C. 入侵防御系统   D. BRAS 设备

46. 汇聚层交换机与核心层交换机的级联链路超过 100m 而小于 500m 长度时,此时物理传输介质应采用(　　)。

    A. 多模光纤　　　　B. 单模光纤　　　　C. 五类双绞线　　　　D. 六类双绞线

47. 汇聚层交换机与核心层交换机采用多模光纤级联时,汇聚层交换机应选择配有(　　)接口的三层交换机,并要在该接口中插入(　　)模块。

    A. 光纤　　　　　　B. 多模光纤　　　　C. 单模光纤　　　　　D. 光纤收发器

48. 某单位申请了光纤专线接入因特网,现在光缆已拉到了该单位的中心机房,现要将光纤接入路由器的 RJ-45 接口上,以下连接或操作顺序正确的是(　　)。

设备名称或操作的代号如下:

①光纤熔接　②尾纤　③双绞线跳线　④光纤跳线　⑤光纤收发器　⑥法兰盘
⑦路由器以太电口

    A. ①→②→④→⑤→③→⑦　　　　　　B. ①→②→⑤→③→⑦

    C. ①→②→⑥→④→⑤→③→⑦　　　　D. ①→⑥→②→④→⑤→③→⑦

49. 内网用户不能直接访问因特网,其原因是(　　)。

    A. 有防火墙阻隔

    B. 局域网的边界路由器上未配置路由

    C. 因特网中的路由器会对含有内网地址的数据包进行丢弃处理,无法路由

    D. 可能是因为 A 和 B 的原因

50. 可以用作局域网络的边界设备,提供访问因特网功能的设备有(　　)。

    A. 路由器　　　　　B. 防火墙　　　　　C. 出口网关　　　　D. IPS 设备

二、简述题

假设某单位申请到 32 个公网 IP 地址,这些公网 IP 地址的用处为 NAT 地址池(4 个)、网络互联接口地址(4 个)、IP 映射或端口映射地址(8 个)、服务器所直接使用的公网地址(16 个)这四个方面,应如何进行子网划分? 请写出各子网的地址和掩码。

实训　制作直通线与交叉线

【实训目的】　掌握双绞线的直通线与交叉线的制作方法;掌握交绞线与信息模块的连接方法。

【实训设备与器材】

(1) 器材:水晶头、UTP-5 双绞线、RJ-45 信息模块。

(2) 设备与工具:网络测线仪、网络压线钳。

【实训步骤】

(1) 认识双绞线、水晶头、RJ-45 信息模块;掌握网络压线钳工具和网络测线仪的使用方法。

(2) 熟记 T568B 和 T568A 线序,了解直通线与交叉线在制作方法上的差异。

（3）利用网络压线钳制作直通网线,然后利用网络测线仪检测制作是否成功。

（4）利用网络压线钳制作交叉线,并用网络测线仪检测制作是否成功。

（5）观察 RJ-45 信息模块的外观,如图 1.41 所示,掌握色标的含义,然后按色标将双绞线压制到 RJ-45 信息模块的接线卡槽中。实验时,一根双绞线的两端均可连接一个 RJ-45 信息模块,然后接上直通网线,并用网线测试仪,检测线序是否正确。

图 1.41　RJ-45 信息模块

第 2 章 Cisco Packet Tracer 网络仿真软件

Cisco Packet Tracer 是一款功能强大的网络仿真软件,可以创建包含几乎无限量设备的虚拟网络,以弥补在网络学习过程中因缺乏物理网络设备而无法进行网络实验实训的不足。本章主要介绍 Cisco Packet Tracer 的功能及用法,以及如何利用 Cisco Packet Tracer 进行网络拓扑结构的规划设计并进行网络实训。

2.1 Cisco Networking Academy 简介

Cisco Networking Academy(思科网络学院,https://www.netacad.com/)是思科企业社会责任项目,创建于 1997 年,是一项面向全球教育机构和个人的 IT 技能和职业发展项目。提供的自定进度课程可供学员在职业生涯中随时按自己的进度学习。1997 年至今,有超过 700 万人加入了思科网络学院,成为一支引领全球经济变革的生力军。

Cisco Packet Tracer 是 Cisco 公司为思科网络学院的学生实现最佳学习体验并获得实际网络技术技能而开发的一款功能强大的网络模拟平台(学习工具),以支持学生进行网络实验,在实践中运用和提高网络技能。

Cisco Packet Tracer 是免费的软件,获得 Cisco Packet Tracer 软件的最佳方式是注册一个 Cisco Networking Academy 入门课程,获得一个网络学院的账户,然后用账户登录成功后,在资源下拉菜单中就可以下载 Packet Tracer 了。注册 Introduction to Packet Tracer 入门课程的中文版网址为: https://www.netacad.com/zh-hans/courses/packet-tracer/introduction-packet-tracer。新版软件使用前要求登录。首次账户登录成功后,下次就不会再要求登录了。若使用 Guest 登录,则软件使用时有保存次数的限制。

Cisco Packet Tracer 软件分为 Windows 桌面版(32bit 和 64bit)、Linux(Ubuntu 64bit)桌面版和移动版(iOS 版和 Android 版)。桌面版的最新版本号为 7.1.1,移动版为 3.0。

2.2 安装使用 Cisco Packet Tracer

2.2.1 安装 Cisco Packet Tracer

以 Windows 64 位桌面版为例,双击下载得到的 Packet Tracer 7.1.1 for Windows 64 bit.exe 安装文件,启动安装向导,然后根据安装向导的指引完成整个软件的安装。

安装完成后,首次启动使用 Packet Tracer 时,会要求使用 Cisco 网络学院的用户名和密码进行身份验证,如图 2.1 所示,验证成功后,就可进入软件的主界面,如图 2.2 所示。首次登录成功后,以后启动软件不会再要求进行身份验证。

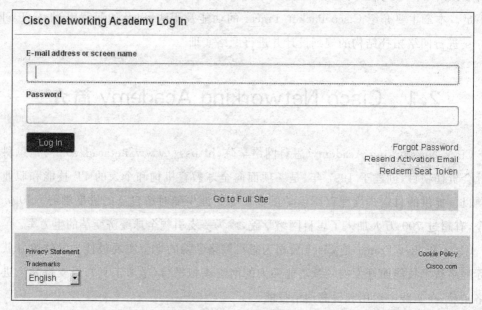

图 2.1 首次启动登录界面

若没有 Cisco 网络学院账户,可单击登录界面右下角的 Guest Login 按钮,以来宾身份登录。

2.2.2 使用 Cisco Packet Tracer

Cisco Packet Tracer 是一款非常简单易用,功能强大,且操作直观的网络仿真软件,使用拖放设备设计构建网络拓扑,然后使用与物理设备相同的 CLI 命令行界面,对网络设备进行配置,并可以模拟网络中的数据交互活动,实时直观显示网络内部流程,如隐藏在物理设备中的动态数据传输过程和数据包内容解码等。这些辅助功能有助于深入理解网络内部的运作过程,便于发现问题、进行故障诊断和排除故障。

1. 界面元素简介

(1) 网络拓扑结构与网络地理分布图

如图 2.2 所示,Cisco Packet Tracer 的主界面中间的空白区域为设计区,默认显示的是网络拓扑结构的规划设计区,即网络的逻辑结构(Logical)的规划设计。

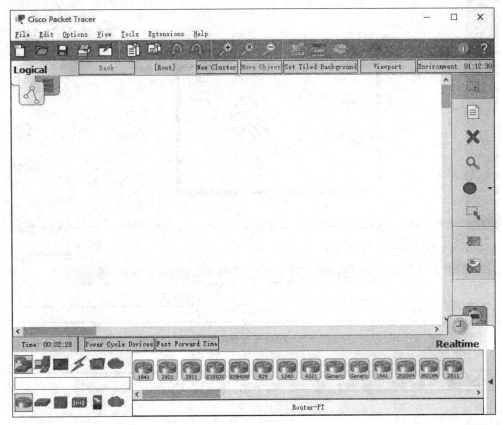

图 2.2　Cisco Packet Tracer 主界面

单击 ■ 按钮,可切换到网络的地理分布图设计,切换后的主界面如图 2.3 所示。单击 ⚲ 按钮,可切换回网络拓扑结构的规划设计。

(2) 网络设备和组件库

在主界面的底部,是网络设备、终端设备、物联网设备和传输介质的选择区域,如图 2.4 所示。

整个区域分为左右两部分,左侧区域又分为上、中、下三部分。左上的区域用于显示可供选择使用的设备大类,分别是网络设备(Network Devices)、终端设备(End Devices)、组件(Components)、网络连接用的传输介质(Connections)、杂类(Miscellaneous)和多用户连接(Multiuser Connection)。左侧中间的矩形方框用于显示设备类型或设备名称的提示。当鼠标光标移动到设备库的图标上时,会在该区域实时显示提示文字。左侧的底部区域用于显示某一大类设备下面的子类。在图 2.4 中,设备大类选择的是网络设备,在

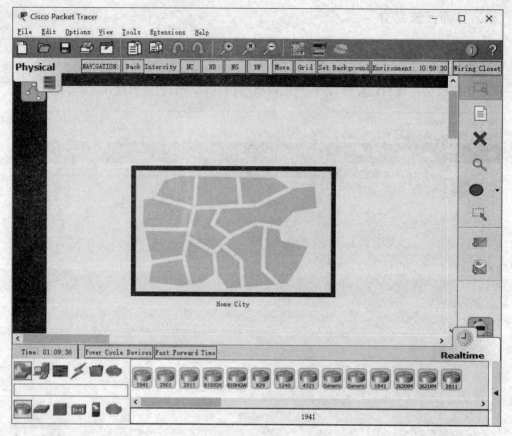

图 2.3　网络地理分布图设计

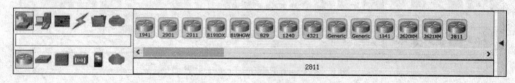

图 2.4　网络设备选择

子类显示区域，就显示了网络设备的子类设备，分别是路由器（Routers）、交换机（Switches）、集线器（Hubs）、无线网设备（Wireless Devices）、安全设备（Security）和广域网仿真（WAN Emulation）。单击选择了子类设备后，在右侧的区域就显示了该子类可供选择的具体设备型号，图 2.4 右侧显示的是可供选择的路由器型号。

① 路由器。可供选择的路由器型号较多，如图 2.5 所示。

图 2.5　可选择使用的路由器

② 交换机。在子类列表中单击交换机,显示可使用的交换机型号,如图 2.6 所示。

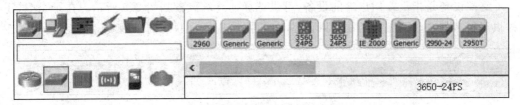

图 2.6　可选择使用的交换机

2960 和 2950T 固化有 24 个百兆电口和 2 个千兆电口,2950-24 只有 24 个百兆电口,这三种型号都是二层交换机。█为可定制端口的二层交换机,█为 2 端口的网桥设备。

3560 24PS 和 3650 24PS 为三层交换机,3560 24PS 为固定配置,固化了 24 个百兆电口和 2 个千兆电口。3650 24PS 为模块化交换机,可根据需要通过添加模块来定制端口。

IE 2000 是 Cisco 工业级的交换机(Industrial Ethernet Switch),属于 2000 系列。工业级交换机与商用交换机相比,更坚固耐用。这是一台三层交换机,具有 8 个百兆口和 2 个千兆口。

③ 集线器。集线器子类下面提供了集线器(Hubs)、中继器(Repeater)和同轴电缆分接器(Coaxial Splitter)设备。

(3) 无线设备

Cisco Packet Tracer 提供了丰富的无线网设备,如图 2.7 所示,可用于无线网络的组网实验。

图 2.7　无线网络设备

(4) 网络安全设备

网络安全设备提供了一款 Cisco ASA 5500 系列的 ASA 防火墙,型号为 5505。ASA 防火墙能够提供主动威胁防御,在网络受到威胁之前就能及时阻挡攻击,控制网络行为和应用流量,并提供灵活的 VPN 连接。

(5) 广域网仿真

广域网仿真提供的仿真设备如图 2.8 所示。

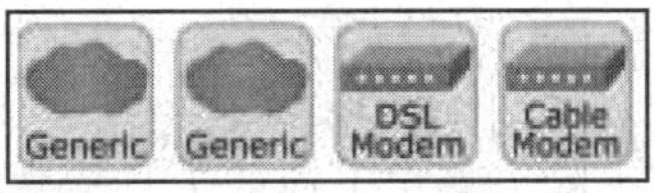

DSL(Digital Subscriber Line,数字用户线路)是以电话线为传输介质的传输技术组合,支持对称和非对称传输模式。此处的对称是指上行和下行传输速率是否相同,若不相同,则称为非对称。ADSL(Asymmetric Digital Subscriber Line,非对称数字用户线)是 DSL 非对称技术中的一种。ADSL 充分利用现有的 PSTN 电话网络,只需在线路两端加装 ADSL Modem 即可为用户提供高速宽带服务,无须重新布线,因而可极大地降低服务成本。早期小区宽带上网就是采用的 ADSL 技术。Cable Modem 是电缆调制解调器,是利用有线电视网络上网所需的调制解调设备。

图 2.8　广域网仿真设备

（6）终端设备

终端设备是指最终用户端的设备，可供选择的终端设备如图 2.9 所示。在子类中，还提供了很多与物联网相关的物联网设备和组件，可用于物联网的组网实验。

图 2.9　可供选择的终端设备

（7）传输介质

在设备类型列表中单击 ⚡ 图标，在子类列表中继续单击 ⚡ 图标，即可显示出可选择使用的网络传输介质，如图 2.10 所示。

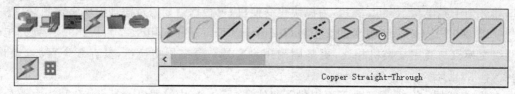

图 2.10　网络传输介质

各传输介质图标的含义如表 2.1 所示。

表 2.1　网络设备互联可用的传输介质

图标	含义及用途	图标	含义及用途
⚡	Automatically Choose Connection Type（自动选择连接类型）	⚡	Coaxial（同轴电缆）
╱	Console（配置线缆）	⚡	Serial DCE（串行数据通信设备）
╱	Copper Straight-through（直通双绞线）	⚡	Serial DTE（串行数据终端设备）
╱	Copper Cross-over（交叉双绞线）	▭	Octal Cable（八爪鱼线缆）
╱	Fiber（光纤）	╱	IoT Custom Cable（物联网定制线缆）
⚡	Phone（电话线）	╱	USB 连接线

（8）右侧工具栏

除了菜单下面的工具栏之外，主界面的最右侧还提供了一个工具栏，这些按钮的功能和作用如表 2.2 所示。

表 2.2　右侧工具栏按钮

图标	功　　能
⌖	Select（选择对象或释放鼠标指针）
▤	Place Note（添加注释说明文字）
✖	Delete（删除对象）

续表

图标	功　　能
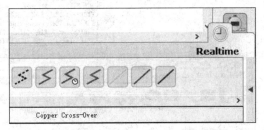 Inspect(查看设备的 MAC Table、ARP Table、NAT Table、Routing Table、IPv6 Routing Table、QoS Queues、Port Status Summary Table)	
Draw Rectangle(绘制矩形方框)	
Resize Shape(调整几何图形的大小)	
Add Simple PDU[添加简单的 PDU(Protocol Data Unit)]	
Add Complex PDU(添加复杂的 PDU)	

（9）Realtime 与 Simulation 工作模式

Cisco Packet Tracer 提供了实时(Realtime)和模拟(Simulation)两种工作模式,默认为 Realtime 模式。Realtime 模式也即网络真实运行的模式,在 Simulation 模式下,可以模拟网络数据包的流动过程,提供数据包在网络中的流动过程的模拟展示,以便观察网络的实时运行情况和运作过程,便于理解网络和进行故障诊断分析。

Realtime 与 Simulation 工作模式的切换按钮如图 2.11 所示。单击 Realtime 后面的图标,即可切换到 Simulation 工作模式,此时的主界面如图 2.12 所示。有关 Simulation 模式的用法,将在稍后详细介绍。

图 2.11　Realtime 与 Simulation 工作模式切换

2. 规划设计网络拓扑

在 Cisco Packet Tracer 系统中,应先根据网络组网需求,规划设计好网络的拓扑结构,然后在网络拓扑中分别对网络设备和终端设备进行配置和调试,以实现其组网功能。

网络拓扑结构在 Realtime 工作模式下的逻辑(Logical)工作区进行规划设计。Cisco Packet Tracer 支持以拖放的方式添加网络设备和终端设备,然后选用正确的传输介质,通过分别单击点选互联的端口,使 2 个设备通过互联端口实现连接。

假设有一个园区网络,由 3 幢独立的楼宇组成,要求按三层(接入层、汇聚层和核心层)交换式结构,规划设计其园区网络的拓扑结构。汇聚层与核心层间的互联采用光纤链路,每幢楼宇的汇聚层交换机下面添加 2 台接入交换机,每台接入交换机添加 2 台 PC。

（1）添加网络设备和终端设备

单击右侧工具栏的　　按钮,切换到对象选择状态,用拖放的方法从网络设备列表中将所选的设备添加到工作区,并调整各设备的位置和间距。

接入层交换机使用二层交换机,可选择 2960 或 2950T 型号,2 个千兆电口用于与汇聚层交换机进行级联使用,百兆电口用于连接 PC,实现将 PC 接入网络。

汇聚层交换机使用三层交换机,为了能提供光纤链路,选择模块化的千兆三层交换机 3650 24PS。由于没有更高端的交换机了,因此,整个园区网络的核心交换机也采用该款

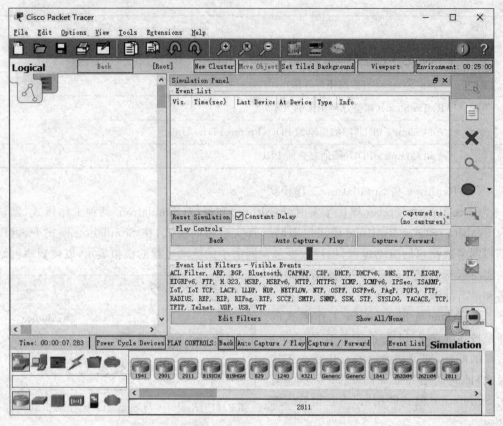

图 2.12 Simulation 工作模式

交换机来担任。网络出口路由器可选择一款千兆路由器,比如 2911 路由器,以保证整个骨干链路均为千兆。添加完网络设备和 PC 终端的界面如图 2.13 所示。

(2) 定制交换机和路由器端口

Cisco WS-C3650-24PS 是模块化的企业级智能三层千兆交换机,支持 PoE+(Power Over Ethernet)供电,支持双冗余模块化电源和 3 个模块化风扇,固化有 24 个千兆电口和 4 个 SFP 插槽。

Cisco Packet Tracer 中的 WS-C3650-24PS 交换机未配置电源,使用前应添加 AC 交流电源,并根据需要添加光模块。在本案例中,至少需要添加 1 个 GLC-LH-SMD 千兆单模光模块(1310nm),该模块支持 10km 传输距离,用于楼宇汇聚交换机与位于中心机房的核心交换机之间的互联。在拓扑结构中单击 3650-24PS 交换机,弹出配置对话框,如图 2.14 所示。该对话框有 4 个选项卡,分别是 Physical、Config、CLI 和 Attributes,下面分别介绍其功能。

① Physical。该选项卡用于对交换机硬件进行配置,在左侧的 MODULES(模块)列表框中,显示了该交换机可使用的功能模块,选中某一个功能模块后,在对话框底部会显示说明描述文字和模块展示。在右侧的 Physical Device View 显示栏,显示了该物理设备的外观;单击 Zoom In 按钮,可放大查看其外观;单击 Zoom Out 按钮,则缩小外观图;

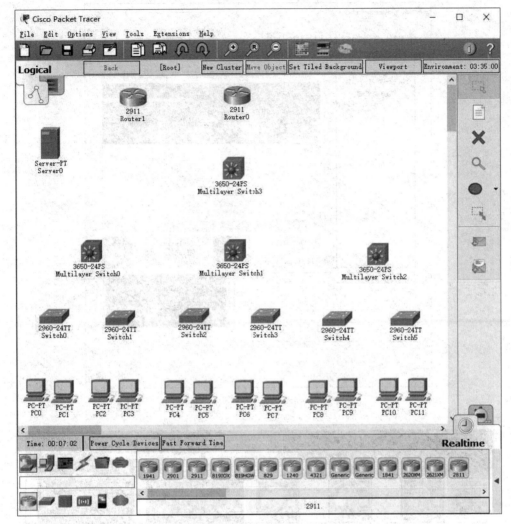

图 2.13　添加网络设备和 PC

单击 Original Size 按钮,则重置显示设备的原始大小。

　　单击 Zoom In 按钮,放大交换机外观显示,其外观如图 2.15 所示,整个图形分为上下两部分,上部分显示的是交换机的前面板,下部分显示的是交换机的后部外观。

　　在交换机的后面有 2 个空的插槽,这是用于插交换机电源用的。在前面板最右侧有 4 个空的 SFP 插槽,可根据需要插入 1~4 个 SFP 光模块。

　　在 MODULES 列表框中选择 AC-POWER-SUPPLY 模块,将对话框右下角展示的电源模块采用拖放操作,放置添加到电源插槽。最多可添加 2 个电源,配置成冗余电源。

　　接下来在 MODULES 列表框中选择 GLC-LH-SMD 模块,将对话框右下角展示的 SFP 光模块拖放到光模块插槽上,最多可添加 4 个。添加操作完成后的设备外观如图 2.16 所示。

　　用同样的操作方法完成另外 3 台 3650-24PS 交换机的电源模块和 SFP 光模块的添

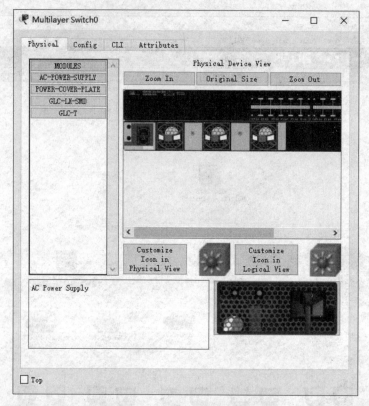

图 2.14　交换机配置对话框

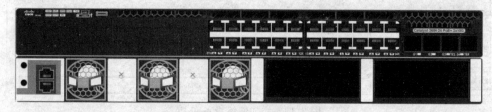

图 2.15　3650-24PS 交换机外观

图 2.16　添加电源和 SFP 光模块后的交换机外观

加。若要移除所添加的模块,可将模块拖到左侧的模块列表框中释放,以删除该模块。

对路由器端口的定制,操作方法类似。接下来再完成 2 台 2911 路由器单模光模块的添加,一台是局域网的出口设备,另一台用于模拟因特网中的路由设备,这 2 台设备间的链路因距离较远,必须使用单模光纤链路。

Cisco 2911 路由器固化了 3 个千兆电口,但没有光模块插槽,Cisco 2911 路由器的外观如图 2.17 所示。

图 2.17　Cisco 2911 路由器

可通过添加相应的功能板卡(Slot)来提供 SFP 插槽。添加前,应先关闭设备电源。单击电源上的开关,关闭电源,此时绿色的指示灯熄灭。在左侧的模块列表中,单击选择 HWIC-1GE-SFP 模块;在右下角的模块展示中,将该模块拖放到路由器的扩展槽上释放,完成功能板卡的添加。

接下来再在模块列表中选择 GLC-LH-SMD 单模模块,将右下角展示区中的光模块拖到刚刚添加的功能板卡上的光模块插槽上释放,完成 SFP 光模块的添加。最后再单击电源按钮,打开设备的电源,完成模块添加的面板如图 2.18 所示。用同样的操作方法,完成另一台 2911 路由器 SFP 光模块的添加。

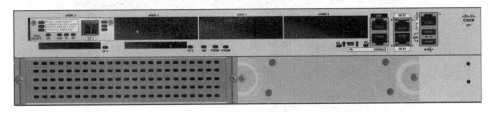

图 2.18　添加 SFP 光模块后的面板外观

② Config。单击 Config,切换到交换机的图形配置界面,如图 2.19 所示。该配置界面是 Cisco Packet Tracer 所提供的,真实的物理交换机并没有这个配置途径,建议不使用该配置方式,而使用 CLI 命令行配置模式来配置交换机,以与实际配置方法相符。

在该图形界面的所有操作,在底部的 Equivalent IOS Commands 列表框中,将实时显示等价的交换机 IOS 配置指令,这些配置指令才是学习掌握的重点,因为在现实应用中对交换机的配置,就是使用这些配置指令来实现的。

交换机的端口默认是处于激活(Up)状态,而路由器的端口默认是处于禁用(Shutdown)状态的,为不可用状态,必须切换到激活状态才可以使用。为此,单击 2911 路由器,打开配置对话框,然后再选择 Config 选项卡,如图 2.20 所示,依次选中各端口,将端口状态 Port Status 后面的 On 复选框选中,以激活端口。

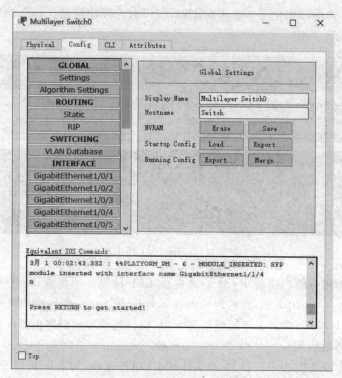

图 2.19 交换机的图形配置界面

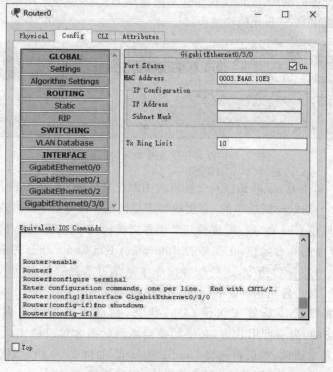

图 2.20 激活路由器端口

③ CLI。单击 CLI,切换到命令行配置界面,如图 2.21 所示。CLI 命令行配置模式,与交换机的真实配置模式完全相同,通过相应的配置指令实现对交换机的配置操作。

图 2.21　CLI 命令行配置界面

④ Attributes。该选项卡用于查看交换机的一些属性,比如 MTBF(平均故障间隔时间)、Rack Unit(设备高度的单位,RU 或 U)、Wattage(瓦数)、Power Source(电源)等。

(3) 设备连线

① 用双绞线连接电口。单击选中直通双绞线,单击 PC,在弹出的上弹菜单中选择 FastEthernet0 端口,接下来再在要连接的另一端设备,即接入交换机上单击,在弹出的菜单中选择一个用于连接的以太网端口,这样就实现了 2 个设备间的连接。绿色的链路状态指示灯表示链路连接正常。用同样的操作方法,完成所有 PC 与接入交换机的连接,以及接入交换机与汇聚交换机的千兆连接(用千兆端口互联)。

核心交换机与出口路由器一般放置在中心机房的同一个机柜中,距离较近,可采用千兆电口用双绞线实现互联。用直通双绞线,连接核心交换机的 GigabitEthernet1/0/1 端口和出口路由器 2911 的 GigabitEthernet0/0 端口。用交叉双绞线,连接 Router1(2911) 路由器和服务器。

② 用光纤连接光口。汇聚交换机与核心交换机采用单模光纤连接。在传输介质列表中,单击选中光纤,接下来单击任意一台汇聚交换机,在弹出的菜单中选择 GigabitEthernet1/1/1 光口,然后再在核心交换机上单击,在弹出的菜单中选择用于连接的光口,比如 GigabitEthernet1/1/1。用同样的操作方法,完成另 2 台汇聚交换机与核心交换机的互联,以及 2 台 2911 路由器的光纤互联。

完成所有设备连线后的网络拓扑如图 2.22 所示。红色的链路为千兆单模光纤链路。

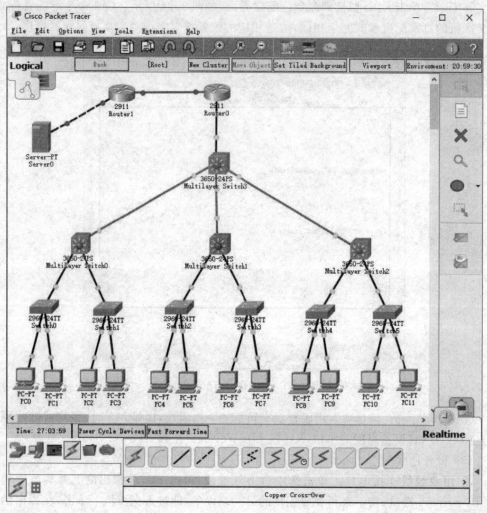

图 2.22　设计完成的网络拓扑

3. 配置网络设备和终端设备

　　网络拓扑规划设计好后,接下来就需对各网络设备和终端设备进行配置,以实现相应的功能。对网络设备的配置,在学习了后续章节的内容之后,才能进行本网络功能的配置,实现网络的互联互通。

　　本案例的终端设备主要是用户端的 PC 和网络服务器。下面介绍其配置使用方法。

　　(1) 配置 PC

　　对 PC 的配置,主要是配置其 IP 地址信息。单击 PC0,弹出配置对话框,然后选择 Desktop 选项卡,切换到桌面应用窗口,如图 2.23 所示。单击 IP Configuration 功能项,打开 IP 地址配置对话框,如图 2.24 所示,即可实现 IP 地址的配置。为便于网络测试,配置 PC0 的 IP 地址为 192.168.1.10,子网掩码为 255.255.255.0,默认网关指定为 192.168.1.1。目前这个网关还不存在,因为还没有配置这个网关。

图 2.23　PC 的桌面应用

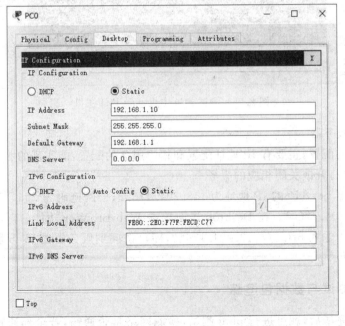

图 2.24　配置指定 IP 地址和网关地址

用同样的方法,配置 PC1 的 IP 地址为 192.168.1.11,子网掩码为 255.255.255.0,默认网关指定为 192.168.1.1 或者不配置,因为目前还没有网关。

PC0 和 PC1 主机根据 IP 地址的设置,都属于 192.168.1.0/24 网段,下面检测 PC0 与 PC1 主机之间的网络是否通畅。

单击 PC0,打开配置对话框。切换到 Desktop(桌面)界面,然后单击 Command Prompt 功能项,进入 PC0 主机的命令行界面,在命令行中用 ping 命令去 ping PC1 主机的 IP 地址,看能否 ping 通,ping 测试的结果如图 2.25 所示,从中可见,网络通畅。对于同一个网段内的通信,交换机不用任何配置,可直接使用。

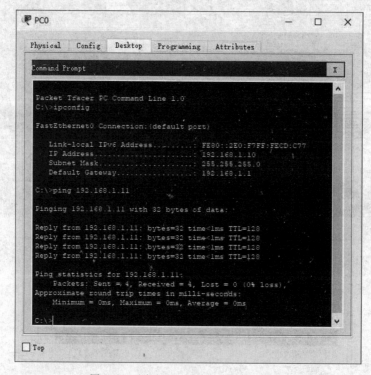

图 2.25　测试 PC0 主机 ping PC1 主机

（2）配置服务器

对服务器的配置,主要有 IP 地址配置和相应服务的配置,能实现的服务如图 2.26 所示,可根据需要打开或关闭相应的服务。

配置服务器 Server0 的 IP 地址为 113.204.176.2,子网掩码为 255.255.255.248,网关地址为 113.204.176.1。在 Desktop 界面单击 Web Browser 功能,打开 Web 浏览器,然后在地址栏中输入 http://113.204.176.2,即可访问到服务器的 Web 服务了,访问结果如图 2.27 所示。

4. 网络测试与数据包追踪

网络配置完毕后,就可进行 ping 测试,检测网络是否通畅,若全部通畅,则网络配置成功。若网络不通,则需要检查配置是否正确,是否有设备忘了配置路由或回程路由。为

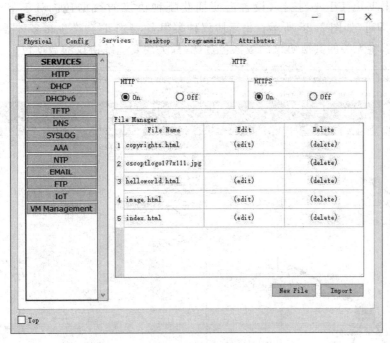

图 2.26　服务器能实现的服务

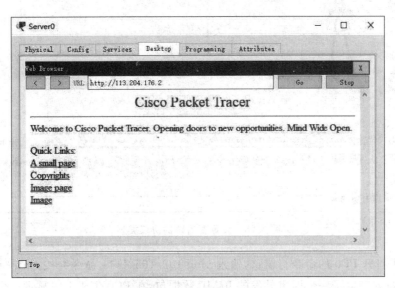

图 2.27　访问测试 Web 服务

了便于发现故障点,此时可切换到模拟工作模式,对 ping 的数据包进行逐步追踪,通过跟踪数据包的走向,很容易发现故障点。通过对数据包的解码分析,有助于发现故障原因。

　　为便于演示数据追踪的操作方法,下面在模拟工作模式,在 PC0 主机中 ping PC1 主机,追踪 ICMP 数据包的走向。

　　切换到模拟工作模式,首先单击 Show All/None 按钮,取消对所有协议数据包的捕获,然后单击 Edit Filters 按钮,设置需要捕获哪种协议的数据包。对于 ping,只选中 ICMP 协议即可,如图 2.28 所示。由于协议种类很多,工作时会产生很多种类的数据包,为避免干扰,将无关的其他协议的数据包过滤,只关注要追踪协议的数据包。

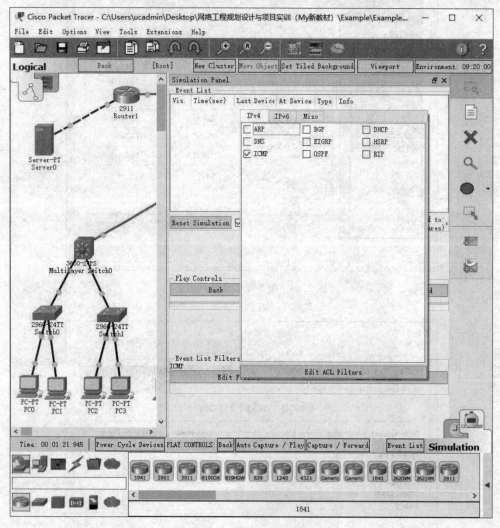

图 2.28　设置要追踪的协议类型

接下来打开 PC0 的命令行窗口,输入 ping 192.168.1.11 命令并按 Enter 键执行,此时 PC0 主机就产生了一个即将外发的 ICMP 数据包,在 PC0 主机上将显示一个信封图标代表该数据包,同时在 Event List 中也会产生一条事件记录,如图 2.29 所示。

单击 Capture/Forward 按钮,可逐步追踪数据包的走向,并伴有动画演示其轨迹,非常形象直观。走一步之后,数据包到达接入交换机,如图 2.30 所示。

单击 Capture/Forward 按钮,数据包到达目标主机 PC1;再次单击 Capture/Forward 按钮,PC1 主机产生响应数据包并回送到接入交换机;继续单击 Capture/Forward 按钮,响应数据包回到 PC0 主机,完成一次 ping 测试,在 PC0 主机的命令行窗口,此时就会显

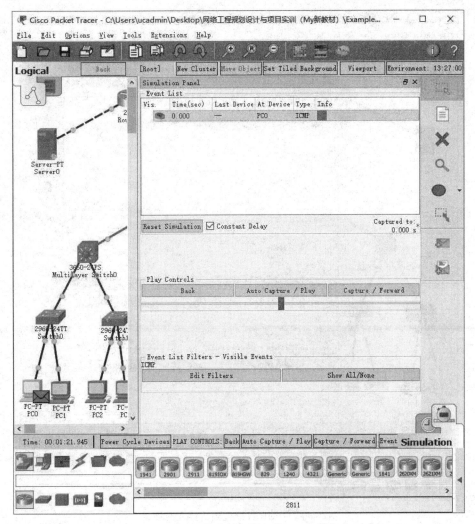

图 2.29　PC0 主机产生外发的 ICMP 数据包

示一条检测结果,如下所示。

```
Reply from 192.168.1.11: bytes=32 time=4ms TTL=128
```

Ping 命令会依次发送 4 个 ICMP 检测数据包,刚刚仅发送了 1 个,因此,接下来还会发送 3 个。继续单击 Capture/Forward 按钮或者单击 Auto Capture/Play 按钮,完成后续数据包的发送和追踪。每次发送的数据包会用不同的颜色来区分表示。

在 Event List 列表中,将依次记录和显示在流动过程中的每一个数据包的详细信息,包括持续时间(Time)、上一次所处的设备(Last Device)、该数据包当前所在的设备(At Device)、协议类型(Type)和协议详细信息(Info)。每一个事件占一行,要对哪一个数据包进行解码查看,可单击数据包所在的行,此时可从 OSI 七层模型角度,查看到数据包的解码内容。对 PC1 主机收到的 ICMP 数据包进行解码,其解码内容如图 2.31 所示。

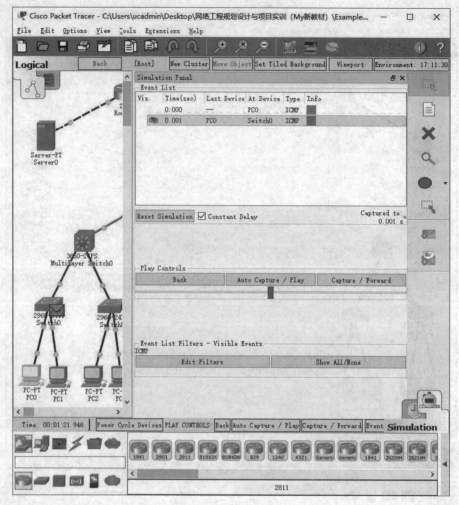

图 2.30　ICMP 数据包到达接入交换机

5. 设置系统参数

单击主菜单 Options,在下拉菜单中选择 Preferences,可打开系统参数设置对话框,如图 2.32 所示。

Show Device Model Labels 设置项用于设置是否显示设备的型号,Show Device Name Labels 用于设置是否显示各设备的名称,默认情况下,这两项内容都是选中的,设备型号和设备名称都会在设备图标下面显示。

Always Show Port Labels in Logical Workspace 用于设置是否显示设备互联的端口号。在对网络设备进行配置时,通常需要知道设备互联的端口号,将互联的端口号在拓扑中显示出来会更直观,便于设备配置时查看。该选项默认未选中,可自行选中。另一方面,拓扑中显示的信息太多,会显得有点乱,通常在显示了端口号的情况下,可取消设备型号的显示。

74

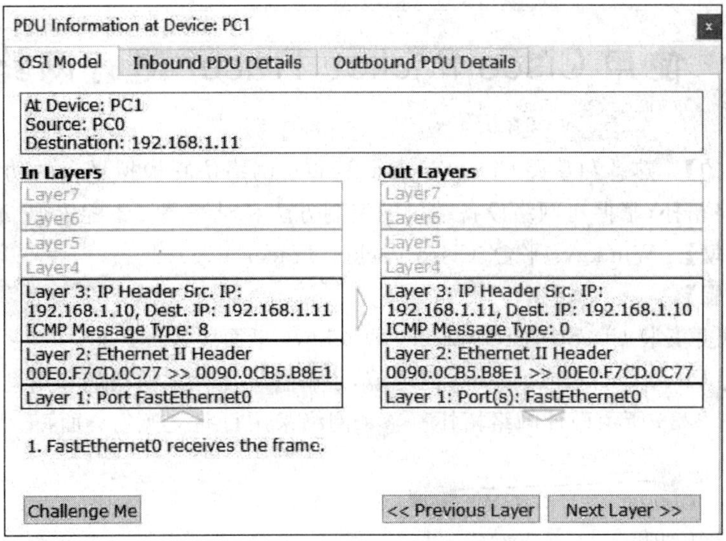

PDU Information at Device: PC1

OSI Model　　Inbound PDU Details　　Outbound PDU Details

At Device: PC1
Source: PC0
Destination: 192.168.1.11

In Layers

Layer7
Layer6
Layer5
Layer4
Layer 3: IP Header Src. IP: 192.168.1.10, Dest. IP: 192.168.1.11 ICMP Message Type: 8
Layer 2: Ethernet II Header 00E0.F7CD.0C77 >> 0090.0CB5.B8E1
Layer 1: Port FastEthernet0

Out Layers

Layer7
Layer6
Layer5
Layer4
Layer 3: IP Header Src. IP: 192.168.1.11, Dest. IP: 192.168.1.10 ICMP Message Type: 0
Layer 2: Ethernet II Header 0090.0CB5.B8E1 >> 00E0.F7CD.0C77
Layer 1: Port(s): FastEthernet0

1. FastEthernet0 receives the frame.

Challenge Me　　　　<< Previous Layer　　Next Layer >>

图 2.31　ICMP 数据包解码

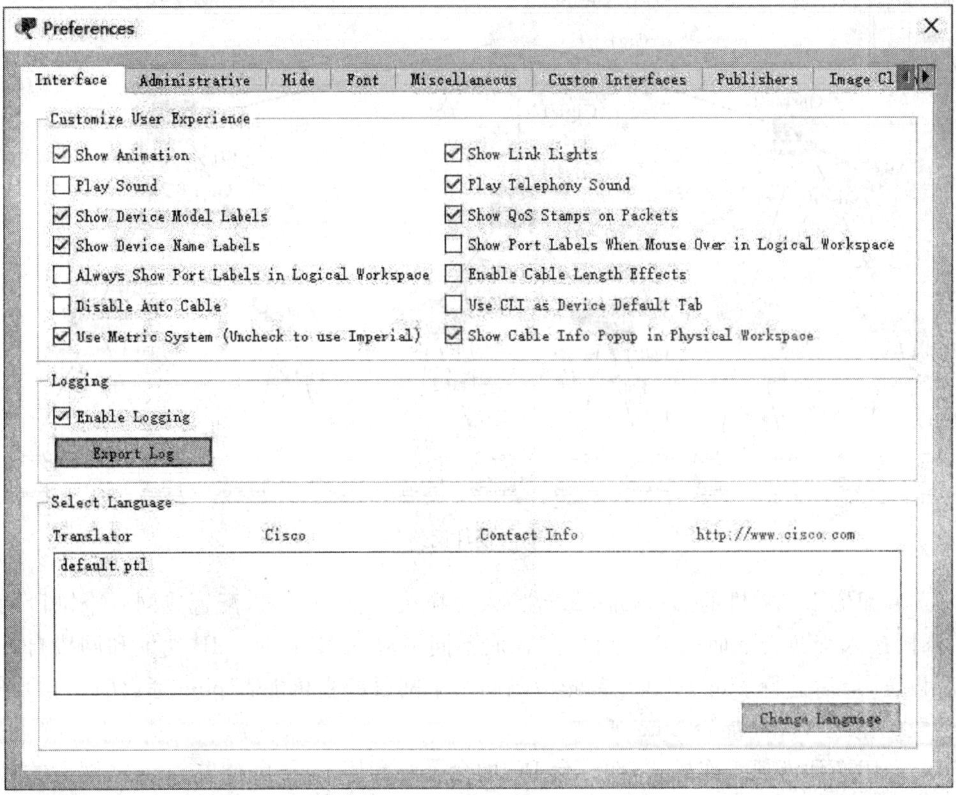

Preferences

Interface　Administrative　Hide　Font　Miscellaneous　Custom Interfaces　Publishers　Image Cl

Customize User Experience

☑ Show Animation　　　　　　　　☑ Show Link Lights
☐ Play Sound　　　　　　　　　　☑ Play Telephony Sound
☑ Show Device Model Labels　　　　☑ Show QoS Stamps on Packets
☑ Show Device Name Labels　　　　☐ Show Port Labels When Mouse Over in Logical Workspace
☐ Always Show Port Labels in Logical Workspace　☐ Enable Cable Length Effects
☐ Disable Auto Cable　　　　　　☐ Use CLI as Device Default Tab
☑ Use Metric System (Uncheck to use Imperial)　☑ Show Cable Info Popup in Physical Workspace

Logging

☑ Enable Logging
　Export Log

Select Language

Translator	Cisco	Contact Info	http://www.cisco.com
default.ptl			

Change Language

图 2.32　系统参数设置

实训　使用 Cisco Packet Tracer 进行网络实训

【实训目的】　熟悉和掌握 Cisco Packet Tracer 网络仿真模拟平台的功能和用法,能熟练绘制网络拓扑,掌握对网络设备端口的定制方法和对终端设备配置 IP 地址的方法。

【实训环境】　Windows 平台、Cisco Packet Tracer V7.1.1。

【实训步骤】

(1) 下载并安装 Cisco Packet Tracer Windows 桌面版 V7.1.1。

(2) 熟悉 Cisco Packet Tracer 界面环境,了解各界面元素的功能和用途。

(3) 按图 2.33 所示设计网络拓扑。整个网络采用百兆交换到桌面,千兆主干。

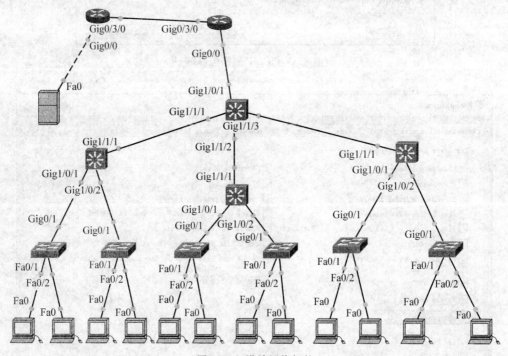

图 2.33　设计网络拓扑

(4) 配置 PC 主机的 IP 地址,每台接入交换机下面的主机,配置成同一个网段的地址,不同接入交换机下面的 PC 主机,配置成不同网段的 IP 地址。IP 地址和网段自行规划和设置,最后进行 ping 测试。首先检测同一个网段的主机能否 ping 通,然后再检测不同网段的主机彼此间能否 ping 通。

(5) 切换到模拟工作模式,在一台 PC 的命令行利用 ping 命令去 ping 本网段的另一台 PC 的 IP 地址,然后通过单击 Capture/Forward 按钮观察 ICMP 数据包的走向。最后在 Event List 列表中选择某一个数据包,对其进行解码,阅读和理解其解码内容。

第 3 章　交换机配置基础

在用交换机组建多网段的大、中型局域网络时,必须对交换机设备进行按需配置,网络才能正常运转,各网段间才能实现相互通信。本章主要介绍交换机的配置途径与配置方法,以及交换机最基本最常用的配置指令。

3.1　交换机 IOS 简介

1. IOS 简介

Cisco 交换机和路由器所使用的网络操作系统是 IOS(Internetwork Operating System,互联网际操作系统),目前 IOS 已更新升级为 IOS XE 系统,版本号为 16.X。

IOS 操作系统存储在交换机或路由器的 Flash 存储器中,开机加电时,由加载程序加载并解压到内存(RAM)中运行。IOS 操作系统文件扩展名通常为. bin 或. tar,是经过压缩的二进制文件。Cisco IOS 映像文件名有一定的命名规则,便于用户根据文件名识别该 IOS 映像文件适用的硬件平台、支持的功能特性集、IOS 运行的位置、IOS 的压缩格式、IOS 版本号等信息。

Cisco IOS 映像文件命名一般格式为 AAAAA-BBBB-CC-DDDD. EEE,比如 Cisco 2621 路由器的 IOS 映像文件为 c2600-is4-mz. 123-18. bin。

AAAAA 代表 IOS 映像文件适用的硬件平台,比如,c2600 代表 2600 系列路由器,c7200 代表 7200 系列路由器,rsp 代表 7500 系列路由器,asa 代表 ASA 防火墙,cat3k 代表 Cisco Catalyst 3000 系列交换机等。

BBBB 代表映像文件支持的功能特性集。IOS 映像文件可以是不同功能特性集的组合。Cisco 定义了几十种特性集代码,is4 中的 i 代表 IP 特性集,s4 代表 C2600/C3600 的 plus 特性集。除此之外,常见的还有 a 代表 APPN 特性集,c 代表远程访问服务子集,d 代表桌面子集,j 代表企业特性集,k9 代表高于 64 位的强加密(3DES、AES)等。

CC 部分的第一个字符代表 IOS 映像在哪种类型的存储器中运行。m 代表 RAM (Random Access Memory),r 代表 ROM(Read Only Memory),f 代表 Flash 内存。CC 部分的第二个字符代表映像文件的压缩格式,z 代表 zip 压缩,x 代表 mzip 压缩,w 代表 stac 压缩。

DDDD 部分代表 IOS 软件的版本号,比如 123-18 代表 12.3.18 版本号,12.3 为主版本号,18 为维护版本号。EEE 代表 IOS 映像文件的扩展名。

2. 交换机/路由器的硬件结构

交换机和路由器相当于特殊的计算机,由 CPU、存储器、接口和操作系统等部分组成。

交换机或路由器的存储器主要有 ROM(Read-Only Memory,只读存储器)、Flash(闪存)、NVROM(非易失性随机存储器)和 DRAM(动态随机存储器)。

ROM 用于存储引导(启动)程序,它是交换机或路由器开机加电后运行的第一个程序,负责引导、加载和解压缩 IOS 操作系统到内存中运行。

Flash 用于存储 IOS 操作系统映像文件,Flash 容量通常有 8MB、16MB、32MB、64MB 或更高。DRAM 用作交换机或路由器的内存,通常为 32MB、64MB 或更高。

NVROM 用于存储交换机或路由器的启动配置文件。交换机或路由器在启动过程中,从该存储器中读入启动配置文件,并按配置文件中的指令对设备进行初始化和配置。

保存在 NVROM 中的配置文件通常称为启动配置文件(Startup Configuration),当前生效的正在内存中运行的配置文件称为正在使用的配置文件(Running Configuration)。对交换机或路由器进行配置修改后,其配置修改结果是保存在正在使用的配置文件中的,即在内存中,掉电后将丢失,因此,在确定配置正确无误后,应保存配置内容,即将配置内容复制到启动配置文件中保存。

3. Cisco IOS 操作系统的特点

Cisco IOS 操作系统具有以下特点。

- 支持通过命令行(Command-Line Interface,CLI)或 Web 界面对交换机或路由器进行配置和管理。通常采用命令行方式进行配置。
- 支持通过控制口(Console)进行本地配置,或通过 Telnet 会话来进行远程配置。
- 通过工作模式来区分配置权限。Cisco IOS 提供了 6 种配置模式。比如,在用户模式仅能运行少数的命令,允许查看当前配置信息,但不能对交换机进行配置修改。特权模式能运行较多的命令,对交换机或路由器的配置修改需要进入全局配置模式。
- IOS 命令不区分大小写。
- IOS 支持命令简写,简写的程度,以能区分出不同的命令为准。比如 enable 命令可简写为 en,FastEthernet0/1 可简写为 fa0/1。
- 支持命令补全。当命令记忆不全或为了提高输入速度,可在输入命令的前几个字母后按 Tab 键,让系统自动补全命令。
- 可随时使用"?"来获得命令帮助。在命令的输入过程中,若要查询命令的下一选项,可输入"?"获得帮助,系统会自动显示下一个可能的选项。

3.2　交换机配置途径与配置方法

对交换机或路由器的配置，其配置途径分为本地配置和远程配置两种。设备的首次配置，必须通过配置端口进行本地配置。配置好远程登录连接所需的 IP 地址和登录密码之后，才支持 Telnet 或 SSH 远程登录，对设备进行远程登录配置。

3.2.1　通过配置端口本地配置

1. 配置端口与配置线缆

可网管的交换机或路由器都提供了配置端口，用于对设备进行配置。配置端口采用 RJ-45 接口形式，是一个符合 EIA/TIA-232 异步串行规范的串口。交换机或路由器随设备配送了配置线缆(RJ-45-COM)，该配置线缆一端为 RJ-45 头，另一端为 9 针串口母头，外观如图 3.1 所示。RJ-45 头用于插接到交换机或路由器的配置端口，9 针串口母头用于连接到计算机的串行端口(COM)。现在的计算机或笔记本电脑已很少配置串行端口(以下简称串口)，为了能提供串行端口，诞生了 USB 转串口线缆，外观如图 3.2 所示，该线缆一端为 USB 接口，用于连接计算机或笔记本电脑的 USB 接口，另一端为 9 针串口公头，用于与交换机或路由器的配置线缆的母头相连接。通过这两种线缆的结合使用，就可组合形成一端为 RJ-45 头，另一端为 USB 接口的串行配置线缆。

图 3.1　配置线缆　　　　　图 3.2　USB 转串口线缆

USB 转串口线缆内部集成有接口转换电路，在计算机上首次使用时，要安装设备驱动程序，Windows 系统一般都能自动识别和安装设备驱动程序。每次插上 USB 转串口线缆，所模拟出的串口号是不相同的，具体的串口号可通过 Windows 的设备管理器查看。在设备管理器的端口(COM 和 LPT)下面，将显示所模拟出的串口号。

2. 超级终端程序

要用计算机或笔记本电脑配置交换机或路由器，除了准备好配置线缆之外，还必须在计算机上安装配置好超级终端程序。超级终端程序可使用 Windows 系统自带的，也可以安装使用功能更强大的第三方软件商的终端模拟软件，比如 SecureCRT 或者 Xshell。从 Windows 7 开始，系统不再自带超级终端程序，建议安装使用 Xshell 或 SecureCRT。

3. 通过配置端口配置交换机

（1）连接交换机与笔记本电脑。

将配置线缆与 USB 转串口线缆通过串口母头和串口公头连接在一起，将 RJ-45 接头插入交换机的配置端口，将 USB 插入笔记本电脑的 USB 接口，然后打开 Windows 系统的设备管理器，查看并记录下本次所模拟出的串口号。

（2）在笔记本电脑安装并启动 SecureCRT 终端模拟软件，其主界面如图 3.3 所示。

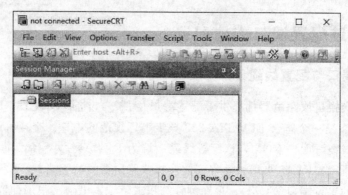

图 3.3　SecureCRT 主界面

在 Session Manager（会话管理）窗口的工具栏中单击 按钮，开启一个 New Session（会话），此时将打开新会话创建向导，在协议下拉列表中选择 Serial（串行通信协议），如图 3.4 所示。采用 Telnet 远程登录连接时，协议类型选择 Telnet。

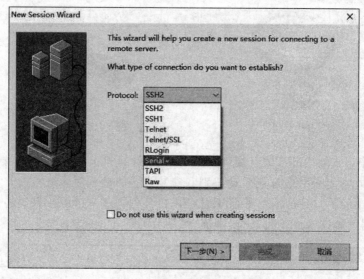

图 3.4　选择协议类型为 Serial

选择协议类型后单击"下一步"按钮，此时将打开如图 3.5 所示的设置对话框。在 Port 下拉列表框中，将串口选择为笔记本电脑所模拟出并使用的串口号。Baud rate 为串

口通信的波特速率,交换机的 Console 端口默认通信速率为 9600bps,必须设置修改为
9600。Data bits 为数据位,保持默认的 8 不变。Parity 为奇偶检验,保持默认的 None 不
变。Stop bits 为停止位,保持默认的 1 不变。Flow Control 为数据流控制,全部保持默认
设置,不选中,然后单击“下一步”按钮,新对话框如图 3.6 所示,可为即将创建的会话起一
个名字,也可使用默认的名称,单击“完成”按钮,完成会话的创建工作,此时的主界面如
图 3.7 所示。

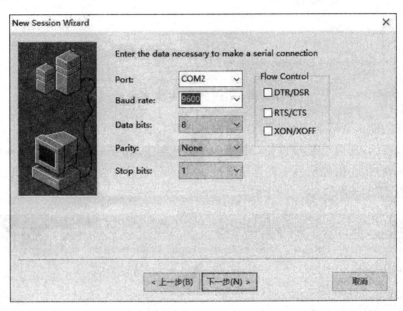

图 3.5　设置串口通信参数

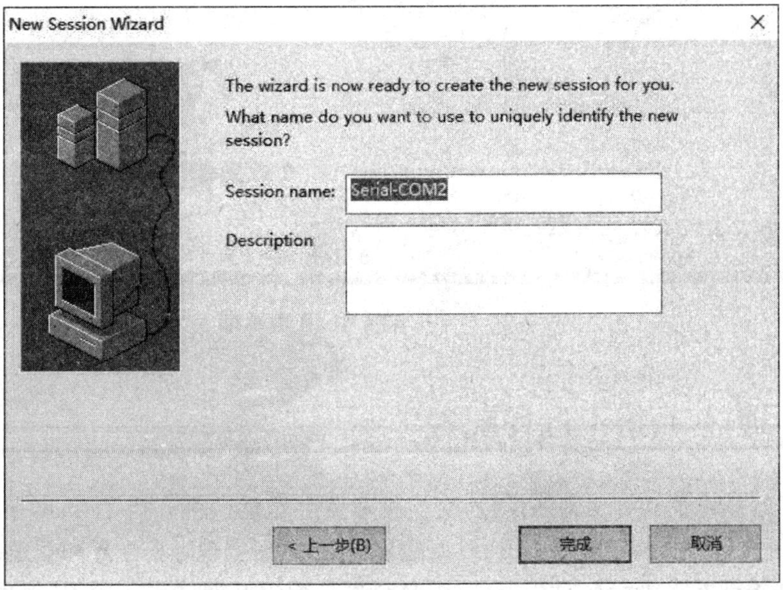

图 3.6　为会话命名

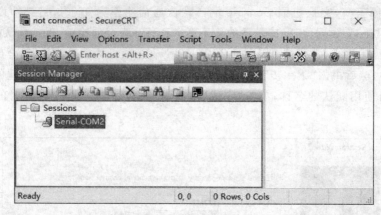

图 3.7　新建会话后的主界面

新创建的连接会话就会出现在会话管理窗口中,当需要连接时,可在会话管理窗口中单击选中该会话,然后单击▣按钮,发起该会话的连接,连接成功后,在主界面中就会增加显示终端窗口,在终端窗口中就显示了交换机的命令行(CLI),可对交换机进行配置,如图 3.8 所示。

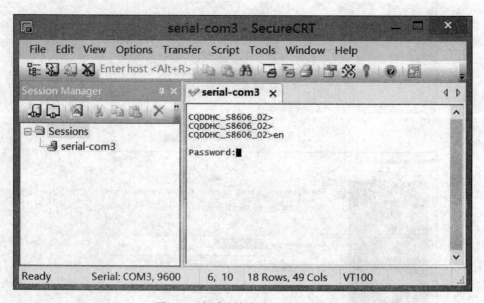

图 3.8　会话连接成功后的主界面

3.2.2　通过 Telnet 远程配置

为便于远程维护和管理网络设备,交换机和路由器默认都开启了 Telnet 服务,可利用 Telnet 协议,远程登录连接到交换机或路由器上,从而实现远程配置和管理。

网络设备要支持 Telnet 远程登录,则必须事先配置好网络设备的 IP 地址,同时,为保证设备的安全性,网络设备上必须配置登录密码,否则不允许 Telnet 登录。

在 Session Manager 窗口的工具栏中单击 按钮,开启一个新会话(New Session),打开新会话创建向导,在协议下拉列表中选择 Telnet,然后单击"下一步"按钮,此时将打开图 3.9 所示的对话框,在 Hostname 文本框中输入要远程登录连接的网络设备的 IP 地址,假设要连接的交换机的 IP 地址为 192.168.168.1,则在文本框中输入 192.168.168.1;Port 和 Firewall 选项保持默认设置,单击"下一步"按钮,接下来在打开的对话框中保持默认的会话名称,直接单击"完成"按钮,完成新会话的创建。

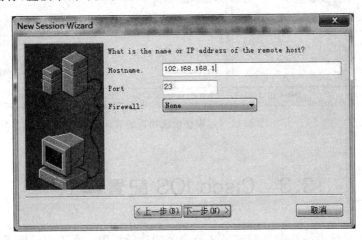

图 3.9　设置远程登录的网络设备的 IP 地址

在会话管理窗口中连接刚才新创建的会话,连接成功后的主界面如图 3.10 所示。输入 Telnet 登录密码,校验成功后,即可进入交换机的命令行,并处于交换机的用户模式,命令行提示符为">",在该模式下,输入 enable 命令并按 Enter 键执行,输入进入特权模式的密码,校验成功后,就可进入权限更高的特权模式,此时命令行提示符变为"♯",在该模式下,就可以对交换机进行远程配置了,如图 3.11 所示。

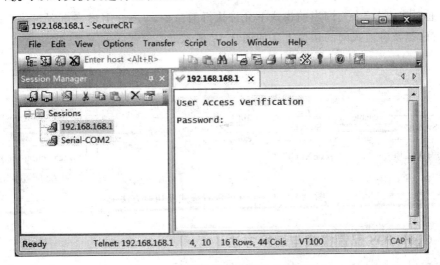

图 3.10　远程连接成功后的登录界面

83

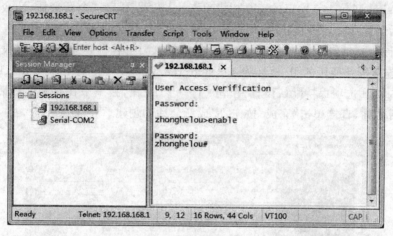

图 3.11　远程登录成功后的界面

3.3　Cisco IOS 配置模式

Cisco IOS 通过不同的配置模式来区分命令的执行权限。在不同的模式下，允许执行的命令不相同，如果想执行某个命令，则必须先进入相应的配置模式。

1. Cisco IOS 配置模式简介

Cisco IOS 提供了 6 种配置模式，分别是用户执行模式（User EXEC Mode）、特权执行模式（Privileged EXEC Mode）、全局配置模式、接口配置模式、线路（Line）配置模式和VLAN 配置模式。

可通过输入"?"来查询当前模式下允许执行的命令。Cisco IOS 各配置模式下的命令行提示符，以及各模式间的切换方法如图 3.12 所示。

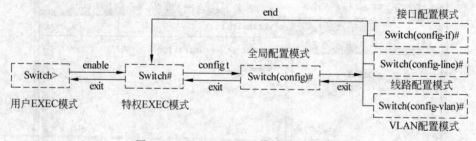

图 3.12　Cisco IOS 配置模式及切换方法

2. Cisco IOS 配置模式与切换方法

（1）用户执行模式

用户执行模式通常也简称为用户模式，该模式的权限最低，只能执行一些有限的命令,这些命令主要是查看系统信息的命令(show)、网络诊断调试命令(如 ping、traceroute 等)、终端登录(Telnet)以及进入特权执行模式的命令(enable)等。

当用户通过交换机的配置端口或 Telnet 登录连接到交换机时,所处的模式就是用户执行模式,此时的命令行提示符为">",例如,Switch>。

命令行提示符左边显示的是交换机或路由器的主机名。交换机默认的主机名是 Switch,路由器默认的主机名为 Router。

(2) 特权执行模式

特权执行模式通常也简称为特权模式。在用户执行模式下执行 enable 命令,即可进入特权执行模式。成功进入该模式后,能执行的命令就比较多了,对设备配置修改的操作,还需进一步进入全局配置模式才能执行。可在该模式下通过执行 configure terminal 命令,进入全局配置模式。离开特权执行模式,返回用户执行模式,可执行 exit 或 disable 命令。

特权执行模式的命令行提示符为"♯",例如,Switch♯。

出于安全考虑,由用户执行模式进入特权执行模式,通常设置有密码,只有密码输入正确后,才能进入特权执行模式。密码输入时不回显,例如:

```
Switch>enable
Password:
Switch#
```

设置进入特权执行模式的密码,其配置命令需要在全局配置模式下执行,配置命令为:

```
enable secret | password 密码
```

命令中的 secret 和 password 二选一。采用 secret 时,密码采用加密方式存储在配置文件中;采用 password 时,密码采用明文存储在配置文件中。

(3) 全局配置模式

在特权执行模式下执行 configure terminal 命令,即可进入全局配置模式。由于该命令字符数较多,根据 IOS 命令支持简写的特点,为提高命令输入速度,通常简写为 config t。

全局配置模式的命令行提示符为(config)♯,例如:

```
Switch#config terminal
Enter configuration commands,one per line. End with CNTL/Z.
Switch(config)#
```

在全局配置模式下,只要输入一条有效的配置命令并按 Enter 键,内存中正在运行的配置就会立即被改变并生效。该模式下的配置命令的作用域是全局性的,是对整个交换机或路由器起作用。

在全局配置模式,可进入接口配置、线路配置和 VLAN 配置等子模式。从子模式返回全局配置模式,执行 exit 命令;从全局配置模式返回特权模式,执行 exit 命令;若要退出任何配置模式,直接返回特权模式,则执行 end 命令或按 Ctrl+Z 组合键。

（4）接口配置模式

在全局配置模式下，当对接口进行配置时，通过执行选择接口的命令 interface 就会进入接口配置模式。在该模式下，可对选定的接口（端口）进行配置，并且只能执行配置接口的命令。接口配置模式的命令行提示符为：Switch(config-if)♯。

例如，若要配置交换机 0 号模块上的第 1 个快速以太网（FastEthernet）端口的通信速率为 100Mbps，全双工方式，则配置方法为：

```
Switch(config)#interface FastEthernet 0/1
Switch(config-if)#speed 100
Switch(config-if)#duplex full
Switch(config-if)#end
Switch#write
```

write 为保存配置的命令，功能上等价于 copy running-config startup-config 命令。

（5）线路配置模式

在全局配置模式下，执行 line vty 或 line console 命令，将进入线路（Line）配置模式。该模式主要用于对虚拟终端（Vty）和控制口（Console）进行配置，主要用于配置通过 Telnet 登录，或者通过配置端口登录时的登录密码设置。

线路配置模式的命令行提示符为（config-line）♯，例如，Switch(config-line)♯。

交换机有一个控制端口，其编号为 0。若要设置通过配置端口进行本地登录时也需要密码验证，则配置方法为：

```
Switch#config t
Enter configuration commands,one per line. End with CNTL/Z.
Switch(config)#line console 0
Switch(config-line)#?
exit        exit from line configuration mode
login       Enable password checking
password    Set a password
```

从帮助信息可知，设置控制台登录密码的命令是 password。若要激活（启用）密码检查，即让所设置的密码生效，还应执行 login 命令。退出线路配置模式，执行 exit 命令。

下面设置通过控制口登录时的密码为 NoEntry369，则配置命令为：

```
Switch(config-line)#password NoEntry369
Switch(config-line)#login
Switch(config-line)#end
```

由于通过配置端口登录属于本地登录，能近距离接触网络设备的人员一般是网络设备管理员。为方便登录，配置端口登录时一般不设置密码。

交换机和路由器都支持多个虚拟终端，一般为 16 个（0～15），以允许多个用户同时登录连接到网络设备进行远程配置或管理操作。出于安全考虑，必须设置了密码后，虚拟终端才允许登录。如果对 0～4 号虚拟终端线路配置了登录密码，则交换机就允许同时有 5 个 Telnet 登录连接。配置虚拟终端登录密码操作示例如下：

```
Switch(config)#line vty 0 4
Switch(config-line)#password NoEntry369
Switch(config-line)#login
Switch(config-line)#end
Switch#write
```

若要设置不允许 Telnet 登录,可通过取消虚拟终端密码或取消密码检查来实现,实现命令为 no password 或 no login。

在 Cisco IOS 命令中若要实现某条命令的相反功能,只需在该条命令前面加 no。

为了防止空闲的连接长时间存在,通常还应配置空闲超时的时间,超时后就自动断开连接。默认空闲超时时间为 10 分钟。

设置空闲超时时间的配置命令为:

exec-timeout　分钟数　秒数

例如,若要配置 Vty 的 0～4 号线路和配置端口的空闲超时时间为 2 分钟,则配置命令为:

```
Switch#config t
Switch(config)#line vty 0 4
Switch(config-line)#exec-timeout 2 0
Switch(config-line)#line console 0
Switch(config-line)#exec-timeout 2 0
Switch(config-line)#end
Switch#write
```

(6) VLAN 配置模式

在全局配置模式下执行创建 VLAN 的命令,就会进入 VLAN 配置模式。例如,若要在交换机中创建 10 号 VLAN 和 20 号 VLAN,则创建方法为:

```
Switch#config t
Switch(config)#vlan 10
Switch(config-vlan)#vlan 20
Switch(config-vlan)#end
Switch#show vlan
```

show vlan 用于显示并查看 VLAN 信息。

【例 3.1】 组建一个由 2 台二层交换机所构成的单网段网络,每台交换机下连接 3 台 PC 作为代表,网段地址为 192.168.1.0/24,配置要求如下:

(1) PC0 和 PC3 主机分别用配置线缆,通过配置端口,分别连接到 Switch0 和 Switch1 交换机,以实现对交换机的本地配置。

(2) 利用 PC0 主机的超级终端,登录连接到 Switch0 交换机,配置交换机的 IP 地址为 192.168.1.2/24,并配置交换机允许同时有 5 个 Telnet 登录连接,登录密码为 NoEntry369。配置进入特权模式的密码为 Letmein24361。

(3) 利用 PC3 主机的超级终端,登录连接到 Switch1 交换机,配置交换机的 IP 地址为 192.168.1.3/24,并配置交换机允许同时有 5 个 Telnet 登录连接,登录密码为 NoEntry369。配置进入特权模式的密码为 Letmein24361。

（4）配置各 PC 的 IP 地址，IP 地址从 192.168.1.10/24 开始连续分配，实现整个网络的互联互通，并相互进行 ping 测试。

（5）在任意一台 PC 的命令行下，利用 Telnet 命令分别登录连接 Switch0 和 Switch1 交换机，检查能否远程登录连接交换机。

操作步骤如下：

（1）根据组网要求，交换机可使用 Cisco 2960，网络拓扑设计如图 3.13 所示。

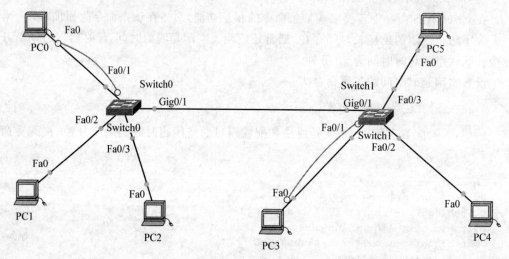

图 3.13　设计网络拓扑

（2）配置 Switch0 交换机。打开 PC0 主机的 Desktop 应用界面，单击 Terminal 终端应用，在打开的对话框中保持默认参数设置，单击 OK 按钮，即可进入交换机的配置命令行，如图 3.14 所示。在交换机的配置命令行依次输入并执行以下命令，以实现对交换机的配置。

```
Switch>enable
Switch#config t
!配置交换机的主机名为 Switch0
Switch(config)#hostname Switch0
!二层交换机只能设置一个 IP 地址，该 IP 地址设置在 VLAN 1 的 VLAN 接口上
!选择 VLAN 1 的 VLAN 接口
Switch0(config)#int vlan 1
!设置 IP 地址
Switch0(config-if)#ip address 192.168.1.2 255.255.255.0
!激活 VLAN 接口
Switch0(config-if)#no shutdown
!选择 vty 线路，并设置密码、启用密码检查
Switch0(config-if)#line vty 0 4
Switch0(config-line)#password NoEntry369
Switch0(config-line)#login
!退出线路配置模式，返回全局配置模式
```

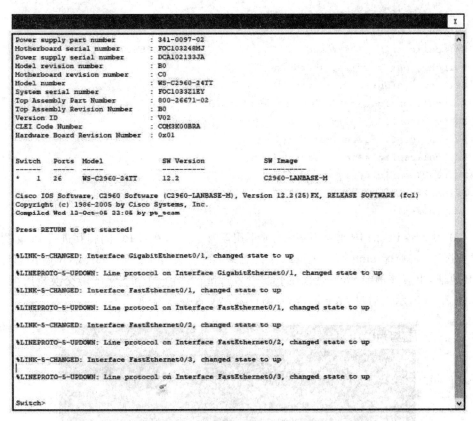

图 3.14　利用超级终端登录连接到交换机

```
Switch0(config-line)#exit
```
!配置进入特权模式的密码,密码采用加密方式存储
```
Switch0(config)#enable secret Letmein24361
```
!退出全局配置模式,返回特权模式
```
Switch0(config)#exit
```
!在特权模式,执行保存配置的命令 write
```
Switch0#write
```
!退出特权模式,返回用户模式,结束本次配置工作
```
Switch0#exit
Switch0>
```

　　配置好 Switch0 交换机后,在 PC0 主机中,使用超级终端重新登录连接交换机,可成功进入用户执行模式。在输入 enable 命令想进入特权执行模式时,就有密码验证这一关了。

　　接下来用同样的操作方法,利用 PC3 主机的超级终端,登录连接到 Switch1 交换机的命令行,完成对 Switch1 交换机的配置,配置命令如下:

```
Switch>enable
Switch#config t
```

```
Switch(config)#hostname Switch1
Switch1(config)#int vlan 1
Switch1(config-if)#ip address 192.168.1.3 255.255.255.0
Switch1(config-if)#no shutdown
Switch1(config-if)#line vty 0 4
Switch1(config-line)#password NoEntry369
Switch1(config-line)#login
Switch1(config-line)#exit
Switch1(config)#enable secret Letmein24361
Switch1(config)#exit
Switch1#write
Switch1#exit
```

（3）设置各 PC 的 IP 地址，网关地址不用设置。然后在各 PC 间相互进行 Ping 测试，正常情况下，都应能 ping 通。也可以在任意一台 PC 去 ping Switch0 或 Switch1 交换机的 IP 地址，也应该都能 ping 通。在 PC2 主机 ping Switch0 和 Switch1 交换机的测试结果如图 3.15 所示。通过 ping 测试，网络已全部实现互联互通。

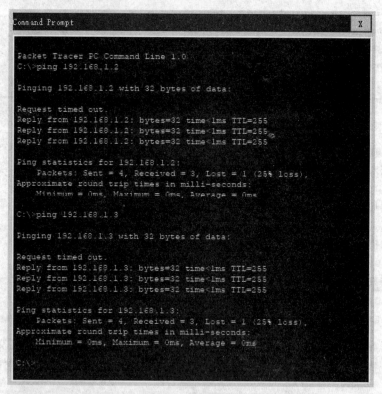

图 3.15　PC2 主机 ping Switch0 和 Switch1 交换机

（4）在任意一台 PC 中，利用 Telnet 远程登录连接 Switch0 和 Switch1 测试。以在 PC3 主机上进行 Telnet 登录连接测试为例，测试结果如图 3.16 所示，Telnet 远程登录成功，这样管理员就可以在管理机上远程管理整个局域网络的网络设备了。

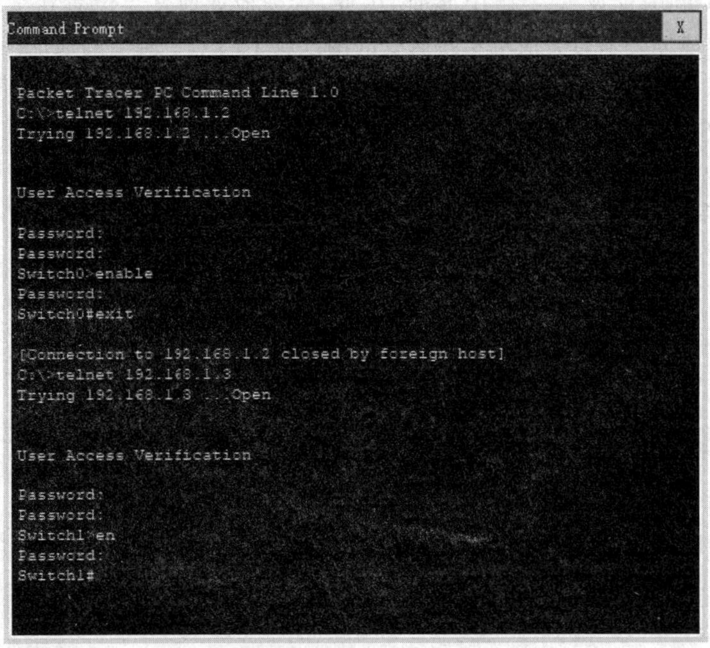

图 3.16　Telnet 远程登录测试

3.4　交换机的基本配置

本节主要介绍交换机常用的最基本的配置。

3.4.1　配置主机名与管理地址

1. 配置主机名

交换机默认主机名为 Switch,在实际组网中,通常应对每台交换机按照一定的命名规则设置一个名字,以便后期在远程维护管理时,能根据主机名知道是哪一台交换机。

交换机或路由器使用 hostname 命令设置主机名,例如,若要将交换机的主机名设置为 Office_Building,则配置方法为:

```
Switch>enable
Switch#config t
Switch(config)#hostname Office_Building
Office_Building (config)#
```

2. 配置管理地址

为便于远程维护管理进行 Telnet 或 SSH 登录,交换机必须要设置一个管理地址。

91

对于二层交换机,只能设置一个 IP 地址,因此,管理地址通常可设置在默认的 VLAN 1 接口上。管理地址必须与交换机实际所处的网段属于同一个网段的地址。

交换机默认都创建了一个 VLAN 1,所有端口默认都属于 VLAN 1,每个 VLAN 都有一个 VLAN 接口,可在 VLAN 接口上配置 IP 地址。VLAN 1 的接口默认是处于禁用状态(Shutdown)的,配置 IP 地址后,应执行 no shutdown 命令,启用或激活该接口。

例如,若要设置 Office_Building 交换机的管理地址为 192.168.1.2/24,则配置命令为:

```
Office_Building (config)#int vlan 1
Office_Building (config-vlan)#ip address 192.168.1.2 255.255.255.0
Office_Building (config-vlan)#no shutdown
Office_Building (config-vlan)#exit
Office_Building (config)#
```

若要取消 IP 地址的配置,可执行 no ip address 命令。

管理地址配置后,只有同一网段的主机可以访问到该交换机。若要跨网段 Telnet 交换机,则还必须给交换机配置指定一个默认网关地址,使交换机(作为一个主机)能与其他网段的主机进行通信。

为二层交换机配置指定默认网关使用 ip default-gateway 命令,例如,若 Office_Building 交换机所处网段的网关地址为 192.168.1.1,则配置命令为:

```
Office_Building (config)#ip default-gateway 192.168.1.1
```

3.4.2 查看交换机信息

查看信息使用 show 命令,该命令可查看很多方面的信息,可通过执行"show ?"命令来获得可查看信息的详细列表。下面主要介绍最常用的几个查看命令。

1. 查看 IOS 版本信息

查看 IOS 版本信息,使用 show version 命令实现。该命令在特权执行模式执行,输出显示的信息很多,下面以 Cisco 3650 交换机为例,仅给出最关键部分的信息,其余内容以省略号代替。

```
Cisco3650#show version
Cisco IOS Software [Denali], Catalyst L3 Switch Software (CAT3K_CAA-
UNIVERSALK9-M), Version 16.3.2, RELEASE SOFTWARE (fc4)
...
Cisco IOS-XE software, Copyright(c) 2005-2016 by cisco Systems, Inc.
...
ROM: IOS-XE ROMMON
BOOTLDR: CAT3K_CAA Boot Loader (CAT3K_CAA-HBOOT-M) Version 4.26, RELEASE
SOFTWARE (P)
System image file is "flash:/cat3k_caa-universalk9.16.03.02.SPA.bin"
```

...

从输出的信息可见,该交换机采用 Cisco IOS-XE 操作系统,版本号为 16.3.2,IOS 映像文件存储在闪存(Flash)中,映像文件名为 cat3k_caa-universalk9.16.03.02.SPA.bin。

2. 查看配置信息

查看当前正在运行的配置信息,使用 show running-config,常简写为 show run;查看启动配置文件的内容,使用 show startup-config,常简写为 show start。

3. 查看 ARP 地址表

交换机维护有一张 ARP 地址表,表中记录了 IP 地址与 MAC 地址的对应关系。使用 show arp 命令可查看 ARP 地址表。

```
Office_Building#show arp
Protocol  Address        Age (min)  Hardware Addr   Type   Interface
Internet  192.168.1.2    -          0090.2196.CC55  ARPA   VLAN 1
Internet  192.168.1.10   0          0002.1650.BC64  ARPA   VLAN 1
```

4. 查看 MAC 地址表

MAC 地址表记录了各 PC 的 MAC 地址与所连接的交换机端口之间的对应关系。使用 show mac-address-table 命令,可查看到该台交换机的 MAC 地址表,如图 3.17 所示。

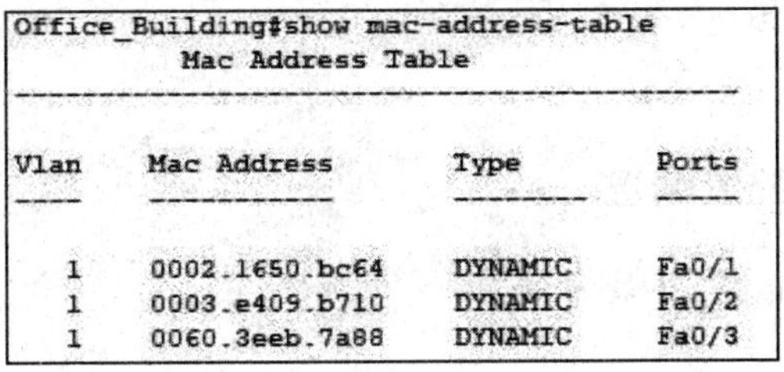

```
Office_Building#show mac-address-table
         Mac Address Table
-------------------------------------------

Vlan    Mac Address       Type        Ports
----    -----------       --------    -----

  1     0002.1650.bc64    DYNAMIC     Fa0/1
  1     0003.e409.b710    DYNAMIC     Fa0/2
  1     0060.3eeb.7a88    DYNAMIC     Fa0/3
```

图 3.17　查看 MAC 地址表

MAC 地址表具有老化期,在老化期的时间范围内,若某台主机没有数据包的收发,则将该条 MAC 记录从地址表中删除,以维护 MAC 地址表的有效性。

默认情况下,MAC 地址与端口的对应关系是自主学习到的,故类型为 DYNAMIC(动态)。若是通过指令手工绑定,则类型显示为 STATIC(静态)。将 MAC 地址、主机所属的 VLAN 与交换机端口绑定后,则具有该 MAC 地址的主机,在接入绑定的 VLAN 工作时,必须接入绑定的端口才能通信,接入交换机的其他端口将无法通信。

MAC 地址绑定涉及三个要素,分别是 PC 的 MAC 地址、PC 所属的 VLAN 号和要绑定的交换机端口号,其命令用法为:

mac-address-table static MAC地址 vlan vlan-id interface 接口类型 接口编号

例如,若 PC1 主机的 MAC 地址为 0003.e409.b710,PC1 主机属于 VLAN 10 网段,

现要求将 PC1 主机绑定到交换机的 Fa0/2 号端口工作,则实现的配置命令为:

```
Office_Building(config)#mac-address-table static 0003.e409.b710 vlan 10
interface fa0/2
```

进行以上绑定后,当 PC1 主机划归到 VLAN 10 工作时,则必须接入 fa0/2 端口才能正常通信,接入其他属于 VLAN 10 的端口无法通信。若 PC1 主机接入其他非 VLAN 10 的端口,则可以正常通信。其他非绑定的 PC,接入 fa0/2 可以正常通信。

show mac-address-table static 查看静态绑定的 MAC 地址,show mac-address-table dynamic 查看动态学习获得的 MAC。若要查询某一个接口下面所学习到的 MAC,则实现命令为:

```
show mac-address-table interfaces 接口类型 接口编号
```

例如,若要查看 fa0/3 端口下面所学习到的或绑定的 MAC 地址,则实现命令为:

```
Office_Building#show mac-address-table int fa0/3
```

5. 查看 IP 路由信息

仅对三层交换机或路由器有效,实现命令为:

```
show ip route
```

6. 查看进程与 CPU 负荷

查看进程与 CPU 负荷,实现命令为:

```
show processes
```

7. 查看 VLAN 配置情况

查看 VLAN 配置信息,实现命令为:

```
show vlan
```

8. 查看端口状态

查看某一端口的工作状态,使用 show interface 命令来实现,用法为:

```
show interface interface-type interface-number
```

interface-type 代表端口的类型,通常有以太网端口(Ethernet,通信速率为 10Mbps)、快速以太网端口(FastEthernet,100Mbps)、吉比特以太网端口(GigabitEthernet,1000Mbps)和万兆以太网端口(TenGigabitEthernet,通信速率为 10000Mbps),这些端口类型可简约表达为 e、fa、gi 和 tengi。

interface-number 代表端口编号,通常由两部分(槽位编号/端口编号)或三部分(Unit ID/槽位编号/端口编号)构成。对于固定配置的低端交换机,通常由两部分构成;对于模块化的中高端交换机,通常由三部分构成。

例如,若要查看 Cisco Catalyst 2950-24 交换机 0 号槽位上的第 24 号端口的状态信息,其查看命令为:

```
Office_Building#show interface FastEthernet 0/24
FastEthernet0/24 is up, line protocol is up...
```

该命令通常可简约表达为 show int fa0/24。交换机的端口状态同时显示了物理线路的状态和数据链路的状态,正常情况下,二者都应处于可用状态(Up)。若端口未连接,则显示的提示信息为:

```
FastEthernet0/24 is down, line protocol is down (notconnect)
```

若端口被禁用(shutdown),则端口状态显示为:

```
FastEthernet0/24 is down, line protocol is down (disabled)
```

若要查看 1 号单元上的 0 号槽位中的第 12 号快速以太网端口的工作状态,则查看命令为 show int fa1/0/12。

3.4.3   配置指定 DNS 服务器

当交换机作为客户机角色访问其他主机时,可能会有域名解析需求,为了能进行域名解析,必须给交换机配置指定用于域名解析的 DNS 服务器的地址。

1. 启用与禁用 DNS 域名解析

启用 DNS 域名解析,配置命令为:

```
ip domain-lookup
```

禁用 DNS 域名解析,配置命令为:

```
no ip domain-lookup
```

默认情况下,交换机启用了 DNS 域名解析服务,但没有指定域名解析时使用的 DNS 服务器的地址。启用 DNS 域名解析后,在对交换机进行配置时,若命令输入错误,交换机会试着进行域名解析,这将花费较长的时间等待其超时,因此,在实际应用中,通常禁用域名解析。

2. 指定 DNS 服务器地址

配置命令为:

```
ip name-server serveraddress1[serveraddress2...serveraddress6]
```

交换机最多可指定 6 个 DNS 服务器的地址,各地址间用空格分隔,排在最前面的为首选 DNS 服务器。

例如,若要配置指定交换机的域名解析服务器为 61.128.128.68 和 61.128.192.68,则配置命令为:

95

```
Switch(config)#ip name-server 61.128.128.68 61.128.192.68
```

3.4.4 端口基本配置

1. 选择端口

在对端口进行配置之前,必须先选择要配置的端口,进入接口配置模式。选择端口有一次选择一个端口和一次选择多个连续端口两种方法。

(1) 选择一个端口

命令用法为:

```
interface interface-type interface-number
```

例如,若要选择 Cisco 2960 的第 1 号快速以太网端口,则实现命令为:

```
Switch(config)#interface FastEthernet 0/1
Switch(config-if)#
```

(2) 选择多个连续端口

在对端口进行配置时,有时需要对多个连续的端口进行相同的配置操作,此时就需要同时选择多个连续的端口,以简化配置操作。

命令用法为:

```
interface range interface-type slot/startport-endport
```

startport 代表开始的端口号;*endport* 代表结尾的端口号。

例如,若要选择 Cisco 2960 交换机的第 1~12 号端口,则配置命令为:

```
Switch(config)#interface range fa0/1-12
Switch(config-if-range)#
```

2. 为端口指定一个描述性文字

对端口指定一个描述性的说明文字,说明端口的用途,可起到备忘的作用。

配置命令为:

```
description port-description
```

如果描述文字中包含空格,则描述文字要用双引号括起来。

例如,若 Cisco 3650 交换机的 G1/0/1 端口连接到 1 号学生宿舍,则可以给该端口添加一个说明文字,配置命令为:

```
C3650(config)#interface G1/0/1
C3650(config-if)#description "Link to Dormitory 1"
```

3. 配置端口通信速度

配置命令为:

```
speed 10|100|1000|auto
```

交换机端口通信速率默认为自动协商(auto),没有特殊要求的情况下,一般不用配置指定端口的通信速率。在自动协商模式,链路两端的设备将相互交流各自的通信能力,从而选择一个双方都支持的最大速率进行通信。

若要将 Cisco Catalyst 3650 的第 2 号口降速为 100Mbps,则配置方法为:

```
C3650(config)#int G1/0/10
C3650(config-if)#speed 100
```

4. 启用与禁用端口

对于没有网络连接的端口,其状态为禁用;对于有网络连接的端口,可根据管理需要,对端口禁用或重新启用。

比如,若发现连接在某一端口的计算机因感染病毒,正大量向外发包和攻击网络,此时就可禁用该端口,以断开该染毒主机与网络的连接。

例如,若要禁用 Cisco 2960 的第 22 号端口,则配置命令为:

```
C2960(config)#int fa0/22
C2960(config-if)#shutdown
C2960(config-if)#
00:56:38: %LINK-5-CHANGED: Interface FastEthernet0/22, changed state to
administratively down
00:56:39: %LINEPROTO-5-UPDOWN: Line protocol on Interface FastEthernet0/22,
changed state to down
```

若要重新启用该端口,则配置命令为:

```
C2960(config)#int fa0/22
C2960 (config-if)#no shutdown
```

5. 启用 IP 路由协议

配置命令为:

```
ip routing
```

该命令在全局配置模式下执行,用于开启三层交换机的 IP 路由功能。Cisco 三层交换机的 IP 路由默认未开启。若要禁用 IP 路由功能,则执行 no ip routing 命令。

例如,若要开启 Cisco 3650 交换机的 IP 路由功能,则配置命令为:

```
C3650(config)#ip routing
```

6. 端口工作模式切换

二层交换机的端口只能工作在数据链路层(第二层),端口工作模式分为访问端口(Access)和中继端口(Trunk)两种,默认为访问端口。对于三层交换机,除了可工作在数据链路层之外,还可工作在网络层(第三层),因此,三层交换机的端口工作模式有三层端口、访问端口和中继端口三种。默认情况下,交换机的端口都工作在第二层的访问端口模式。

对于三层交换机,若要将某一个端口的工作模式切换为三层端口,则可在接口配置模式执行 no switchport 命令来实现。切换为三层端口之后,若要重新切换回二层端口,则执行 switchport 命令。

例如,若要将 Cisco 3650 的 G1/0/1 端口切换为三层端口,则配置命令为:

```
C3650(config)#int G1/0/1
C3650(config-if)#no switchport
```

对于二层端口的两种工作模式的相互切换,实现命令如下:

设置端口为访问端口工作模式。

```
switchport mode access
```

设置端口为中继端口工作模式。

```
switchport mode trunk
```

7. 配置端口 IP 地址

对于三层端口,可以配置指定端口的 IP 地址,配置 IP 地址的命令为:

```
ip address ip_address subnet_mask
```

例如,若要设置 Cisco 3650 的 G1/0/1 端口为三层端口,并配置端口的 IP 地址为172.16.1.1/30,则配置方法为:

```
C3650(config)#int G1/0/1
C3650(config-if)#no switchport
C3650(config-if)#ip address 172.16.1.1 255.255.255.252
```

3.4.5　三层设备的路由配置

能工作在网络层的设备称为三层设备,三层交换机和路由器是局域网组网中常见的三层设备。本小节所讲内容,对于三层交换机和路由器都适用。

1. 路由的相关概念

(1) 路由与路由表

路由就是到达目的网络或设备的路径。在路由器或三层交换机中维护着一张路由表,在该路由表中,记录着到达目标网络的下一跳地址,以及应该通过哪一个接口出去等重要信息。当 IP 数据包到达三层设备后,三层设备就从 IP 数据包中获得该数据包要到达的目的网络的地址,然后在路由表中查找到达该网络的下一跳地址。如果在路由表中有匹配项,则将该 IP 数据包转发到下一跳地址所指示的三层设备,以后就由下一个三层设备负责转发,最终到达目的主机所在的网络。

（2）静态路由与动态路由

静态路由是指由管理员通过路由配置命令手工添加的路由,它以配置命令形式存在于交换机或路由器的配置文件中。交换机或路由器启动时,再根据路由配置指令,在路由表中添加相应的静态路由。

动态路由是交换机或路由器通过路由协议和路由算法,动态学习到的路由。对于局域网络,由于拓扑结构相对固定,通常采用静态路由,也可采用动态路由。

（3）默认路由与路由的优先级

在进行路由匹配查找时,默认路由的优先级是最低的,只有在没有找到路由匹配项时,才按默认路由的指示进行路由转发。

对于采用静态路由的网络,如果三层设备只有一个出口,则只需配置一条默认路由即可。如果有多个出口,则要手工配置静态路由和默认路由。通常采取将网络数目最多的一个出口配置成默认路由,即配置成默认的出口。对能到达的网络数目较少的出口,根据该出口能到达的目的网络地址,手工添加静态路由,这样可减少手工添加配置静态路由的工作量。

通常所说的默认网关,实际上就是默认路由。在 PC 上设置默认网关,就相当于添加了一条默认路由。设置了默认网关后,PC 才能与其他网段的主机进行跨网段相互通信,否则只能与本网段内的其他主机进行相互通信。

2. 静态路由配置方法

（1）配置静态路由

配置命令为:

```
ip route network netmask nexthop
```

命令功能:定义一条到指定网络的静态路由,并将该路由加入路由表中。

参数说明:*network* 为目的网络的网络地址,*netmask* 代表该网络的子网掩码,二者共同确定了目的网络。*nexthop* 为到达该目的网络的下一跳地址,通常是与该三层设备互联的,能到达目的网络的下一个三层设备的互联接口地址。即下一跳地址为与当前设备互联的对端设备的互联接口的 IP 地址。

例如,如果到达 10.8.0.0/13 网络的下一跳地址为 172.16.1.6,则路由配置命令为:

```
C3650(config)#ip route 10.8.0.0 255.248.0.0 172.16.1.6
```

（2）配置默认路由

配置命令为:

```
ip route 0.0.0.0 0.0.0.0 nexthop
```

该命令用于添加默认路由。"0.0.0.0　0.0.0.0"为网络地址通配符,代表所有的网络。

例如,若局域网到因特网服务商(ISP)的出口网关地址为 218.201.62.17/30,则在局域网的出口路由器上添加并配置以下默认路由。

```
Router(config)#ip route 0.0.0.0 0.0.0.0 218.201.62.17
```

（3）删除路由

若要删除默认路由或删除静态路由，可使用带 no 的命令重新执行一次即可。例如，若要删除交换机上刚才添加的那一条静态路由，则实现命令为：

```
C3650(config)#no ip route 10.8.0.0 255.248.0.0 172.16.1.6
```

3. 三层设备互联互通的实现方法

三层设备要实现互联互通，一般采用路由模式来实现。其实现方法和配置步骤如下：

（1）规划设备互联接口 IP 地址。

三层设备互联的接口必须配置 IP 地址，以便配置路由。路由的下一跳地址为对端设备的互联接口地址。一对互联接口需要 2 个 IP 地址，这 2 个 IP 地址必须属于同一个网段。不同的互联接口对，其 IP 地址必须属于不同的网段。因此，可采用 30 位的子网掩码，通过将某一个网段进行子网划分，利用 30 位掩码的子网来提供互联接口地址，以节省IP 地址。另外，也可不进行子网划分，直接使用 24 位掩码的地址段来提供互联接口地址。

设备互联的接口地址与用户 PC 所使用的业务地址，尽量不要使用同类的 IP 地址，以示区别。比如，若用户的业务地址采用 192.168.0.0/16 或 10.0.0.0/8 的地址段，则建议互联接口地址采用 172.16.0.0/16～172.31.0.0/16 的地址。

（2）配置设备互联接口 IP 地址。

（3）分别在每一台三层设备上，配置静态路由或动态路由。

【例 3.2】 某局域网络由 3 幢楼宇组成，业务地址使用 192.168.0.0/16，每幢楼宇规划 16 个 C 类网段的地址，其余地址保留。三层设备互联的接口地址使用 172.16.1.0/24 网段通过 30 位掩码进行子网划分提供。为便于测试网络的通畅性，每幢楼宇的汇聚交换机下面接了一台 PC，其网关地址为所在网段的第 1 个可用的 IP 地址，PC 的 IP 地址已在拓扑图中标注，如图 3.18 所示。配置要求如下：

（1）按网络拓扑所示，配置各 PC 所在网段的网关地址，实现 PC 到网关的互联互通。

（2）配置各网络设备的互联接口地址和路由，实现整个网络的互联互通。

操作步骤如下：

（1）配置网关地址。

分析：网关也即网络进出的关口，对 PC 而言，所连接的三层交换机的端口就是其网关，因此，网关地址应配置在该端口上。

① 配置楼宇 A 的汇聚交换机 Building_A。

```
Switch>enable
Switch#config t
Switch(config)#hostname Building_A
Building_A(config)#ip routing
```

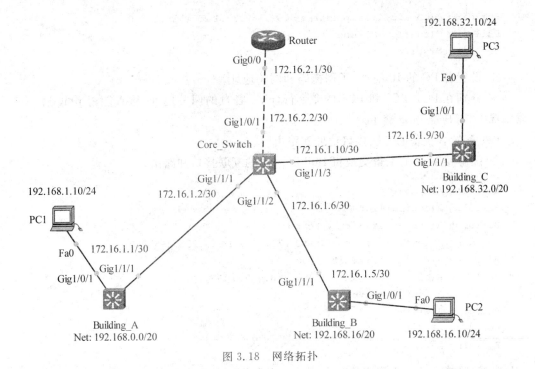

图 3.18 网络拓扑

```
Building_A(config)#int G1/0/1
Building_A(config-if)#no switchport
Building_A(config-if)#ip address 192.168.1.1 255.255.255.0
Building_A(config-if)#end
Building_A#write
```

② 配置楼宇 B 的汇聚交换机 Building_B。

```
Switch>enable
Switch#config t
Switch(config)#hostname Building_B
Building_B(config)#ip routing
Building_B(config)#int G1/0/1
Building_B(config-if)#no switchport
Building_B(config-if)#ip address 192.168.16.1 255.255.255.0
Building_B(config-if)#end
Building_B#write
```

③ 配置楼宇 C 的汇聚交换机 Building_C。

```
Switch>enable
Switch#config t
Switch(config)#hostname Building_C
Building_C(config)#ip routing
Building_C(config)#int G1/0/1
Building_C(config-if)#no switchport
```

101

```
Building_C(config-if)#ip address 192.168.32.1 255.255.255.0
Building_C(config-if)#end
Building_C#write
```

④ 设置各 PC 的 IP 地址、子网掩码和网关地址。

⑤ 分别在 PC1、PC2 和 PC3 的命令行，ping 各自的网关地址，检查能否 ping 通。正常情况下，都应能 ping 通了。

（2）配置各设备的互联接口地址和路由。

① 配置楼宇 A 的汇聚交换机 Building_A 的互联接口和路由。

```
Building_A#config t
Building_A(config)#int G1/1/1
Building_A(config-if)#no switchport
Building_A(config-if)#ip address 172.16.1.1 255.255.255.252
Building_A(config-if)#exit
Building_A(config)#ip route 0.0.0.0 0.0.0.0 172.16.1.2
Building_A(config)#exit
Building_A#write
Building_A#exit
Building_A>
```

② 配置楼宇 B 的汇聚交换机 Building_B 的互联接口和路由。

```
Building_B#config t
Building_B(config)#int G1/1/1
Building_B(config-if)#no switchport
Building_B(config-if)#ip address 172.16.1.5 255.255.255.252
Building_B(config-if)#exit
Building_B(config)#ip route 0.0.0.0 0.0.0.0 172.16.1.6
Building_B(config)#exit
Building_B#write
Building_B#exit
Building_B>
```

③ 配置楼宇 C 的汇聚交换机 Building_C 的互联接口和路由。

```
Building_C#config t
Building_C(config)#int G1/1/1
Building_C(config-if)#no switchport
Building_C(config-if)#ip address 172.16.1.9 255.255.255.252
Building_C(config-if)#exit
Building_C(config)#ip route 0.0.0.0 0.0.0.0 172.16.1.10
Building_C(config)#exit
Building_C#write
Building_C#exit
Building_C>
```

④ 配置核心交换机 Core_Switch 的互联接口和路由。

```
Switch>enable
Switch#config t
Switch(config)#hostname Core_Switch
Core_Switch(config)#ip routing
Core_Switch(config)#int G1/1/1
Core_Switch(config-if)#no switchport
Core_Switch(config-if)#ip address 172.16.1.2 255.255.255.252
Core_Switch(config-if)#int G1/1/2
Core_Switch(config-if)#no switchport
Core_Switch(config-if)#ip address 172.16.1.6 255.255.255.252
Core_Switch(config-if)#int G1/1/3
Core_Switch(config-if)#no switchport
Core_Switch(config-if)#ip address 172.16.1.10 255.255.255.252
Core_Switch(config-if)#int G1/0/1
Core_Switch(config-if)#no switchport
Core_Switch(config-if)#ip address 172.16.2.2 255.255.255.252
Core_Switch(config-if)#exit
Core_Switch(config)#ip route 192.168.0.0 255.255.240.0 172.16.1.1
Core_Switch(config)#ip route 192.168.16.0 255.255.240.0 172.16.1.5
Core_Switch(config)#ip route 192.168.32.0 255.255.240.0 172.16.1.9
Core_Switch(config)#ip route 0.0.0.0 0.0.0.0 172.16.2.1
Core_Switch(config)#exit
Core_Switch#write
Core_Switch#exit
Core_Switch>
```

⑤ 配置出口路由器的互联接口地址和路由。

```
Router>enable
Router#config t
Router(config)#int G0/0
Router(config-if)#ip address 172.16.2.1 255.255.255.252
Router(config-if)#exit
Router(config)#ip route 192.168.0.0 255.255.0.0 172.16.2.2
Router(config)#exit
Router#write
Router#exit
```

⑥ 网络测试。网络配置完毕后,接下来就可利用 ping 命令,通过 PC 间的相互 ping 操作来检测网络是否通畅。

首先在 PC1 主机中分别去 ping PC2 和 PC3 主机,若都能 ping 通,则网络内部互联配置成功。ping 测试结果如图 3.19 所示。

在 PC2 主机 ping 出口路由器的内网接口地址 172.16.2.1,若能 ping 通,则内网用户到出口路由器的网络通畅。ping 测试结果如图 3.20 所示,至此,网络全部通畅,配置成功。

在 PC3 主机中进行路由追踪,追踪到 PC1 主机所走的路径,其结果如图 3.21 所示。

```
Command Prompt

C:\>ping 192.168.32.10

Pinging 192.168.32.10 with 32 bytes of data:

Reply from 192.168.32.10: bytes=32 time<1ms TTL=126
Reply from 192.168.32.10: bytes=32 time=12ms TTL=126
Reply from 192.168.32.10: bytes=32 time=12ms TTL=126
Reply from 192.168.32.10: bytes=32 time=12ms TTL=126

Ping statistics for 192.168.32.10:
    Packets: Sent = 4, Received = 4, Lost = 0 (0% loss),
Approximate round trip times in milli-seconds:
    Minimum = 0ms, Maximum = 12ms, Average = 9ms

C:\>ping 192.168.16.10

Pinging 192.168.16.10 with 32 bytes of data:

Request timed out.
Reply from 192.168.16.10: bytes=32 time=12ms TTL=126
Reply from 192.168.16.10: bytes=32 time=14ms TTL=126
Reply from 192.168.16.10: bytes=32 time=12ms TTL=126

Ping statistics for 192.168.16.10:
    Packets: Sent = 4, Received = 3, Lost = 1 (25% loss),
Approximate round trip times in milli-seconds:
    Minimum = 12ms, Maximum = 14ms, Average = 12ms

C:\>
```

图 3.19　网络 ping 测试

```
Command Prompt

Control-C
^C
C:\> ipconfig

FastEthernet0 Connection:(default port)

   Link-local IPv6 Address.........: FE80::290:CFF:FEE5:5D7B
   IP Address......................: 192.168.16.10
   Subnet Mask.....................: 255.255.255.0
   Default Gateway.................: 192.168.16.1

C:\>ping 172.16.2.1

Pinging 172.16.2.1 with 32 bytes of data:

Reply from 172.16.2.1: bytes=32 time=4ms TTL=253
Reply from 172.16.2.1: bytes=32 time<1ms TTL=253
Reply from 172.16.2.1: bytes=32 time<1ms TTL=253
Reply from 172.16.2.1: bytes=32 time<1ms TTL=253

Ping statistics for 172.16.2.1:
    Packets: Sent = 4, Received = 4, Lost = 0 (0% loss),
Approximate round trip times in milli-seconds:
    Minimum = 0ms, Maximum = 4ms, Average = 1ms

C:\>
```

图 3.20　PC2 主机 ping 出口路由器

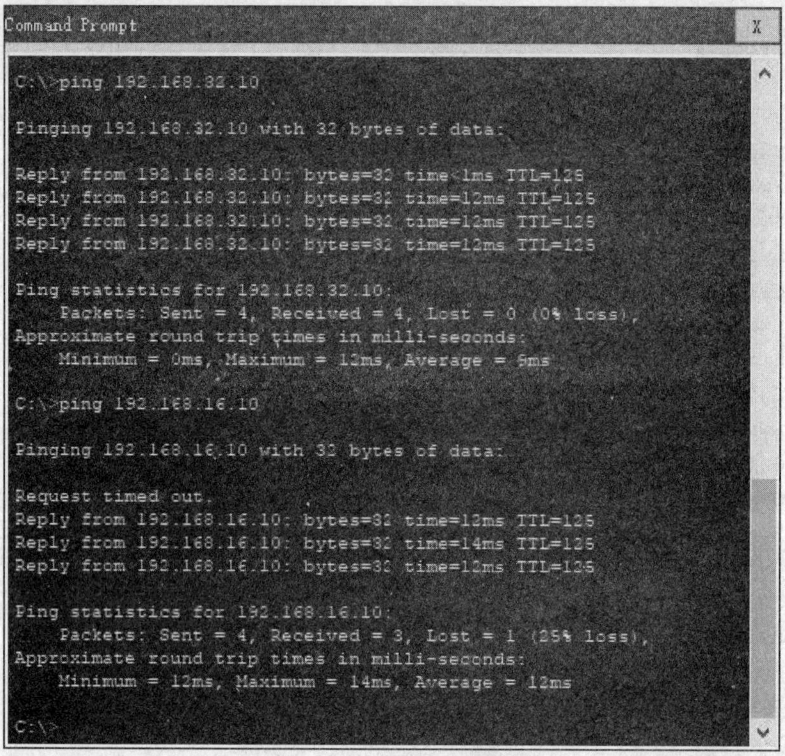

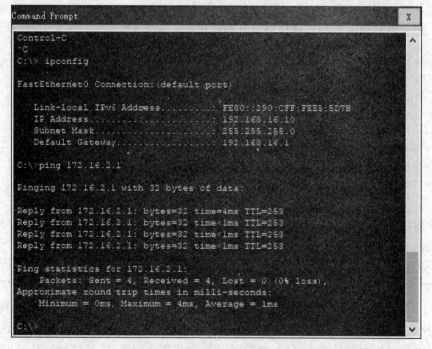

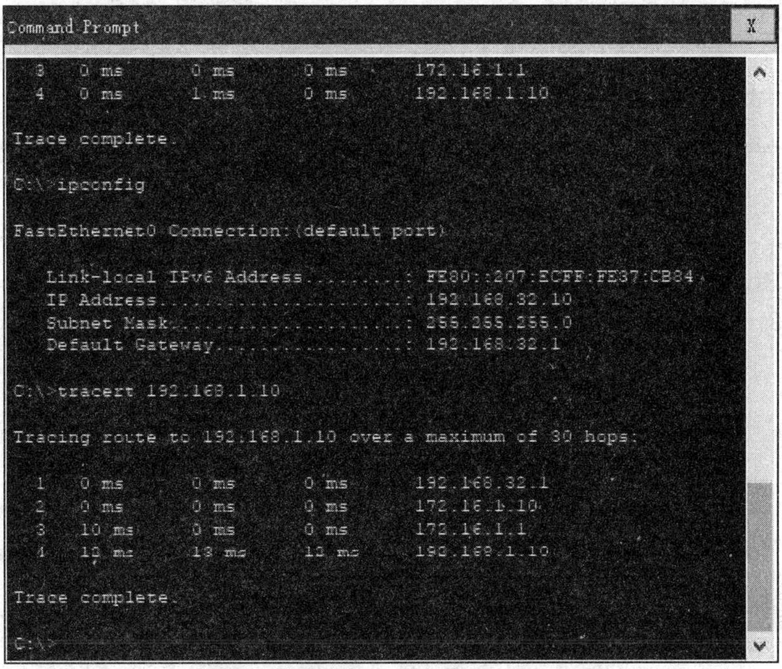

图 3.21　追踪 PC3 主机到 PC1 主机的路径

实训　配置简单的交换式局域网络

【实训目的】　通过实训,熟悉和掌握交换机的基本配置方法和常用的配置指令,掌握利用交换机三层端口实现多网段相互通信的配置实现方法。

【实训环境】　Windows+Cisco Packet Tracer V7.1.1。

【实训项目应用场景】　某单位有多幢楼宇(本实训项目仅拿其中 3 幢来示意),楼宇之间的网络使用单模光纤互联,中心机房设计在 C 幢楼宇。整个局域网络采用三层交换机式结构进行设计,业务地址采用 192.168.0.0/15,互联接口地址采用 172.16.1.0/24通过 30 位掩码的子网划分来提供,每幢楼宇规划设计 16 个 C 类网段地址,未用完的地址段保留供以后增加使用。由于每个网段的接入交换机数量较多,本实训项目每个网段用1 台接入交换机作为示意,每台接入交换机下面连接 1 台 PC 作为示意。

【实训内容】

(1) 规则设计网络拓扑、规划设计每幢楼宇的用户业务地址段和三层设备的互联接口地址段,然后在 Cisco Packet Tracer 网络模拟平台中,根据事先的规划设计绘制网络拓扑,并关闭系统自带的设备型号和设置名称显示,打开设备互联端口的显示,最后在拓扑图中用注释添加功能,为每个设备添加相应的标注。设计参考如图 3.22 所示。

(2) 根据规划设计,配置各 PC 的 IP 地址和网关地址。

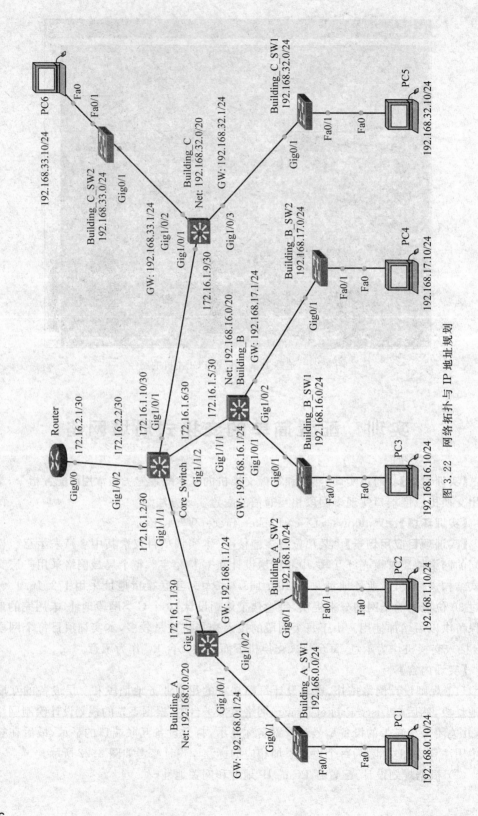

图 3.22 网络拓扑与 IP 地址规划

（3）配置 3 幢楼宇的汇聚交换机的主机名和各网段的网关地址。然后在各 PC 的命令行 ping 各自的网关地址，检查能否 ping 通。然后再 ping 其他网段的网关地址，检查能否 ping 通。

（4）配置汇聚交换机、核心交换机和出口路由器的互联接口地址和静态路由，实现整个局域网络的互联互通。然后在各 PC 的命令行进行跨网段 ping 测试，检查能否 ping 通。最后切换到模拟工作模式，再进行跨网段 ping 测试，通过单击 Capture/Forward 或 Auto Capture/Play 按钮，查看数据包的流动过程。查看完毕，最后再切换回实时工作模式。

（5）配置各接入交换机的主机名、IP 地址和默认网关地址。接入交换机的 IP 地址从本网段的第 2 个可用 IP 地址开始依次分配。接入交换机 IP 地址配置好后，在 PC 的命令行，ping 接入交换机的 IP 地址，检查能否 ping 通。在能 ping 通的情况下，再跨网段 ping 其他网段的接入交换机的 IP 地址，检查能否 ping 通。若能 ping 通，则配置正确。

（6）配置各接入交换机的 Telnet 密码和进入特权模式的密码。然后在 PC 中利用终端仿真程序（Terminal）进行 Telnet 登录连接。先测试登录本网段的接入交换机，然后再用 Telnet 命令连接其他网段的接入交换机。

（7）配置 3 台汇聚交换机、核心交换机和出口路由器的 Telnet 密码和进入特权模式的密码。要远程登录三层设备，其 Telnet 地址可以是设备上的任意一个网络可达的 IP 地址，不用再单独配置 Telnet 登录用的 IP 地址。然后在任意一台 PC 的命令行，用 Telnet 远程登录这些三层设备，检查能否成功登录。配置好 Telnet 登录后，管理员在办公室利用管理 PC，就可以远程维护和管理整个局域网络的交换机和路由器设备了。

（8）本实训案例为使拓扑显得简洁，突出主题，每个网段的接入交换机只用了 1 台，但在实际应用中，每个网段的用户数都比较多，所使用的接入交换机一般都有好几台。本案例的组网方式，网段的网关采用的是三层交换机的三层端口，一个端口只能接一台接入交换机，那么如何解决这些接入交换机的接入问题呢？

解决办法有两种，分别如下。

（1）在采用三层交换机的三层端口作为网段的网关的组网方式下，可通过接入交换机间的相互级联来解决多台接入交换机的网络接入问题，其连接方式如图 3.23 所示。

接入交换机级联虽能解决多台接入交换机的网络接入问题，但这种方式容易形成链路带宽瓶颈，故并不是最好的解决方法。

接入交换机一般只有 2 个千兆口用于级联使用，图 3.23 中的 Building_C_SW1 是与汇聚层交换机相连的接入交换机，与汇聚层交换机相连使用了一个千兆级联端口，剩下的一个千兆级联端口可以与另一台接入交换机的千兆口级联，形成千兆级联链路。

Building_C_SW1 交换机的千兆级联端口使用完后，其他接入交换机只能使用百兆口级联了，级联链路只有百兆，带宽瓶颈产生。另外，本网段所有接入交换机下面的主机与其他网段主机通信时，流量都要经过 Building_C_SW1 交换机与汇聚交换机间的级联链路，因此，这条级联链路的带宽压力很大，容易形成带宽瓶颈。

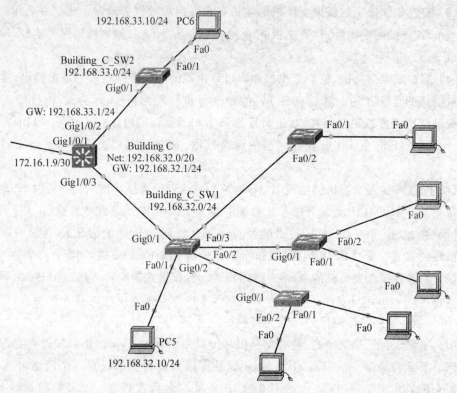

图 3.23　接入交换机级联

（2）网段的网关采用 VLAN 接口来担任，可以将汇聚交换机的多个端口划分到同一个 VLAN，每一个端口级联一台接入交换机，这样就可以解决多台接入交换机的接入问题，同时可解决级联带宽瓶颈问题，这是最好的解决方案，是目前网络组建所普遍采用的模式。

第4章　虚拟局域网技术

　　虚拟局域网(VLAN)技术是为了解决二层交换机无法隔离广播域,解决局域网多网段组网并实现网段间的相互通信而诞生的技术。本章将介绍虚拟局域网的配置实现方法,并利用该项技术和路由交换技术,规则设计并实现大、中型局域网络的组建。

4.1　VLAN 技术

4.1.1　VLAN 简介

　　在交换式以太网中,同一个交换机的不同端口属于不同的冲突域,但仍处于同一个广播域中。所有用二层交换机(含以二层模式工作的三层交换机)互联组建的局域网络,属于同一个网段的局域网络,处于同一个广播域中。一个主机发出的广播帧,可以被网段内的所有主机接收到。当局域网内有大量主机发送广播帧,或一些主机因感染病毒大量发送广播帧时,局域网内就会产生大量的广播帧,出现广播风暴,这些广播帧会占用有限的网络带宽和设备 CPU 处理资源,严重时还会引起网络阻塞或设备 CPU 负荷过重,使网络无法正常工作。因此,同一个网段的主机数量不能太多,太多了广播帧占比会过高,带宽利用率降低,影响局域网的通信性能。

　　在大、中型局域网络中,因主机数量众多,必须划分网段,隔离和缩小广播域范围。路由器能隔离广播域,可使用路由器来隔离和连接多个局域网络,构建起多网段的局域网络,并实现网段间的相互通信。该种解决方案如图 4.1 所示。

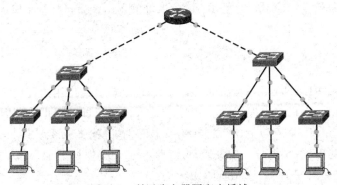

图 4.1　利用路由器隔离广播域

从图 4.1 可见,局域网要划分 n 个网段,路由器就必须要有 $n+1$ 个以太网端口,多出的 1 个端口用于连接因特网。中低端路由器使用软件方式进行数据包的转发,转发性能不高,而且路由器造价比较高,端口数量也较少,因此,这是一种高成本、低性能的解决方案,必须寻求更好的解决方案,于是诞生了虚拟局域网技术(Virtual Local Area Network,VLAN),为此,电气和电子工程师协会(IEEE)专门设计制定了 IEEE 802.1q 协议标准,这就是 VLAN 技术标准,实现了在二层交换机利用 VLAN 来实现广播域的划分和隔离。

利用 VLAN 技术可以将一个大的物理局域网络(LAN),根据应用需要划分成多个逻辑的局域网络(VLAN),一个 VLAN 就是一个网段,一个广播域。不同 VLAN 属于不同的广播域,VLAN 间不能直接通信,只能通过路由器或利用在三层交换机上的 VLAN 接口,通过三层交换机的路由功能来实现相互通信。

在局域网的规划设计和组建中,利用 VLAN 技术,可起到以下几个方面的作用。

- 实现多网段组网,隔离和缩小广播域范围,减小病毒攻击或广播风暴的影响范围。
- 增加组网和管理的灵活性,便于对网络进行管理和控制。VLAN 是对端口的逻辑分组,不受任何物理位置和连接的限制,同一 VLAN 中的用户,可以连接在不同的交换机,并且可以位于不同的物理位置,比如分布在不同的楼宇或楼层,这样就方便了管理和控制,提高了组网和管理的灵活性。
- 增强网络的安全性(业务隔离)。VLAN 间是相互隔离的,不能直接相互通信。对于保密性要求较高的部门,比如财务处,可将其划分到一个单独的 VLAN,并且不设置该 VLAN 的接口地址,这样,其他 VLAN 中的用户就不能访问到该 VLAN 中的主机,从而起到了隔离作用,提高了安全性。另外,也可通过访问控制列表(ACL)来控制 VLAN 间的相互访问。

4.1.2　VLAN 划分方法

创建 VLAN 的目的是隔离和划分广播域,创建虚拟工作组(VLAN),一个 VLAN 有很多成员,以什么为依据进行 VLAN 成员的划分,这就是本节所要介绍的内容。

VLAN 划分方法就是指划分 VLAN 成员的依据有哪些。目前划分 VLAN 的方法,通常有基于端口的 VLAN 划分、基于 MAC 地址的 VLAN 划分、基于协议的 VLAN 划分和基于子网的 VLAN 划分。

1. 基于端口的 VLAN 划分

基于端口的 VLAN 划分是最简单、最有效,也是最普遍使用的 VLAN 划分方法。该种划分方法根据交换机的物理端口来定义 VLAN 成员。即可根据应用需要,定义指定的端口属于哪一个 VLAN。以后接入这些端口上的主机,就属于该 VLAN 的成员主机。

基于端口的 VLAN 划分比较灵活,可以将同一个交换机上的端口,或者来自不同交换机的端口,定义到同一个 VLAN 中。

2. 基于 MAC 地址的 VLAN 划分

基于 MAC 地址的 VLAN 划分是根据每个主机的 MAC 地址来动态决定划分到哪一个 VLAN 中。交换机中维护着一张 MAC 地址与 VLAN 的对应关系表。当主机接入网络时,根据数据帧中的源 MAC 地址,动态决定该主机属于哪一个 VLAN。

该种划分方法的优点是当用户物理位置改变时,即从一台交换机接入,变成从另一台交换机接入网络时,不需要重新配置交换机,因此,也可视为是基于用户的 VLAN 划分。这种划分方法的缺点是网络初始配置工作量太大,需要收集所有用户主机的 MAC 地址,并且交换机要维护大量的 MAC 地址与 VLAN 的映射表,会导致交换机性能下降。

3. 基于协议的 VLAN 划分

基于协议的 VLAN 划分就是根据端口所接收到的报文所属的协议类型来决定所属的 VLAN,可用来划分 VLAN 的协议有 IP 和 IPX。由于目前网络绝大部分都使用 IP 协议,运行其他协议的很少,因此这种划分方法应用很少。

4. 基于子网的 VLAN 划分

基于子网的 VLAN 划分就是根据数据包的源 IP 和子网掩码作为依据来动态决定所属的 VLAN。交换机中要维护 IP 子网与 VLAN 的对应关系表。

4.1.3　VLAN 工作原理

1. VLAN 帧格式与封装协议

在引入 VLAN 技术后,为了标识以太网帧能在哪个 VLAN 中传播,对以太网帧附加了一个标签(Tag)来标记,即通过标签来区分不同 VLAN 的以太网帧。为了保证不同厂商生产的设备能互通,IEEE 802.1q 标准严格规定了 VLAN 帧格式。在标准的以太网帧中添加 4 字节的 IEEE 802.1q 标签后,就成为带有 VLAN 标签的帧,不携带 IEEE 802.1q 标签的数据帧称为未打标签的帧。标准以太网帧与带 VLAN 标签的帧格式对比如图 4.2 所示。

Ethernet

目标MAC地址	源MAC地址	类型	数据部分	CRC
6字节	6字节	2字节	46~1500字节	4字节

IEEE 802.1q

IEEE 802.1q

目标MAC地址	源MAC地址	TPID	TCI	类型	数据部分	新的CRC
6字节	6字节	2字节	2字节	2字节	46~1500字节	4字节

图 4.2　标准以太网帧与带 VLAN 标签的帧格式对比

从图 4.2 可见,IEEE 802.1q 标签包含 2 字节的标签协议标识(Tag Protocol

Identifier,TPID)和 2 字节的标签控制信息(Tag Control Information,TCI)。

TPID 的值固定为 0x8100,交换机据此来确定数据帧内附加了基于 IEEE 802.1q 协议的 VLAN 信息。TCI 字段由 Priority(3 位)、CFI(1 位)和 VLAN ID(12 位)三部分构成。Priority 代表数据帧的优先级,一共有 8 种优先级,用 0~7 表示。CFI 的值为 0 表示规范格式,1 代表非规范格式。VLAN ID 代表数据帧所属的 VLAN 号。VLAN ID 由 12 位的二进制数编码表示,最多可标记和识别 4096 个 VLAN。

在 Cisco Packet Tracer 的模拟工作模式,对属于 VLAN 20 的 PC 发送到交换机的数据帧进行捕获和解码,PC 发出的数据帧属于标准格式的以太网帧,如图 4.3 所示。该数据帧进入属于 VLAN 20 的交换机端口后,数据帧被打上 VLAN 标签,如图 4.4 所示。

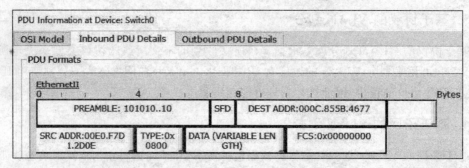

图 4.3　PC 发出的标准数据帧

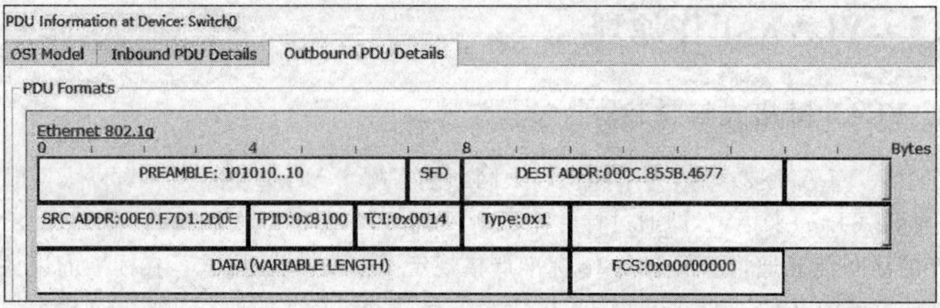

图 4.4　交换机打上 VLAN 标签后的帧格式

从图 4.4 的 TCI 字段值可见,采用了十六进制表达法,后三位代表 VLAN ID,十六进制数 014,转换为十进制就是 20,代表 20 号 VLAN。

IEEE 802.1q 协议是国际标准协议,适用于各个厂商生产的交换机,该协议通常简称为 dot1q。对数据帧进行 VLAN 打标封装的协议除了 IEEE 802.1q 之外,还有 Cisco 专属协议 ISL(Inter Switch Link),这两种协议不兼容,ISL 仅支持 Cisco 交换机。

2. 交换机对数据帧的转发机制

以太网交换机维护着一张 MAC 地址表,在地址表中记录着 MAC 地址与端口的对应关系。当数据帧从交换机的某端口进入后,交换机根据帧头的目的 MAC 地址,在 MAC 地址表中找到目标 MAC 地址所连接的端口号,然后将数据帧转发到该端口。

在引入 VLAN 技术后,MAC 地址表增加了 VLAN ID 的对应关系,如图 4.5 所示。

交换机在对数据帧进行转发时,除了匹配比较目的 MAC 地址外,还增加了匹配比较 VLAN ID,只有目的 MAC 地址与 VLAN ID 同时匹配,交换机才会将数据帧转发到目的端口。

比如,VLAN 10 网段中的主机 A,向位于 VLAN 10 网段中的主机 B 发送了一个数据帧,交换机的转发处理过程如下:

当 PC 发出的标准以太网数据帧进入交换机端口时,交换机将给数据帧加上 IEEE 802.1q 标签,TCI 部分的 VLAN ID 为数据帧进来的端口的 VLAN ID,也即源 PC 所属的 VLAN。数据帧加上标签后送入交换机内部进行转发处理。

VLAN	Mac Address	Port
1	0003.E44A.E435	FastEthernet0/3
1	0030.A3D2.B319	GigabitEthernet0/1
10	0009.7C9A.11D5	FastEthernet0/1
20	000C.855B.4677	GigabitEthernet0/1
20	00E0.F7D1.2D0E	FastEthernet0/2

图 4.5　MAC 地址表

交换机根据数据帧中的目的 MAC 地址,在 MAC 地址表中查找目标主机所连接的端口和目标主机所属的 VLAN ID,并比较目标主机的 VLAND ID 与标签中的 VLAN ID 是否相同。若相同,则将打标的数据帧转发到目的端口;若 VLAN ID 不相同,则丢弃不进行转发,从而实现了不同 VLAN 不能直接通信的目的。

目的端口收到转发来的数据帧后,去除数据帧中的 IEEE 802.1q 标签,恢复为标准的以太网帧格式,然后转发给目标主机。至此,完成了在单一交换机上从主机 A 到主机 B 的 VLAN 内通信。

从以上通信过程可见,对数据帧加 VLAN 标签和去除标签都是在交换机上完成的,从端口流入时加标签,从端口流出时去除标签。

3. 跨交换机的 VLAN 通信

一个 VLAN 的成员可以全部来自同一台交换机,也可以来自两台或多台不同的交换机。当一个 VLAN 的成员端口同时分布在两台交换机上时,又是如何通信的呢?

解决办法:在两台交换机上各拿出一个端口,并划分到相同的 VLAN,实现这两台交换机间的级联,用于提供该 VLAN 内的主机跨交换机实现相互通信,如图 4.6 所示。

这种方法虽然解决了 VLAN 内主机跨交换机的相互通信,但每增加一个 VLAN,就需要在交换机间添加一条属于同网段的级联链路,而且要额外占用交换机端口。

为避免这种低效率的连接方式和对交换机端口的大量占用,可将这些用于级联的链路汇聚到一条链路上,让这条链路允许多个 VLAN 或者全部 VLAN 的数据帧通过,这样就可以很好地解决对端口的大量占用问题。这条允许多个或全部 VLAN 的数据帧通过的链路,称为中继链路(Trunk Link),链路两端的交换机端口称为 Trunk 端口或中继端口,Trunk 端口默认会转发全部 VLAN 的数据帧,一般不对数据帧进行加标签和移除标签的操作。采用中继链路实现跨交换机 VLAN 内通信的级联方式如图 4.7 所示。

携带 VLAN 标签的数据帧可以在中继链路透明传输,为向下兼容传统 LAN 方案中的无标签流量,中继链路也支持无标签的数据帧通过。

113

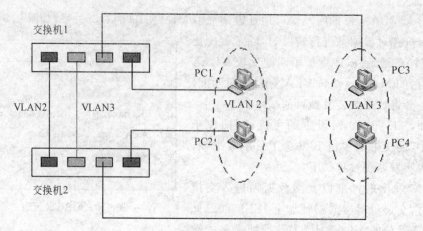

图 4.6　增加同一 VLAN 的级联链路,实现跨交换机 VLAN 内通信

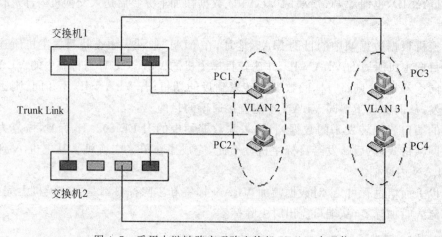

图 4.7　采用中继链路实现跨交换机 VLAN 内通信

　　与中继端口相对应,只允许端口所属 VLAN 的数据帧收发的端口,称为访问(Access)端口。比如,将交换机的 Fa0/1 划分到 VLAN 10 之后,Fa0/1 端口就只能收发 VLAN 10 的数据帧,其他 VLAN 的数据帧将丢弃,这种端口就称为访问(Access)端口,主要用于连接不需要识别 IEEE 802.1q 协议的设备,比如用户主机,普通级联的交换机、路由器等。

　　访问端口仅属于某个特定的 VLAN,在接收数据帧时,会对数据帧加 VLAN 标签。在数据帧流出端口时,会剥离移除 VLAN 标签,因此,VLAN 技术对用户主机是透明的,主机并不知道有加标签和移除标签的这一过程。

　　当一个 VLAN 所属的端口分布在两台或多台交换机时,交换机间的级联要采用中继链路来级联,在跨交换机通信时,VLAN 标签才不会丢失(从访问端口流出时会去除 VLAN 标签,而中继端口不会去除标签),才能实现跨交换机的 VLAN 内通信。

4. 本征 VLAN 简介

　　对于 Cisco 交换机的中继端口,还有一个本征 VLAN(Native VLAN)的概念。对于

114

属于本征 VLAN 中的主机所发送的数据帧,交换机端口收到数据帧时不会对其进行 VLAN 加标签,而直接采用无标记的数据帧进行转发。无标记的数据帧在中继链路中可以传输;中继端口收到无标记的数据帧后,会将其转发到本征 VLAN 中。

交换机都默认有 VLAN 1,且所有端口默认都属于 VLAN 1,因此,默认情况下,交换机的本征 VLAN 是 VLAN 1。VLAN 1 主机通信时,其数据帧不会被加标签。本征 VLAN 可以通过配置指令修改。

4.2　创建并配置 VLAN

4.2.1　VLAN 的创建与配置方法

1. 创建 VLAN

为了实现 VLAN 间能相互通信,通常在楼宇的汇聚层三层交换机上创建和配置 VLAN。

创建 VLAN 命令:

```
vlan vlan-id
```

为 VLAN 命名命令:

```
name vlan-name
```

vlan 命令在配置模式执行,name 命令在 vlan 配置模式执行,为可选配置。*vlan-id* 代表要创建的 VLAN 号;*vlan-name* 代表 VLAN 的名称,给 VLAN 命名可增强可读性。

根据 IEEE 802.1q 协议规范,可以标识 4096 个 VLAN,VLAN 号为 0～4095,其中 0 和 4095 保留,仅限系统使用,用户也不能查看。VLAN 1 是交换机默认创建的 VLAN,不能删除,交换机的所有端口默认属于 VLAN 1。VLAN 2 至 VLAN 1001 用于以太网的 VLAN,用户创建 VLAN,其 VLAN 号可使用这一号段。VLAN 1002 至 VLAN 1005 用于 FDDI 和令牌环网的 VLAN。VLAN 1006 至 VLAN 4094 是以太网的扩展 VLAN 号段,只有 Cisco 3550 以上的交换机才能创建,并且必须将 VTP(VLAN Trunking Protocol)模式设置为透明模式。有关 VTP 的知识将在稍后介绍。

例如,若要创建 VLAN 10 和 VLAN 20,VLAN 10 提供给办公用户使用,给 VLAN 10 命名为 Office,VLAN 20 不命名,则配置方法为:

```
C3650(config)#vlan 10
C3650(config-vlan)#name Office
C3650(config-vlan)#vlan 20
```

2. 查看 VLAN 信息

查看 VLAN 配置信息的命令有以下几种用法。

（1）查看所有 VLAN 的配置信息。

命令如下：

```
show vlan 或 show vlan brief
```

show vlan 详细显示所有 VLAN 的配置信息，如图 4.8 所示。show vlan brief 简要显示所有 VLAN 的配置信息，如图 4.9 所示。

```
C3650#show vlan

VLAN Name                             Status    Ports
---- -------------------------------- --------- -------------------------------
1    default                          active    Gig1/0/1, Gig1/0/2, Gig1/0/3, Gig1/0/4
                                                Gig1/0/5, Gig1/0/6, Gig1/0/7, Gig1/0/8
                                                Gig1/0/9, Gig1/0/10, Gig1/0/11, Gig1/0/12
                                                Gig1/0/13, Gig1/0/14, Gig1/0/15, Gig1/0/16
                                                Gig1/0/17, Gig1/0/18, Gig1/0/19, Gig1/0/20
                                                Gig1/0/21, Gig1/0/22, Gig1/0/23, Gig1/0/24
                                                Gig1/1/1, Gig1/1/2, Gig1/1/3, Gig1/1/4
10   Office                           active
20   VLAN0020                         active
1002 fddi-default                     active
1003 token-ring-default               active
1004 fddinet-default                  active
1005 trnet-default                    active

VLAN Type  SAID    MTU   Parent RingNo BridgeNo Stp  BrdgMode Trans1 Trans2
---- ----- ------- ----- ------ ------ -------- ---- -------- ------ ------
1    enet  100001  1500  -      -      -        -    -        0      0
10   enet  100010  1500  -      -      -        -    -        0      0
20   enet  100020  1500  -      -      -        -    -        0      0
1002 fddi  101002  1500  -      -      -        -    -        0      0
1003 tr    101003  1500  -      -      -        -    -        0      0
1004 fdnet 101004  1500  -      -      -        ieee -        0      0
1005 trnet 101005  1500  -      -      -        ibm  -        0      0

VLAN Type  SAID    MTU   Parent RingNo BridgeNo Stp  BrdgMode Trans1 Trans2
---- ----- ------- ----- ------ ------ -------- ---- -------- ------ ------

Remote SPAN VLANs
-------------------------------------------------------------------------------

Primary Secondary Type              Ports
------- --------- ----------------- ---------------------------------------
C3650#
```

图 4.8　详细显示所有 VLAN 的配置信息

```
C3650#show vlan brief

VLAN Name                             Status    Ports
---- -------------------------------- --------- -------------------------------
1    default                          active    Gig1/0/1, Gig1/0/2, Gig1/0/3, Gig1/0/4
                                                Gig1/0/5, Gig1/0/6, Gig1/0/7, Gig1/0/8
                                                Gig1/0/9, Gig1/0/10, Gig1/0/11, Gig1/0/12
                                                Gig1/0/13, Gig1/0/14, Gig1/0/15, Gig1/0/16
                                                Gig1/0/17, Gig1/0/18, Gig1/0/19, Gig1/0/20
                                                Gig1/0/21, Gig1/0/22, Gig1/0/23, Gig1/0/24
                                                Gig1/1/1, Gig1/1/2, Gig1/1/3, Gig1/1/4
10   Office                           active
20   VLAN0020                         active
1002 fddi-default                     active
1003 token-ring-default               active
1004 fddinet-default                  active
1005 trnet-default                    active
C3650#
```

图 4.9　简要显示所有 VLAN 的配置信息

（2）查看指定 VLAN 的配置信息。

命令如下：

```
show vlan id vlan-id|name vlan-name
```

命令功能：通过 VLAN 号或 VLAN 名称查看显示 VLAN 的配置信息。通过 VLAN 名称查看时，VLAN 名称要区分字符的大小写。

例如，若要查看 VLAN 10 的配置信息，则实现命令为：

```
show vlan id 10 或 show vlan name Office
```

3. 划分 VLAN 端口

划分 VLAN 端口就是配置指定哪些端口属于哪一个 VLAN。配置命令为：

```
switchport access vlan vlan-id
```

该命令在接口配置模式下执行，即要先选择要配置的端口，进入接口配置模式。

例如，若要将交换机的 G1/0/1 端口划分到 VLAN 10，则配置命令为：

```
C3650(config)#int G1/0/1
C3650(config-if)#switchport access vlan 10
```

若要将 G1/0/2 至 G1/0/5 连续的 4 个端口都划分到 VLAN 10，则配置命令为：

```
C3650(config)#int range G1/0/2-5
C3650(config-if-range)#switchport access vlan 10
C3650(config-if-range)#end
C3650#show vlan id 10
```

划分 VLAN 端口后，执行 show vlan id 10 命令查看 VLAN 10 的配置信息，可看到 VLAN 10 的端口成员列表，如图 4.10 所示。

```
C3650#show vlan id 10

VLAN Name                             Status    Ports
---- -------------------------------- --------- -------------------------------
10   Office                           active    Gig1/0/1, Gig1/0/2, Gig1/0/3, Gig1/0/4
                                                Gig1/0/5

VLAN Type  SAID    MTU   Parent RingNo BridgeNo Stp BrdgMode Trans1 Trans2
---- ----- ------- ----- ------ ------ -------- --- -------- ------ ------
10   enet  100010  1500  -      -      -        -   -        0      0

C3650#
```

图 4.10　查看 VLAN 10 配置信息

4. 配置中继端口

对中继端口的配置有以下三方面。

（1）配置封装协议。

配置命令为：

```
switchport trunk encapsulation dot1q
```

命令功能：配置使用 IEEE 802.1q 协议作为加标签的封装协议。三层交换机配置中继端口时，必须配置指定封装协议；二层交换机默认采用 IEEE 802.1q 协议，不用配置指定。

（2）配置端口工作模式。

对于二层交换机，端口工作模式有访问模式和中继模式两种。

配置命令为：

```
switchport mode trunk|access
```

switchport mode trunk 配置端口工作模式为中继模式；switchport mode access 配置端口工作模式为访问模式。对于中继链路，链路两端的端口要配置为中继工作模式。

三层交换机的端口默认为二层端口，可根据需要切换为三层端口。工作在三层的端口可设置 IP 地址，结合路由表，可实现路由转发功能。由二层端口切换为三层端口执行 no switchport 命令，由三层端口切换回二层端口，执行 switchport 命令。

（3）配置中继端口允许转发的 VLAN 流量，即配置中继链路允许哪些 VLAN 通过。

配置命令为：

```
switchport trunk allowed vlan vlanlist
```

命令功能：配置指定中继端口转发哪些 VLAN 的数据帧。vlanlist 代表允许的 VLAN 列表，VLAN 号之间用逗号进行分隔。如果全部允许，则 vlanlist 用 all 表示，对应的配置命令为：

```
switchport trunk allowed vlan all
```

Cisco 和锐捷交换机的中继端口默认允许所有 VLAN 流量通过中继链路。

当互联的两台交换机之间存在两条或两条以上的中继链路时，此时就需要为每条中继链路配置指定允许哪些 VLAN 流量通过本中继链路。

假设交换机的 G0/1 和 G0/2 均为中继端口，两台交换机之间存在两条中继链路，交换机有 VLAN 1、VLAN 10、VLAN 20、VLAN 30、VLAN 40 和 VLAN 50 共 6 个 VLAN，现要配置 VLAN 1、VLAN 30、VLAN 40 和 VLAN 50 允许通过 G0/1 口的中继链路，G0/2 口的中继链路仅允许 VLAN 20 通过，则配置方法为：

```
switch(config)#int G0/1
switch(config-if)#switchport trunk encapsulation dot1q
switch(config-if)#switchport mode trunk
switch(config-if)#switchport trunk allowed vlan 1,30,40,50
switch(config-if)#int G0/2
switch(config-if)#switchport trunk encapsulation dot1q
switch(config-if)#switchport mode trunk
switch(config-if)#switchport trunk allowed vlan 20
```

（4）配置本征 VLAN。

配置命令为：

```
switchport trunk native vlan native-vlan
```

为可选配置项,在中继端口的接口配置模式下执行该命令,为中继端口配置指定本征VLAN号。默认的本征 VLAN 是 VLAN 1。

【例 4.1】 验证本征 VLAN 的数据帧是否加标签以及本征 VLAN 的配置方法。按图 4.11 所示,在 Cisco Packet Tracer 模拟平台设计网络拓扑,设置各 PC 的 IP 地址,并对两台 Cisco 2960 交换机进行相应配置,实现 VLAN 1、VLAN 10 和 VLAN 20 内的主机的跨交换机网内通信。

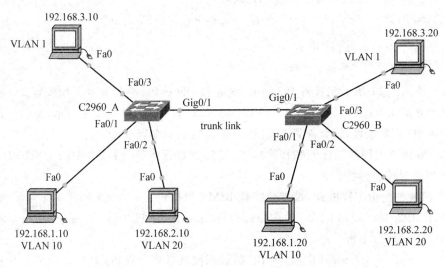

图 4.11 验证本征 VLAN 网络拓扑

配置分析:由于 VLAN 10 和 VLAN 20 同时分布在互联的两台交换机上,因此,这两台交换机的级联链路必须采用中继链路,对应端口要配置为中继端口。

(1) 配置 C2960_A 交换机。

```
Switch>enable
Switch#config t
Switch(config)#hostname C2960_A
C2960_A(config)#vlan 10
C2960_A(config-vlan)#vlan 20
C2960_A(config-vlan)#exit
C2960_A(config)#int fa0/1
C2960_A(config-if)#switchport access vlan 10
C2960_A(config-if)#int fa0/2
C2960_A(config-if)#switchport access vlan 20
C2960_A(config-if)#int g0/1
C2960_A(config-if)#switchport mode trunk
C2960_A(config-if)#end
C2960_A#write
```

(2) 配置 C2960_B 交换机。

```
Switch>enable
Switch#config t
```

```
Switch(config)#hostname C2960_B
C2960_B(config)#vlan 10
C2960_B(config-vlan)#vlan 20
C2960_B(config-vlan)#exit
C2960_B(config)#int fa0/1
C2960_B(config-if)#switchport access vlan 10
C2960_B(config-if)#int fa0/2
C2960_B(config-if)#switchport access vlan 20
C2960_B(config-if)#int g0/1
C2960_B(config-if)#switchport mode trunk
C2960_B(config-if)#end
C2960_B#write
```

（3）按图 4.11 所示配置各 PC 的 IP 地址和子网掩码,网关地址不用配置。

（4）分别在 VLAN 1、VLAN 10 和 VLAN 20 的 PC 主机的命令行 ping 同一网段的另一台主机的 IP 地址,检查能否 ping 通。正常情况下都能 ping 通。

（5）验证以太网帧加标签和移除标签,并注意观察本征 VLAN 中的主机（VLAN 1）的数据帧是否被加标签。

① 切换到模拟工作模式,设置只捕获 ICMP 数据包。

② 在 192.168.1.10 的 PC 的命令行执行 ping 192.168.1.20 的命令,去 ping 另一台交换机上的同网段主机。

单击 Capture/Forward 按钮,将 PC 的数据帧发送到交换机端口,然后单击交换机上的信封图标,对数据帧解码。在解码窗口中选择 Inbound PDU Details 选项卡,查看流入交换机端口的数据帧的解码,从中可见,数据帧没有打标。单击 Outbound PDU Details 选项卡,查看交换机端口转发的数据帧的解码,从中可见,数据帧已被打标,TCI 部分的值为 0x000a,即代表这是 VLAN 10 的数据帧。

继续单击 Capture/Forward 按钮,让数据帧继续转发。此时数据帧通过中继链路到达对端交换机。由中继端口在交换机内部转发到目标主机所连接的 Fa0/2 接口的过程无法捕获,因此此时看到的数据包是已经转发到 Fa0/2 端口,即将转发给目标主机的数据帧。单击信封图标解码,在解码窗口中选择 Inbound PDU Details 选项卡,查看转发到 Fa0/2 端口的数据帧的解码,从中可见,数据帧的 VLAN 标签还在,再选择 Outbound PDU Details 选项卡,查看即将外发的数据帧是否有标签,从中可见,VLAN 标签已被剥离移除,数据帧还原为标准的以太网帧。最后再单击 Capture/Forward 按钮,数据帧到达目标主机。

③ 验证本征 VLAN 中的数据帧是否加标签。

通过切换到 Realtime 模式,然后再切换回模拟工作模式的方式,清除事件列表和缓存,重新开启新一轮的数据包解码。

在 VLAN 1 的 192.168.3.10 主机的命令行执行 ping 192.168.3.20 的命令,然后进行捕获数据包和解码操作,查看数据帧是否被加了标签。从查看结果可见,数据帧没有被加标签,直接采用无标记数据帧进行转发。

④ 配置修改本征 VLAN,将其由默认的 VLAN 1 修改为 VLAN 10。配置操作

如下：

```
C2960_A#config t
C2960_A(config)#int g0/1
C2960_A(config-if)#switchport trunk native vlan 10
C2960_A (config - if )#%SPANTREE - 2 - RECV _ PVID _ ERR: Received BPDU with
inconsistent peer vlan id 1 on GigabitEthernet0/1 VLAN 10.
%SPANTREE - 2 - BLOCK _ PVID _ LOCAL: Blocking GigabitEthernet0/1 on VLAN0010.
Inconsistent local vlan.
```

此时系统输出提示信息,提示中继链路两端的本征 VLAN 号不一致。不用管它,接下来继续配置 C2960_B 交换机的本征 VLAN。

```
C2960_B(config)#int g0/1
C2960_B(config-if)#switchport trunk native vlan 10
C2960_B(config-if)#
```

至此,完成本征 VLAN 的配置修改。接下来可用同样的操作方法进行捕获数据包和解码操作,其结果是 VLAN 1 的数据帧在交换机转发过程中将被加标签,而 VLAN 10 因成为本征 VLAN,其数据帧不再被加标签。

5. 配置 VLAN 接口

(1) VLAN 接口简介。

二层交换机可以创建和划分 VLAN,但无法实现 VLAN 间的通信,比如图 4.11 所示的网络结构,VLAN 1、VLAN 10 和 VLAN 20 三个网段在各自网段内通信没有问题,但不能实现网段间的互相访问。

三层交换机具备路由功能,在实际应用中,通常在三层交换机上创建和划分 VLAN,并配置 VLAN 接口 IP 地址,这样就可以利用三层交换机的路由功能,通过各 VLAN 接口间的路由转发,实现 VLAN 间的相互通信。

在三层交换机上创建 VLAN 后,每个 VLAN 对应地会有一个虚拟的 VLAN 接口,比如 VLAN 10,其对应的接口名称为 VLAN 10、VLAN 20 的 VLAN 接口,其对应的接口名称为 VLAN 20。可为每个 VLAN 接口配置指定一个 IP 地址,该 IP 地址就成为本 VLAN 的网关地址。由于各 VLAN 接口都在交换机上,属于直连,三层交换机会自动添加相应的直连路由。在三层交换机上配置好 VLAN 10 和 VLAN 20 的接口 IP 地址之后,执行 show ip route 命令查看路由表,就可以查看到相关的直连路由,如图 4.12 所示。路由表项前面的字符 C 就代表该条路由的类型为直连路由(Connected)。

(2) 配置 VLAN 接口 IP 地址。

配置命令为:

ip address *address netmask*

VLAN 接口地址是对应 VLAN 的网关地址,一般习惯上采用每个网段的第一个可用的 IP 地址或者可用的最后一个 IP 地址来作为网关地址。

例如,若要配置 VLAN 10 的接口地址为 192.168.1.1/24,则配置命令为:

```
Switch#show ip route
Codes: C - connected, S - static, I - IGRP, R - RIP, M - mobile, B - BGP
       D - EIGRP, EX - EIGRP external, O - OSPF, IA - OSPF inter area
       N1   OSPF NSSA external type 1, N2   OSPF NSSA external type 2
       E1 - OSPF external type 1, E2 - OSPF external type 2, E - EGP
       i - IS-IS, L1 - IS-IS level-1, L2 - IS-IS level-2, ia - IS-IS inter area
       * - candidate default, U - per-user static route, o - ODR
       P - periodic downloaded static route

Gateway of last resort is not set

C    192.168.1.0/24 is directly connected, Vlan10
C    192.168.2.0/24 is directly connected, Vlan20

Switch#
```

图 4.12   查看 IP 路由表

```
C3650(config)#int vlan 10
C3650(config-if)#ip address 192.168.1.1 255.255.255.0
```

(3) 配置 DHCP 中继。

用户主机 IP 地址的分配方式有两种:一种是手工静态分配;另一种是自动获得 IP 地址。在组建局域网络时,如果某些网段或全部网段要采取自动获得 IP 地址的分配方式,此时在局域网络中就必须安装部署 DHCP 服务器。DHCP 服务器可用 Windows Server 服务器或 Linux Server 来安装部署,也可以利用交换机的 DHCP 服务功能来配置。

除了安装部署 DHCP 服务器之外,要采用自动获得 IP 地址的网段,还要在其 VLAN 接口上配置指定 DHCP 中继,即配置指定 DHCP 服务器的地址。静态分配 IP 地址的网段不用配置 DHCP 中继。

配置命令为:

```
ip helper-address dhcp-server
```

例如,若网络中部署的 DHCP 服务器的地址为 192.168.252.10/24,VLAN 10 和 VLAN 20 都要采用自动获得 IP 地址的分配方式,则配置方法为:

```
C3650(config)#int vlan 10
C3650(config-if)#ip helper-address 192.168.252.10
C3650(config-if)#int vlan 20
C3650(config-if)#ip helper-address 192.168.252.10
```

安装部署好 DHCP 服务器并配置好 DHCP 中继之后,将用户主机的 IP 地址分配方式设置为自动获得 IP 地址,正常情况下,用户主机就可以自动获得 IP 地址了。这样可减少手工分配 IP 地址的工作量。比如无线网络的网段,通常都是采用自动 IP 地址分配方式。

在配置 DHCP 服务器时,哪些网段要自动分配 IP 地址,则在 DHCP 服务器上就必须为相应网段配置 DHCP 作用域,其配置内容包括可分配的 IP 地址池、IP 地址租用期、默认路由、域名服务器地址等信息。

【例 4.2】   在例 4.1 的网络拓扑中,网络中因无三层交换机或路由器,无法实现网段间的互访。在该拓扑结构的基础上增加一台 Cisco 3650 的三层交换机,将三层交换机与

C2960_A 交换机级联；将原拓扑中属于 VLAN 1 的两台主机重新划分到 VLAN 30，IP 地址设置不变。要求对相关设备进行补充配置，实现 VLAN 10、VLAN 20 和 VLAN 30 间的相互通信。

根据题目要求，经过修改的网络拓扑如图 4.13 所示。

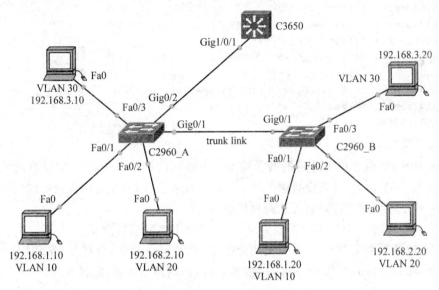

图 4.13　添加三层设备后的网络拓扑

分析：要实现 VLAN 间的相互通信，VLAN 的网关地址必须配置在三层交换机上，因此，需要在三层交换机上创建这 3 个 VLAN，并配置各 VLAN 的接口 IP 地址。两台二层交换机上同时有 VLAN 10、VLAN 20 和 VLAN 30，三层交换机与其中一台二层交换机级联，其级联链路同时有 3 个 VLAN 的流量，因此，该条链路必须配置成中继链路。

(1) 补充配置 C2960_A 交换机。

```
C2960_A(config)#vlan 30
C2960_A(config-vlan)#int fa0/3
C2960_A(config-if)#switchport access vlan 30
C2960_A(config-if)#int g0/2
C2960_A(config-if)#switchport mode trunk
```

(2) 补充配置 C2960_B 交换机。

```
C2960_B(config)#vlan 30
C2960_B(config-vlan)#int fa0/3
C2960_B(config-if)#switchport access vlan 30
```

(3) 配置 Cisco 3650 三层交换机。

```
Switch>enable
Switch#config t
Switch(config)#hostname C3650
Switch(config)#ip routing
```

123

```
C3650(config)#vlan 10
C3650(config-vlan)#vlan 20
C3650(config-vlan)#vlan 30
C3650(config-vlan)#int vlan 10
C3650(config-if)#ip address 192.168.1.1 255.255.255.0
C3650(config-if)#int vlan 20
C3650(config-if)#ip address 192.168.2.1 255.255.255.0
C3650(config-if)#int vlan 30
C3650(config-if)#ip address 192.168.3.1 255.255.255.0
C3650(config-if)#int g1/0/1
C3650(config-if)#switchport trunk encapsulation dot1q
C3650(config-if)#switchport mode trunk
C3650(config-if)#end
C3650#write
```

（4）为各 PC 补充设置各自的网关地址。在前面的例 4.1 中，各 PC 没有网关地址，当时只设置了 IP 地址，没有设置网关地址。现在配置了 VLAN 的网关地址，要补充设置各 PC 的网关地址，否则 PC 将无法跨网段访问。

（5）网络测试。至此，网络配置完毕，下面测试网络的通畅性。

在 IP 地址为 192.168.1.10 主机的命令行，利用 ping 命令，分别去 ping 地址为 192.168.2.20 和 192.168.3.20 的主机，若都能 ping 通，则网络通畅，配置成功。

4.2.2 VLAN 配置案例

1. 局域网规划设计相关知识

局域网络一般都采用三层交换式结构进行规划设计，一幢楼宇内部的网络包含接入层和汇聚层，具有相对的独立性和普遍性，局域网络就是由这些楼宇内部网络，通过核心交换机互联而形成较大的局域网络。各幢楼宇的网络配置方法基本相同，不同的主要是 VLAN 数量、网段地址不相同。

在网络规划设计和网络组建之初，一定要统一规划设计好用户的业务地址和三层设备的互联接口地址。每幢楼宇的用户业务地址要留有余地，以便今后扩展使用。业务地址分配要连续，便于在配置路由时，对网络地址进行聚合，简化路由配置的工作量。

在实际网络工程应用中，每幢楼宇都有多个网段，每个网段的信息点数并不相同，所需要的接入交换机的数量也不相同。通常会遇到每个网段都差几个接入端口的情况，比如 VLAN 10 用了 4 台完整的 24 口接入交换机后，还差 5 个接入端口；VLAN 20 用了 5 台完整的 24 口接入交换机后，还差 10 个接入端口；VLAN 30 用了 4 台完整的 24 口接入交换机后，还差 6 个接入端口等情况。遇到这类情况，如何解决呢？

一种解决办法是每个 VLAN 再增配一台接入交换机，但会增加工程造价。另一种解决办法就是只增配一台接入交换机，VLAN 10、VLAN 20 和 VLAN 30 所差的接入端口，全部由这一台接入交换机提供。由于这一台接入交换机上有 3 个 VLAN 的流量，因此，这一台接入交换机与汇聚交换机间的级联链路，必须采用中继链路。

2. 配置案例

假设某单位的办公大楼需要规划设计 16 个 C 类网段,网段地址为 192.168.0.0/20,实际使用 3 个网段,即 VLAN 10(192.168.1.0/24)、VLAN 20(192.168.2.0/24)和 VLAN 30(192.168.3.0/24),其余网段地址保留,网关地址均使用每个网段的第一个可用的地址。

每个网段下面连接 4 台 Cisco 2960 交换机,所有接入交换机均用 G0/1 与汇聚交换机的千兆电口级联。汇聚交换机采用 Cisco 3650,G1/0/13 与 SW13 交换机级联,G1/0/14 端口连接 DHCP 服务器。SW13 的 Fa0/1 至 Fa0/8 端口划分到 VLAN 10 网段,Fa0/9 于 Fa0/16 划分到 VLAN 20,Fa0/17 至 Fa0/24 端口划分到 VLAN 30。每台接入交换机下面连接一台 PC 作为代表,同时也便于网络测试。VLAN 20 和 VLAN 30 网段采用自动 IP 地址分配方式,VLAN 20 的 IP 地址池为 192.168.2.20 至 192.168.2.240,VLAN 30 的 IP 地址池为 192.168.3.20～192.168.3.240。VLAN 10 采用静态地址分配方式。要求对网络进行规划设计和配置,实现整个网络的互联互通。

配置分析:VLAN 10、VLAN 20 和 VLAN 30 下面都有 4 台接入交换机的端口全部都属于同一个 VLAN,这种情况,接入交换机不用进行 VLAN 配置,就当作普通的级联使用,只需在汇聚交换机上将接入交换机的连接端口划分到相应 VLAN 即可。

为了实现 VLAN 间的相互通信,VLAN 的创建和 VLAN 接口地址的配置都在汇聚交换机上进行。SW13 接入层交换机上面同时有属于 VLAN 10、VLAN 20 和 VLAN 30 的主机,因此,SW13 交换机上也必须创建这 3 个 VLAN,否则交换机不知道这 3 个 VLAN 的存在。SW13 交换机与汇聚交换机间的级联链路要配置成中继链路,允许这 3 个 VLAN 的流量通过。

配置步骤如下:

(1) 在 Cisco Packet Tracer V7.1.1 网络模拟平台,根据案例应用要求,规划设计网络拓扑和业务地址。网络拓扑如图 4.14 所示。

(2) 配置 Cisco 3650 汇聚交换机。

```
Switch>enable
Switch#config t
Switch(config)#hostname OfficeBuilding
!启用 IP 路由功能
OfficeBuilding(config)#ip routing
!创建 VLAN
OfficeBuilding(config)#vlan 10
OfficeBuilding(config-vlan)#vlan 20
OfficeBuilding(config-vlan)#vlan 30
!划分 VLAN 端口
OfficeBuilding(config-vlan)#int range G1/0/1-4
OfficeBuilding(config-if-range)#switchport access vlan 10
OfficeBuilding(config-if-range)#int range G1/0/5-8
OfficeBuilding(config-if-range)#switchport access vlan 20
OfficeBuilding(config-if-range)#int range G1/0/9-12
OfficeBuilding(config-if-range)#switchport access vlan 30
```

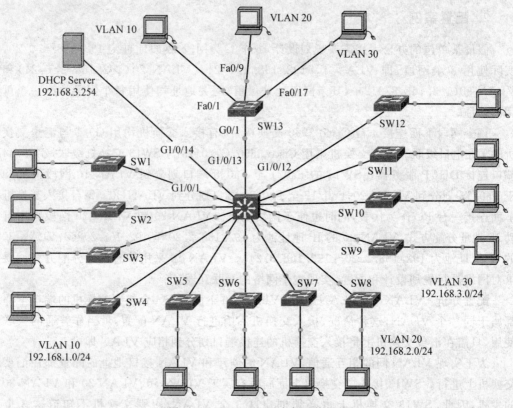

图 4.14　VLAN 配置案例网络拓扑

```
OfficeBuilding(config-if-range)#int G1/0/13
OfficeBuilding(config-if)#switchport trunk encapsulation dot1q
OfficeBuilding(config-if)#switchport mode trunk
OfficeBuilding(config-if)#int G1/0/14
OfficeBuilding(config-if)#switchport access vlan 30
!配置 VLAN 接口地址
OfficeBuilding(config-if)#int vlan 10
OfficeBuilding(config-if)#ip address 192.168.1.1 255.255.255.0
OfficeBuilding(config-if)#int vlan 20
OfficeBuilding(config-if)#ip address 192.168.2.1 255.255.255.0
OfficeBuilding(config-if)#ip helper-address 192.168.3.254
OfficeBuilding(config-if)#int vlan 30
OfficeBuilding(config-if)#ip address 192.168.3.1 255.255.255.0
OfficeBuilding(config-if)#ip helper-address 192.168.3.254
OfficeBuilding(config-if)#end
!保存配置并退出
OfficeBuilding#write
OfficeBuilding#exit
```

（3）配置 SW13 交换机。

```
Switch>enable
Switch#config t
Switch(config)#hostname SW13
```

```
SW13(config)#vlan 10
SW13(config-vlan)#vlan 20
SW13(config-vlan)#vlan 30
!划分 VLAN 端口
SW13(config-vlan)#int range Fa0/1-8
SW13(config-if-range)#switchport access vlan 10
SW13(config-if-range)#int range Fa0/9-16
SW13(config-if-range)#switchport access vlan 20
SW13(config-if-range)#int range Fa0/17-24
SW13(config-if-range)#switchport access vlan 30
!配置 trunk 口
SW13(config-if-range)#int G0/1
SW13(config-if)#switchport mode trunk
```

（4）配置 VLAN 10 中的各主机和 DHCP 服务器的 IP 地址、子网掩码和网关地址。
VLAN 20 和 VLAN 30 中的各主机配置成自动获得 IP 地址。

（5）配置 DHCP 服务器。

打开 DHCP 服务器的 Services 选项卡，将 DHCP 服务开启，并分别为 VLAN 20 和
VLAN 30 配置 DHCP 作用域，配置界面如图 4.15 所示。

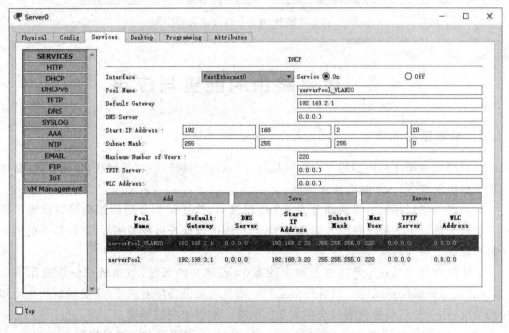

图 4.15　配置 DHCP 服务器

（6）逐一设置 VLAN 20 和 VLAN 30 中的主机，将 IP 地址获得方式设置为 DHCP，
并观察主机能否自动获得 IP 地址。IP 地址获得成功后将在界面中显示出来，如图 4.16
所示。

（7）网络测试。只要 IP 地址能获得成功，说明到 192.168.3.254 服务器的网络是通
畅的。在任意一台 PC 的命令行对任意主机进行 ping 测试，正常情况都能 ping 通了。

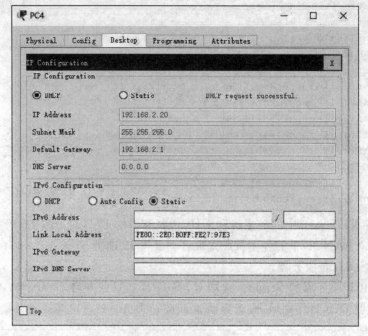

图 4.16　设置 IP 地址获得方式为 DHCP

4.3　单臂路由的配置与应用

1. 单臂路由的概念

单臂路由是指在路由器的一个物理接口上,通过配置子接口(逻辑接口)的方式,帮助二层交换机实现 VLAN 间的相互通信。

路由器的物理接口可以被划分为多个逻辑接口,这些被划分后的逻辑接口称为子接口。逻辑子接口不能被单独的开启或关闭,当物理接口被开启或关闭时,该接口下的所有子接口也随之被开启或关闭。

由于单臂路由是在一条物理链路上跑多个 VLAN 的流量,该条链路的带宽压力较大,并且容易形成单点故障。单臂路由主要应用在三层设备严重缺乏,三层端口严重不够用的情况,用一个三层物理端口来当多个三层端口使用的应用环境。

在 Cisco 网络认证体系中,单臂路由仍是一个重要的知识点。通过单臂路由的学习,能够深入了解 VLAN 的划分、封装和通信原理,理解和掌握路由器子接口的划分和使用方法。

2. 单臂路由的工作原理

单臂路由的网络拓扑如图 4.17 所示。VLAN 在二层交换机上创建并进行交换机端口 VLAN 划分。路由器与交换机级联,在路由器的级联端口上进行逻辑子接口的划分,

有多少个 VLAN,就划分出多少个子接口,每个 VLAN 对应一个子接口,用子接口作为
VLAN 的网关,相当于三层交换机中的 VLAN 接口。

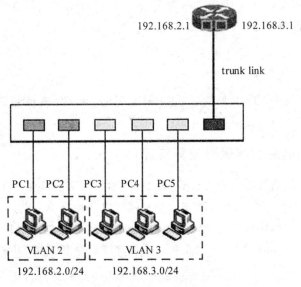

图 4.17 单臂路由的网络拓扑

由于这条级联链路要跑多个 VLAN 的流量,因此,级联链路要配置成中继链路,路由
器的端口要支持子接口的划分和中继工作模式。

在这种应用模式下,VLAN 间的相互通信,都是通过位于路由器上的子接口间的路
由来实现,其具体通信过程如下:

源主机→源主机所连接的交换机端口(VLAN 加标签)→交换机的中继端口→路由
器中继端口→路由器上对应的子接口(移除标记)→路由→目标主机所属 VLAN 对应的
子接口(用目标主机 VLAN 加标签)→路由器中继端口→交换机中继端口→目的主机所
连接的端口(移除标记)→目的主机。

3. 路由器子接口的创建与配置

(1) 创建子接口。

Cisco 三层交换机和路由器都支持子接口功能,其创建方法就是使用接口选择命令,
选择某个子接口,系统就会自动创建出对应的子接口。

比如,若要在路由器的 Fa0/1 物理接口上创建 3 个子接口,则这 3 个子接口的名称从
1 开始依次编号,分别是 Fa0/1.1、Fa0/1.2、Fa0/1.3。如果还要更多的子接口,则依次编
号下去即可。

(2) 配置子接口的封装协议和所属 VLAN。

划分了子接口的物理端口是以 trunk 模式工作,在创建子接口后,还必须分别为每一
个子接口配置封装协议和子接口所属的 VLAN,配置命令为:

```
encapsulation dot1Q|isl vlan-id
```

封装协议支持国标的 dot1Q 或 Cisco 专属的 ISL 协议,*vlan-id* 代表该子接口所属的 VLAN 号,即配置指定将其作为哪一个 VLAN 的子接口。

例如,若要配置 Fa0/1.1 子接口作为 VLAN 10 的子接口,VLAN 加标签的封装协议采用 dot1Q,则配置命令为:

```
Router(config)#int fa0/1.1
Router(config-subif)#encapsulation dot1Q 10
```

(3) 为子接口配置 IP 地址。子接口配置 IP 地址后,该地址就成为子接口所属 VLAN 的网关地址。

4. 单臂路由的应用场景与配置实现

假设某学校的网络设备只有 4 台 Cisco 2950 的二层交换机和一台 Cisco 2621 的路由器,路由器只有 2 个百兆的以太网电口。学校网络以前是以单一网段运行,现要求在不增加新设备的情况下对网络进行优化改造,将单一网段改造为三个网段,分别是办公网段、学生机房网段和服务器网段,办公网段和学生机房网段全部采用 DHCP 自动地址分配方式,学校 Web 服务器和 DHCP 服务器所在的网段采用静态地址分配方式。

网络分析:没有三层交换机,又要多网段相互通信,只有借助路由器的路由功能来实现了。路由器如果有多个以太网端口,则可以一个端口连接一个网段,也可以很轻松地解决问题,但问题是路由器只有 2 个以太网口,一个必须用作连接因特网,只剩下一个以太网口用于连接局域网内网,而内网又有三个网段,因此,只有将这个以太网口通过划分子接口,用子接口来作为 VLAN 的网关,从而实现 3 个 VLAN 间的相互通信,即只有采用单臂路由的方案来实现网络的改造。

网络规划与配置步骤如下:

(1) 网络 IP 地址与拓扑结构规划设计。

办公网段规划使用 VLAN 10,网段地址为 192.168.1.0/24,网关地址为 192.168.1.1,DHCP 地址池为 192.168.1.20~192.168.1.240,DNS 服务器地址为 221.5.203.98。根据信息点数量,规划使用 1 台 24 端口的接入交换机;其余不足的端口,使用核心接入交换机上的剩余端口(Fa0/5~Fa0/19)。

学生机房使用 2 台完整的 24 端口的接入交换机,提供 48 个信息点的接入,使用 VLAN 20,网段地址为 192.168.2.0/24,网关地址为 192.168.2.1,DHCP 地址池为 192.168.2.20~192.168.2.240,DNS 服务器地址为 221.5.203.98。DNS 服务器的地址要根据所选择使用的因特网服务商的不同,而选择使用当地服务商的 DNS 服务器地址。

服务器网段因服务器数量较少,目前只有 2 台,服务器接入端口使用核心接入交换机上的端口,配置 Fa0/20~Fa0/24 这 5 个端口供服务器使用,多余的 3 个端口保留。服务器网段采用 VLAN 30,网段地址为 192.168.3.0/24,网关地址为 192.168.3.1。Web 服务器地址规划使用 192.168.3.20,DHCP 服务器地址使用 192.168.3.25。

根据规划方案设计网络拓扑,如图 4.18 所示。由于设备型号较旧,设备端口不支持自动翻转,Cisco 2950 交换机与交换机之间的级联要采用交叉线,Cisco 2621 路由器与交换机间的级联要采用直通线。

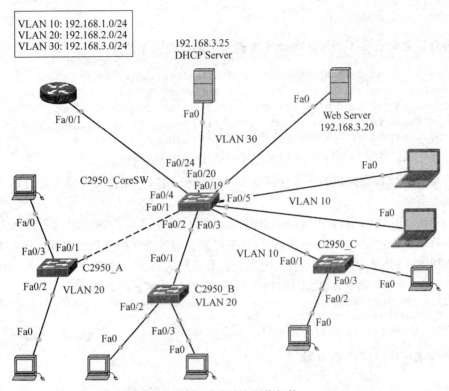

图 4.18　单臂路由网络拓扑

（2）配置网络中心交换机和路由器。

① 配置中心交换机 C2950_CoreSW。

```
Switch>enable
Switch#config t
Switch(config)#hostname C2950_CoreSW
C2950_CoreSW(config)#vlan 10
C2950_CoreSW(config-vlan)#name Office
C2950_CoreSW(config-vlan)#vlan 20
C2950_CoreSW(config-vlan)#name student
C2950_CoreSW(config-vlan)#vlan 30
C2950_CoreSW(config-vlan)#name Server
C2950_CoreSW(config-vlan)#int range fa0/1-2
C2950_CoreSW(config-if-range)#switchport access vlan 20
C2950_CoreSW(config-if-range)#int fa0/3
C2950_CoreSW(config-if)#switchport access vlan 10
C2950_CoreSW(config-if)#int range fa0/5-19
C2950_CoreSW(config-if-range)#switchport access vlan 10
C2950_CoreSW(config-if-range)#int fa0/20-24
C2950_CoreSW(config-if-range)#switchport access vlan 30
C2950_CoreSW(config-if-range)#int fa0/4
C2950_CoreSW(config-if)#switchport mode trunk
```

```
C2950_CoreSW(config-if)#end
C2950_CoreSW#write
C2950_CoreSW#exit
```

进行以上配置后,C2950_CoreSW 交换机的命令行会不断显示以下提示信息。

```
%CDP-4-NATIVE_VLAN_MISMATCH: Native VLAN mismatch discovered on
FastEthernet0/1 (20), with Switch FastEthernet0/1 (1).
%CDP-4-NATIVE_VLAN_MISMATCH: Native VLAN mismatch discovered on
FastEthernet0/2 (20), with Switch FastEthernet0/1 (1).
%CDP-4-NATIVE_VLAN_MISMATCH: Native VLAN mismatch discovered on
FastEthernet0/3 (10), with Switch FastEthernet0/1 (1).
```

这是因为该台交换机的 Fa0/1、Fa0/2 和 Fa0/3 端口下面连接了没有进行任何配置的交换机所致。

CDP(Cisco Discovery Protocol,思科发现协议)是由思科公司推出的一种私有的二层网络协议。通过运行 CDP 协议,思科设备能够在与其直连的设备之间分享有关操作系统软件版本、硬件平台等信息。要关闭以上提示信息的显示,可在产生提示信息的端口上执行 no cdp enable 命令,关闭 CDP 协议即可,配置命令如下:

```
C2950_CoreSW(config)#int range fa0/1-3
C2950_CoreSW(config-if-range)#no cdp enable
```

② 配置 Cisco 2621 路由器。

```
Router>enable
Router#config t
Router(config)#int fa0/1.1
Router(config-if)#encapsulation dot1Q 10
Router(config-if)#ip address 192.168.1.1 255.255.255.0
Router(config-if)#ip helper-address 192.168.3.25
Router(config-if)#int fa0/1.2
Router(config-if)#encapsulation dot1Q 20
Router(config-if)#ip address 192.168.2.1 255.255.255.0
Router(config-if)#ip helper-address 192.168.3.25
Router(config-if)#int fa0/1.3
Router(config-if)#encapsulation dot1Q 30
Router(config-if)#ip address 192.168.3.1 255.255.255.0
Router(config-if)#end
Router#write
```

(3) 设置 DHCP 服务器的 IP 地址,并为 VLAN 10 和 VLAN 20 配置 DHCP 作用域。设置 Web 服务器的 IP 地址,并开启 HTTP 服务。

(4) 配置各 PC 主机,设置 IP 地址分配方式为 DHCP,同时注意 IP 地址、默认网关和 DNS 服务器地址是否获得成功。IP 信息获得成功的界面如图 4.19 所示。

(5) 网络通畅性测试。若用户主机的 IP 地址全部都能获得成功,则说明网络通畅,网络配置成功了。另外,可使用 ping 命令,在任意一台主机的命令行去 ping 其他主机、Web 服务器地址或网关地址来进行测试。

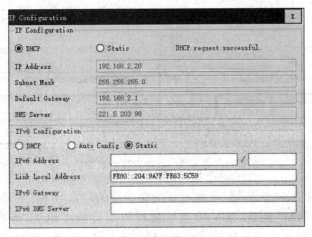

图 4.19　自动获得 IP 地址信息

（6）单臂路由工作原理的验证。

为了理解单臂路由应用的运作过程和数据帧加标签封装过程，可切换到模拟模式，然后跨网段 ping 另一台主机的 IP 地址，可动态追踪查看到数据帧的走向和转发过程，有利于加深对单臂路由工作原理的理解。

在 Realtime 工作模式，在 192.168.2.21 主机的命令行 ping 自己的网关地址，再执行 arp -a 命令，查看 ARP 地址表。

```
C:\>arp -a
Internet Address       Physical Address     Type
192.168.2.1            0000.0c75.ae02       dynamic
```

然后在 192.168.1.22 的主机 ping 自己的网关地址，并查看 ARP 地址表。

```
C:\>arp -a
Internet Address       Physical Address     Type
192.168.1.1            0000.0c75.ae02       dynamic
```

从中可见，路由器的物理端口划分子接口后，各子接口的 MAC 地址都是物理端口的 MAC 地址。

切换到模拟工作模式，在 192.168.2.21 的主机命令行 ping 192.168.1.22 的主机，然后对到达路由器内网口的数据帧进行解码，进入的数据帧解码如图 4.20 所示。

从图 4.20 中 TCI 字段可见，VLAN 标签的 VLAN 号是 20，即源主机所在的 VLAN 号。目标 MAC 地址是路由器内网口的 MAC 地址，因为 VLAN 20 的网关地址在这里，所以源主机的数据帧会被首先转发到位于路由器上的网关（子接口）。

选择切换到 Outbound PDU Details 选项卡，查看即将从路由器内网口转发出去的数据帧的解码信息，如图 4.21 所示。从图 4.21 中的 TCI 字段（0x000a）可见，加标签的 VLAN 号已变为 10 了，这是目标主机所在的 VLAN 10。这就说明数据帧到达源主机所在的网关（子接口）后，数据帧的 VLAN 标签会被移除，然后路由转发到目标主机所在的网关（子接口），在目标网关，数据帧将被加上新的 VLAN 标签。VLAN 号为目标主机所

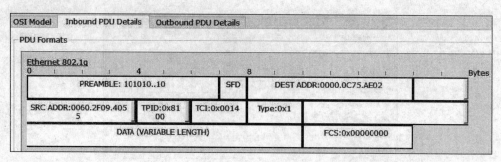

图 4.20　进入路由器内网口的数据帧解码

在的 VLAN 号。数据帧的源 MAC 地址变为路由器的接口 MAC 地址,目标 MAC 地址就是目标主机的 MAC 地址,最后数据帧又从该端口转发出去,通过中继链路,回到 C2950_CoreSW 交换机。交换机通过查询 MAC 地址表,发现目标主机连接在本交换机的 Fa0/5 端口,然后将数据帧转发到 Fa0/5 端口。Fa0/5 端口收到该数据帧后,移除 VLAN 标签,然后再转发给目标主机。

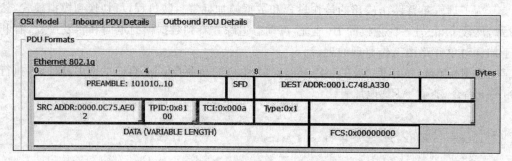

图 4.21　路由器内网口转发出去的数据帧解码

4.4　规划设计大型局域网络

本节以规划设计并配置实现一个大型局域网络为例,介绍网络的规划设计方法和 VLAN 技术在网络中的应用。组网方案采用 VLAN 技术＋路由交换技术来实现。

4.4.1　案例需求与网络拓扑规划设计

1. 网络案例需求

假设某高校有三个校区,每个校区均要组建校园网络,采用三层式结构组网,千兆骨干,百兆交换到桌面。各校区采用独立的因特网出口,3 个校区通过千兆 VPN 实现内网的互联互通,C 校区的 VPN 与因特网二合一共同使用一条出口链路,A 校区和 B 校区的 VPN 为独立的链路。全网采用自动 IP 地址分配方式。A 校区为主校区,校园网络规模较大,作为整个网络的中心,B校区和C校区通过VPN互联到A校区。整个学校的服务器群全部放在A校区的DMZ区,DMZ区必须有防火墙保护。服务器有公网地址段和私网地址段。A校区和B校区采用静态路由,C校区采用RIPv2动态路由。

2. 规划设计网络拓扑结构

局域网络目前普遍采用三层交换式结构(接入层、汇聚层和核心层)进行设计,为使拓扑结构简洁、突出主题,网络结构和配置方法相似的各楼宇内部网络,只展示部分楼宇作为代表。

为使本案例能练习到多种组网技术,A校区网络采用VLAN技术+路由交换技术组网。B校区网络采用大二层的扁平化组网方案。模拟的因特网采用OSPF动态路由组网。本网络案例所涉及的知识点和技能点基本涵盖了作为网络工程师必须掌握的知识和技能,具有很强的实用性。本案例的部分配置内容,需要等到后续章节学习了相关内容之后,才能继续配置完成。

本节首先规划设计并配置完成A校区内部网络的互联互通。3个校区的网络拓扑和VPN互联方案如图4.22所示,A校区网络拓扑如图4.23所示。

3. 设备选型

此处的设备选型是在Cisco Packet Tracer V7.1.1网络模拟平台中的设备选型,实际网络工程中的设备选型可参考第1章介绍的网络设备。实际网络工程的核心交换机和出口设备比模拟网络的核心设备在性能和功能上更高端一些。

为使网络更接近实际的网络工程,整个网络骨干链路全部为千兆网,远距离连接采用单模光纤链路及百兆交换到桌面的设计方案。

所有汇聚层交换机、核心交换机、防火墙(Firewall)和DMZ接入交换机均选择Cisco 3650三层千兆交换机,支持4个10千米SFP千兆单模模块。接入交换机选择Cisco 2960。出口路由器和因特网中的路由器选择Cisco 2911,VPN路由器选择Cisco 2811路由器(支持IPSec VPN)。C校区的出口路由器RouterC必须选择Cisco 2811路由器,因为该台路由器后期要配置VPN业务,其VPN业务与访问因特网业务是二合一在同一条出口链路上实现的。

4.4.2 业务地址与互联接口地址规划

在局域网络中,使用到的IP地址分为三类,分别是用户主机IP地址(私网地址)、公网IP地址、设备互联接口地址(私网地址)。对网络进行规划设计时,除了网络拓扑结构设计外,还必须合理规划这三类地址的分配使用,以便于统一管理。

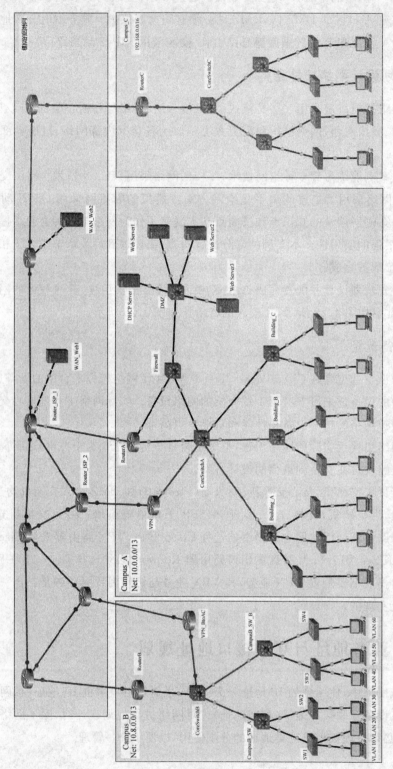

图 4.22 3 个校区的网络拓扑和 VPN 互联方案

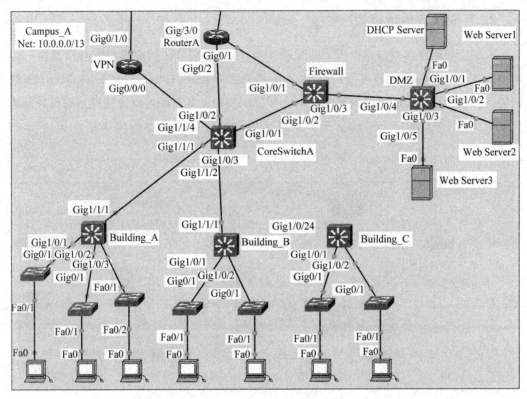

图 4.23　A 校区网络拓扑

1. 业务地址规划

业务地址是指用户主机所使用的 IP 地址,一般使用 10.0.0.0/8 或 192.168.0.0/16 的私网地址,172.16.0.0～172.31.255.255 的私网地址通常用作设备间的互联接口地址。

在本案例中,A 校区网络规划使用 10.0.0.0/13 的网络地址,共 8 个 B 的地址,地址范围为 10.0.0.0/16～10.7.0.0/16。B 校区规划使用 10.8.0.0/13 的网络地址,共 8 个 B 的地址,地址范围为 10.8.0.0/16～10.15.0.0/16。C 校区使用 192.168.0.0/16 的网络地址。

A 校区的每幢楼宇规划设计 32 个网段,没使用完的保留。A 校区的 A、B、C 三幢楼的地址段分别规划为 10.0.0.0/19、10.0.32.0/19 和 10.0.64.0/19。服务器内网地址段采用 10.1.0.0/24,网关地址为 10.1.0.1/24,DHCP 服务器地址为 10.1.0.10/24,内网 Web Server1 的地址为 10.1.0.11/24,Web Server2 的地址为 10.1.0.12/24,Web Server3 的公网地址为 113.204.175.18/28。

拓扑图中的每台接入交换机为一个网段的代表,根据本幢楼宇的网段,依次划分配置。用户主机采用自动 IP 地址的分配方式。

2. 互联接口地址规划

三层设备间要实现以路由模式的互联互通,则互联端口必须配置 IP 地址,且这一组 IP 地址必须为同一网段的地址。为此,本案例采用 172.16.1.0/24～172.16.31.0/24 的网段,通过 30 位掩码的子网划分来提供。A 校区三层设备互联接口地址规划和服务器地址规划如图 4.24 所示。同时显示了互联端口和互联接口地址的网络拓扑如图 4.25 所示。

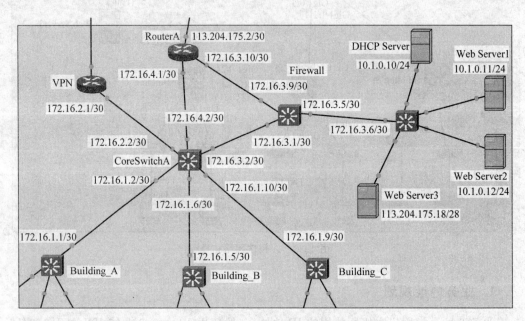

图 4.24　A 校区三层设备互联接口地址规划

3. 公网地址使用规划

假设 A 校区共申请到 32 个公网 IP 地址,地址段为 113.204.175.0/27。对该段公网地址的使用规划如表 4.1 所示。

表 4.1　公网 IP 地址使用规划

子　　网	地址数	用　　途
113.204.175.0/30	4	与因特网互联接口地址,网关为 113.204.175.1/30
113.204.175.4/30	4	IP 或端口映射使用
113.204.175.8/29	8	NAT 地址池使用
113.204.175.16/28	16	服务器使用的公网地址段,网关为 113.204.175.17/28

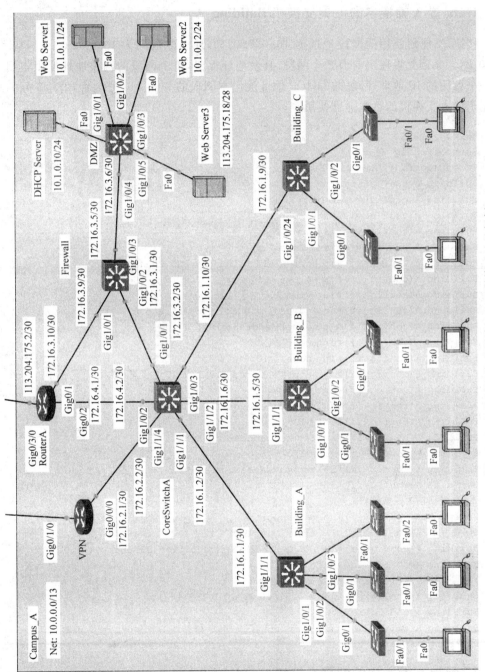

图 4.25 A 校区网络互联端口和互联接口地址规划

4.4.3 网络的配置与实现

1. 配置 A 幢楼宇的汇聚交换机 Building_A

楼宇 A 规划使用的网段地址为 10.0.0.0/19,地址段范围为 10.0.0.0/24~10.0.
31.0/24。案例配置使用前面 3 个网段,其余地址保留,每个网段的网关地址使用本网段
第一个可用的 IP 地址,网段的 DHCP 地址池为本网段的 30~240 号地址,2~29 号的地
址用于接入交换机的管理地址使用。

```
Switch>enable
Switch#config t
Switch(config)#hostname Building_A
Building_A(config)#ip routing
Building_A(config)#vlan 10
Building_A(config-vlan)#vlan 20
Building_A(config-vlan)#vlan 30
Building_A(config-vlan)#int vlan 10
Building_A(config-if)#ip address 10.0.0.1 255.255.255.0
Building_A(config-if)#ip helper-address 10.1.0.10
Building_A(config-if)#int vlan 20
Building_A(config-if)#ip address 10.0.1.1 255.255.255.0
Building_A(config-if)#ip helper-address 10.1.0.10
Building_A(config-if)#int vlan 30
Building_A(config-if)#ip address 10.0.2.1 255.255.255.0
Building_A(config-if)#ip helper-address 10.1.0.10
Building_A(config-if)#int G1/0/1
Building_A(config-if)#switchport access vlan 10
Building_A(config-if)#int G1/0/2
Building_A(config-if)#switchport access vlan 20
Building_A(config-if)#int G1/0/3
Building_A(config-if)#switchport access vlan 30
Building_A(config-if)#int G1/1/1
!将端口切换为三层端口
Building_A(config-if)#no switchport
!配置互联接口的 IP 地址
Building_A(config-if)#ip address 172.16.1.1 255.255.255.252
Building_A(config-if)#exit
!配置默认路由,下一跳为对端设备接口地址
Building_A(config)#ip route 0.0.0.0 0.0.0.0 172.16.1.2
Building_A(config)#exit
Building_A#write
Building_A#exit
```

2. 配置 B 幢楼宇的汇聚交换机 Building_B

楼宇 B 规划使用的网段地址为 10.0.32.0/19,地址段范围为 10.0.32.0/24~10.0.
63.0/24。案例配置使用前面 2 个网段,其余地址保留。

```
Switch>enable
Switch#config t
Switch(config)#hostname Building_B
Building_B(config)#ip routing
Building_B(config)#vlan 10
Building_B(config-vlan)#vlan 20
Building_B(config-vlan)#int vlan 10
Building_B(config-if)#ip address 10.0.32.1 255.255.255.0
Building_B(config-if)#ip helper-address 10.1.0.10
Building_B(config-if)#int vlan 20
Building_B(config-if)#ip address 10.0.33.1 255.255.255.0
Building_B(config-if)#ip helper-address 10.1.0.10
Building_B(config-if)#int G1/0/1
Building_B(config-if)#switchport access vlan 10
Building_B(config-if)#int G1/0/2
Building_B(config-if)#switchport access vlan 20
Building_B(config-if)#int G1/1/1
!将端口切换为三层端口
Building_B(config-if)#no switchport
!配置互联接口的 IP 地址
Building_B(config-if)#ip address 172.16.1.5 255.255.255.252
Building_B(config-if)#exit
!配置默认路由,下一跳为对端设备接口地址
Building_B(config)#ip route 0.0.0.0 0.0.0.0 172.16.1.6
Building_B(config)#exit
Building_B#write
Building_B#exit
```

3. 配置 C 幢楼宇的汇聚交换机 Building_C

楼宇 B 规划使用的网段地址为 10.0.64.0/19,地址段范围为 10.0.64.0/24～10.0.95.0/24。案例配置使用前面 2 个网段,其余地址保留。

```
Switch>enable
Switch#config t
Switch(config)#hostname Building_C
Building_C(config)#ip routing
Building_C(config)#vlan 10
Building_C(config-vlan)#vlan 20
Building_C(config-vlan)#int vlan 10
Building_C(config-if)#ip address 10.0.64.1 255.255.255.0
Building_C(config-if)#ip helper-address 10.1.0.10
Building_C(config-if)#int vlan 20
Building_C(config-if)#ip address 10.0.65.1 255.255.255.0
Building_C(config-if)#ip helper-address 10.1.0.10
Building_C(config-if)#int G1/0/1
Building_C(config-if)#switchport access vlan 10
Building_C(config-if)#int G1/0/2
```

```
Building_C(config-if)#switchport access vlan 20
Building_C(config-if)#int G1/0/24
!将端口切换为三层端口
Building_C(config-if)#no switchport
!配置互联接口的 IP 地址
Building_C(config-if)#ip address 172.16.1.9 255.255.255.252
Building_C(config-if)#exit
!配置默认路由,下一跳为对端设备接口地址
Building_C(config)#ip route 0.0.0.0 0.0.0.0 172.16.1.10
Building_C(config)#exit
Building_C#write
Building_C#exit
```

4. 配置核心交换机 CoreSwitchA

```
Switch>enable
Switch#config t
Switch(config)#hostname CoreSwitchA
CoreSwitchA(config)#ip routing
CoreSwitchA(config)#int G1/1/1
!配置端口用途描述
CoreSwitchA(config-if)#description to_Building_A
!切换为三层端口
CoreSwitchA(config-if)#no switchport
CoreSwitchA(config-if)#ip address 172.16.1.2 255.255.255.252
CoreSwitchA(config-if)#int G1/1/2
CoreSwitchA(config-if)#description to_Building_B
CoreSwitchA(config-if)#no switchport
CoreSwitchA(config-if)#ip address 172.16.1.6 255.255.255.252
CoreSwitchA(config-if)#int G1/0/3
CoreSwitchA(config-if)#description to_Building_C
CoreSwitchA(config-if)#no switchport
CoreSwitchA(config-if)#ip address 172.16.1.10 255.255.255.252
CoreSwitchA(config-if)#int G1/0/1
CoreSwitchA(config-if)#description to_Firewall
CoreSwitchA(config-if)#no switchport
CoreSwitchA(config-if)#ip address 172.16.3.2 255.255.255.252
CoreSwitchA(config-if)#int G1/0/2
CoreSwitchA(config-if)#description to_RouterA_to_Internet
CoreSwitchA(config-if)#no switchport
CoreSwitchA(config-if)#ip address 172.16.4.2 255.255.255.252
CoreSwitchA(config-if)#int G1/1/4
CoreSwitchA(config-if)#description to_VPN
CoreSwitchA(config-if)#no switchport
CoreSwitchA(config-if)#ip address 172.16.2.2 255.255.255.252
CoreSwitchA(config-if)#exit
!配置到 A 幢楼宇的回程路由
```

```
CoreSwitchA(config)#ip route 10.0.0.0 255.255.224.0 172.16.1.1
```
!配置到 B 幢楼宇的回程路由
```
CoreSwitchA(config)#ip route 10.0.32.0 255.255.224.0 172.16.1.5
```
!配置到 C 幢楼宇的回程路由
```
CoreSwitchA(config)#ip route 10.0.64.0 255.255.224.0 172.16.1.9
```
!配置内网访问 B 校区网络(10.8.0.0/13)经过 VPN 链路
```
CoreSwitchA(config)#ip route 10.8.0.0 255.255.248.0 172.16.2.1
```
!配置内网访问 C 校区网络(192.168.0.0/8)经过 VPN 链路
```
CoreSwitchA(config)#ip route 192.168.0.0 255.255.0.0 172.16.2.1
```
!配置到 DMZ 区服务器群的路由
```
CoreSwitchA(config)#ip route 10.1.0.0 255.255.255.0 172.16.3.1
CoreSwitchA(config)#ip route 113.204.175.16 255.255.255.240 172.16.3.1
```
!配置到因特网的出口路由(默认路由),下一跳为出口路由器
```
CoreSwitchA(config)#ip route 0.0.0.0 0.0.0.0 172.16.4.1
CoreSwitchA(config)#exit
CoreSwitchA#write
CoreSwitchA#exit
```

5. 配置防火墙(Firewall)

此处的防火墙设备主要保护位于 DMZ 区中的服务器群,避免受到来自因特网和内网用户的攻击。该台防火墙设备的功能采用一台三层交换机通过配置 ACL(Access Control List)规则来实现。现在先配置实现三层设备的互联互通,有关防火墙的功能,在后面学习了 ACL 规则之后,再来配置完成其防火墙的过滤保护功能。

```
Switch>enable
Switch#config t
Switch(config)#hostname Firewall
Firewall(config)#ip routing
Firewall(config)#int G1/0/1
Firewall(config-if)#description to_RouterA_to_Internet
Firewall(config-if)#no switchport
Firewall(config-if)#ip address 172.16.3.9  255.255.255.252
Firewall(config)#int G1/0/2
Firewall(config-if)#description to_CoreSwitchA_to_LAN
Firewall(config-if)#no switchport
Firewall(config-if)#ip address 172.16.3.1  255.255.255.252
Firewall(config)#int G1/0/3
Firewall(config-if)#description to_DMZ_to_Server
Firewall(config-if)#no switchport
Firewall(config-if)#ip address 172.16.3.5  255.255.255.252
Firewall(config-if)#exit
```
!配置经 RouterA 路由器到因特网的默认路由
```
Firewall(config)#ip route 0.0.0.0 0.0.0.0 172.16.3.10
```
!配置到 DMZ 区的路由,DMZ 区有 2 个子网
```
Firewall(config)#ip route 113.204.175.16 255.255.255.240 172.16.3.6
Firewall(config)#ip route 10.1.0.0 255.255.255.0 172.16.3.6
```

!配置经核心交换机 CoreSwitchA 到 3 个校区内网的回程路由,校区 A、校区 B 和校区 C 的内网用户都可以访问使用内网地址的服务器,访问请求报文回去,必须要有回程路由。校区 B 和校区 C 用户访问使用公网地址的服务器,通过外网来访问,不通过内网访问
!配置 A 校区和 B 校区用户访问内网服务器的回程路由

```
Firewall(config)#ip route 10.0.0.0 255.240.0.0 172.16.3.2
```

!配置 C 校区用户访问内网服务器的回程路由

```
Firewall(config)#ip route 192.168.0.0 255.255.0.0 172.16.3.2
Firewall(config)#exit
Firewall#write
Firewall#exit
```

6. 配置 DMZ 区接入交换机

DMZ 区接入交换机为 Cisco 3650 三层交换机,选用三层交换机而不选择二层交换机的原因有两方面:一方面是 DMZ 区有多个网段(服务器使用的公网地址段和私网地址段),要进行网段划分且网段间要能相互通信;另一方面是三层交换机的包转发速率比二层交换机要高很多,性能更好。

DMZ 区的服务器使用的地址段有公网地址段 113.204.175.16/28,网关地址已规划为 113.204.175.17/28;服务器使用的私网地址段 10.1.0.0/24,网关地址 10.1.0.1/24。

```
Switch>enable
Switch#config t
Switch(config)#hostname DMZ
DMZ(config)#ip routing
DMZ(config)#vlan 10
DMZ(config-vlan)#vlan 20
DMZ(config-vlan)#int vlan 10
DMZ(config-if)#ip address 113.204.175.17 255.255.255.240
DMZ(config-if)#int vlan 20
DMZ(config-if)#ip address 10.1.0.1 255.255.255.0
DMZ(config-if)#int G1/0/5
DMZ(config-if)#switchport access vlan 10
DMZ(config-if)#int range G1/0/1-3
DMZ(config-if-range)#switchport access vlan 20
```

!配置互联接口 IP 地址

```
DMZ(config-if-range)#int G1/0/4
DMZ(config-if)#description to_Firewall
DMZ(config-if)#no switchport
DMZ(config-if)#ip address 172.16.3.6 255.255.255.252
DMZ(config-if)#exit
```

!配置出去的默认路由

```
DMZ(config)#ip route 0.0.0.0 0.0.0.0 172.16.3.5
DMZ(config)#exit
DMZ#write
DMZ#exit
```

7. 配置出口路由器 RouterA

先配置完成三层设备的互联互通。内网访问因特网的 NAT 配置,待后面学习了相关内容之后再进行补充配置。根据前面的规划(见表 4.1),路由器的外网口 G0/3/0 的接口 IP 地址为 113.204.175.2/30,到因特网的网关地址为 113.204.175.1。

```
Router>enable
Router#config t
Router(config)#hostname RouterA
RouterA(config)#int G0/1
RouterA(config-if)#ip address 172.16.3.10 255.255.255.252
RouterA(config-if)#description to_Firewall
RouterA(config-if)#no shutdown
RouterA(config-if)#int G0/2
RouterA(config-if)#description to_LAN
RouterA(config-if)#ip address 172.16.4.1 255.255.255.252
RouterA(config-if)#no shutdown
RouterA(config-if)#int G0/3/0
RouterA(config-if)#description to_Internet
RouterA(config-if)#ip address 113.204.175.2 255.255.255.252
RouterA(config-if)#no shutdown
RouterA(config-if)#exit
!配置到内网(LAN)的路由
RouterA(config)#ip route 10.0.0.0 255.248.0.0 172.16.4.2
!配置到防火墙的路由,即到 DMZ 区网络的路由
RouterA(config)#ip route 113.204.175.16 255.255.255.240 172.16.3.9
RouterA(config)#ip route 10.1.0.0 255.255.255.0 172.16.3.9
!配置到因特网的默认路由
RouterA(config)#ip route 0.0.0.0 0.0.0.0 113.204.175.1
RouterA(config)#exit
RouterA#write
RouterA#exit
```

8. 配置 VPN 路由器

这是一台 Cisco 2811 路由器,是 VPN 的中心点路由器,用于实现 A 校区与 B 校区和 C 校区的 VPN 互联互通。现配置该路由器与核心交换机间的互联互通,其 VPN 功能待后面学习了 VPN 之后,再补充配置。

```
Router>enable
Router#config t
Router(config)#hostname VPN
VPN(config)#int G0/0/0
VPN(config-if)#description to_CoreSwitchA
VPN(config-if)#ip address 172.16.2.1 255.255.255.252
VPN(config-if)#no shutdown
```

```
VPN(config-if)#exit
!校区 B 和校区 C 访问另 2 个校区的内网,都路由到校区 A 的核心交换机
VPN(config)#ip route 10.0.0.0 255.248.0.0 172.16.2.2
VPN(config)#ip route 10.8.0.0 255.248.0.0 172.16.2.2
VPN(config)#ip route 192.168.0.0 255.255.0.0 172.16.2.2
```
!还有一条到因特网的默认路由需要配置,但现在无法配置,因为外网接口的公网 IP 地址和对端设备的公网 IP 地址还没有规划和配置。该条默认路由在以后配置 VPN 功能时要补上,否则 IP 数据包无法到达因特网
```
VPN(config)#exit
VPN#write
VPN#exit
```

9. 配置地址

根据 IP 地址规划,配置 3 台 Web 服务器的 IP 地址和网关地址。配置 DHCP 服务器的 IP 地址和网关地址,然后针对 A 校区的每一个用户网段配置 DHCP 作用域。作用域地址池范围为本网段的 30~240 号地址。DNS 服务器地址配置为 221.5.203.98。

10. 配置 DHCP

配置各 PC 的 IP 地址获得方式为 DHCP,然后观察能否成功获得 IP 地址,若都能成功获得正确的 IP 地址,则说明网络通畅,网络配置成功。

若获得的是 169.254 开头的 IP 地址,则说明 IP 地址获得失败,此种情况下先检查到 DHCP 服务器的网络是否通畅,若是通畅的,则检查 DHCP 服务器上是否配置了该网段的作用域,以及作用域配置的网段 IP 地址是否正确。

11. 网络通畅性测试

可用 ping 命令对 A 校区网络中的任意一个节点的 IP 地址进行 ping 操作,查看网络是否通畅。若都能 ping 通,则网络配置成功。

由于网络中有 3 台 Web 服务器,默认的 Web 页面显示内容相同,为区别起见,修改 index.html 页面的内容,增加显示服务器的 IP 地址信息在页面上,修改方法如下:

单击 Web Server3 服务器,打开"配置"对话框,在 HTTP 服务配置对话框,单击 index.html 后面的 edit 按钮,弹出"编辑修改"对话框,修改页面的 HTML 代码,在</html>标记符之前增加以下内容,然后单击 Save 按钮保存并退出。

```
<br><font size=24 color=blue>113.204.175.18</font>
```

对于 Web Server1 服务器,修改 index.html 页面,增加以下内容。

```
<br><font size=24 color=red>10.1.0.11</font>
```

对于 Web Server2 服务器,修改 index.html 页面,增加以下内容。

```
<br><font size=24 color=red>10.1.0.12</font>
```

在任意一台 PC 的浏览器中输入 Web 服务器的 IP 地址,进行访问测试,访问结果如

图 4.26 和图 4.27 所示。至此,A 校区整个内部网络互联互通配置完成。

图 4.26　访问公网地址 Web 服务器

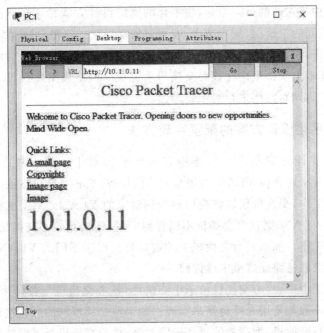

图 4.27　访问私网地址 Web 服务器

4.5 网络扁平化设计

4.5.1 网络扁平化设计方案

1. 网络扁平化设计方案简介

局域网络目前普遍采用层次化结构(金字塔结构)进行设计,即网络结构从底层到顶层,依次划分为接入层、汇聚层和核心层。一幢楼宇内部的网络包括接入层和汇聚层,一个单位通常由多幢楼宇组成,通过核心交换机来实现将分布在各幢楼宇的子网络互联成一个大的局域网络。

传统组网方案,在网络配置和功能划分方面采用的是分散配置和管理的方式。各幢楼宇内部网络的配置和管理,在各自楼宇的汇聚层交换机上进行,因此,对网络设备的配置和管理是分散的。这种组网方式的优点是设备负荷分担,链路带宽压力较小。各楼宇网络内部的通信,由汇聚层交换机转发实现,只有在楼宇间有相互通信需求,或有访问因特网需求时,数据流量才会上行到核心交换机进行路由转发。核心交换机的负荷不重,汇聚层与核心层间的骨干链路的带宽压力也不大,因此,这是一种较优的组网方案,被普遍采用。

与层次化结构相对应的是扁平化,扁平化的网络设计方案是整个网络只有核心层和接入层,去掉了中间的汇聚层,层次减少,变得更加扁平化。这种设计方案,核心交换机下面直接带网络用户,接入交换机仅起一个网络分接功能,配置很少,对局域网络的绝大多数配置和管理,基本上全部集中在核心交换机上完成。网络扁平化设计方案的最大特点是集中配置,便于后期对网络进行集中管理。

2. 网络扁平化设计方案的配置实现方法

网络扁平化设计方案是将配置集中在核心交换机上,因此,核心交换机将担负VLAN创建、VLAN划分和 VLAN 间相互通信的任务,核心交换机下面所连接的交换机全部以二层模式工作,交换机仅需将端口划分到对应的 VLAN。一个交换机的全部端口如果属于同一个 VLAN,则这台交换机不用任何配置,连接到核心交换机对应 VLAN 的端口就可以正常工作。如果一台交换机上的端口分别属于不同的 VLAN,则交换机与核心交换机之间的级联链路配置成中继链路。

在实际网络工程中,核心交换机位于中心机房,核心交换机与各幢楼宇距离较远,这种远距离的链路一般都要用光纤链路来实现。如果整个局域网的所有接入交换机全部向上直接级联到核心交换机,则需要的级联链路太多,核心交换机所需要的级联端口也需要很多,工程造价太贵,为此,在网络组网布线结构上仍采用传统的三层式结构,即接入层、汇聚层和核心层,此时的汇聚层只是起一个二层链路汇聚的作用,以减少直接级联到核心层的链路数量。汇聚层交换机工作在二层模式,不再工作在三层路由模式。为了保证汇聚层的包转发速率和性能,汇聚层交换机仍采用三层交换机,而不用二层交换机,相当于将三层交换机当作二层交换机使用。采用这种方式改进后,网络扁平化设计方案的网络结构和布线结构与传统交换路由方案相同,只是配置策略和配置方法不同。

在传统的交换路由组网方案中,汇聚层交换机工作在网络层,汇聚交换机与核心交换机之间采用路由模式实现互联互通,因此,汇聚层交换机上所创建的 VLAN,其作用域仅限于汇聚交换机及其下连的接入层交换机,不同汇聚层交换机上可以创建相同的 VLAN 号。

在网络扁平化组网方案中,整个局域网络是一个大二层结构,在众多交换机上创建和管理 VLAN,并保证 VLAN 配置信息在全网保持一致和唯一,工作量相当大,为此,可采用 VTP(VLAN Trunking Protocol)协议来统一管理 VLAN 配置。

4.5.2　使用 VTP 管理 VLAN

1. VTP 简介

VTP(VLAN Trunking Protocol,VLAN 中继协议)是一个二层通信协议,是思科私有的协议。用于管理同一个 VTP 管理域内的交换机的 VLAN 配置信息,以保持 VLAN 配置的一致性,并大大减轻 VLAN 配置的工作量。

VTP 管理域通常也简称为 VTP 域,是一组 VTP 域名相同并通过中继链路相互连接的交换机的集合。一台交换机只能加入一个 VTP 管理域,交换机的 VTP 工作模式有 VTP Server(服务器)、VTP Client(客户端)和 VTP Transparent(透明)三种。在 VTP 管理域中,一般只设一个 VTP 服务器。

以 VTP 服务器模式工作的交换机,负责维护和管理该 VTP 域内的所有 VLAN 配置信息,负责发送 VTP 通告消息。在 VTP 服务器交换机上,可以创建、删除或修改 VLAN,并向 VTP 域内的其他成员发送通告信息,让 VTP 成员能及时同步 VLAN 配置信息。

VTP 客户端工作模式的交换机也维护着 VLAN 配置信息,这些 VLAN 配置信息是从 VTP 服务器发送的通告中学习到的,即 VTP 客户端会根据收到的通告,同步自己的 VLAN 配置信息。VTP 客户端会转发本 VTP 域的 VTP 通告消息,也可以主动请求 VTP 消息。VTP 客户端不能创建、删除或修改 VLAN。

VTP 透明工作模式的交换机相当于独立的交换机,不学习 VTP 消息,不提供 VTP 消息,只是转发 VTP 消息。即不从 VTP 通告消息中学习和更新本机的 VLAN 配置信息,也不将自己本机上的 VLAN 配置信息外发,只维护管理自己本机的 VLAN 配置信息,可以创建、删除和修改本机上的 VLAN 配置信息。当出于管理需要,不希望 VTP 管理某台交换机的 VLAN 配置信息时,可将其设置为透明模式。

2. VTP 配置命令

(1) 创建 VTP 管理域。

配置命令为:

```
vtp domain domain_name
```

domain_name 代表要创建的 VTP 管理域的名称,可自定义名称,VTP 管理域区分字符的大小写。

例如,若要创建一个名为 Campus_B 的 VTP 管理域,则创建方法为:

```
Switch(config)#vtp domain Campus_B
```

(2) 配置交换机 VTP 工作模式。

配置命令为:

```
vtp mode server|client| transparent
```

在全局配置模式下执行,例如,若要将交换机配置为 VTP 服务器模式,则配置命令为:

```
Switch(config)#vtp mode server
```

(3) 配置 VTP 密码。

加入 VTP 管理域,就可以获得 VTP 管理域中的全部 VLAN 配置信息。出于安全需要,允许配置 VTP 密码。配置密码后,VTP 客户端交换机的 VTP 密码与 VTP 服务器的 VTP 密码相同时,才能获得 VTP 通告消息中的 VLAN 同步信息。

配置命令为:

```
vtp password vtp_password
```

例如,若要设置 VTP 服务器交换机的 VTP 密码为 Cquvtp359KL,则配置命令为:

```
Switch(config)#vtp password Cquvtp359KL
```

若要取消对密码的配置,则执行 no vtp password 命令。

(4) 配置 VTP 版本。

配置命令为:

```
vtp version 1|2
```

配置 VTP 协议的版本号,默认为 version 2。

(5) 查看 VTP 配置信息。

配置命令为:

```
show vtp status
```

在特权执行模式执行。例如,若要查看当前交换机的 VTP 配置信息,则操作命令如下:

```
C3560#show vtp status
```

输出结果如图 4.28 所示。

```
Switch#show vtp status
VTP Version capable             : 1 to 3
VTP version running             : 2
VTP Domain Name                 : Campus_B
VTP Pruning Mode                : Disabled
VTP Traps Generation            : Disabled
Device ID                       : 0003.E404.5000
Configuration last modified by 0.0.0.0 at 3-1-93 00:05:41
Local updater ID is 0.0.0.0 (no valid interface found)

Feature VLAN :
--------------
VTP Operating Mode              : Server
Maximum VLANs supported locally : 1005
Number of existing VLANs        : 7
Configuration Revision          : 0
MD5 digest                      : 0xF9 0xBC 0xA3 0xAB 0x98 0x36 0x94 0xDA
                                  0xC6 0xA6 0xC6 0xDA 0x94 0x62 0x34 0x55
```

图 4.28　查看 VTP 配置信息

【例 4.3】　构建一个实验网络,验证 VTP 对 VLAN 配置信息的管理。添加一台 Cisco 3650 交换机作为核心交换机(CoreSwitch),并配置成 VTP 服务器工作模式;另添加三台 Cisco 2960 的交换机,这三台交换机与 Cisco 3650 以中继链路级联。将其中两台 Cisco 2960 交换机配置成 VTP 客户端工作模式,另一台 Cisco 2960 配置成透明模式。根据该实验网络,对 VTP 的功能进行验证。

根据题目要求,规划设计实验网络拓扑,如图 4.29 所示。

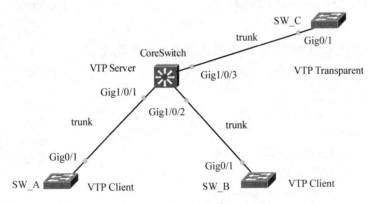

图 4.29　VTP 功能实验拓扑

实验与配置步骤如下:

(1) 配置 CoreSwitch 交换机,将 VTP 模式配置为服务器模式。

```
Switch>enable
Switch#config t
Switch(config)#hostname CoreSwitch
CoreSwitch(config)#int range G1/0/1-3
CoreSwitch(config-if-range)#switchport trunk encapsulation dot1q
CoreSwitch(config-if-range)#switchport mode trunk
CoreSwitch(config-if-range)#exit
```

```
CoreSwitch(config)#vtp domain Campus_B
CoreSwitch(config)#vtp mode server
```

（2）配置 SW_A 和配置 SW_B 交换机。将 VTP 模式配置为客户端模式。

```
Switch>enable
Switch#config t
Switch(config)#hostname SW_A
SW_A(config)#int G0/1
SW_A(config-if)#switchport mode trunk
SW_A(config-if)#exit
SW_A(config)#vtp domain Campus_B
SW_A(config)#vtp client
```

接下来配置 SW_B 交换机。

```
Switch>enable
Switch#config t
Switch(config)#hostname SW_B
SW_B(config)#int G0/1
SW_B(config-if)#switchport mode trunk
SW_B(config-if)#exit
SW_B(config)#vtp domain Campus_B
SW_B(config)#vtp client
```

（3）配置 SW_C 交换机,将 VTP 模式配置为透明模式。

```
Switch>enable
Switch#config t
Switch(config)#hostname SW_C
SW_C(config)#int G0/1
SW_C(config-if)#switchport mode trunk
SW_C(config-if)#exit
SW_C(config)#vtp domain Campus_B
SW_C(config)#vtp transparent
```

（4）验证 VTP 的功能,方法和步骤如下。

① 先分别在各交换机的特权模式下使用 show vlan brief 命令查看并了解交换机有哪些 VLAN。

② 在 CoreSwitch 交换机上创建 VLAN 10 和 VLAN 20,然后使用 show vlan brief 命令查看创建结果。接下来分别在 SW_A、SW_B 和 SW_C 交换机上查看 VLAN 配置信息,观察是否有 VLAN 10 和 VLAN 20 的配置信息。

结果是：SW_A 和 SW_B 交换机都成功学习到了 VLAN 10 和 VLAN 20 的配置信息,在交换机的本地 VLAN 配置信息数据库中同步了配置信息,添加了 VLAN 10 和 VLAN 20 的信息。SW_C 交换机上没有 VLAN 10 和 VLAN 20。

③ 在 SW_C 交换机上创建 VLAN 30,并查看创建是否成功。结果是创建成功。分别在 CoreSwitch、SW_A 和 SW_B 交换机上查看 VLAN 配置信息,查看是否有 VLAN 30。结果是这三台交换机上都没有 VLAN 30,从而验证了透明模式的交换机不接收也不发送 VLAN 配置信息通告,但可以创建、删除或修改 VLAN,管理自己本地的 VLAN 配置信息。

④ 验证 VTP 密码功能。在 CoreSwitch 交换机上配置 VTP 密码,然后在 SW_A 交换机上也配置相同的 VTP 密码,但 SW_B 交换机不配置 VTP 密码。相关配置命令如下:

```
CoreSwitch(config)#vtp password Cquvtp359KL
SW_A(config)#vtp password Cquvtp359KL
```

在 CoreSwitch 交换机上创建 VLAN 40,然后再分别查看 SW_A 和 SW_B 交换机的 VLAN 配置信息。最后的结果是 SW_A 交换机成功获得新添加的 VLAN 40 的配置信息,SW_B 交换机中没有 VLAN 40,只有原来学习到的 VLAN 10 和 VLAN 20,说明无法再获得新的 VLAN 配置信息,无法同步更新了。

⑤ 在各交换机上使用 show vtp status 命令查看 VTP 的配置信息。

4.5.3　网络扁平化设计案例

1. 网络拓扑结构

在掌握了网络扁平化设计方案和 VTP 协议的配置与应用之后,本节采用网络扁平化设计方案,配置完成图 4.22 案例网络中的 B 校区网络的内网互联互通。B 校区的网络拓扑结构如图 4.30 所示。

2. 配置思路

对 B 校区局域网络的内网互联互通采用大二层结构,汇聚交换机仅起网络接入的汇聚点,工作在二层交换模式,配置集中在核心交换机 CoreSwitchB 上完成。

接入交换机与汇聚交换机、汇聚交换机与核心交换机之间的链路,全部采用中继链路。对全网 VLAN 的管理,利用 VTP 协议来实现,核心交换机作为 VTP 服务器。VLAN 的创建与删除只能在核心交换机上完成,便于统一管理。

采用该方案之后,每台接入交换机上的用户,可以非常灵活地根据需要划分到已存在的任意一个网段(VLAN)中,从而实现跨楼宇划分网段。

3. B 校区网段规划

整个 B 校区规划使用 10.8.0.0/13 的网络地址段,网段很多,可依次使用。此处假设配置 5 个网段,对网段和 VLAN 的规划如表 4.2 所示。

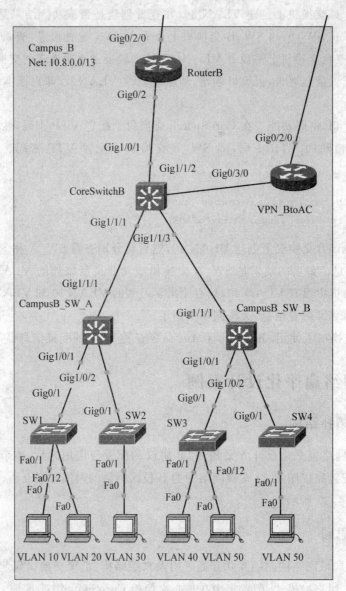

图 4.30 B校区网络拓扑

表 4.2　B校区 VLAN 与网段规划

序号	VLAN 号	网段地址	网关地址	用　户　群
1	VLAN 10	10.8.0.0/24	10.8.0.1	1 号学生宿舍 1～3 楼
2	VLAN 20	10.8.1.0/24	10.8.1.1	1 号学生宿舍 4～6 楼
3	VLAN 30	10.8.2.0/24	10.8.2.1	2 号学生宿舍 1～3 楼
4	VLAN 40	10.8.3.0/24	10.8.3.1	2 号学生宿舍 4～6 楼
5	VLAN 50	10.8.4.0/24	10.8.4.1	3 号学生宿舍 1～3 楼

4. 网络配置与测试

（1）配置 CoreSwitchB 核心交换机。

```
Switch>enable
Switch#config t
Switch(config)#hostname CoreSwitchB
!启动 IP 路由
CoreSwitchB(config)#ip routing
!配置 VTP
CoreSwitchB(config)#vtp domain Campus_B
CoreSwitchB(config)#vtp mode server
CoreSwitchB(config)#vtp password KeyCam5093KL
!创建 VLAN
CoreSwitchB(config)#vlan 10
CoreSwitchB(config-vlan)#vlan 20
CoreSwitchB(config-vlan)#vlan 30
CoreSwitchB(config-vlan)#vlan 40
CoreSwitchB(config-vlan)#vlan 50
!配置 VLAN 接口地址和 DHCP 中继。DHCP 服务器位于 A 校区中
CoreSwitchB(config-vlan)#int vlan 10
CoreSwitchB(config-if)#ip address 10.8.0.1 255.255.255.0
CoreSwitchB(config-if)#ip helper-address 10.1.0.10
CoreSwitchB(config-if)#int vlan 20
CoreSwitchB(config-if)#ip address 10.8.1.1 255.255.255.0
CoreSwitchB(config-if)#ip helper-address 10.1.0.10
CoreSwitchB(config-if)#int vlan 30
CoreSwitchB(config-if)#ip address 10.8.2.1 255.255.255.0
CoreSwitchB(config-if)#ip helper-address 10.1.0.10
CoreSwitchB(config-if)#int vlan 40
CoreSwitchB(config-if)#ip address 10.8.3.1 255.255.255.0
CoreSwitchB(config-if)#ip helper-address 10.1.0.10
CoreSwitchB(config-if)#int vlan 50
CoreSwitchB(config-if)#ip address 10.8.4.1 255.255.255.0
CoreSwitchB(config-if)#ip helper-address 10.1.0.10
!配置 trunk 口
CoreSwitchB(config-if)#int g1/1/1
CoreSwitchB(config-if)#switchport trunk encapsulation dot1q
CoreSwitchB(config-if)#switchport mode trunk
CoreSwitchB(config-if)#int g1/1/3
CoreSwitchB(config-if)#switchport trunk encapsulation dot1q
CoreSwitchB(config-if)#switchport mode trunk
CoreSwitchB(config-if)#end
CoreSwitchB#write
```

（2）配置 CampusB_SW_A 和 CampusB_SW_B 汇聚交换机。

① 配置 CampusB_SW_A 交换机。

```
Switch>enable
Switch#config t
Switch(config)#hostname CampusB_SW_A
!配置汇聚交换机的端口全部为中继端口
CampusB_SW_A(config)#int G1/1/1
CampusB_SW_A(config-if)#switchport trunk encapsulation dot1q
CampusB_SW_A(config-if)#switchport mode trunk
CampusB_SW_A(config-if)#int range G1/0/1-24
CampusB_SW_A(config-if-range)#switchport trunk encapsulation dot1q
CampusB_SW_A(config-if-range)#switchport mode trunk
CampusB_SW_A(config-if-range)#exit
!配置 VTP,设置为 VTP 客户端模式
CampusB_SW_A(config)#vtp domain Campus_B
CampusB_SW_A(config)#vtp mode client
CampusB_SW_A(config)#vtp password KeyCam5093KL
CampusB_SW_A(config)#exit
CampusB_SW_A#write
```

② 配置 CampusB_SW_B 交换机。

```
Switch>enable
Switch#config t
Switch(config)#hostname CampusB_SW_B
!配置汇聚交换机的端口全部为中继端口
CampusB_SW_B(config)#int G1/1/1
CampusB_SW_B(config-if)#switchport trunk encapsulation dot1q
CampusB_SW_B(config-if)#switchport mode trunk
CampusB_SW_B(config-if)#int range G1/0/1-24
CampusB_SW_B(config-if-range)#switchport trunk encapsulation dot1q
CampusB_SW_B(config-if-range)#switchport mode trunk
CampusB_SW_B(config-if-range)#exit
!配置 VTP,设置为 VTP 客户端模式
CampusB_SW_B(config)#vtp domain Campus_B
CampusB_SW_B(config)#vtp mode client
CampusB_SW_B(config)#vtp password KeyCam5093KL
CampusB_SW_B(config)#exit
CampusB_SW_B#write
```

（3）配置接入交换机。

配置方法：级联端口配置为中继端口，其余端口根据用户所属的网段划分到对应的 VLAN 口。由于配置方法相同，只演示其中一台接入交换机的配置方法，其余的如法炮制。

```
Switch>enable
```

```
Switch#config t
Switch(config)#hostname CampusB_SW1
CampusB_SW1(config)#int G0/1
CampusB_SW1(config-if)#switchport mode trunk
!将 Fa01~Fa0/11 端口划归 VLAN 10,将 Fa0/12~Fa0/24 端口划归 VLAN 20
CampusB_SW1(config-if)#int range Fa0/1-11
CampusB_SW1(config-if)#switchport access vlan 10
CampusB_SW1(config-if)#int range Fa0/12-24
CampusB_SW1(config-if)#switchport access vlan 20
CampusB_SW1(config-if)#end
CampusB_SW1#write
```

(4) 网络测试。

由于 DHCP 服务器位于 A 校区,目前 A 校区与 B 校区间的 VPN 互联还未配置,两个校区还没实现内网的互联互通,因此,暂时无法自动获得 IP 地址。为便于测试网络,可手工为各主机设置对应网段的 IP 地址。

在 IP 地址为 10.8.0.10 的主机命令行 ping IP 地址为 10.8.4.10 的主机,测试结果如图 4.31 所示。从中可见,跨网段跨楼宇网络访问正常,网络通畅,网络配置成功。

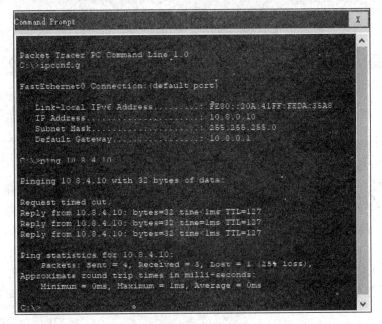

图 4.31　网络通畅性测试

至此,B 校区内部网络按扁平化设计配置完成,内部网络实现了互联互通。该方案不用规划三层设备间的互联接口地址和配置路由,配置工作量相对还少一些。但这种方案,由于各网段间的互访都是通过核心交换机的路由转发功能来实现的,因此,骨干链路的带宽压力会比较大,核心交换机的包转发负荷和流量压力都比较重,需要选择性能强劲的核心交换机来担任。

157

实训 1　验证数据帧加标签与本征 VLAN

【实训目的】　通过对数据帧转发过程的观察,理解交换机的工作原理;通过对数据帧的解码分析,理解和掌握对数据帧加 VLAN 标签和去除 VLAN 标签的过程;理解中继端口的本征 VLAN 概念,掌握中继端口对未加标签数据帧的转发方式。

【实训环境】　Windows+Cisco Packet Tracer V7.1.1。

【实训网络拓扑】　实验拓扑如图 4.32 所示。

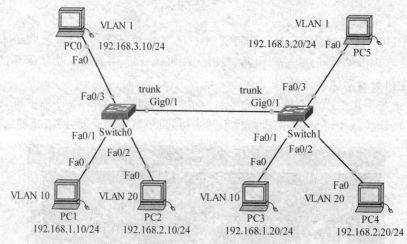

图 4.32　数据帧加标签验证网络拓扑

【实训内容与步骤】

(1) 按图 4.32 所示配置实训网络,并设置各 PC 主机的 IP 地址。

(2) 分别在 PC0、PC1 和 PC2 主机中 ping 同网段的另一台主机,查看能否 ping 通。然后再跨网段 ping 另一网段中的主机,观察能否 ping 通,并思考为什么不能 ping 通。

(3) 切换到模拟模式,设置只捕获 ICMP 协议的数据包。在 PC1 主机的命令行 ping 192.168.1.20 主机,然后再单击 Auto Capture/Play 或 Capture/Forward 按钮,追踪数据帧的走向。在追踪过程中,依次对数据帧进行解码,查看端口流入和流出的数据帧的 VLAN 加标签情况。最后思考并归纳总结在引入 VLAN 技术后,交换机对数据帧的转发机制。

(4) 在 Switch0 交换机的特权模式下执行 show int trunk 命令,查看中继端口的配置信息,并注意查看本征 VLAN 默认的是哪一个 VLAN。

(5) 在模拟模式下,在 PC0 主机的命令行 ping 192.168.3.20 主机追踪数据帧的转发过程,并解码查看数据帧是否被加标签,特别是在中继链路传输时是否被加标签传输。

(6) 分别配置修改 Switch0 和 Switch1 交换机中继端口的本征 VLAN,将本征 VLAN 由默认的 VLAN 1 修改为 VLAN 20,然后使用 show int trunk 命令查看中继端口的配置信息,并注意查看本征 VLAN 号。

（7）重新执行前面第（5）步的操作，查看数据帧在转发过程中是否被加标签转发。

（8）在 PC2 主机的命令行 ping 192.168.2.20 主机，追踪数据帧的转发过程，并解码查看数据帧是否被加标签。

实训 2　利用 VLAN 实现网段划分与网段间通信

【实训目的】　通过本实训，理解和掌握网段的划分和网段间相互通信的配置实现方法，能熟练规划设计一幢楼宇内部的局域网络。

【实训环境】　Windows+Cisco Packet Tracer V7.1.1。

【实训网络拓扑】　以某一幢楼宇的网络为例，实训网络拓扑如图 4.33 所示。

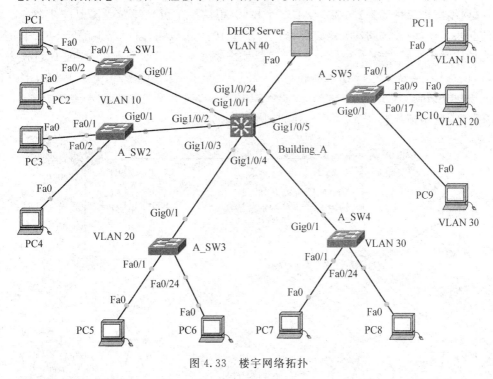

图 4.33　楼宇网络拓扑

【实训内容与步骤】

（1）按图 4.33 所示，在 Cisco Packet Tracer V7.1.1 网络模拟平台构建该实训网络拓扑。

（2）自行规划设计各 VLAN 的网段地址和网关地址，并在拓扑图中进行标注说明。

（3）根据 IP 地址规划，设置 DHCP 服务器的 IP 地址和网关地址，并分别为 VLAN 10、VLAN 20 和 VLAN 30 配置 DHCP 作用域，IP 地址池从本网段第 30 号地址开始，地址池中的地址数为 210 个。

（4）按图 4.33 所示的 VLAN 划分，对相关设备进行配置，实现网段的划分和网段间的相互通信。其中 A_SW5 交换机上拥有 3 个网段的用户，Fa0/1～Fa0/8 属于 VLAN

159

10,Fa0/9~Fa0/18 属于 VLAN 20,Fa0/17~Fa0/24 属于 VLAN 30。

(5)依次设置各 PC 的 IP 地址获得方式为 DHCP,并观察能否自动获得 IP 地址。若全部主机自动获得 IP 地址成功,则说明网络通畅,网络配置成功。接下来可进行 ping 测试和 IP 数据包路径追踪,查看和了解 IP 数据包在网络中的传输过程。

实训 3   单臂路由的配置与应用

【实训目的】   理解单臂路由的概念与应用场景,掌握路由器子接口的划分与配置方法。

【实训环境】   Windows+Cisco Packet Tracer V7.1.1。

【网络案例应用场景】   某中学有 2 个校区,租用一条裸光纤专线实现这 2 个校区内网的互联互通,两校区间的光纤链路信道长度在 10 千米以内,路由器上配置 SFP 千兆单模光模块实现互联。校区 A 划分 3 个网段,服务器单独使用一个网段;校区 B 划分 2 个网段,设备只有 Cisco 2911 路由器和 Cisco 2960 交换机,要求实现 2 个校区内网互联互通和网段间互访。

【实训网络拓扑】   实训网络拓扑如图 4.34 所示。

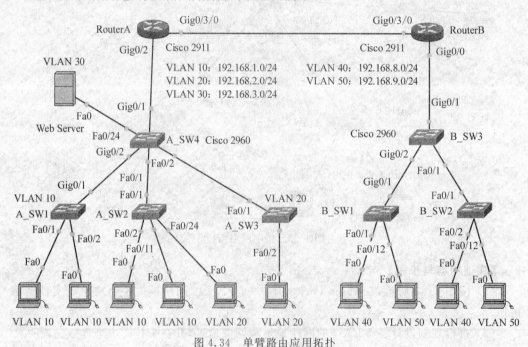

图 4.34   单臂路由应用拓扑

【实训内容与步骤】

(1)按图 4.34 所示,在 Cisco Packet Tracer V7.1.1 网络模拟平台构建该实训网络拓扑。

(2)自行规划 RouterA 和 RouterB 的互联接口地址,并在拓扑图中进行标注。自行规划 Web Server 使用的 IP 地址,并设置该台服务器的 IP 地址和网关地址,然后开启 HTTP 服务。

(3) 根据图 4.34 所示的网络拓扑和 VLAN 规划设计,分别配置 A 校区和 B 校区,实现各自内网的互联互通,并进行 ping 测试和对 Web Server 的访问测试。

(4) 分别配置 RouterA 和 RouterB 之间的互联互通,实现 A 校区和 B 校区间的互联互通。

(5) 全网互访测试。各网段间进行互访测试,检查网络是否通畅。用 B 校区的任意一台 PC 来访问 Web Server,若能访问成功,则网络配置成功。

实训 4　利用 VLAN 与路由交换组建大型局域网络

【实训目的】　熟悉和掌握利用 VLAN 技术和路由交换技术,采用三层式架构,来规划设计并配置实现大型局域网络的组建。

【实训环境】　Windows+Cisco Packet Tracer V7.1.1。

【组网要求】

(1) 采用三层架构并以 VLAN 技术和路由交换技术组网。汇聚层交换机与核心层交换机之间的链路采用路由模式。

(2) 每幢楼宇规划使用 16 个 C 类网段,整个局域网络使用 192.168.0.0/16 的网络地址,服务器使用 192.168.252.0/24 网段,网关地址为 192.168.252.1,DHCP 服务器地址为 192.168.252.254/24。该单位申请到 16 个公网地址,地址段为 222.177.205.0/28,网关地址为 222.177.205.1/30,Web 服务器使用公网地址,IP 地址为 222.177.205.18/29。

(3) 汇聚交换机、核心交换机、DMZ 接入交换机和 Firewall 防火墙采用 Cisco 3650 交换机,出口路由器使用 Cisco 2911。

(4) 全网采用自动 IP 地址分配方式。DNS 服务器地址为 61.128.192.99。

【实训网络拓扑】　实训网络拓扑如图 4.35 所示。

【实训内容与步骤】

(1) 按图 4.35 所示,在 Cisco Packet Tracer V7.1.1 网络模拟平台构建该实训网络拓扑。拓扑设计好后,另存一份供下一个实训使用。

(2) 规划每幢楼宇所使用的 IP 地址段,并在汇聚交换机旁进行标注。根据拓扑图中的 VLAN 划分示意,规划确定 VLAN 10~VLAN 70 所使用的 IP 地址段,并在拓扑图中进行标注,每个网段的网关地址使用本网段第一个可用的 IP 地址,IP 地址池从本网段的第 20 号地址开始分配,每个网段地址池数量为 220 个。

(3) 自行规划设计各三层设备间的互联接口 IP 地址,并在拓扑图中进行标注。

(4) 对各幢楼的汇聚交换机进行配置,实现本幢楼宇内部网络的互联互通,并进行相关 ping 测试(PC 主机可先手工设置 IP 地址,以便于 ping 测试)。

(5) 配置汇聚交换机与核心交换机间的级联链路,并进行相关路由配置,实现各幢楼

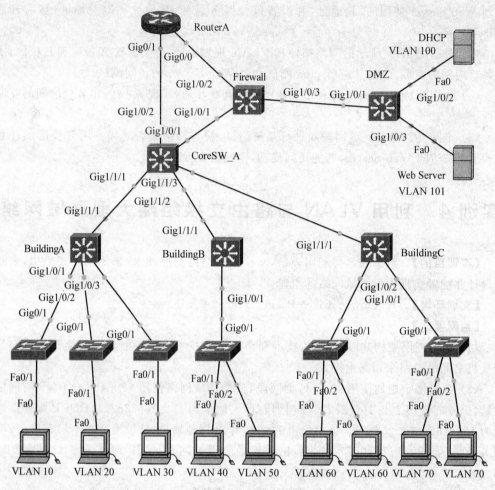

图 4.35　三层架构路由交换网络拓扑

宇网络的互联互通。

（6）配置汇聚交换机至出口路由器间的级联链路，实现局域网内网到出口路由器内网口间的互联互通。配置完成后，在任意一台 PC 主机上先手工设置 IP 地址，然后在主机的命令行 ping 出口路由器的内网接口地址，查看能否 ping 通，正常情况下应能 ping 通。

（7）在 DMZ 交换机上创建服务器所使用的 VLAN 100 和 VLAN 101，并配置 VLAN 接口地址，然后将 G1/0/2 端口划分到 VLAN 100，将 G1/0/3 端口划分到 VLAN 101 网段。

（8）配置核心交换机到 DMZ 接入交换机间的级联链路，实现局域网内网用户能访问位于 DMZ 区中的服务器。

（9）配置出口路由器、Firewall 防火墙和 DMZ 交换机，实现出口路由器 G0/0 端口与 DMZ 交换机之间链路的互联互通。

（10）设置 DHCP 服务器的 IP 地址和网关地址，并分别为每一个网段配置 DHCP 作用域。最后对全网进行 ping 测试和服务器访问测试。

实训 5　大型局域网络的扁平化设计与实现

【实训目的】　熟悉和掌握网络扁平化设计方案及其配置实现方法。

【实训环境】　Windows+Cisco Packet Tracer V7.1.1。

【实训网络拓扑】　实训案例和网络拓扑仍为图 4.35 所示的拓扑结构,但采用扁平化设计方案配置实现。

【实训内容与步骤】

(1) 打开实训 4 备份的网络拓扑图。

(2) 对网络案例的局域网络内网部分,即核心交换机及其以下的网络部分,采用扁平化设计方案进行配置,实现局域网内网的互联互通。汇聚交换机当作二层交换机使用,当作一个网络汇聚接入点。

(3) 核心交换机、出口路由器、Firewall 防火墙和 DMZ 接入交换机,这些设备都是三层设备,彼此间的级联链路仍以三层路由模式工作。配置方法与实训 4 相同,为保证实验网络的完整性,便于网络测试,配置实现这部分网络的互联互通。

(4) 设置 DHCP 服务器的 IP 地址、默认网关,并配置 DHCP 作用域。

(5) 设置各主机获得 IP 地址的方式为 DHCP,并注意观察获得的 IP 地址是否正确。

(6) 进行网络通畅性测试。使用 ping 命令或访问 Web 服务器的方式,检查网络是否通畅。

第 5 章　网络地址转换

本章介绍网络地址转换(NAT)的工作原理、分类及用途,并通过案例,详细介绍网络地址转换的配置方法。

5.1　NAT 简介

1. NAT 的概念

为了节约 IP 地址,管理机构(ICANN)将 IP 地址划分了一部分出来,规定作为私网地址使用,不同的局域网可重复使用这些私网地址,因特网中的路由器将丢弃源地址或目的地址为私网地址的数据包,以实现局域网间的相互隔离。但这样一来,局域网用户就无法直接访问因特网,位于因特网中的用户也无法直接访问局域网。

为了解决局域网用户访问因特网的问题,从而诞生了网络地址转换(Network Address Translation,NAT)技术,这是一种将一个 IP 地址转换为另一个 IP 地址的技术。

局域网用户访问因特网失败的原因是数据包的源地址是私网地址。若在访问请求数据包离开边界路由器之前对数据包中的源地址进行替换修改,将其替换修改为某一个合法的公网地址,这样数据包就能在因特网中被正常路由转发了,访问就会获得成功。这种对数据包中的源地址或目的地址进行替换修改的操作,就称为网络地址转换。

通过网络地址转换操作,局域网用户就能透明地访问因特网。通过 IP 映射或端口映射,因特网中的主机还能访问位于局域网中使用私网地址的服务器。

2. NAT 的相关术语

在 NAT 操作中会用到以下几个术语,必须正确理解。

(1) 内部网络(Inside Network): 是指内部的局域网络。与边界路由器上被定义为 inside 的网络接口相连。

(2) 外部网络(Outside Network): 是指除了内部网络之外的所有网络。通常是指因特网。与边界路由器上被定义为 outside 的网络接口相连。

(3) 内部本地地址(Inside Local Address): 是指内部局域网中用户主机所使用的 IP 地址,这些地址通常为私网地址。

（4）内部全局地址（Inside Global Address）：是指内部局域网中的部分主机所使用的公网 IP 地址。比如放在局域网中的服务器，服务器所使用的合法公网 IP 地址。

（5）外部本地地址（Outside Local Address）：是指外部网络中的主机所使用的 IP 地址，这些 IP 地址不一定是公网地址。

（6）外部全局地址（Outside Global Address）：是指外部网络中的主机所使用的 IP 地址，这些 IP 地址是全局可路由的合法公网 IP 地址。

（7）地址池（Address Pool）：是指可供 NAT 转换使用的多个合法公网 IP 地址。进行网络地址转换所使用的公网地址可以是路由器外网接口的 IP 地址，也可以是 NAT 地址池中的地址。

5.2　NAT 的工作原理

网络地址转换在边界路由器上完成，下面以局域网中的主机（192.168.1.2）访问因特网中的 Web 服务器（212.87.194.56）为例，介绍网络地址的转换过程，如图 5.1 所示。

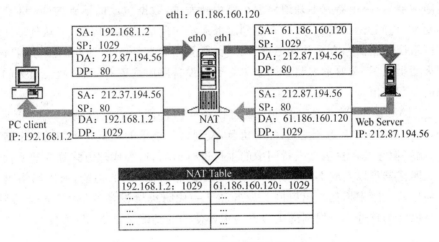

图 5.1　网络地址转换过程

局域网中的主机要访问位于因特网中的 Web 服务器（服务端口 TCP 80），就必须首先建立 TCP 连接，连接建立成功后才能传输数据。

局域网中的主机（客户机）会用 TCP 端口号大于或等于 1024，且未使用的较小的端口号（比如 TCP 1029）发起与目标主机（Web 服务器）的 TCP 80 端口的连接请求。在该连接请求报文中，源端口（SP）为 TCP 1029，目标端口（DP）为 TCP 80；其网络层数据包中，源 IP 地址为发起访问请求的主机的私网地址，即 192.168.1.2；目标 IP 地址为要访问的 Web 服务器的公网 IP 地址，即 212.87.194.56。

客户机产生的访问请求报文，通过局域网内部的路由交换到达出口路由器，并从出口路由器（边界路由器）的内网口进入路由器。路由器收到该数据包后，将网络层的源 IP 地址进行替换修改，将其修改为路由器的外网接口的地址（61.186.160.120），或者修改为

NAT 地址池中的某一个公网地址,并将替换修改的对应关系保存到 NAT 表中。然后将修改后的数据包路由转发到因特网,最终到达目标主机。

目标主机的响应数据包在传输层其源端口为 TCP 80。目标端口为发起访问请求的源主机的源端口,即 TCP 1029。在网络层,其源 IP 就是服务器的 IP 地址,目标 IP 是 NAT 后的公网地址(61.186.160.120)。响应数据包通过因特网的路由到达局域网的出口路由器。

路由器从外网口收到响应数据包后查询 NAT 表,根据 NAT 的公网地址和端口号,依据对应关系,找到对应的私网 IP 地址(发起访问请求的客户机),然后对数据包进行目标地址的替换修改,将其替换修改为 NAT 表中对应的私网地址。最后根据路由表中的路由指示,将数据包路由转发到核心交换机,最后再通过交换机的路由转发,响应数据包最终到达发起访问请求的主机,从而完成一次通信过程。

从网络地址转换的整个过程可见,数据包出去时,进行的是源 IP 地址的替换修改,是先修改 IP 地址,再路由;响应数据包回来时,是进行目标 IP 地址的替换修改,修改为原来发起访问请求的内网主机的 IP 地址,最后再路由转发回局域网内网。因此,在出口路由器上要配置到因特网的默认路由,然后还要配置回局域网内网的回程路由,否则响应数据包到达路由器后,路由器就不知道该怎么路由转发了,数据包就回不到内网,TCP 连接就建立不起来,访问就会失败。以后在遇到服务无法访问的类似故障时,要从传输层的服务端口和网络层的路由两方面共同考虑和分析,既要考虑是不是要访问的服务端口被网络中的防火墙拒绝了,又要考虑整个网络中是否有设备路由配置有问题,缺少出去的路由或者回来的回程路由。

经过 NAT 操作,局域网中的主机就可以访问因特网中的主机(服务器)了。在整个过程中,路由器扮演了一个代理服务的角色,发起访问请求的主机并不知道这个转换过程和细节,就好像它是在直接与因特网中的主机进行通信,这种代理方式称为透明代理。

除了路由器可以实现 NAT 功能外,防火墙设备也有 NAT 功能,所以网络出口设备也可以使用防火墙来担任。出口网关设备和下一代防火墙设备的 NAT 性能很强劲,是大型局域网络的首选。局域网的出口设备主要使用的功能就是 NAT 和路由。

5.3 NAT 的分类

网络地址转换可分为三种类型,分别是静态地址转换、动态地址转换和网络地址端口转换(Network Address Port Translation,NAPT)。

1. 静态地址转换

静态地址转换就是将局域网内的私网地址(通常为使用私网地址的服务器),一对一地映射到公网地址,从而解决私网地址服务器与因特网的互访问题。这种转换方式不能达到节约公网地址的目的。

2. 动态地址转换

动态地址转换需要一个可用来供转换使用的公网地址池。当内网用户访问因特网时,路由器从地址池中选择一个未用的公网地址,然后将该内网主机的私网地址动态映射到该公网地址,从而建立起暂时的一对一的映射关系。当访问结束后,这种映射关系将被解除,以供下一个主机转换使用。

如果地址池中有 5 个地址,则可以为多于 5 台的主机提供对因特网的访问服务,但也只能同时供 5 台主机访问因特网。

3. 网络地址端口转换

网络地址端口转换就是用一个公网地址和端口来对应一个私网地址和端口,建立起"公网地址:端口"和"私网地址:端口"间的映射关系。

由于一个 IP 地址的 TCP 端口有 64K(65536)个,排除标准服务所使用的端口,可用来进行地址端口转换的端口数量也很多。利用一个公网地址,通过不同的端口号,理论上就可以建立起 6 万多个 TCP 连接,提供众多用户的代理上网。这种转换方式可大大节省公网 IP 地址,是目前解决局域网用户上网的最佳解决方案。前面介绍 NAT 工作原理时的网络地址转换过程就是地址端口转换过程。

一个用户在访问因特网时,通常会同时建立起大量的 TCP 连接。当局域网的用户规模较大,用户上网时间又比较集中的情况下,NAT 设备就需要能支持建立数量庞大的 TCP 连接,此时用一个公网地址来进行地址端口转换就不够用了,通常要采用 NAT 地址池,利用多个公网地址和端口的组合来提供更多的映射,实现代理更多用户的上网需求。

5.4 NAT 配置命令

1. 定义 NAT 端口类型

NAT 设备的端口类型有两种,称为内网口和外网口。内网口就是用来连接局域网内网的端口。只有从定义为 inside 的端口进入的报文,才会进行 NAT 转换。外网口就是连接因特网的端口。

配置命令为:

```
ip nat inside|outside
```

该命令在接口模式下执行,用于定义接口是内部接口还是外部接口。inside 定义接口为连接内网的内部接口,outside 定义接口为连接外网的外部接口。

例如,若路由器的 Fa0/0 连接内部局域网,Fa0/1 连接因特网,则对接口的定义命令为:

```
router(config)#int fa0/0
router(config-if)#ip nat inisde
router(config-if)#int fa0/1
router(config-if)#ip nat outside
```

对接口除了要定义是内部接口还是外部接口外,还要注意配置接口的 IP 地址。

2. 配置访问控制列表

访问控制列表(Access Control List,ACL)用于控制哪些内网地址允许进行 NAT 转换,从而访问因特网。只有与 ACL 规则相匹配的报文才会进行 NAT 转换。配置命令为:

```
access-list number permit network wildcard
```

该命令在全局配置模式下执行。*number* 代表访问列表的编号,访问控制列表分标准访问控制列表和扩展访问控制列表两种。标准访问控制列表的编号取值范围为 $1 \sim 99$。*network* 代表网络地址。*wildcard* 为通配符掩码,为反掩码,即与子网掩码相反,高位用 0 代表网络地址,低位用 1 代表主机地址。

例如,若局域网用户使用的 IP 地址为 192.168.0.0/24,允许这些网络内的主机通过 NAT 访问因特网,则访问控制列表的配置命令为:

```
router(config)#access-list 1 permit 192.168.0.0 0.0.0.255
```

若允许内网的所有主机都可以进行 NAT 操作,则配置命令为 access-list 1 permit any。

3. 定义 NAT 地址池

NAT 地址池中的地址都是公网地址,一般使用一个地址连续的一个子网。NAT 地址池中的地址为 NAT 操作时提供公网地址。通过使用 NAT 地址池,可大大提高 NAT 设备的代理服务能力,能提供更多的用户同时访问因特网。因此,大型局域网络一般都使用 NAT 地址池方式来配置 NAT 转换。NAT 地址池中的 IP 地址数量一般为 4 个、8 个、16 个或 32 个。

定义 NAT 地址池的配置命令为:

```
ip nat pool pool-name start-ip end-ip netmask netmask
```

参数说明:*pool-name* 为要定义的地址池的名称,可自定义命名;*start-ip* 和 *end-ip* 分别代表地址池中的地址的开始地址和结束地址,地址必须连续;*netmask* 代表 IP 地址对应的子网掩码。该命令在全局配置模式下执行。

例如,若使用 113.204.175.4/30 子网作为 NAT 地址池,地址池命名为 CampusAPool,则定义 NAT 地址池的配置命令为:

```
ip nat pool CampusAPool 113.204.175.4 113.204.175.7 netmask 255.255.255.252
```

4. 配置 NAT 转换

完成以上准备性的配置操作后,接下来就可配置 NAT 转换操作了,其配置命令为:

```
ip nat inside source list acl-number pool pool-name overload
```

命令功能：与指定 ACL 规则相匹配的报文进行 NAT 操作，NAT 操作所使用的公网地址来自 NAT 地址池。该命令在全局配置模式下执行。

参数说明：*acl-number* 代表访问控制列表的编号，即前面所定义的访问控制列表的编号；*pool-name* 代表前面所定义的 NAT 地址池的名称。

采用前面定义的 ACL 规则和 NAT 地址池来配置 NAT 转换操作，则配置命令为：

```
RouterA(config)#ip nat inside source list 1 pool CampusAPool overload
```

除了采用 NAT 地址池来配置 NAT 外，对于局域网用户规模较小的网络或者公网 IP 地址不足的网络，也可不定义 NAT 地址池，而直接使用路由器的外网接口的地址来进行 NAT 转换，此时的 NAT 转换配置命令用法为：

```
ip nat inside source list acl-number interface interface-type interface-number
overload
```

例如，若路由器的外网口为 G0/1，现要配置用 G0/1 的接口地址来作为 NAT 操作所使用的公网地址，定义的访问控制列表编号为 1，则配置命令为：

```
Router(config)#ip nat inside source list 1 interface G0/1 overload
```

【例 5.1】　在第 4 章的例 4.4，使用单臂路由技术对某学校的网络进行了改造，使学校的网络由原来的单一网段改造成了三个网段（网络拓扑见图 4.18），并实现了整个局域网内网的互联互通。假设该校申请到了 2 个可用的公网地址，公网地址段为 222.177.205.0/30，其中的 222.177.205.1/30 用作网关地址，222.177.205.2/30 用作出口路由器外网接口的 IP 地址。要求合理配置路由器，实现局域网用户能访问因特网。

为使实训网络拓扑更完整，对图 4.18 所示的原网络拓扑进行适当的调整，增加 ISP 服务商的路由器（即增加出口路由器的对端设备）和因特网中的 Web 服务器的模拟，以便网络配置完成后对因特网进行访问测试。调整修改后的网络拓扑如图 5.2 所示。

（1）配置 Cisco 2621 路由器。

由于局域网内网前面已配置完成，现在对出口路由器 Cisco 2621 进行 NAT 配置，配置命令如下：

```
Router>enable
!重新配置之前，先查看并了解以前的配置内容
Router#show run
```

输出的关键配置信息如下：

```
interface FastEthernet0/0
no ip address
duplex auto
speed auto
!
interface FastEthernet0/1
```

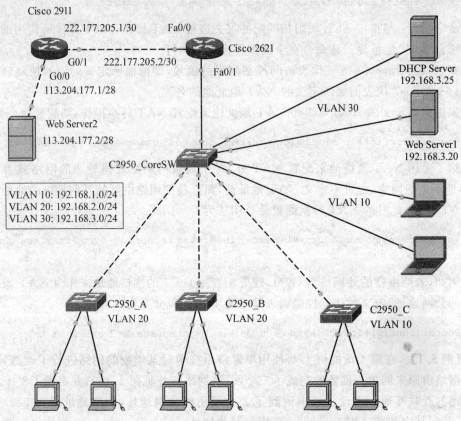

图 5.2   改进的单臂路由应用拓扑

```
no ip address
duplex auto
speed auto
!
interface FastEthernet0/1.1
encapsulation dot1Q 10
ip address 192.168.1.1 255.255.255.0
ip helper-address 192.168.3.25
!
interface FastEthernet0/1.2
encapsulation dot1Q 20
ip address 192.168.2.1 255.255.255.0
ip helper-address 192.168.3.25
!
interface FastEthernet0/1.3
encapsulation dot1Q 30
ip address 192.168.3.1 255.255.255.0
```

从输出信息可见,前面是对 Fa0/1 端口进行的子接口划分,共划分出了 3 个子接口,外网接口 Fa0/0 还未配置。下面首先配置定义 NAT 的内网口和外网口。

```
Router#config t
!分别对 3 个子接口进行配置,将其配置定义为 NAT 的内网口
Router(config)#int fa0/1.1
Router(config-if)#ip nat inside
Router(config-if)#int fa0/1.2
Router(config-if)#ip nat inside
Router(config-if)#int fa0/1.3
Router(config-if)#ip nat inside
!配置定义外网口,并配置外网口的 IP 地址
Router(config-if)#int fa0/0
Router(config-if)#ip address 222.177.205.2 255.255.255.252
Router(config-if)#ip nat outside
Router(config-if)#exit
!配置 ACL 规则,允许内网所有用户访问因特网
Router(config)#access-list 1 permit any
!配置 NAT 转换,公网地址使用 fa0/0 的接口地址
Router(config)#ip nat inside source list 1 interface fa0/0 overload
!配置路由器的默认路由到因特网
Router(config)#ip route 0.0.0.0 0.0.0.0 222.177.205.1
Router(config)#exit
Router#write
```

到此,局域网配置完成。为便于测试,下面配置模拟的因特网中的设备和 Web 服务器。

(2) 配置 ISP 服务商的路由器,配置如下:

```
Router>enable
Router#config t
!配置接口 IP 地址
Router(config)#int G0/1
Router(config-if)#ip address 222.177.205.1 255.255.255.252
Router(config-if)#int G0/0
Router(config-if)#ip address 113.204.177.1 255.255.255.240
Router(config-if)#exit
!配置到该单位公网地址段的路由。注意 ISP 服务商的路由器上不会添加到私网地址的路由,实
  训时不要添加这种路由
Router(config)#ip route 222.177.205.0 255.255.255.252 222.177.205.2
Router(config)#exit
Router#write
```

(3) 设置因特网中的 Web Server2 服务器的 IP 地址为 113.204.177.2,子网掩码为 255.255.255.240,默认网关为 113.204.177.1。然后开启 HTTP 服务,并编辑 index. html 网页,在</html>标记符的前面添加以下内容。

```
<br><font size=24 color=red>113.204.177.2</font>
```

用同样的操作方法对内网中的 Web Server1 服务器的 index. html 网页也进行修改,

添加以下内容。

```
<br><font size=24 color=red>192.168.3.20</font>
```

（4）访问因特网测试和查看 NAT 地址表。

至此，整个案例网络配置完成，下面进行网络通畅性测试和服务访问测试。

在任意一台 PC 的命令行 ping 因特网中的 Web 服务器，检查能否 ping 通，测试结果如图 5.3 所示，说明网络通畅，NAT 配置成功。

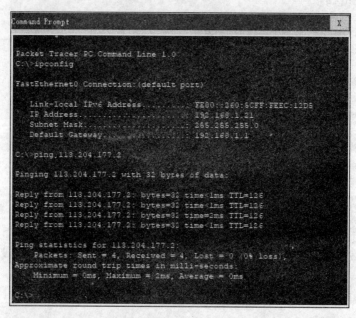

图 5.3　测试到因特网服务器的网络是否通畅

接下来在任意一台 PC 的浏览器地址栏中输入 Web 服务器的 IP 地址 113.204.177.2 来进行访问测试，测试结果如图 5.4 所示。

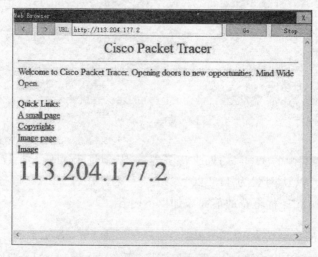

图 5.4　访问因特网 Web 服务测试

从测试结果看,网络通畅,访问因特网中的 Web 服务成功。在右侧工具栏单击 🔍 按钮,然后再单击出口路由器,在弹出的菜单中选择 NAT Table,可查看到路由器的 NAT 地址表,如图 5.5 所示。

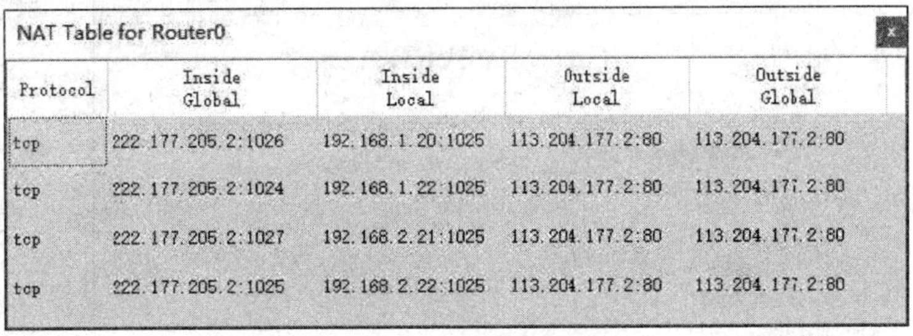

Protocol	Inside Global	Inside Local	Outside Local	Outside Global
tcp	222.177.205.2:1026	192.168.1.20:1025	113.204.177.2:80	113.204.177.2:80
tcp	222.177.205.2:1024	192.168.1.22:1025	113.204.177.2:80	113.204.177.2:80
tcp	222.177.205.2:1027	192.168.2.21:1025	113.204.177.2:80	113.204.177.2:80
tcp	222.177.205.2:1025	192.168.2.22:1025	113.204.177.2:80	113.204.177.2:80

图 5.5 查看路由器的 NAT 地址表

从 NAT 地址表可见,路由器使用外网接口的公网地址,结合使用 4 个端口号,分别代理 4 台主机,实现了对因特网 Web 服务器的访问。由于 TCP 协议的端口号范围为 0~65535,0~1023 为标准服务所用,剩下的端口可用于 NAT 转换使用。

(5) 测试内网服务器的访问。

首先测试内网服务器能否正常访问因特网中的 Web 服务器,测试结果能正常访问。接下来测试因特网中的主机(Web Server2)能否访问位于局域网内并且是使用私网地址的服务器(Web Server1),测试结果是无法访问。

一个单位的 Web 服务器是要对因特网用户开放的,希望因特网中的用户能访问到自己的 Web 服务器。由于没有多余的公网地址可用,Web 服务器只能使用私网地址。要实现 Web 服务器能被因特网访问,那么如何解决这个问题呢?

对于这类应用需求,可通过端口映射来实现,即可以将用于 NAT 转换的公网地址的某一个端口(比如 TCP 80),映射到私网服务器地址的 TCP 80 端口,这样,因特网用户通过访问公网地址加端口号,就可以通过路由器的端口映射,访问到位于内网的 Web 服务器。接下来就介绍学习端口映射和 IP 映射的配置方法。

5. 配置端口映射

配置命令为:

```
ip nat inside source static tcp|udp local-ip port global-ip port
```

命令功能:该命令在全局配置模式执行,用于实现将内网中的某一个私网地址的某一个端口,与指定的公网地址的某一个端口建立一对一的映射关系。

在例 5.1 的案例中,可利用 NAT 转换的公网地址(222.177.205.2)的 TCP 80 端口与私网服务器(192.168.3.20)的 TCP 80 端口建立一对一的映射关系,从而使因特网中的主机能够利用该公网地址访问到私网服务器。实现的配置命令为:

```
Router(config)#ip nat inside source static tcp 192.168.3.20 80 222.177.205.2 80
```

在例 5.1 的案例拓扑中,对出口路由器增加以上配置,然后在因特网中的 Web

173

Server2 服务器的浏览器地址栏中输入 222.177.205.2 地址进行访问测试,其测试结果如图 5.6 所示。

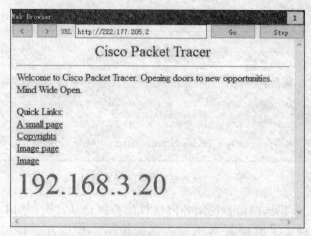

图 5.6 从因特网访问使用私网地址的内网服务器

基于这种实现方法,使用公网地址的不同端口,就可以映射到不同的内网 Web 服务器的 TCP 80 端口,从而实现用一个公网 IP 地址解决众多使用私网地址的服务器的因特网访问需求。此处的公网地址不限于用于 NAT 转换使用的公网地址,也可以是任意一个合法的公网地址。

例如,假设例 5.1 的案例网络中还有一台 IP 地址为 192.168.3.21 的 Web 服务器,也需要发布到因特网中,让因特网用户能够访问。此时,就可以继续用 222.177.205.2 公网地址的其他端口,比如 TCP 8080 端口来一对一映射到 192.168.3.21 地址的 TCP 80 端口,其配置命令为:

```
Router(config)#ip nat inside source static tcp 192.168.3.21 80 222.177.205.2 8080
```

添加以上配置后,因特网中的用户通过"http://IP 地址:端口号"的访问方式,即 http://222.177.205.2:8080,就可以访问到内网中的 192.168.3.21 Web 服务器了。

Web 服务器对外的服务端口只有一个,配置端口映射工作量很小,只需配置一条即可。有些服务对外的服务端口很多,若这种服务器也是使用私网地址,则该服务所使用的端口,都要逐条配置一对一的端口映射,配置工作量比较大,此时若有多余的公网地址,就可改用 IP 映射来实现,即将一个公网 IP 地址一对一映射到一个私网地址。

6. 配置 IP 映射

配置命令为:

```
ip nat inside source static local-ip global-ip
```

命令功能:将指定的公网 IP 地址与指定的私网 IP 地址建立一对一的映射。建立映射后,因特网中的主机通过访问该公网地址,就可以访问到对应的私网地址服务器。

由于是一对一的映射,相当于所有端口都建立了一对一的映射,因此,当一台服务器要映射的端口很多的情况下,建议使用 IP 映射。用来建立 IP 映射的公网地址不能是NAT 转换所使用的公网地址,因为端口号要用于 NAT 转换,只能是其他合法的公网地址。

假设该单位申请到的新公网地址段为 222.177.205.8/29,现要求配置 IP 映射,将公网地址 222.177.205.9 一对一映射到 192.168.3.22,则配置命令为:

```
Router(config)#ip nat inside source static 192.168.3.22 222.177.205.9
```

IP 映射并不能节省公网 IP 地址,不如服务器直接使用公网地址,因此,在大型局域网络中服务器一般直接使用公网地址。由于公网地址数量不足,一部分服务器也会使用私网地址,对这部分使用私网地址的服务器,一般在公网地址使用规划时会规划一个公网地址的子网,用于对这些使用私网地址的服务器配置端口映射使用。

5.5　NAT 配置案例

例 5.1 所介绍的 NAT 配置方法主要适用于中小规模的局域网络,其 NAT 地址只有一个。对于大型局域网络,由于用户数量众多,对 NAT 性能和 NAT 负荷能力有非常高的要求,此时必须采用 NAT 地址池的 NAT 配置方案。本节以 4.4.1 小节介绍的大型局域网络作为案例,配置完成 A 校区网络的 NAT 功能,实现 A 校区用户能访问因特网。

1. 案例回顾

该大型局域网络由 A、B、C 三个校区组成,A 校区和 B 校区采用静态路由,C 校区采用 RIPv2 动态路由,前期已完成了 A 校区和 B 校区内网的配置工作,实现了内网的互联互通,但还没有配置 NAT 功能,因此,本节以 A 校区为例,完成其 NAT 配置工作。B 校区的 NAT 配置在实训环节配置完成。

2. 对案例网络的补充修改

前期在规划设计时,模拟的因特网是规划使用 OSPF 动态路由来配置实现的,由于动态路由要稍后才讲解和配置,在 NAT 配置后,为便于对因特网进行访问测试,在 A 校区出口路由器的对端路由器(ISP 服务商的路由器)上增加连接一台 Web 服务器,服务器连接在对端路由器的 G0/0 端口上,IP 地址规划为 113.204.176.35/28,路由器的 G0/0 接口地址规划为 113.204.176.33/28,作为服务器的网关地址。A 校区网络与相连的因特网的网络拓扑如图 5.7 所示。

3. 公网地址使用规划回顾

该单位的 A 校区共申请到 32 个公网 IP 地址,地址段为 113.204.175.0/27。对该段公网地址的使用规划见表 4.1。NAT 地址池规划使用 113.204.175.8/29 子网,共 8 个

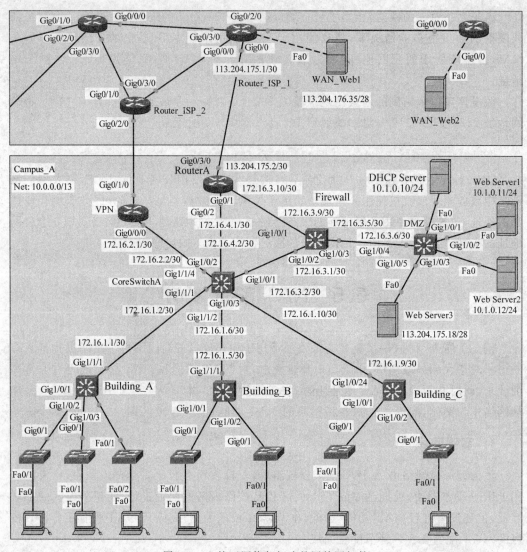

图 5.7 A 校区网络与相连的因特网拓扑

IP 地址；出口路由器与对端的 ISP 路由器互联接口地址规划使用 113.204.175.0/30 子网；IP 映射或端口映射使用 113.204.175.4/30 子网；服务器使用 113.204.175.16/28 子网，共 16 个 IP 地址。

4. 配置 ISP 服务商的路由器（Router_ISP_1）

```
Router>enable
Router#config t
Router(config)#hostname Router_ISP_1
Router_ISP_1(config)#int G0/0/0
Router_ISP_1(config-if)#ip address 113.204.175.1 255.255.255.252
Router_ISP_1(config-if)#int G0/0
Router_ISP_1(config-if)#ip address 113.204.176.33 255.255.255.240
```

```
Router_ISP_1(config-if)#exit
Router_ISP_1(config)#ip route 113.204.175.0 255.255.255.224 113.204.175.2
Router_ISP_1(config)#exit
Router_ISP_1#write
Router_ISP_1#exit
```

5. 配置 A 校区的出口路由器（RouterA）

```
RouterA#config t
!配置外网接口 IP 地址,并定义为外网口
RouterA(config)#int G0/3/0
RouterA(config-if)#ip address 113.204.175.2 255.255.255.252
RouterA(config-if)#ip nat outside
!定义内网口。由于 DMZ 区还有一个私网地址段,因此,与防火墙相连的 G0/1 也要定义为内网口
RouterA(config-if)#int range G0/1-2
RouterA(config-if-range)#ip nat inside
RouterA(config-if-range)#exit
!定义 NAT 地址池
RouterA(config)#ip nat pool CampusAPool 113.204.175.8 113.204.175.15 netmask
255.255.255.248
!定义 NAT 转换的 ACL 规则。DMZ 区的公网地址段不参与 NAT 转换,直接访问因特网
RouterA(config)#access-list 1 deny 113.204.175.16 0.0.0.15
RouterA(config)#access-list 1 permit 10.0.0.0 0.7.255.255
!配置 NAT 转换
RouterA(config)#ip nat inside source list 1 pool CampusAPool overload
!配置到因特网的默认路由,前期已配置,此处不再配置
!下面配置端口映射。113.204.175.5 的 TCP 80 映射到 10.1.0.11:80,113.204.175.5 的 TCP
8080 映射到 10.1.0.12:80
RouterA(config)#ip nat inside source static tcp 10.1.0.11 80 113.204.175.5 80
RouterA(config)#ip nat inside source static tcp 10.1.0.12 80 113.204.175.5 8080
!保存配置并退出
RouterA(config)#exit
RouterA#write
```

至此,出口路由器的 NAT 功能配置完成。

6. 配置 WAN_Web1 服务器的 IP 地址信息并开启 HTTP 服务

设置 Web 服务器的 IP 地址为 113.204.176.35、子网掩码为 255.255.255.240,网关地址为 113.204.176.33。开启 HTTP 服务,并编辑修改 index.html 网页代码,在
</html>标记符之前,添加以下内容,并保存退出。

```
<br><font size=24 color-blue>WAN_Web1,IP: 113.204.176.35</font>
```

7. 网络通畅性和服务访问测试

（1）网络通畅性测试。

在局域网内网的任意一台主机的命令行 ping 因特网中的 WAN_Web1 服务器的 IP

地址,检查内网到因特网的网络是否通畅,测试结果如图 5.8 所示,从中可见网络通畅。

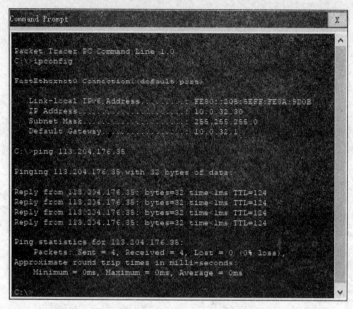

图 5.8　内网 ping 因特网服务器

(2) 内网访问因特网 Web 服务测试。

在内网任选一台主机,在浏览器地址栏中输入 http://113.204.176.35,访问因特网中的这台 Web 服务器,访问结果如图 5.9 所示,访问成功,说明 NAT 配置成功。

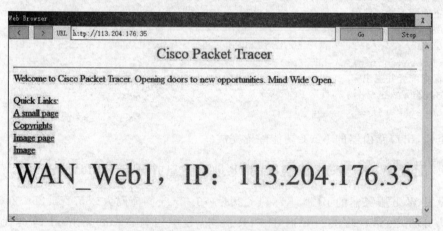

图 5.9　访问因特网 Web 服务的测试

分别在 DMZ 区的私网地址服务器和公网地址服务器上访问因特网中的 Web 服务。在服务器的浏览器地址栏中输入 http://113.204.176.35 并按 Enter 键,检查能否访问 WAN_Web1 服务器,检查结果均能正常访问。

通过以上检测,局域网内网中的主机和 DMZ 区中的服务器均能成功访问因特网中的 Web 服务。

（3）检查因特网中的主机能否成功访问局域网内的服务器。

分两种情况进行检查，一是访问公网地址服务器；二是访问私网地址服务器。

① 从因特网访问局域网内的公网地址服务器。在 WAN_Web1 服务器的浏览器地址栏中输入 http://113.204.175.18，访问局域网中的公网地址服务器，结果能成功访问。

② 从因特网访问局域网内的私网地址服务器。对端口映射的私网地址服务器进行访问测试。在地址栏中分别输入 http://113.204.175.5 和 http://113.204.175.5:8080 进行访问测试，访问结果分别如图 5.10 和图 5.11 所示，访问成功。

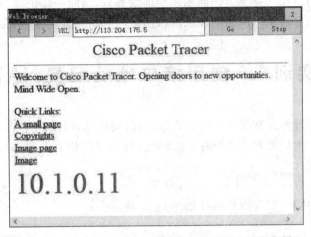

图 5.10　用公网地址访问端口映射的私网地址服务器

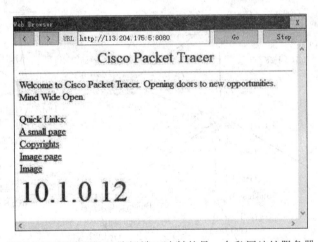

图 5.11　用公网地址访问端口映射的另一台私网地址服务器

（4）在内网使用端口映射的公网地址访问私网地址服务器。

在内网使用私网地址访问私网地址服务器，在因特网使用端口映射的公网地址来访问内网中的私网地址服务器，只要配置正确，网络通畅，一般都不会有问题。但在内网中，使用端口映射的公网地址来访问私网地址服务器时就不一定会成功了，这与 NAT 配置时的公网地址的规划使用有关，总结如下：

① 路由器外网口的互联接口地址、NAT 转换用的地址和端口映射的公网地址，若三

者在同一个网段,则在内网使用端口映射的公网地址将无法访问使用私网地址的内网服务器,只能使用服务器的私网地址访问。因特网中的用户只能使用端口映射的公网地址访问局域网内的私网地址服务器。

② 若路由器外网口的互联接口地址、NAT 转换用的地址和端口映射的公网地址均不在同一个网段,则在内网使用端口映射的公网地址可以成功访问私网地址服务器。这就是在本网络案例中要对申请到的公网地址进行子网划分使用的原因。

在内网的任意一台主机的命令行,在浏览器的地址栏中输入 http://113.204.175.5 或 http://113.204.175.5:8080,访问私网地址服务器,访问一切正常,这样就很完美地解决了对端口映射服务器从内网访问和从因特网访问时访问方式不一致的问题。

实训 1 使用接口地址配置 NAT

【实训目的】 理解并掌握 NAT 的工作原理,明白 NAT 的功能与作用。通过实训,熟练掌握使用接口地址配置 NAT 的方法,学会利用端口映射解决私网地址服务器在因特网中的访问问题。

【实训环境】 Windows+Cisco Packet Tracer V7.1.1。

【实训网络拓扑】 实训网络拓扑如图 5.12 所示。

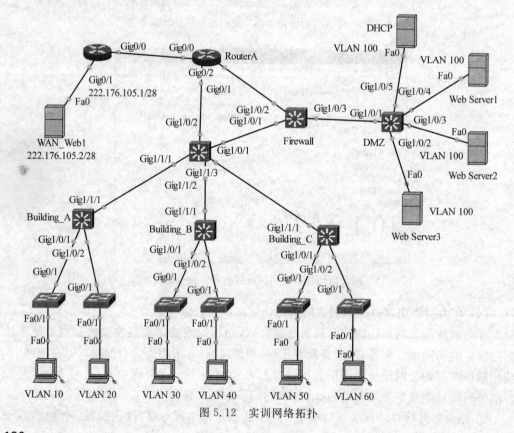

图 5.12 实训网络拓扑

【实训内容与步骤】

（1）按图 5.12 所示，在 Cisco Packet Tracer V7.1.1 软件中设计网络拓扑。

（2）局域网络使用 192.168.0.0/16 的网络地址，每幢楼宇规划使用 16 个 C 类网段，Building_A、Building_B 和 Building_C 按顺序依次规划所使用的网段地址。图中每一个接入交换机为一个网段。分别对 Building_A、Building_B 和 Building_C 汇聚交换机进行配置，实现各楼宇内部网络的互通。

（3）自行规划设计局域网内所有三层设备的互联接口地址，并配置路由，实现局域网内网的互联互通。DMZ 区的服务器属于 VLAN 100，使用的地址段为 192.168.252.0/24，网关地址为 192.168.252.1/24。

（4）设置内网各服务器的 IP 地址和网关地址，并开启相应服务。在 DHCP 服务器配置好各网段的作用域。

（5）设置 WAN_Web1 服务器的 IP 地址和默认网关地址，并开启 HTTP 服务，然后将网络拓扑和现有的配置另存一份供实训 2 使用。

（6）假设该单位申请到的公网地址段为 222.177.206.8/30，合理规划公网 IP 地址的使用，并配置实现局域网内网用户能访问因特网中的 Web 服务器（WAN_Web1），因特网中的用户（WAN_Web1）能访问到局域网内的 3 台 Web 服务器。

（7）配置 RouterA 的对端路由器的接口地址和到 222.177.206.8/30 网络的路由，路由的下一跳地址为 RouterA 的外网接口地址。该路由器是 ISP 服务商的路由器，路由器中不会有到私网地址的路由。

（8）设置各主机获得 IP 地址的方式为 DHCP，并注意查看 IP 地址获得是否正确。

（9）利用 ping 命令检查整个局域网网络的通畅性，然后进行 Web 服务访问测试，访问测试内容如下：

① 分别在局域网内网和 DMZ 区任选一台主机，利用浏览器访问 WAN_Web1 服务器，查看访问能否成功。配置正确的情况下应能访问。

② 在 WAN_Web1 服务器的浏览器中利用端口映射的公网地址分别访问内网中的 3 台使用私网地址的 Web 服务器，查看能否访问成功，配置正确的情况下应能访问。

③ 在局域网内网中任选一台 PC，在浏览器中利用各私网地址服务器的私网 IP 地址进行访问，查看能否访问成功。只要网络通畅，都应能访问成功。

④ 在局域网内网中任选一台 PC，在浏览器中利用端口映射的公网地址＋端口号的访问方式访问各私网地址服务器，查看能否访问成功。结果是无法访问。

在模拟模式下用端口映射的公网地址访问，然后进行数据包追踪和解码分析，找出不能访问的原因。

实训 2　使用地址池配置 NAT

【实训目的】　掌握公网 IP 地址的规划使用方法，熟练掌握利用 NAT 地址池配置 NAT。

【实训环境】 Windows+Cisco Packet Tracer V7.1.1。

【实训网络拓扑】 实训网络拓扑与实训 1 相同。

【实训内容与步骤】

(1) 在 Cisco Packet Tracer V7.1.1 软件中,打开实训 1 设计的网络拓扑的备份文件。

(2) 假设该单位申请到 32 个公网地址,地址段为 222.177.206.32/27,NAT 地址池要求使用 8 个公网 IP 地址,请合理规划设计公网地址的使用。

(3) 对网络拓扑中的 DMZ 区进行修改。根据公网地址的使用规划,在 DMZ 区新增服务器使用的公网地址段,并将 Web Server3 调整到公网地址段,服务器的 IP 地址根据公网地址段的规划自行设置。

(4) 使用 NAT 地址池的 NAT 配置方式,对 RouterA 路由器进行 NAT 配置和端口映射配置,实现局域网内网用户和 DMZ 区中的私网地址服务器能访问因特网,因特网中的用户能访问局域网内使用私网地址的 Web 服务器。

(5) 配置因特网中的路由器的接口地址和路由,路由的下一跳为 RouterA 路由器的外网口地址。

(6) 利用 ping 命令,ping 因特网中的 WAN_Web1 服务器,查看能否 ping 通。

(7) Web 服务访问测试。

① 分别在局域网内网和 DMZ 区中的服务器访问因特网中的 WAN_Web1 服务器,查看能否访问成功。

② 在因特网中的 WAN_Web1 主机中分别访问局域网内的公网地址服务器和私网地址服务器,检查每一台服务器是否都能访问成功。

③ 在局域网内网任选一台主机,在浏览器中使用内网服务器的真实地址进行访问,查看内网用户能否访问位于 DMZ 区中的服务器。

④ 在局域网内网任选一台主机,在浏览器中使用端口映射的公网地址访问使用私网地址的内网服务器,查看访问能否成功。

实训 3　B 校区网络的 NAT 配置

【实训目的与要求】 配置完成 4.4.1 小节的案例网络的 B 校区的 NAT 配置,实现内网用户能访问因特网。

【实训环境】 Windows+Cisco Packet Tracer V7.1.1。

【实训网络拓扑】 实训网络拓扑如图 5.13 所示。

【实训内容与步骤】

(1) 在前面已完成部分配置的网络拓扑的基础上,按图 5.13 所示,在出口路由器 RouterB 的对端路由器,即 ISP 服务商的路由器(Router_ISP_3)上增加一台 Web 服务器,用于对因特网 Web 服务的访问测试。

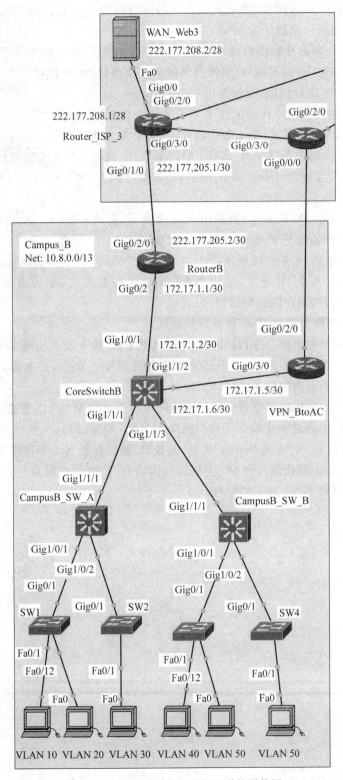

图 5.13　B校区网络拓扑与互联的因特网

（2）根据拓扑所示，配置 Router_ISP_3 路由器的接口地址和到 222.177.205.0/28 网络的路由，路由下一跳地址为 222.177.205.2。

（3）根据拓扑图的互联接口地址规划配置核心交换机（CoreSwitchB）与 RouterB 路由器、核心交换机与 VPN_BtoAC 路由器之间的互联链路，实现以路由模式的互联互通。B 校区访问 A 校区和 C 校区，通过 VPN 链路访问。

（4）B 校区的内部网络在前面已采用扁平化设计方案，配置实现了内部网络各网段间的互联互通。为便于测试，手工静态设置各 PC 主机的 IP 地址。

（5）设置因特网中的 WAN_Web3 服务器的 IP 地址、子网掩码和网关地址，开启HTTP 服务，并配置修改 index.html 网页，增加服务器 IP 地址信息的显示，以与其他服务器相区别。

（6）在任意一台 PC 的命令行，利用 ping 命令，检查到 RouterB 路由器内网口的网络是否通畅。在通畅的情况下，继续下面的配置操作。

（7）A 校区申请到的公网地址段为 222.177.205.0/28，NAT 地址池用 222.177.205.8/29 子网，共 8 个 IP 地址，采用 NAT 地址池配置方式，配置 RouterB 路由器的NAT 功能，实现内网用户能访问因特网。

（8）网络通畅性测试和 Web 服务访问测试。

① 在任意一台主机的命令行跨网段 ping 其他主机，检查能否 ping 通。

② 在任意一台主机的命令行 ping 因特网中的 WAN_Web3 服务器，检查能否 ping通，若能 ping 通，则说明网络通畅，NAT 配置正确。

③ 在任意一台主机的浏览器中访问因特网中的 WAN_Web3 服务器，检查能否成功访问。若访问成功，则进一步验证了整个网络的 NAT 配置成功。

（9）多用不同的 PC 访问 WAN_Web3 服务器，然后查看 RouterB 路由器的 NAT 地址表。注意查看路由器代理每台 PC 主机访问因特网 Web 服务时所使用的公网地址和端口号，进一步理解 NAT 的工作原理。

第6章　访问控制技术

本章主要介绍基于网络层的访问控制技术,即 IP 数据包过滤技术,并以三层交换机通过配置 ACL 规则实现防火墙功能为例,介绍其具体配置与应用方法。

6.1　访问控制列表简介

1. 访问控制列表概述

访问控制列表(Access Control List,ACL)使用数据包过滤技术,以数据包中协议类型、源 IP 地址、目的 IP 地址、源端口和目的端口为依据,根据事先配置的 ACL 规则进行匹配检查,并根据匹配结果和访问控制列表指定的动作(deny 或 permit)来决定是禁止还是允许数据包通过,从而过滤掉不允许访问的数据包,达到维护和提高网络安全的目的。本章所讲访问控制列表针对 IP 协议的访问控制列表。

利用访问控制技术可以控制用户的网络访问行为,对网络服务提供安全保护。另外,通过在汇聚层交换机上配置和应用访问控制列表,过滤掉目的端口为 TCP 135、TCP 139 和 TCP 445 的数据包,可在一定程度上控制网络病毒在网内的传播。

2. 访问控制列表的分类

访问控制列表分为标准访问控制列表和扩展访问控制列表两类。

标准访问控制列表通过检查数据包的源 IP 地址,决定是允许还是拒绝数据包通过。判定依据只有源 IP 地址,常用于简单的访问控制应用。比如前面在配置 NAT 功能时,其访问控制列表就属于标准访问控制列表。

扩展访问控制列表以数据包中的协议类型、源 IP 地址、目的 IP 地址、源端口和目的端口为判定依据进行数据包的过滤操作,使用上更灵活,功能也更强。

三层设备的端口可以应用访问控制列表对数据包进行过滤操作,实现对数据流量进行"清洗",将有危害的攻击性数据包或者是不允许访问的数据包过滤掉,从而提高网络的安全性。常见的三层设备主要是路由器和三层交换机。三层交换机的端口默认为二层端口,要切换到三层工作模式才能应用访问控制列表。

3. 访问控制列表的匹配过程

（1）相关术语

① 访问控制列表的应用方向。IP 数据包在经过三层设备时，对设备端口而言，有流入（in）和流出（out）两个方向，可以在 in 方向对数据包进行检查过滤，也可以在 out 方向对数据包进行检查过滤，或者在 in 和 out 两个方向同时对数据包进行检查过滤。因此，定义访问控制列表后，必须在端口上应用访问控制列表才会生效，而应用的方向就有 in 和 out 两个方向。

如果将三层设备比作一个大的城堡，三层设备的端口就相当于城门，IP 数据包就相当于各形各色的人。为保障城堡的安全，需要在城门设置岗哨（应用访问控制列表），对进入（in）或者离开（out）城堡的人进行安全检查，或者在进来和离开时都要进行检查。

② 访问控制列表的动作。访问控制列表的动作是指当数据包与规则的匹配条件相符时，对该数据包如何处理。其动作有两种，分别是 deny 和 permit。若动作是 deny，则拒绝数据包通过，直接丢弃；若动作是 permit，则允许通过。如果数据包是流入设备的，则允许通过端口进入设备进行路由转发；若是流出设备的，则允许将数据转发出去。

（2）访问控制列表的匹配过程

如果在端口的 in 方向应用了访问控制列表，则数据包流入端口时，将对数据包进行匹配检查和过滤，匹配过程如下：

① 从应用的访问控制列表集中取出第一条访问控制列表，检查数据包与该条规则是否匹配。

② 如果匹配，执行访问控制列表定义的动作。如果动作为 deny，则直接丢弃数据包；如果是 permit，则允许数据包流入该端口，接下来转第④步进行后续操作。

③ 如果不匹配，判断访问控制列表是否是最后一条，如果不是，则取下一条访问控制列表，转第②步操作；如果是最后一条访问控制列表，则直接丢弃数据包。

④ 根据路由表进行路由选择，决定数据包的离开端口，然后路由转发到相应的端口。

⑤ 如果数据包的离开端口上应用了 out 方向的访问控制列表，则数据包在离开之前，还要按应用的访问控制列表集进行匹配过滤检查。

在实际应用中，通常在端口的 in 方向进行检查过滤，对从设备转发出去（out）的数据包不再进行检查过滤。

4. 访问控制列表的通配符掩码

访问控制列表的通配符掩码的作用与子网掩码类似，它与 IP 地址一起决定检查的对象是一台主机、多台主机，还是一个子网中的所有主机。

通配符掩码也是 32 位的二进制数，与子网掩码相反，其高位是连续的 0，低位是连续的 1，使用点分十进制来表示。

IP 地址与通配符掩码的作用规则是：32 位的 IP 地址与 32 位的通配符掩码逐位进行比较，通配符掩码为 0 的位要求 IP 地址的对应位必须匹配，通配符掩码为 1 的位所对应的 IP 地址位不必匹配，例如：

IP 地址 192.168.1.0 对应的二进制为 11000000 10101000 00000001 00000000。

通配符掩码 0.0.0.255 对应的二进制为 00000000 00000000 00000000 11111111。

该通配符掩码的前 24 位为 0,对应的 IP 地址位必须匹配,即 IP 地址前 24 位保持不变;通配符掩码的后 8 位为 1,对应的 IP 地址位不必匹配,即 IP 地址的后 8 位可以为任意值,当后 8 位全为 0 时,值为 0;当后 8 位全为 1 时,值为 255,因此检查的 IP 地址范围为 192.168.1.0～192.168.1.255,共 256 个 IP 地址。常用的通配符掩码如表 6.1 所示。

表 6.1　常用的通配符掩码

通配符掩码	掩码的二进制形式	描　　述
0.0.0.0	00000000.00000000.00000000.00000000	全部匹配,与 host 关键字等价
0.0.0.255	00000000.00000000.00000000.11111111	只有前 24 位需要匹配
0.0.255.255	00000000.00000000.11111111.11111111	只有前 16 位需要匹配
0.255.255.255	00000000.11111111.11111111.11111111	只有前 8 位需要匹配
255.255.255.255	11111111.11111111.11111111.11111111	全部不匹配,与 any 关键字等价
0.0.127.255	00000000.00000000.01111111.11111111	只有前 17 位需要匹配
0.0.63.255	00000000.00000000.00111111.11111111	只有前 18 位需要匹配
0.0.31.255	00000000.00000000.00011111.11111111	只有前 19 位需要匹配
0.0.15.255	00000000.00000000.00001111.11111111	只有前 20 位需要匹配
0.0.7.255	00000000.00000000.00000111.11111111	只有前 21 位需要匹配
0.0.3.255	00000000.00000000.00000011.11111111	只有前 22 位需要匹配

通配符掩码有两个特殊的关键字,分别是 host 和 any。其中 host 表示一台主机,是通配符掩码 0.0.0.0 的简写。例如,只检查 IP 地址为 192.168.1.10 的数据包,则有两种表达法,分别是 192.168.1.10　0.0.0.0 或 host 192.168.1.10。any 表示所有主机,是通配符掩码 255.255.255.255 的简写。例如,允许所有 IP 地址的数据包通过,则可表达为 any 或 192.168.1.10　255.255.255.255。

前面在定义 NAT 的访问控制列表时,如果允许局域网内的所有主机都可以进行 NAT 转换操作,即允许内网中的所有主机都可以访问因特网,当时配置的访问控制列表就使用了 any 关键字,其定义语句为 access-list 1 permit any。

使用 host 和 any 关键字可以简化配置,同时还可提高语句的可读性。

6.2　标准访问控制列表

6.2.1　标准访问控制列表配置命令

1. 配置标准访问控制列表

配置命令为:

access-list *access-list-number* deny|permit *source-address source-wildcard*

187

命令功能：定义一条标准访问控制列表规则。

参数说明：

（1）*access-list-number* 代表要定义的标准访问控制列表的编号。编号相同的多条访问控制列表规则构成一个访问控制列表集。标准访问控制列表编号范围为 1～99。IOS 通过编号范围来判定访问控制列表的类型是标准访问控制列表还是扩展访问控制列表（编号范围为 100～199）。

（2）deny|permit 代表访问控制列表在匹配时执行的动作。二选一，deny 为拒绝，permit 为允许通过。

（3）*source-address* 代表要匹配比较的源 IP 地址，必须和通配符掩码联合使用才有效。

（4）*source-wildcard* 代表通配符掩码，与源 IP 地址共同决定要匹配的主机地址。

例如，若要定义来自 192.168.0.0/24 网段主机的访问允许通过，则定义命令为：

```
access-list 1 permit 192.168.0.0 0.0.0.255
```

在定义访问控制列表时，应在最后定义一条默认访问控制列表。当前面的访问控制列表都不匹配时，就执行这条默认的访问控制列表。如果前面的访问控制列表采取的是定义允许通过的数据包，则默认访问控制列表就拒绝所有的数据包，定义命令为：access-list 1 deny any。如果前面定义的是不允许通过的数据包，则默认访问控制列表就定义为允许所有的数据包通过，定义命令为：

```
access-list 1 permit any
```

因此，在定义访问控制列表时，有默认禁止和默认允许两种策略。可根据定义的方便性灵活选择。通常选择默认禁止策略。

2. 应用访问控制列表

访问控制列表定义后并没有生效，必须将访问控制列表应用到端口上才会生效。配置命令为：

```
ip access-group access-list-number in|out
```

命令功能：在当前端口的指定方向（in 或 out）应用指定编号的访问控制列表。该命令在接口配置模式执行，即在要应用访问控制列表的接口下面配置该命令。

access-list-number 代表要应用的访问控制列表的编号，in 或 out 二选一，代表应用的方向，即对哪个方向来的流量进行匹配过滤操作。

对于 vty 接口的规则应用，配置命令为：

```
access-class access-list-number in|out
```

例如，若要在 in 方向应用编号为 1 的访问控制列表，则命令为：

```
ip access-group 1 in
```

若是将访问控制列表应用到 vty 接口上面，则配置命令为：

```
access-class 1 in
```

一个端口可以在 in 方向和 out 方向分别应用一个访问控制列表。如果接口的某个方向上已经应用了一个访问控制列表,再次应用同方向的访问控制列表时将覆盖以前的访问控制列表。

3. 显示 IP 访问控制列表

命令如下:

```
show ip access-list access-list-number
```

用于显示与 IP 协议有关的访问控制列表的配置信息。

6.2.2　标准访问控制列表应用案例

【例 6.1】　为了提高交换机远程 telnet 登录的安全性,除了原有的密码校验之外,现要求只允许 192.168.168.0/27 子网内的主机才能通过 telnet 命令远程登录交换机。

分析:192.168.168.0/27 代表的是一个子网地址,该子网有 32 个 IP 地址,地址范围为 192.168.168.0~192.168.168.31。由于只需要匹配检查源 IP 地址,因此采用标准访问控制列表来实现。构建实验网络,网络拓扑如图 6.1 所示。

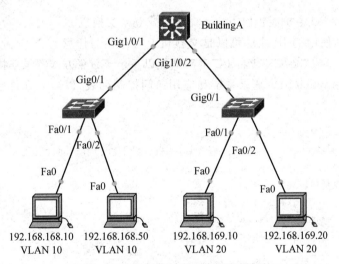

图 6.1　标准访问控制列表应用案例拓扑

配置步骤如下:

(1) 按图 6.1 所示,在 Cisco Packet Tracer 软件中构建网络拓扑,然后按图 6.1 中的规划配置 BuildingA 交换机,完成 VLAN 10 和 VLAN 20 的互联互通,并设置各 PC 主机的 IP 地址和网关地址。

```
Switch>enable
Switch#config t
```

```
Switch(config)#hostname BuildingA
BuildingA(config)#ip routing
BuildingA(config)#vlan 10
BuildingA(config)#vlan 20
BuildingA(config)#int vlan 10
BuildingA(config-if)#ip address 192.168.168.1 255.255.255.0
BuildingA(config-if)#int vlan 20
BuildingA(config-if)#ip address 192.168.169.1 255.255.255.0
BuildingA(config-if)#int G1/0/1
BuildingA(config-if)#switchport access vlan 10
BuildingA(config-if)#no cdp enable
BuildingA(config-if)#int G1/0/2
BuildingA(config-if)#switchport access vlan 20
BuildingA(config-if)#no cdp enable
BuildingA(config-if)#exit
```

（2）配置 BuildingA 交换机用 telnet 命令登录，配置命令如下。

```
BuildingA(config)#line vty 0 4
BuildingA(config-line)#password NoIn579Mv
BuildingA(config-line)#login
BuildingA(config-line)#exit
BuildingA(config)#enable secret SniperU307
```

（3）测试各 PC 主机能否以 telnet 命令方式登录交换机。

telnet 命令使用的 IP 地址可以是交换机上已存在的任意一个 IP 地址，通常使用网关地址来登录。测试结果是 4 台 PC 全部都能以 telnet 命令方式登录连接到交换机。

（4）配置用 telnet 命令登录系统和应用访问控制列表，以限制允许登录系统的主机范围。

```
!定义访问控制列表
BuildingA(config)#access-list 1 permit 192.168.168.0 0.0.0.31
BuildingA(config)#access-list 1 deny any
!应用访问控制列表到 vty 接口
BuildingA(config)#line vty 0 4
BuildingA(config-line)#access-class 1 in
BuildingA(config-line)#end
BuildingA#write
```

（5）用 telnet 命令登录系统并进行测试。

配置和应用访问控制列表后，该台交换机就只允许 192.168.168.0～192.168.168.31 地址范围的主机进行登录了。除去网络地址、广播地址和网关地址，用户主机的地址范围就是 192.168.168.2～192.168.168.30。

在 IP 地址为 192.168.168.10 主机的命令行，利用 telnet 192.168.168.1 命令进行登录，测试结果如下：

```
C:\>telnet 192.168.168.1
```

190

```
Trying 192.168.168.1 ...Open

User Access Verification
Password:
BuildingA>enable
Password:
BuildingA#
```

从中可见,登录成功。接下来在同网段的 192.168.168.50 主机上用 telnet 命令登录系统并测试,测试结果如下:

```
C:\>telnet 192.168.168.1
Trying 192.168.168.1 ...
%Connection refused by remote host
```

从中可见,telnet 命令启动的连接无法建立,被远程主机拒绝。

接下来分别在 192.168.169.10 和 192.168.169.20 主机上用 telnet 命令登录系统并进行连接测试,其结果与在 192.168.168.50 主机上的结果完全相同,仍然无法登录连接。

通过以上的验证测试,所配置的访问控制列表生效,对交换机的远程登录起到了限制作用。在网络工程的运维管理中,为保障交换机和路由器的安全,防止非法登录连接,通常都应添加这种基于 IP 的登录限制。

6.3　扩展访问控制列表

6.3.1　扩展访问控制列表配置命令

1. 定义扩展访问控制列表

扩展访问控制列表的使用方法与标准访问控制列表相同,二者的区别在于扩展访问控制列表支持更多的匹配项。扩展访问控制列表的匹配项有协议类型、源 IP 地址、目的 IP 地址、源端口和目的端口。扩展访问控制列表的定义命令为:

access-list *access-list-number* permit|deny *protocol source-address source-wildcard source-port destination-address destination-wildcard destination-port*

参数项说明:

(1) *access-list-number* 代表要创建定义的访问控制列表编号,取值范围为 100~199。

(2) permit|deny 代表访问控制列表的动作,二选一。

(3) *protocol* 代表要匹配检查的协议名称,比如 tcp、udp、icmp、ip 等。ip 代表所有的 IP 协议。

(4) *source-address source-wildcard* 代表源 IP 地址和源通配符掩码。

(5) *source-port* 代表源端口号。源端口可以是一个端口,也可以指定多个端口,端口的表达方式如表 6.2 所示。

表 6.2 端口范围运算符

运算符	描　　述	举　　例
eq	等于,用于指定单个的端口	eq 21 或 eq ftp
gt	大于,用于指定大于某个端口的一个端口范围	gt 1024
lt	小于,用于指定小于某个端口的一个端口范围	lt 1024
neq	不等于,用于指定除了某个端口以外的所有端口	neq 21
range	指定两个端口号间的一个端口范围	range 135 145

（6）*destination-address destination-wildcard* 代表目的地址和通配符掩码。

（7）*destination-port* 代表目的端口号,可以是一个端口,也可以是一个端口范围。

例如,若要定义允许任何主机访问 IP 地址为 113.204.176.10 的服务器的 Web 服务,并允许 ping 该台服务器,则配置命令为:

```
access-list 101 permit tcp any host 113.204.176.10 eq 80
access-list 101 permit icmp any host 113.204.176.10
access-list 101 deny ip any any
```

访问控制列表的最后,要定义一条默认的访问控制列表。access-list 101 deny ip any any 代表拒绝一切 IP 数据包通过。

2. 配置访问控制列表的注意事项

由于访问控制列表在进行匹配操作时是从访问控制列表的从上至下依次进行匹配操作的,因此在配置定义访问控制列表时,一定要注意访问控制列表的定义次序,尽量把作用范围小的放在前面。例如:

```
access-list 101 deny icmp any any
access-list 101 permit icmp host 192.168.1.1 any
```

以上访问控制列表定义的本意是只允许 192.168.1.1 主机的 ICMP 数据包通过,其他主机的 ICMP 数据包过滤掉。访问控制列表执行时,是按从上至下的次序进行匹配比较的,首先匹配第一句,任何主机发送的 ICMP 数据包都是满足条件的,因此将被过滤掉,而第二条访问控制列表（规则）永远不会被执行,从而造成 192.168.1.1 主机发送的 ICMP 数据包也被过滤掉。如果交换一下访问控制列表的次序,改成以下形式。

```
access-list 101 permit icmp host 192.168.1.1 any
access-list 101 deny icmp any any
```

当来自 192.168.1.1 主机的 ICMP 数据包到达接口时,由于匹配第一条访问控制列表,将允许其通过。来自其他主机的 ICMP 数据包因不匹配第一条,接下来会匹配比较第二条,而执行第二条规定的动作时拒绝通过,ICMP 数据包被直接丢弃。

6.3.2 扩展访问控制列表应用案例

本小节以在楼宇汇聚层交换机上配置和应用扩展访问控制列表阻断网络病毒和网络

攻击在内网中的传播为例,介绍扩展访问控制列表的定义与应用方法。

1. 局域网内网的安全需求

为防止网络病毒在局域网内网的传播感染和网络攻击,可在各幢楼宇的汇聚层交换机上配置应用访问控制列表,对网络病毒或网络攻击的数据包进行过滤,从而防止网络病毒的大面积感染和传播,对网络攻击起到阻隔作用。

对于 DMZ 区中的服务器群,是网络攻击的首要目标,也是网络安全防范的重点对象,一定要在 DMZ 区之前部署防火墙,以对服务器群提供安全保护。

2. 配置策略

在汇聚层交换机上配置 ACL 过滤规则,封禁网络病毒传播常用的端口,防范和阻止病毒在网内的传播。对于已发生的网络攻击行为,可利用 Sniffer 捕获包分析软件,捕获包并找出攻击数据包的特点,然后配置访问控制列表,将攻击数据包直接丢弃,阻隔攻击数据包的传播。

访问控制列表的定义策略选择默认允许的策略,即逐条定义要丢弃的数据包的匹配规则,对于与所有匹配规则都不匹配的数据包,则默认允许通过。

访问控制列表应用的端口必须是三层端口,无法在二层端口上应用。为防止网络病毒在网段间的传播,可在各 VLAN 接口的 in 方向应用所定义的访问控制列表。另外,三层设备以路由模式实现互联互通时,互联接口工作在三层,该接口也是可以应用访问控制列表的,应用方向可以根据需要而定。

比较有影响的几款网络病毒所使用的端口如表 6.3 所示,可根据这些端口配置定义访问控制列表,从而防范这些病毒在网内的传播。其中的一些端口,比如 135、139 和 445 端口,都是病毒常用的。

表 6.3　常见病毒传播所使用的端口

病 毒 名 称	使用的 TCP 端口	使用的 UDP 端口
Blaster 蠕虫病毒	4444	69
冲击波病毒	135～139、445、593	135～139、445、593
振荡波病毒	445、5554、9995、9996	
SQL Server 蠕虫病毒	1434	1434

3. 案例网络拓扑

本案例以一幢楼宇的网络为例,对其他楼宇,配置方法完全相同。网络拓扑仍以例 6.1 的网络拓扑(见图 6.1)为例。在原来已有配置的基础上,通过在汇聚层交换机上配置和应用访问控制列表来增强网络的免疫力,提高网络的安全性。

4. 配置与应用访问控制列表

(1) 在汇聚层交换机上定义扩展访问控制列表,编号为 101。

```
BuildingA#config t
BuildingA(config)#access-list 101 deny tcp any any eq 4444
BuildingA(config)#access-list 101 deny udp any any eq 69
BuildingA(config)#access-list 101 deny tcp any any range 135 139
BuildingA(config)#access-list 101 deny udp any any range 135 139
BuildingA(config)#access-list 101 deny tcp any any eq 445
BuildingA(config)#access-list 101 deny udp any any eq 445
BuildingA(config)#access-list 101 deny tcp any any eq 593
BuildingA(config)#access-list 101 deny udp any any eq 593
BuildingA(config)#access-list 101 deny tcp any any eq 5554
BuildingA(config)#access-list 101 deny tcp any any range 9995 9996
BuildingA(config)#access-list 101 deny tcp any any eq 1434
BuildingA(config)#access-list 101 deny udp any any eq 1434
BuildingA(config)#access-list 101 permit ip any any
```

(2) 将 ACL 规则应用到端口，并保存配置。

在 VLAN 接口上应用访问控制列表，应用方向选择 in 方法，即数据包进入这个网段时执行匹配检查和过滤。

```
BuildingA(config)#int vlan 10
BuildingA(config-if)#ip access-group 101 in
BuildingA(config-if)#int vlan 20
BuildingA(config-if)#ip access-group 101 in
BuildingA(config-if)#end
BuildingA#write
```

汇聚交换机上的每一个 VLAN 接口，都应用该访问控制列表，从而实现数据包在进入每一个网段时都进行数据包的检查过滤。

6.4 利用 ACL 配置交换机防火墙

本节介绍利用三层交换机，通过配置访问控制列表（ACL）来实现防火墙的功能。

6.4.1 交换机防火墙简介

1. 利用三层交换机配置成防火墙

此处的交换机防火墙是指利用交换机来实现防火墙的功能，代替防火墙设备。三层交换机具有路由和 IP 数据包过滤功能，因此，可通过配置 ACL 过滤规则来实现防火墙功能。由于交换机对数据包的处理是基于硬件的，因此，在处理速度和性能方面具有明显的优势，而且价廉物美。利用一个千兆的三层交换机即可构建起一个千兆的防火墙，交换机剩余的其他端口还可用作其他用途，比如作为 DMZ 接入交换机的扩展端口使用，可将剩余的端口中的某一个端口与 DMZ 接入交换机的某一个端口以 trunk 链路级联，然后将端口划分到各服务器网段所对应的 VLAN，即可用来接入服务器使用。

利用三层交换机用作防火墙的不足之处在于对防火墙 ACL 过滤规则的后期维护和管理,比如要修改、添加或删除部分规则,相对于正规防火墙的 Web 配置页面而言,要显得专业和麻烦一些。

2. 配置的基本步骤

利用三层交换机配置成防火墙的配置方法比较简单,其基本步骤如下:

(1) 配置防火墙端口的 IP 地址。

防火墙一般有 WAN、LAN 和 DMZ 三个基本的网络接口。可将三层交换机的某三个端口,分别配置定义成 WAN、LAN 和 DMZ 端口来使用。

在端口用途规划好后,接下来就可将各端口的互联接口地址配置在各端口上。

(2) 分别针对 WAN、LAN 和 DMZ 口的报文流入方向配置定义 ACL 规则(访问控制列表)。

每个端口的数据包有流入(in)和流出(out)两个方向,一般选择流入的方向进行数据包过滤。防火墙过滤规则的配置策略有默认禁止和默认允许两种,选择哪种策略,主要根据应用的需要,看哪种策略所表达出来的过滤规则较少。通常选择默认禁止策略。

(3) 将定义好的 ACL 过滤规则分别应用到 WAN、LAN 和 DMZ 端口。

(4) 配置三层交换机的路由。

局域网由于网络结构相对固定,一般使用静态路由。可根据要到达的目的网络地址配置相应的静态路由。

经过以上四步配置之后,三层交换机就可起到防火墙的功能了。

6.4.2　防火墙的数据流分析

1. 案例网络拓扑

以 4.4.1 小节介绍的大型局域网络案例为例,其 A 校区有服务器群,在服务器群的前面部署了用作三层交换机 Cisco 3650 的防火墙,本小节就针对该三层交换机防火墙为例,通过配置和应用扩展访问控制列表(ACL),实现防火墙的功能,从而保护 DMZ 区中的服务器。A 校区与防火墙有关的部分网络拓扑如图 6.2 所示。在前面对 A 校区的网络配置中,已配置完成了防火墙接口 IP 地址的设置和路由配置,实现了互联互通。

2. 流经防火墙的报文的访问类型

在此处部署防火墙的目的是保护服务器免受来自内网和因特网的攻击。能访问到DMZ 区服务器的访问来源有两个,其访问请求报文和服务器的响应报文会流经防火墙。另外,服务器作为一台主机,也可以访问因特网,其访问请求报文和响应报文也会流经防火墙,因此,流经防火墙的访问请求报文和对应的响应报文由三类访问所产生,分别如下:

(1) 局域网内网用户访问 DMZ 区中的服务器(有多种服务)。

(2) 因特网中的用户访问局域网内 DMZ 区中的服务器(有多种服务)。

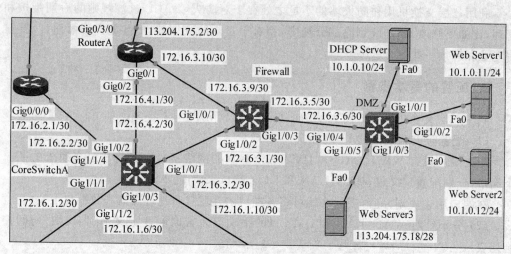

图 6.2　A 校区与防火墙相连部分的网络拓扑

（3）DMZ 区中的服务器作为一台主机去访问因特网中的服务（可能访问多种服务）。

3. 数据流分析

下面以访问 Web 服务为例，根据三种访问类型，分别介绍和分析访问请求报文和对应的响应报文的数据流向，从而厘清在每个端口上应该在哪个方向上定义和应用哪些访问控制列表。本案例采用在端口的 in 方向应用访问控制列表，配置策略采用默认禁止。

TCP 连接是双向的，有出去的访问请求报文，也有从对方回来的响应报文，要根据这两种报文的流向以及所经过的端口，在对应端口上配置相应的访问控制列表。

现假设应用到 G1/0/1 端口（WAN）in 方向的访问控制列表的编号使用 101，应用到 G1/0/2 端口（LAN）in 方向的访问控制列表的编号使用 102，应用到端口 G1/0/3（DMZ）in 方向的访问控制列表的编号使用 103。

（1）局域网内网用户访问 DMZ 区中的服务器。

访问请求报文从防火墙的 G1/0/2 口（LAN）流入，从 G1/0/3 口流出，经 DMZ 接入交换机到达服务器。因此，可在 G1/0/2 端口的 in 方向，通过应用 102 号访问控制列表来实现对访问请求报文的过滤操作。在 102 号访问控制列表中，定义内网用户允许访问的服务列表。

例如，允许内网用户访问 DMZ 区中所有服务器的 Web 服务，则访问控制列表的定义语句为：

```
access-list 102 permit tcp any any eq 80
```

访问请求报文从 G1/0/3 端口流出，流出的方向就不用再进行检查了，因为报文在流入时已经做了匹配检查和过滤操作。

服务器产生的响应报文，通过 DMZ 接入交换机，从 G1/0/3 端口流入防火墙，因此，可在 G1/0/3 端口的 in 方向应用 103 号访问控制列表，对从 DMZ 区出去的报文进行检查过滤。在 103 号访问控制列表中，定义服务器允许响应的服务的列表，或者服务器允许访问的服务的列表(服务器作为一台主机访问因特网时产生的访问请求报文)。

例如,若要允许服务器的 Web 服务对客户机的访问请求进行响应,允许响应报文通过防火墙,则访问控制列表的定义语句为:

```
access-list 103 permit tcp any eq 80 any
```

该条语句中的 any eq 80 代表任意的源主机的 80 端口,最后的 any 代表目标主机是 any,即目标主机是任意的主机。由于是流入该端口的报文,因此源主机就是服务器了,该条语句的含义就是允许 DMZ 区中的所有主机的 TCP 80 端口对任意的目标主机(内网主机和因特网主机)做出响应,即允许这类响应报文通过。

响应报文从 G1/0/2 口流出,在 G1/0/2 端口的 out 方向不再检查过滤,因此,响应报文在流入防火墙时已经做了检查过滤。

至此,完成了内网到 DMZ 区服务器的一次 TCP 访问和响应。

(2) 因特网中的用户访问局域网内 DMZ 区中的服务器。

因特网中的用户(主机)访问局域网 DMZ 区中的服务器的 Web 服务时,访问请求报文从防火墙的 G1/0/1 端口(WAN)流入,可在该端口的 in 方向应用 101 号访问控制列表。在 101 号访问控制列表中,定义因特网主机允许访问 DMZ 区中的哪些服务器的哪些服务。

例如,若要允许因特网用户访问 DMZ 区中所有服务器的 Web 服务,则访问控制列表的定义语句为:

```
access-list 101 permit tcp any any eq 80
```

该条语句中的第一个 any 代表源主机是任意的主机。因为是从 G1/0/1 端口流入的报文,因此源就是因特网了。后面的 any eq 80 代表目标主机是任意的,即任意服务器的 80 端口。语句中的 tcp 代表协议类型为 TCP,所以 80 就是指 TCP 80 端口。整个语句的含义就是允许因特网中的任意主机访问 DMZ 区中所有服务器的 TCP 80 端口。

访问请求报文从防火墙的 G1/0/3 流出,在 G1/0/3 端口的 out 方向不再进行报文检查和过滤,访问请求报文经 DMZ 接入交换机到达服务器。

服务器产生的响应报文从 G1/0/3 端口流入,从 G1/0/1 端口流出,经出口路由器 RouterA 回到因特网。服务器对因特网用户的访问的响应报文在 103 号访问控制列表中定义,这与内网用户访问服务器时服务器响应报文的检查过滤位置(G1/0/3)相同,访问控制列表也是定义在 103 号访问控制列表中。

允许 DMZ 区中的所有服务器的 TCP 80 端口对因特网中的任意主机进行响应的 ACL 语句为:

```
access-list 103 permit tcp any eq 80 any
```

这条访问控制列表与小标题(1)中的响应报文的访问控制列表完全相同,因此,此处就不再重复定义。服务器对任意目标主机的响应,其任意目标主机本身就包括内网的访问主机和来自因特网的访问主机。

(3) DMZ 区中的服务器作为一台主机去访问因特网中的服务。

服务器也是有访问因特网的需求的,比如邮件服务器、DNS服务器等,即使是Web服务器,管理员因维护管理的需要,也会在服务器上去访问因特网或从因特网下载安装软件等。

DMZ区中的服务器访问因特网中的Web服务时,访问请求从G1/0/3端口(DMZ)流入,从G1/0/1端口(WAN)流出。因此,访问请求报文应在103号访问控制列表中进行定义,其定义语句为:

```
access-list 103 permit tcp any any eq 80
```

语句中的第一个any代表任意的源主机,即DMZ区中的任意服务器;后面的any eq 80代表任意目标主机的TCP 80端口。这条访问控制列表的整体含义就是允许DMZ区中的任意主机访问任意目标主机的TCP 80端口。

访问请求报文从G1/0/1端口流出时不做任何处理。

因特网Web服务器的响应报文通过RouterA路由器的路由转发,从防火墙的G1/0/1端口(WAN)流入,从G1/0/3端口流出,经DMZ接入交换机回到服务器。因此,对响应报文的检查过滤,可在101号访问控制列表中进行定义,其访问控制列表定义语句为:

```
access-list 101 permit tcp any eq 80 any
```

语句中的any eq 80代表任意源主机的TCP 80端口,最后的any代表任意的目标主机。整条语句的含义是允许任意源主机的TCP 80端口对任意目标主机的响应报文通过。

响应报文从G1/0/3流出时不做任何处理。

至此,就完成了防火墙对Web服务访问的配置定义。将同编号的访问控制列表汇集在一起,如下所示。

```
access-list 101 permit tcp any any eq 80(因特网中的主机,访问内网 Web 服务)
access-list 101 permit tcp any eq 80 any(因特网中的 Web 服务响应访问)
access-list 102 permit tcp any any eq 80(内网主机访问 DMZ 区中的 Web 服务)
access-list 103 permit tcp any eq 80 any(DMZ 区中的 Web 服务响应访问)
access-list 103 permit tcp any any eq 80(DMZ 区中的服务器访问因特网的 Web 服务)
```

因特网中的主机(或服务器)有访问服务器和被其他主机访问两种情况,故有2条访问控制列表;内网主机只有访问服务器这一种情况,故只有一条访问控制列表;DMZ区中的服务器有被访问和主动访问因特网服务器两种情况,故也有2条访问控制列表。

以上是针对Web服务的访问而制定的访问规则,对于其他服务的访问规则,与此类似,可参照制定。另外,101、102和103号访问控制列表的最后都要添加一条默认禁止的访问控制列表,分别是:

```
access-list 101 deny ip any any
access-list 102 deny ip any any
access-list 103 deny ip any any
```

经过以上配置,内网用户和因特网用户就可以访问局域网内DMZ区中的Web服务了,DMZ区中的Web服务器作为主机,也可以访问因特网中的Web服务。

6.4.3　配置 ACL 实现防火墙功能

1. 常见服务的服务端口

访问控制列表命令的用法很简单,关键是要理解和掌握根据应用的需要,应该添加哪些访问控制列表,这些访问控制列表应该应用到哪个端口上。

要能配置定义访问控制列表,就必须知道允许谁去访问谁提供的什么服务,服务的协议类型和服务端口号是什么,因此,下面介绍几个常见服务所使用的服务端口号,以供防火墙配置时参考。

(1) Web 服务

Web 服务所使用的协议可以是 HTTP(HyperText Transfer Protocol)或者 HTTPS(HyperText Transfer Protocol over Secure Socket Layer)。

HTTP 协议的服务端口默认使用 TCP 80,数据传输采用明文传输。访问使用 HTTP 协议的 Web 服务器的网站时,采用"http://IP 地址或域名地址"方式进行访问。如果 HTTP 的服务端口不是采用默认的 TCP 80,而是采用其他端口,则必须采用"http://IP 地址或域名地址:端口号"的方式进行访问。

HTTPS 协议的服务端口采用 TCP 443,HTTPS 相当于 HTTP+SSL,使用 SSL 加密传输协议来加密传输数据,以提供网站数据传输的高安全性。网站的账户登录,支付页面等含有重要敏感信息的网页,均要使用 HTTPS 协议来传输,否则机密数据在网络传输过程中极易被窃取。

(2) FTP 服务

FTP(File Transfer Protocol,文件传输协议)用于实现文件的双向传输。可提供文件的上传或下载服务。FTP 服务器常用于提供文档资料、音视频或软件的上传或下载服务。在 Web 服务器中也通常同时部署安装 FTP 服务,以提供对网站文件的远程上传或下载等维护管理。

FTP 服务基于 TCP 协议,在工作时,要创建用于控制命令传输的 TCP 连接和用于数据传输的 TCP 连接,即 FTP 服务在工作时要创建 2 个 TCP 连接。FTP 服务的工作模式有 PORT(主动式)和 PASV(被动式)两种,下面分别介绍这两种工作模式下的 TCP 连接过程和所使用的服务端口,便于在防火墙上针对 FTP 服务所使用的端口进行访问控制列表的配置。

① PORT 模式。在该模式下,FTP 服务建立 TCP 连接的过程为:客户端从一个任意的非特权端口 $N(N>1024)$ 连接到 FTP 服务器的 TCP 21 端口,TCP 连接建立成功后,客户端开启 TCP $N+1$ 端口,并处于监听状态。

接下来通过已建立的命令传输通道,利用 port $N+1$ 命令,告诉服务端自己开放的数据传输通道的服务端口号($N+1$),FTP 服务器得知客户端开放的端口号之后,FTP 服务器利用 TCP 20 端口主动发起对客户端 $N+1$ 端口的 TCP 连接,连接建立成功后,则数据传输通道建立成功,此时就可利用该 TCP 连接来进行数据的双向传输,比如上传和下载。

从中可见,在 PORT 工作模式下,FTP 服务端的服务端口号是 TCP 21 和 TCP 20,客户端的端口号是 N 和 $N+1$,端口号是随机的。由于数据传输通道的 TCP 连接建立是由服务器端主动向客户端发起的,故称为主动模式。命令通道的 TCP 连接都是由客户端主动发起建立。

在本防火墙案例中,假设 DMZ 区的 Web 服务器上同时安装部署了 FTP 服务,FTP 服务的工作模式为 PORT 模式。如果允许内网用户和因特网用户访问局域网 DMZ 区中的 FTP 服务,则需要添加的访问控制列表如下:

允许内网用户访问 DMZ 区服务器的 FTP 服务,需要添加以下访问控制列表。

```
!允许内网任意主机用任意端口,向 DMZ 区任意服务器的 TCP 21 端口建立 TCP 连接
access-list 102 permit tcp any any eq 21
!允许 DMZ 区任意服务器的 TCP 21 端口对任意目标主机进行响应
access-list 103 permit tcp any eq 21 any
!允许 DMZ 区任意服务器的 TCP 20 端口对任意目标主机发起数据通道的访问连接
access-list 103 permit tcp any eq 20 any
!允许内网任意主机的任意端口响应 DMZ 区任意服务器的 TCP 20 端口
access-list 102 permit tcp any any eq 20
```

允许因特网用户访问 DMZ 区服务器的 FTP 服务,需要添加以下访问控制列表。

```
!允许因特网任意主机用任意端口,向 DMZ 区任意服务器的 TCP 21 端口建立 TCP 连接
access-list 101 permit tcp any any eq 21
!允许 DMZ 区任意服务器的 TCP 21 端口对任意目标主机进行响应。前面已配置,不再重复配置
!允许 DMZ 区任意服务器的 TCP 20 端口对任意目标主机发起数据通道的访问连接。前面已配置
!允许因特网中的任意主机的任意端口响应 DMZ 区任意服务器的 TCP 20 端口
access-list 101 permit tcp any any eq 20
```

将访问控制列表按编号集中在一起,如下所示。

```
access-list 101 permit tcp any any eq 21
access-list 101 permit tcp any any eq 20
access-list 102 permit tcp any any eq 21
access-list 102 permit tcp any any eq 20
access-list 103 permit tcp any eq 21 any
access-list 103 permit tcp any eq 20 any
```

Windows Server 操作系统的 IIS 组件所安装提供的 FTP 服务,其工作模式是 PORT 模式,除了在防火墙上要按 PORT 模式所使用的服务端口进行合理配置外,FTP 客户端软件上也要设置所要连接的 FTP 服务器的工作模式为 PORT,这样 FTP 连接才会成功。

② PAS 模式。在 PASV 工作模式下,客户端首先打开两个任意的非特权本地端口 $N(N>1024)$ 和 $N+1$,然后利用 N 端口主动发起对服务端 TCP 21 端口的连接。连接建立成功后,客户端利用已建立的命令传输通道向服务器提交 PASV 命令,服务端收到该命令后,在服务端开启任意的一个非特权端口 $P(P>1024)$,然后服务端利用 PROT P 命令告诉客户端自己开放的数据通道连接端口号,客户端收到后,就利用 $N+1$ 端口发起与服务器端的 P 端口的 TCP 连接,连接建立成功后,则数据传输通道建立成功。

从中可见,在 PASV 工作模式下,2 个 TCP 连接均是由客户端主动发起建立的。对

于数据通道的建立,服务器是被动连接,故称这种模式为被动模式。

在 PASV 工作模式下,客户端的端口号是随机选择的,服务端的命令通道连接使用固定的 TCP 21 端口,但数据传输通道使用的端口号也是随机的。建立数据传输所使用的 TCP 连接,两端使用的端口是随机的,这就麻烦了,防火墙的访问控制规则不易表达。如果配置成以下类似的语句,则防火墙就相当于全开放了,起不到任何保护作用。

```
access-list 103 permit tcp any any
```

为了便于好配置防火墙的访问控制规则(列表),对于 PASV 工作模式的 FTP 服务器,通常应配置 FTP 服务器建立数据传输通道所使用的端口号范围。有了端口号范围,就易表达访问控制规则了。

例如,若 FTP 服务器使用 PASV 模式,其数据传输通道所使用的端口号范围为 TCP 3000~4000,则防火墙的访问控制列表定义方法如下:

```
!允许内网任意主机用任意端口,向 DMZ 区任意服务器的 TCP 21 端口建立 TCP 连接
access-list 102 permit tcp any any eq 21
!允许 DMZ 区任意服务器的 TCP 21 端口对任意目标主机进行响应
access-list 103 permit tcp any eq 21 any
!允许内网任意主机的任意端口发起对 DMZ 区任意服务器的 TCP 3000~4000 端口的访问连接
access-list 102 permit tcp any any range 3000 4000
!允许 DMZ 区任意服务器的 TCP 3000~4000 端口响应任意目标主机的任意端口
access-list 103 permit tcp any range 3000 4000 any
```

允许因特网用户访问 DMZ 区服务器的 FTP 服务,需要添加以下访问控制列表。

```
!允许因特网任意主机用任意端口,向 DMZ 区任意服务器的 TCP 21 端口建立 TCP 连接
access-list 101 permit tcp any any eq 21
!允许 DMZ 区任意服务器的 TCP 21 端口对任意目标主机进行响应。前面已配置,不再重复配置
!允许因特网中的任意主机的任意端口发起对 DMZ 区任意服务器的 TCP 3000~4000 端口的访问
 连接
access-list 101 permit tcp any any range 3000 4000
!允许 DMZ 区任意服务器的 TCP 3000~4000 端口响应任意目标主机的任意端口。前面已配置
```

将访问控制列表按编号集中在一起,如下所示。

```
access-list 101 permit tcp any any eq 21
access-list 101 permit tcp any any range 3000 4000
access-list 102 permit tcp any any eq 21
access-list 102 permit tcp any any range 3000 4000
access-list 103 permit tcp any eq 21 any
access-list 103 permit tcp any range 3000 4000 any
```

从中可见,编号 101 号的 2 条访问控制列表全是控制因特网对 FTP 服务器的连接(命令通道和数据通道)建立请求报文是否允许通过。编号 102 的访问控制列表全是控制内网对 FTP 服务器的连接(命令通道和数据通道)建立请求报文是否允许通过。编号 103 的访问控制列表全是响应报文是否允许通过的规则。

(3) TFTP 服务

TFTP(Trivial File Transfer Protocol,简单文件传输协议)是 TCP/IP 协议簇中的一个用来在客户机与服务器之间进行简单文件传输的协议,提供不复杂、开销不大的文件传输服务,不具备 FTP 的许多功能,只能从文件服务器上获得或写入文件,不能列出目录,也不进行认证,服务端口使用 UDP 69。

(4) 远程桌面服务

远程桌面协议(Remote Desktop Protocol,RDP)是远程桌面服务所使用的协议,服务端口号默认为 TCP 3389 端口。远程桌面是为方便 Windows 服务器管理员对服务器进行基于图形界面的远程管理而提供的服务。为管理方便,服务器管理员通常会在服务器上开启远程桌面服务,以便管理员能在办公室的计算机或家中计算机上实现远程登录连接到服务器上,实现基于图形界面的远程操作和管理。

服务器上开启远程桌面服务后,为保证服务器的安全,通常应在防火墙上只允许特定的主机才能登录连接服务器的远程桌面服务,即只允许特定 IP 地址访问连接指定服务器的 TCP 3389 端口。

远程桌面协议除了微软的 RDP 之外,常用的还有 VNC(Virtual Network Console),它是基于 UNIX/Linux 操作系统的开源软件,是一款优秀的远程控制工具软件,远程控制能力强大,高效实用,常用于远程登录连接 UNIX 或 Linux 操作系统的桌面。

VNC 服务使用的端口号默认从 TCP 5900 开始分配,TCP 5900 端口对应的是 0 号桌面,1 号桌面使用 TCP 5901,2 号桌面使用 TCP 5902,其余以此类推。

(5) DHCP 服务

DHCP(Dynamic Host Configuration Protocol,动态主机配置协议)是一个局域网的网络协议,通常应用在大型局域网络中,用于集中管理和自动分配 IP 地址,使网络中的主机能动态地自动获得 IP 地址、网关地址和 DNS 服务器地址等信息,并能提升 IP 地址的使用率。

DHCP 协议采用客户端/服务器模型,主机地址的动态分配由网络主机(客户端)主动发起请求。当 DHCP 服务器接收到来自网络主机申请地址的信息时,才会向网络主机发送相关的地址配置信息,以实现网络主机地址信息的动态配置。

DHCP 服务使用 UDP 协议工作,DHCP 服务端使用 UDP 67 端口,DHCP 客户端使用 UDP 68 端口。

(6) DNS 服务

DNS(Domain Name Service,域名解析服务)在递归解析时使用 UDP 53 服务端口,在进行区域传送时因需要可靠传输,使用 TCP 53 服务端口。因此,DNS 服务器工作时,会同时使用 TCP 53 和 UDP 53 号端口。

若在局域网的 DMZ 区部署有 DNS 服务器,则应在防火墙上允许对 TCP/UDP 53 端口的访问。

(7) 简单网络管理协议

简单网络管理协议(Simple Network Management Protocol,SNMP)是为网络管理服务而设计的应用层协议,由一系列协议组和规范组成,提供了从被管理的网络设备中收集网络管理信息的方法(轮询和中断)。SNMP 协议使用的服务端口是 UDP 161。

SNMP 依赖的模式是管理站与代理,SNMP Trap(陷阱)是 SNMP 的一部分,是以事件为驱动,在被监控端设置陷阱,一旦被监控端设备出现特定事件,可能是性能问题,也可能是网络设备接口宕掉等,代理端会给管理站发告警事件(SNMP Trap),能够在最短的时间内发现故障,避免因设备故障带来损失。SNMP Trap 接收服务使用 UDP 162 号端口。

在网络中配置和使用简单网络管理协议后,应注意开放对 UDP 161 和 UDP 162 端口的访问。例如,如果在 DMZ 区的某台服务器上通过安装 PRTG 软件,部署了网络流量监控服务器,在防火墙上就要允许内网对 DMZ 区服务器 UDP 161 和 162 端口的访问。网络中的被监控设备(交换机和路由器)上要配置和开启 SNMP 协议,这样才能被网络流量监控软件提取到设备的网络流量等管理信息。

(8) Telnet 与 SSH 服务

Telnet 协议是 TCP/IP 协议簇中的一员,用于提供远程登录服务。Telnet 协议采用客户机/服务器模型,Telnet 服务器的服务端口采用 TCP 23,通信采用明文传输通信,适用于安全性要求不高的应用场景。在内网远程登录连接交换机,常用 Telnet 方式。

对于安全性要求较高的远程登录,常使用 SSH(Secure Shell)协议。SSH 协议是建立在应用层基础上并专为远程登录会话服务提供安全保障的安全协议。SSH 协议采用加密传输,可有效防止远程管理过程中的信息泄露问题。

对于 UNIX/Linux 系统的远程登录,为防止 root 账户密码在登录时被网络嗅探窃取,采用 root 账户远程登录时,必须使用 SSH 协议,使用 Telnet 协议登录时不支持 root 账户登录,只能使用普遍账户登录。

SSH 协议采用客户机/服务器模型,SSH 服务器的服务端口采用 TCP 22。

(9) SQL Server 数据库服务器

SQL Server 服务器默认使用 TCP 1433 端口。若在 DMZ 区部署有 SQL Server 服务器,而且需要从内网远程登录连接 SQL Server 服务器,则必须在防火墙上允许对 TCP 1433 端口的访问。另外,MySQL 数据库服务器默认使用 TCP 3306 服务端口。

(10) 邮件服务

目前一般都使用 QQ 邮箱或租用 QQ 企业邮箱,直接在局域网部署企业邮件服务器少了。邮件服务器同时提供了接收邮件和发送邮件两种服务。两种服务所使用的协议不同,根据传输内容是否加密,又分加密的协议和不加密的协议,因此,涉及的协议较多,如果企业部署了邮件服务器,则需要弄清楚发件和收件各自使用的是什么协议,以便在防火墙上开放对应的服务端口。

邮件服务同时提供邮件发送和收件服务,采用客户机/服务器模型,其服务端就是邮件服务器,客户端称为 User Agent(用户代理),比如客户机安装使用的 Foxmail、Outlook 邮件收发软件就属于客户端程序。

① 邮件发送协议。邮件发送服务使用 SMTP(Simple Mail Transfer Protocol,简单邮件传输协议)或 SMTPS(SMTP over SSL)协议。SMTP 的服务端口为 TCP 25,SMTPS 的服务端口为 TCP 465。SMTPS 利用 SSL 协议的非对称加密技术来加密传输邮件,安全性高,可防止邮件内容在传输过程中被网络嗅探窃取到。

用户使用 Foxmail 用户代理程序发送邮件时,使用 SMTP 或 SMTPS 协议。发件分两步:第一步是用 Foxmail 用户代理程序发送到用户邮箱所在的邮件服务器;第二步是由发件方邮箱所在的邮件服务器,再次利用 SMTP 或 SMTPS 协议,转发邮件到收件方邮箱所在的邮件服务器。

② 邮件接收协议。邮件获取协议可使用 POP3(Post Office Protocol 3,邮局协议第 3 版)或 IMAP4(Internet Message Access Protocol 4,互联网消息访问协议第 4 版)。IMAP4 是一种优于 POP3 的邮件获取协议。用户代理程序从邮箱所在的邮件服务器下载邮件到本地,使用 POP3 或者 IMAP4 协议。POP3 服务使用 TCP 110 端口,IMAP4 服务使用 TCP 143 端口。

POP3 和 IMAP4 都是明文传输邮件,若要以加密传输方式接收邮件,则要使用基于 SSL 协议的 POP3/SSL 或 IMAP4/SSL 协议。使用了 SSL 安全协议的 POP3/SSL 服务端口使用 TCP 995。使用了 SSL 安全协议的 IMAP4/SSL 服务端口使用 TCP 993。

综上所述,常见服务所使用的端口如表 6.4 所示。

表 6.4　常见服务所使用的端口

服务名称	服务端口	服务名称	服务端口	服务名称	服务端口
HTTP	TCP 80	SNMP	UDP 161	SMTP	TCP 25
HTTPS	TCP 443	SNMP Trap	UDP 162	SMTPS	TCP 465
FTP	TCP 21、TCP 20	Telnet	TCP 23	POP3	110
RDP	TCP 3389	SSH	TCP 22	POP3/SSL	TCP 995
DHCP	UDP 67	VNC	TCP 5900	IMAP4	TCP 143
DHCP Client	UDP 68	SQL Server	TCP 1433	IMAP4/SSL	TCP 993
DNS	TCP 53、UDP 53	MySQL	TCP 3306		

2. 防火墙配置要求

总体要求:通过配置和应用防火墙的访问控制列表,对 DMZ 区服务器群提供安全保护。

具体配置要求如下:

(1) 内网用户和因特网用户均能访问服务器的 HTTP、HTTPS、FTP(PORT 模式)、DNS 和 SSH 服务。另外,内网主机还能访问服务器的 DHCP、RDP、SNMP、SNMP Trap、VNC 和 SQL Server 服务,其中 VNC 的服务端口范围为 TCP 5900~TCP 5910。

(2) DMZ 区中的服务器允许访问因特网的 HTTP、HTTPS、DNS 和 FTP 服务(PORT 模式)。

(3) 内网可以 ping DMZ 区中的所有服务器,因特网主机可以 ping 113.204.175.18 服务器。

3. 配置防火墙

(1) 配置接口地址与路由。

这一步在前面配置局域网内网互联互通时已配置完成。

（2）定义访问控制列表。

防火墙 WAN、LAN 和 DMZ 三个端口要分别定义访问控制列表，编号分别用 101、102 和 103 来表示。访问控制列表的定义语句如下：

① 定义 WAN 口的访问控制列表。

```
!因特网主动访问 DMZ 区服务器的访问请求报文允许通过
access-list 101 permit tcp any any eq 80
access-list 101 permit tcp any any eq 443
access-list 101 permit tcp any any eq 21
access-list 101 permit tcp any any eq 22
access-list 101 permit tcp any any eq 53
access-list 101 permit udp any any eq 53
access-list 101 permit icmp any host 113.204.175.18
!DMZ 区 FTP 服务器的 TCP 20 端口发起的主动连接因特网主机所产生的响应报文允许通过
access-list 101 permit tcp any any eq 20
!下面配置 DMZ 区服务器主动访问因特网所产生的响应报文允许通过
access-list 101 permit tcp any eq 80 any
access-list 101 permit tcp any eq 443 any
access-list 101 permit tcp any eq 53 any
access-list 101 permit udp any eq 53 any
access-list 101 permit tcp any eq 21 any
!允许因特网 FTP 服务器的 TCP 20 端口主动发起建立数据通道连接的请求报文通过
access-list 101 permit tcp any eq 20 any
!默认禁止所有数据包通过
access-list 101 deny ip any any
```

② 定义 LAN 口的访问控制列表。

```
!以下全部是内网访问 DMZ 区服务器的访问请求报文允许通过
access-list 102 permit tcp any any eq 80
access-list 102 permit tcp any any eq 443
access-list 102 permit tcp any any eq 21
access-list 102 permit tcp any any eq 22
access-list 102 permit tcp any any eq 53
access-list 102 permit udp any any eq 53
access-list 102 permit udp any any eq 67
access-list 102 permit tcp any any eq 3389
access-list 102 permit udp any any range 161 162
access-list 102 permit tcp any any range 5900 5910
access-list 102 permit tcp any any eq 1433
access-list 102 permit icmp any any
!内网连接 DMZ 区的 FTP 服务器时,FTP 服务器的 TCP 20 会主动发起建立数据通道的连接请求,
  以下配置允许该连接请求的响应报文回去
access-list 102 permit tcp any any eq 20
!默认禁止所有数据包通过
access-list 102 deny ip any any
```

③ 定义 DMZ 口的访问控制列表。

```
!对 DMZ 区服务器访问的响应报文允许通过
```

```
access-list 103 permit tcp any eq 80 any
access-list 103 permit tcp any eq 443 any
access-list 103 permit tcp any eq 21 any
access-list 103 permit tcp any eq 22 any
access-list 103 permit tcp any eq 53 any
access-list 103 permit udp any eq 53 any
access-list 103 permit udp any eq 67 any
access-list 103 permit tcp any eq 3389 any
access-list 103 permit udp any range 161 162 any
access-list 103 permit tcp any range 5900 5910 any
access-list 103 permit tcp any eq 1433 any
```
!FTP 服务器主动发起的建立数据通道连接的报文允许通过,目标主机可以是内网或因特网主机
```
access-list 103 permit tcp any eq 20 any
```
!允许所有的 ICMP 报文通过
```
access-list 103 permit icmp any any
```
!配置 DMZ 区服务器主动访问因特网的访问请求报文允许通过
```
access-list 103 permit tcp any any eq 80
access-list 103 permit tcp any any eq 443
access-list 103 permit tcp any any eq 53
access-list 103 permit udp any any eq 53
access-list 103 permit tcp any any eq 21
```
!对因特网主机 TCP 20 端口主动发起的数据通道连接所产生的响应报文允许回去
```
access-list 103 permit tcp any any eq 20
```
!默认禁止所有 IP 数据包通过
```
access-list 103 deny ip any any
```

(3) 应用访问控制列表在端口。

访问控制列表应用的配置命令如下:

```
Firewall>enable
Firewall#config t
Firewall(config)#int G1/0/1
Firewall(config)#ip access-group 101 in
Firewall(config)#int G1/0/2
Firewall(config)#ip access-group 102 in
Firewall(config)#int G1/0/3
Firewall(config)#ip access-group 103 in
Firewall(config)#end
Firewall#write
```

至此,防火墙配置完成。

4. 访问测试

(1) 测试内网访问 DHCP 服务是否正常。

在内网任意一台 PC,将 IP 地址分配方式由 DHCP 改为 Static,然后再设置回 DHCP 分配方式,查看 IP 地址获取能否成功。若能成功,则说明访问 DMZ 区中的 DHCP 服务器正常。

（2）Web 服务访问测试。

检查所有的 Web 服务器是否开启了 HTTP 和 HTTPS 服务，没开启的就全部开启。然后分别从以下方面进行 Web 服务访问测试，查看访问是否成功。

① 从任意一台内网主机的浏览器，分别用"http：//协议"和"https：//协议"，用公网地址访问 DMZ 区中的 Web 服务器（公网地址服务器和私网地址服务器）。

访问结果是内网主机不能用 https：//113.204.175.5:8080 或 https：//113.204.175.5 地址，访问私网地址服务器的 HTTPS 服务。其余访问测试全部成功。下面在内网主机使用服务器的私网地址直接访问其 HTTPS 服务，查看访问能否成功。

在内网任意一台主机的浏览器地址栏分别输入 https：//10.1.0.11 或 https：// 10.1.0.11 地址并按 Enter 键，其结果是能正常访问。这说明防火墙配置没有问题，回想以前的对路由器的配置和端口映射的转换过程，不难发现是因为在路由器中只对服务器的 TCP 80 端口进行了端口映射，而对 HTTPS 服务所使用的 TCP 443 端口并没有做端口映射，故无法用"https：//协议"访问 Web 服务器的 HTTPS 服务。

下面对 RouterA 路由器进行补充配置，增加对服务器 TCP 443 端口的映射，映射方式如下：

```
113.204.175.5:443↔10.1.0.11 443
113.204.175.5:4430↔10.1.0.12 443
```

为此，在 RouterA 路由器上增加以下配置。

```
RouterA#config t
RouterA(config)#ip nat inside source static tcp 10.1.0.11 443 113.204.175.5 443
RouterA(config)#ip nat inside source static tcp 10.1.0.12 443 113.204.175.5 4430
RouterA(config)#exit
RouterA#write
```

接下来在任意一台 PC 的浏览器地址栏中重新输入 https：//113.204.175.5 或 https：//113.204.175.5:4430，测试结果访问成功，如图 6.3 所示。

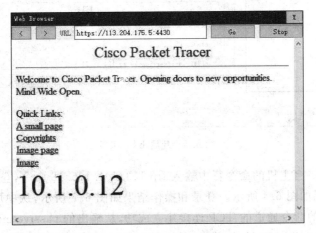

图 6.3　测试访问 HTTPS 服务

② 在因特网中的 WAN_Web1 主机访问局域网 DMZ 区中的服务器。

在浏览器地址栏分别输入以下地址进行访问,查看访问能否成功。

http://113.204.175.18、https://113.204.175.18、http://113.204.175.5
https://113.204.175.5、http://113.204.175.5:8080、https://113.204.175.5:4430

访问测试结果是访问全部成功。

③ 在 DMZ 区的服务器上访问因特网的 HTTP 服务和 HTTPS 服务。

在 DMZ 区的 113.204.177.18 服务器的浏览器地址栏中分别输入 http://113.204.176.35 或 https://113.204.176.35 地址,对因特网中的 Web 服务器进行访问测试。测试结果是成功访问。

在 DMZ 区的私网地址服务器中再用同样的访问方法进行测试,结果也全部访问成功。

(3) FTP 服务访问测试。

将局域网 DMZ 区中的 113.204.175.18 服务器的 FTP 服务开启,如图 6.4 所示,以便进行 FTP 的登录连接测试。

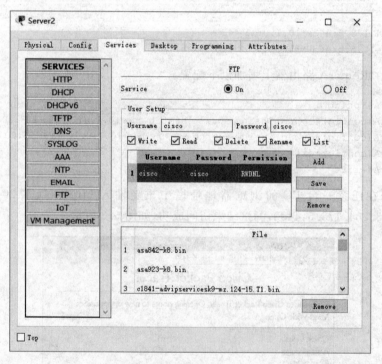

图 6.4　开启 FTP 服务

在内网任意一台主机的命令行中输入 ftp 113.204.175.18 命令,登录连接 FTP 服务器,账户名和密码如图 6.4 所示。登录和操作结果如图 6.5 所示,从中可见,FTP 登录连接成功,即 FTP 的命令通道的 TCP 连接建立成功,从输出的 passive mode on 信息可知,FTP 服务器工作在 PASV(被动)模式,建立数据传输通道所使用的端口号两端全是随机的,防火墙无法配置。本案例防火墙也是针对 PORT 模式的 FTP 服务器而配置的,因此,后续的数据通道建立将失败。

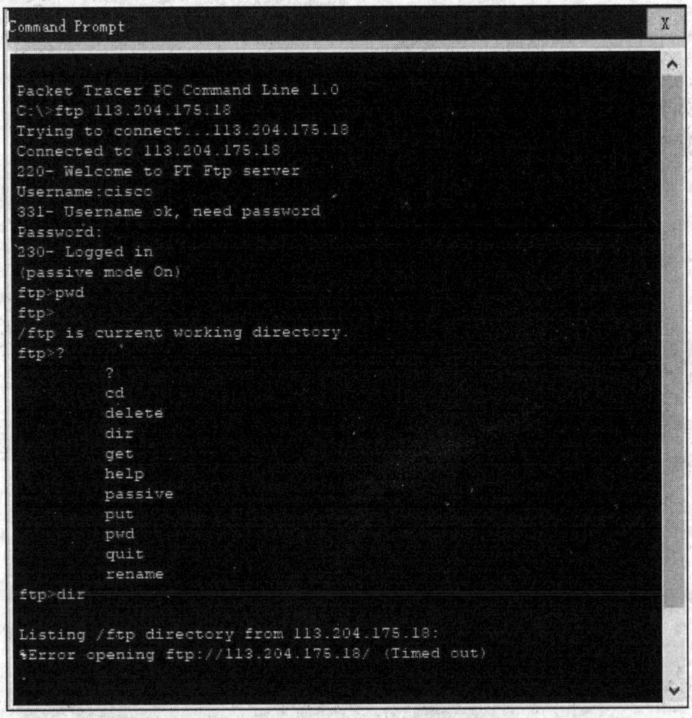

```
Command Prompt                                                   X

Packet Tracer PC Command Line 1.0
C:\>ftp 113.204.175.18
Trying to connect...113.204.175.18
Connected to 113.204.175.18
220- Welcome to PT Ftp server
Username:cisco
331- Username ok, need password
Password:
230- Logged in
(passive mode On)
ftp>pwd
ftp>
/ftp is current working directory.
ftp>?
        ?
        cd
        delete
        dir
        get
        help
        passive
        put
        pwd
        quit
        rename
ftp>dir

Listing /ftp directory from 113.204.175.18:
%Error opening ftp://113.204.175.18/ (Timed out)
```

图 6.5 FTP 登录连接和操作测试

在"ftp>"命令行执行 pwd 命令查看远端 FTP 服务器的当前目录路径,执行成功,说明命令通道的命令执行正常。接下来执行 dir 命令列目录文件清单失败,说明了数据通道无法建立。列目录文件的数据是通过数据通道传输的,由于防火墙的阻挡,数据通道的TCP 连接无法建立成功,这也证明了防火墙的功能生效,不符合匹配规则的报文无法通过防火墙。

为了进行对比,接下来临时将防火墙 G1/0/2 和 G1/0/3 端口上应用的 102 号和103 号访问控制列表取消应用,然后再进行 FTP 登录测试,查看能否成功列出目录文件清单。

取消应用的配置命令如下:

```
firewall (config)#int G1/0/2
firewall (config-if)#no ip access-group 102 in
firewall (config-if)#int G1/0/3
firewall (config-if)#no ip access-group 103 in
```

取消访问控制列表的应用后重新进行 FTP 登录测试,测试结果如图 6.6 所示,从中可见,数据通道建立成功,成功列出了 FTP 站点"/ftp"目录下面的文件列表。

测试完 FTP 后,重新将 102 号和 103 号访问控制列表应用到端口。通过以上测试,防火墙包过滤的功能生效后,各项服务访问正常,对不允许的连接和访问能成功起阻止的作用。

209

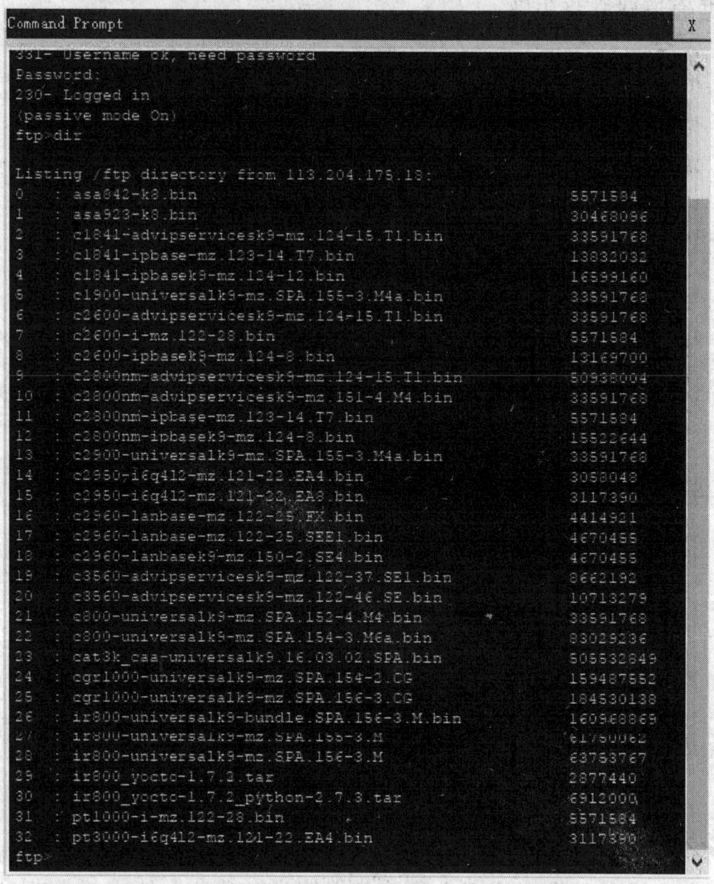

图 6.6　成功列出 FTP 站点的文件列表

5. 防火墙的后期维护与管理

防火墙的后期维护与管理主要是对防火墙的访问控制列表,根据应用的需求,添加、修改或删除部分列表。

要对访问控制列表进行维护管理,可采取以下步骤和方法。

(1) 在接口上取消应用。

要对哪一个访问控制列表进行修改,先将访问控制列表在相应的接口上取消应用。

例如,若要修改 102 号访问控制列表,则应在 G1/0/2 接口上取消对 102 号访问控制列表的应用。

先取消应用的原因是:假设管理员是在内网的管理主机通过 Telnet 方式远程登录连接到防火墙进行的配置操作。如果第一步就删除 102 号访问控制列表,则 Telnet 的登录连接马上就断了。这是因为在 G1/0/2 端口上应用了 102 号访问控制列表,但交换机中又没有 102 号访问控制列表,因此交换机就执行默认的动作,禁止所有 IP 数据包通过,故 Telnet 连接就断开了,再也登录连接不上防火墙,此时管理员只有到中心机房利用 Console 口进行本地配置操作。

（2）在特权执行模式下执行 show run 命令，显示交换机的配置内容，找到要修改的访问控制列表，将编号相同的整个访问控制列表复制到剪贴板。接下来在桌面创建一个文本文件，将刚才复制的访问控制列表粘贴到新建的文本文件中，并在该文本文件中对访问控制列表进行添加、修改或删除操作。

（3）进入交换机的配置模式，将要修改的访问控制列表删除。

例如，若要修改的访问控制列表是 102，则删除整个 102 号访问控制列表的命令为：

```
Firewall(config)#no access-list 102
```

（4）将经过编辑修改后的访问控制列表重新添加定义到交换机中。实现的操作方法如下。

在文本文件中，将编辑修改好的访问控制列表全部选中，然后复制到剪贴板。接下来进入交换机的配置模式，将新的访问控制列表粘贴到命令行，此时就会依次执行这些配置命令，从而实现新访问控制列表的重新定义和添加。

（5）进入交换机配置模式，在接口上重新应用访问控制列表，最后保存交换机的配置。

```
Firewall(config)#int G1/0/2
Firewall(config-if)#ip access-group 102 in
Firewall(config-if)#end
Firewall#write
Firewall#exit
```

到此为止，大型局域网络案例的 A 校区网络全部配置完成。

实训　利用 ACL 配置防火墙

【实训目的】　熟悉和掌握访问控制列表的配置与应用方法，掌握利用三层交换机，通过配置访问控制列表，实现防火墙功能的配置实现方法。

【实训环境】　Windows+Cisco Packet Tracer V7.1.1。

【实训网络拓扑】　实训网络拓扑如图 6.7 所示。

【实训内容与步骤】

（1）按图 6.7 所示，在 Cisco Packet Tracer V7.1.1 网络模拟平台中构建起防火墙的网络运行环境。

（2）在 CoreSW 交换机中创建和配置 VLAN，实现 VLAN 间的相互通信。主机采用自动获得 IP 地址的分配方式。

（3）假设该单位申请到 32 个公网 IP 地址，地址段为 222.177.205.0/27，NAT 地址池为 222.177.205.8/29，内网服务器端口映射地址使用 222.177.205.4/30 子网中的地址。DMZ 区的公网地址服务器使用 222.177.205.16/28 子网，网关地址 222.177.205.17/28。使用私网地址的服务器地址段为 192.168.252.0/24，网关地址为 192.168.252.1/24。

211

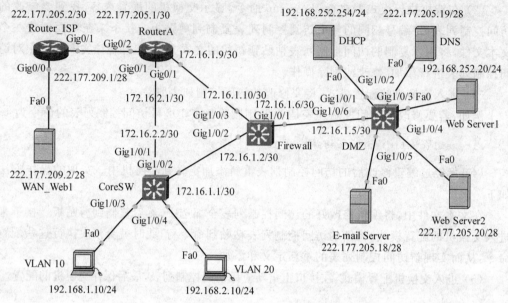

图 6.7 防火墙配置实训网络拓扑

（4）在 DMZ 交换机中为公网地址服务器和私网地址服务器划分网段，并实现网段间的互联互通。最后按图 6.7 所示，设置各服务器的 IP 地址和网关地址，并开启和配置相关服务。其中 Web Server1 服务器同时开启 HTTP、HTTPS 和 FTP 服务。

（5）配置各三层设备的互联接口地址，并配置静态路由，实现网络的互联互通。

（6）用 NAT 地址池方式，为 RouterA 路由器配置 NAT 功能，实现内网用户和 DMZ 区中的私网地址服务器能访问因特网。DMZ 区中的公网地址服务器不要进行 NAT 操作，直接路由访问因特网。

（7）在 RouterA 路由器上配置端口映射，映射方式如下：

```
222.177.205.5:80 ↔ 192.168.252.20:80
222.177.205.5:443 ↔ 192.168.252.20:443
```

（8）配置 WAN_Web1 服务器的 IP 地址和网关地址，并开启 HTTP 和 HTTPS 服务。

（9）修改各 Web 服务器的 index.html 网页文件的源代码，在网页中显示服务器的 IP 地址信息。

（10）配置 DNS 服务器的域名解析。Web Server1 的域名为 pt.cqu.edu.cn，Web Server2 的域名为 www.cqu.edu.cn。域名与 IP 地址对应关系如下：

```
www.cqu.edu.cn ↔ 222.177.205.20
pt.cqu.edu.cn ↔ 222.177.205.5
```

（11）配置 DHCP 服务器，分别为 VLAN 10 和 VLAN 20 网段配置 DHCP 作用域，DNS 服务器地址为 222.177.205.19。

（12）设置各 PC 主机的 IP 地址获得方式为 DHCP。

（13）配置防火墙，配置要求如下：

① 内网用户和因特网用户均能访问 DMZ 区服务器的 HTTP、HTTPS、FTP（PORT 模式）、E-mail、DNS 和 SSH 服务。另外，内网主机还能访问服务器的 DHCP、RDP、SNMP、SNMP Trap 和 SQL Server 服务。E-mail 服务器发件采用 SMTP 协议，收件采用 POP3 协议。

② DMZ 区中的服务器允许访问因特网的 HTTP、HTTPS、E-mail、DNS 和 FTP 服务（PORT 模式）。

③ 内网可以 ping DMZ 区中的所有服务器，因特网主机可以 ping DMZ 区中所有使用公网地址的服务器。

（14）全网访问测试。

① 在内网的任意主机分别用 HTTP 和 HTTPS 协议，使用 IP 地址访问因特网和 DMZ 区中的各 Web 服务器。做了端口映射的私网地址服务器采用公网地址进行访问。

② 在 DMZ 区的任意一台服务器中分别用 HTTP 和 HTTPS 协议访问因特网中的 WAN_Web1 服务器。

③ 在 WAN_Web1 服务器中分别用 HTTP 和 HTTPS 协议访问 DMZ 区中的各 Web 服务器。

④ 在内网的任意主机使用域名地址访问 DMZ 区中的 Web 服务器。

⑤ 在任意一台 PC 中配置邮箱信息，进行邮件的收发测试，看能否正常进行邮件的收发。

如果以上测试都能成功，则防火墙配置成功。

第 7 章 DHCP 与 DHCP 监听

本章主要介绍 DHCP 的工作原理、DHCP 服务的配置,以及 DHCP 监听、动态 ARP 监测、端口安全、IP 源保护等网络安全特性的配置与应用。

7.1 DHCP 概述

1. DHCP 简介

DHCP 是 Dynamic Host Configuration Protocol 的缩写,称为动态主机配置协议,是一种简化主机 IP 地址配置和管理的协议。利用该协议,允许 DHCP 服务器向客户端提供 IP 地址和其他相关配置信息(子网掩码、默认网关、DNS 服务器地址、IP 地址租用时间等)。

DHCP 属于应用层协议,在传输层使用 UDP 协议工作。DHCP 服务端使用 UDP 67 号端口提供相应的服务。DHCP 客户端使用 UDP 68 号端口与服务端通信。DHCP 采用客户(Client)/服务器(Server)模型,DHCP 服务器属于服务端,用户主机属于客户端。

在网络管理中,通过配置和启用 DHCP 服务,可以让 DHCP 客户端(用户主机)在每次启动后自动获取 IP 地址和相关网络配置参数,减少组网时手工静态配置 IP 地址信息的工作量。在计算机数量众多并且划分了多个子网的网络中,DHCP 服务的优势更加明显,可避免因手工设置 IP 地址及子网掩码所产生的错误,也可避免把一个 IP 地址分配给多台主机所造成的 IP 地址冲突问题,从而大大缩短网络管理员在主机地址配置上所耗费的时间,减轻管理员的设置负担。

2. DHCP 服务实现的几种途径

DHCP 服务可利用三层交换机或路由器来配置实现,即 IOS DHCP 实现方式,也可采用 Windows Server 或 Linux Server 操作系统,通过安装配置 DHCP 服务器来实现。在前面的网络配置中,DHCP 服务使用的是非 IOS DHCP 服务器来实现的,本节将介绍使用交换机或路由器来配置实现 DHCP 服务,二者配置实现方法相同。

3. DHCP 工作原理

当用户主机的 IP 地址获取方式设置为"自动获得 IP 地址"时,才会向 DHCP 服务器申请分配 IP 地址。申请获得的 IP 地址有一个租用期,在租用期内,都会固定获得该 IP 地址。

　　当用户主机设置为自动获得 IP 地址,并在一个租用期指定的时间范围内首次接入网络时,客户机就会向网络以广播方式发出一个发现报文(DISCOVER),请求租用 IP 地址,然后处于选择(Select)状态。报文中源 IP 地址为 0.0.0.0,目的地址为 255.255.255.255,即以广播方式发送报文,如图 7.1 所示。网络中的每台主机都会收到该报文,但只有 DHCP 服务器才会响应该报文。发现报文中包含源主机的 MAC 地址和计算机名,DHCP 报文解码中的 CLIENT HARDWARE ADDRESS 就是客户主机的 MAC 地址。

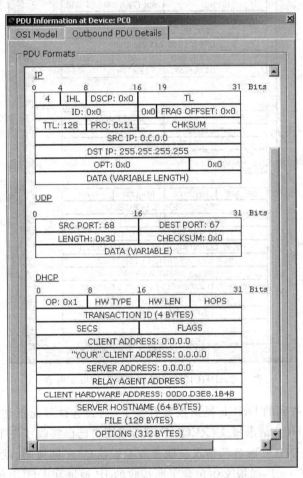

图 7.1　客户机发出的发现报文解码

　　第 1 个发现报文的等待时间预设为 1s,发出该报文后 1s 之内,若没有收到响应报文,则会发出第 2 个发现广播报文。第 2 个报文的等待时间为 9s,第 3 个报文和第 4 个报文的等待时间分别为 13s 和 16s。如果 4 次发送都没有收到响应报文,则宣告发现失败。5min 之后将再次重试。

　　DHCP 服务器收到发现广播报文之后,DHCP 服务器将从 IP 地址池中为其分配一个未使用的 IP 地址,以广播形式响应 DHCP 客户机一个提供(OFFER)报文,报文解码

215

如图7.2所示。从图7.2中可见,提供报文中包含了DHCP服务器分配给客户主机的IP地址信息。如果网络中有多台DHCP服务器,则这些DHCP服务器都会给客户端回复提供报文。

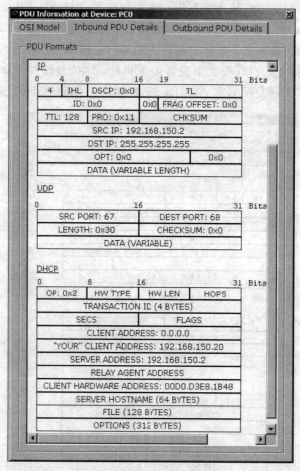

图7.2 DHCP服务器响应的提供报文内容

若客户端主机收到的DHCP提供报文有多个,则会选择最先抵达的提供报文,然后以广播形式发出DHCP请求报文(REQUEST),表明自己已接收了一个DHCP服务器提供的IP地址,并向DHCP服务器请求获取参数配置信息(子网掩码、默认网关、DNS服务器地址、租用时间等)。广播报文中包含了所接收的IP地址和DHCP服务器的IP地址,然后进入请求状态(REQUEST)。

DHCP服务器收到请求报文后,会将网络参数配置信息放入确认报文(ACK)中,并以广播方式回复给DHCP客户机,以确认IP租约正式生效,这样客户主机就可使用DHCP服务器为其分配的IP地址了,客户机进入稳定的绑定状态。其他的DHCP服务器收到请求广播报文之后,若发现客户端没有选择使用自己所提供的IP地址,则收回为其所分配的IP地址。

在租约期内,DHCP客户机下次重新接入网络时就不用再发送发现报文了,而是直接发送包含前一次所分配到的 IP 地址的请求报文。当 DHCP 服务器收到该报文后，它将尝试让 DHCP 客户机继续使用原来的 IP 地址，并响应一个 ACK 确认报文。若该 IP 地址已被其他主机占用而无法再分配，则将响应一个否认报文(NAK)。客户机收到否认报文后，将重新发起发现报文，重新申请分配新的 IP 地址。

DHCP 报文的交互过程如图 7.3 所示。在 DHCP 客户机和 DHCP 服务器之间交互的报文，除了以上基本交互过程的报文之外，还存在以下类型的报文。

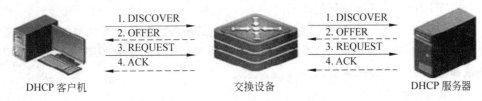

图 7.3　DHCP 报文的交互过程

- DHCP 客户机发出释放(RELEASE)报文，告知 DHCP 服务器终止 IP 地址租用收回 IP 地址。
- DHCP 服务器发出失败提示(NAK)报文，回复 DHCP 客户机地址申请失败。请求的 IP 地址有误，或者租期已过期。
- DHCP 客户机发出谢绝(DECLINE)报文，告知 DHCP 服务器该地址存在冲突，不可使用。

另外，如果 DHCP 客户机和 DHCP 服务器不在同一个子网内，则申请地址需要 DHCP 中继(DHCP Relay)的支持。利用 DHCP 中继代理的跨广播域转发 DHCP 报文，就能实现在 DHCP 客户机和 DHCP 服务器之间收发 DHCP 报文。

在前面的网络配置中，由于网络有多个网段，DHCP 服务器只可能在某一个网段，与 DHCP 服务器不在同一网段的主机，就需要通过 DHCP 中继来转发 DHCP 报文。VLAN 接口通过配置指定 DHCP 服务器地址，可起到 DHCP 中继的作用。

7.2　DHCP 服务配置与应用

本节以在核心交换机上配置 DHCP 服务为例，介绍利用网络设备配置 DHCP 服务的实现方法。出口网络设备承担的 NAT 负荷较重，因此，建议将 DHCP 服务放在核心交换机上。

7.2.1　DHCP 服务配置命令

1. 启用 DHCP 服务与中继代理

配置命令为：

```
service dhcp
```

该命令在全局配置模式执行。若要关闭 DHCP 服务与中继代理,执行 no service dhcp 命令。

2. 配置地址池

DHCP 的地址分配和给客户端传送的配置参数,都需要在 DHCP 地址池中进行定义。如果没有配置 DHCP 地址池,即使启用了 DHCP 服务,也不能对客户端进行地址分配,不过,DHCP 中继代理总是起作用的。

配置 DHCP 地址池由多条相关命令共同配置完成。首先定义地址池的名称并进入地址池配置模式,在该子模式下,再用相关命令配置地址池 IP 地址、默认网关、DNS 服务器地址和租用期等相关配置信息。

(1) 定义地址池名称。

配置命令为:

```
ip dhcp pool pool_name
```

该命令在全局配置模式执行,执行后将进入地址池配置模式。pool_name 代表要创建定义的地址池的名称,可自定义命名。由于每个网段都要定义对应的地址池,因此,命名上可添加 VLAN 号信息,以便知道是哪个 VLAN 对应的地址池。

例如,若要为 VLAN 10 定义名为 pool_vlan10 的地址池,则配置命令为:

```
Switch(config)#ip dhcp pool pool_vlan10
Switch(dhcp-config)#
```

(2) 定义地址池网段。

配置命令为:

```
network subnet mask
```

该命令在地址池配置模式执行,用于配置定义动态分配的地址段,subnet 代表网段地址;mask 为对应的子网掩码。

例如,假设 VLAN 10 的网段地址为 192.168.1.0/24,则配置命令为:

```
Switch(dhcp-config)#network 192.168.1.0 255.255.255.0
```

(3) 配置指定默认网关地址。

配置命令为:

```
default-router gateway
```

该命令在地址池配置模式执行,用于配置指定该网段的默认网关地址。例如,若 VLAN 10 的网关地址为 192.168.1.1/24,则配置命令为:

```
Switch(dhcp-config)#default-router 192.168.1.1
```

(4) 配置指定 DNS 服务器地址。

配置命令为:

dns-server *dns_address*

该命令在地址池配置模式执行,用于配置指定用户主机进行域名解析所使用的 DNS 服务器的 IP 地址。通常使用因特网服务商所提供的 DNS 服务器地址,以加快域名解析的速度。

例如,若 VLAN 10 要指定的 DNS 服务器地址为 61.128.192.99,则配置命令为:

```
Switch(dhcp-config)#dns-server 61.128.192.99
```

(5) 配置地址租用期。

配置命令为:

lease *days hours minutes* |infinite

该命令在地址池配置模式执行,用于配置地址的租用时间,允许以日、时、分为单位进行配置,默认租期为 1 天。若设置为 infinite,则表示不限时间,可长期使用。

例如,若要设置地址的租用期为 2 天,则配置命令为:

lease 2

若要设置地址的租用期为 9 小时 30 分,则配置命令为:

lease 0 9 30

3. 定义从地址池要排除的地址

地址池定义的是一个地址段,通常这个地址段中会有一些 IP 地址有其他用途,不能分配给网段内的用户主机使用,比如网关地址、交换机使用的管理地址等,这些地址就需要从地址池中排除,其配置命令如下:

ip dhcp excluded-address *low-ip-address high-ip-address*

该命令在全局配置模式执行,一条命令配置指定一个连续的地址范围,若有多个连续的地址段需要排除,则重复使用该条配置命令依次配置指定即可。

例如,若要排除 pool_vlan10 地址池中 192.168.1.0～192.168.1.19 和 192.168.1.241～192.168.1.255 的 IP 地址,则配置命令为:

```
Switch(config)#ip dhcp excluded-address 192.168.1.0   192.168.1.19
Switch(config)#ip dhcp excluded-address 192.168.1.241   192.168.1.255
```

7.2.2　DHCP 服务应用案例

1. 案例网络拓扑

本案例的网络拓扑如图 7.4 所示。

2. 网络配置要求

【例 7.1】　有某单位网络需要组建,要求采用扁平化设计方案配置整个网络,实现内

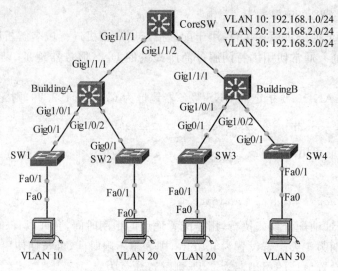

图 7.4 DHCP 服务配置案例拓扑

网网络的互联互通,全网主机采用 DHCP 自动分配 IP 地址,每个网段 0～30 号地址保留,不用作 DHCP 分配,用户主机 DNS 服务器地址设置为 61.128.192.99。

3. 配置步骤与配置实现方法

(1) 采用扁平化设计方案配置整个网络,实现网络的互联互通。

在核心交换机 CoreSW 上进行配置,配置命令如下:

```
Switch>enable
Switch#config t
Switch(config)#ip routing
Switch(config)#hostname CoreSW
CoreSW(config)#vlan 10
CoreSW(config-vlan)#vlan 20
CoreSW(config-vlan)#vlan 30
CoreSW(config-vlan)#int vlan 10
CoreSW(config-if)#ip address 192.168.1.1 255.255.255.0
CoreSW(config-if)#int vlan 20
CoreSW(config-if)#ip address 192.168.2.1 255.255.255.0
CoreSW(config-if)#int vlan 30
CoreSW(config-if)#ip address 192.168.3.1 255.255.255.0
CoreSW(config-if)#int range G1/1/1-2
CoreSW(config-if-range)#switchport trunk encapsulation dot1q
CoreSW(config-if-range)#switchport mode trunk
CoreSW(config-if-range)#exit
CoreSW(config)#vtp domain CampusA
CoreSW(config)#vtp mode server
CoreSW(config)#vtp password Cavtpe5309
```

220

（2）配置 BuildingA 和 BuildingB 汇聚交换机。

① 配置 BuildingA 汇聚交换机。

```
Switch>enable
Switch#config t
Switch(config)#hostname BuildingA
BuildingA(config)#int G1/1/1
BuildingA(config-if)#switchport trunk encapsulation dot1q
BuildingA(config-if)#switchport mode trunk
BuildingA(config-if)#int range G1/0/1-2
BuildingA(config-if-range)#switchport trunk encapsulation dot1q
BuildingA(config-if-range)#switchport mode trunk
BuildingA(config-if-range)#exit
BuildingA(config)#vtp domain CampusA
BuildingA(config)#vtp mode client
BuildingA(config)#vtp password Cavtpe5309
BuildingA(config)#exit
BuildingA#write
```

② 配置 BuildingB 汇聚交换机。

```
Switch>enable
Switch#config t
Switch(config)#hostname BuildingB
BuildingB(config)#int G1/1/1
BuildingB(config-if)#switchport trunk encapsulation dot1q
BuildingB(config-if)#switchport mode trunk
BuildingB(config-if)#int range G1/0/1-2
BuildingB(config-if-range)#switchport trunk encapsulation dot1q
BuildingB(config-if-range)#switchport mode trunk
BuildingB(config-if-range)#exit
BuildingB(config)#vtp domain CampusA
BuildingB(config)#vtp mode client
BuildingB(config)#vtp password Cavtpe5309
BuildingB(config)#exit
BuildingB#write
```

（3）分别在 SW1、SW2、SW3 和 SW4 交换机上将上联端口配置中继口,根据各主机所属的网段,将各主机划分到对应网段所属的 VLAN 中。

① SW1 交换机的配置。

```
Switch>enable
Switch#config t
Switch(config)#hostname SW1
Switch(config)#vtp domain CampusA
Switch(config)#vtp mode client
Switch(config)#vtp password Cavtpe5309
SW1(config)#int G0/1
SW1(config-if)#switchport mode trunk
SW1(config-if)#int Fa0/1
```

```
SW1(config-if)#switchport access vlan 10
SW1(config-if)#end
SW1#write
```

② SW2 交换机的配置。

```
Switch>enable
Switch#config t
Switch(config)#hostname SW2
Switch(config)#vtp domain CampusA
Switch(config)#vtp mode client
Switch(config)#vtp password Cavtpe5309
SW2(config)#int G0/1
SW2(config-if)#switchport mode trunk
SW2(config-if)#int Fa0/1
SW2(config-if)#switchport access vlan 20
SW2(config-if)#end
SW2#write
```

③ SW3 交换机的配置。

```
Switch>enable
Switch#config t
Switch(config)#hostname SW3
Switch(config)#vtp domain CampusA
Switch(config)#vtp mode client
Switch(config)#vtp password Cavtpe5309
SW3(config)#int G0/1
SW3(config-if)#switchport mode trunk
SW3(config-if)#int Fa0/1
SW3(config-if)#switchport access vlan 20
SW3(config-if)#end
SW3#write
```

④ SW4 交换机的配置。

```
Switch>enable
Switch#config t
Switch(config)#hostname SW4
Switch(config)#vtp domain CampusA
Switch(config)#vtp mode client
Switch(config)#vtp password Cavtpe5309
SW4(config)#int G0/1
SW4(config-if)#switchport mode trunk
SW4(config-if)#int Fa0/1
SW4(config-if)#switchport access vlan 30
SW4(config-if)#end
SW4#write
```

到此为止,整个局域网内网实现了互联互通。接下来配置 DHCP 服务,为用户主机提供自动 IP 地址分配服务。

（4）在核心交换机 CoreSW 上配置 DHCP 服务。

```
!开启 DHCP 和 DHCP 中继服务
CoreSW(config)#service dhcp
!为 VLAN 10 定义地址池
CoreSW(config)#ip dhcp pool pool_vlan10
CoreSW(dhcp-config)#network 192.168.1.0 255.255.255.0
CoreSW(dhcp-config)#default-router 192.168.1.1
CoreSW(dhcp-config)#dns-server 61.128.192.99
CoreSW(dhcp-config)#exit
!为 VLAN 20 定义地址池
CoreSW(config)#ip dhcp pool pool_vlan20
CoreSW(dhcp-config)#network 192.168.2.0 255.255.255.0
CoreSW(dhcp-config)#default-router 192.168.2.1
CoreSW(dhcp-config)#dns-server 61.128.192.99
CoreSW(dhcp-config)#exit
!为 VLAN 30 定义地址池
CoreSW(config)#ip dhcp pool pool_vlan30
CoreSW(dhcp-config)#network 192.168.3.0 255.255.255.0
CoreSW(dhcp-config)#default-router 192.168.3.1
CoreSW(dhcp-config)#dns-server 61.128.192.99
CoreSW(dhcp-config)#exit
!配置各网段需要排除的地址
CoreSW(config)#ip dhcp excluded-address 192.168.1.0 192.168.1.30
CoreSW(config)#ip dhcp excluded-address 192.168.2.0 192.168.2.30
CoreSW(config)#ip dhcp excluded-address 192.168.3.0 192.168.3.30
CoreSW(config)#exit
CoreSW#write
```

（5）配置各 PC 主机的 IP 地址获得方式为 DHCP，并注意查看各主机的 IP 地址获得是否正确。若获得正确，则说明 DHCP 服务配置成功，网络通畅，整个网络配置成功。

从中可见，使用扁平化设计方案并使用核心交换机来配置 DHCP 服务，整个网络的配置工作量较小，也比较简单。

7.3　DHCP 监听配置与应用

7.3.1　DHCP 网络面临的安全威胁

在局域网内部署 DHCP 服务器，可以为用户主机自动分配 IP 地址、子网掩码、默认网关、DNS 服务器地址等网络参数，简化了网络配置，提高了管理效率，但也给网络正常运行带来了安全威胁和风险，主要表现在以下方面。

1. 非法 DHCP 服务器的存在将导致网络接入故障

根据 DHCP 的工作原理，客户端以广播方式发出发现报文后，能收到该广播报文的所有 DHCP 服务器,都会回复提供报文,而客户端是选择最先收到的提供报文,这样一来,客户端就容易受到非法 DHCP 服务器的干扰,可能从非法的 DHCP 服务器处获得错误的 IP 地址、网关地址和 DNS 服务器地址等信息,导致无法正常接入网络,出现网络故障。

由于 DHCP 服务没有认证机制,因此,可在网络中任意部署 DHCP 服务器并且服务有效。这种非法的 DHCP 服务器可以是人为故意部署,也可能是无意中部署的,当事人可能并不知情,但会给网络的正常运行带来威胁。

在局域网中,办公用户经常喜欢私接无线路由器来为办公室增加无线信号,实现无线接入网络。无线路由器产品自带 DHCP 服务器,默认为开启 DHCP 服务,地址池一般为 192.168.1.0/24 或 192.168.0.0/24 网段。局域网一旦接入了这样的无线路由器产品,部分用户就会获得这台非法 DHCP 服务器所分配的错误 IP 信息,导致用户无法上网。

2. 用户私设 IP 地址,易造成 IP 冲突,影响用户的正常网络接入

用户主机端的 IP 地址获得方式可由用户任意设置,并非一定要使用 DHCP 自动分配。如果用户擅自私设 IP 地址,极易造成 IP 冲突,导致冲突双方无法正常上网。

3. DHCP 服务器易受拒绝服务攻击或泛洪攻击

DHCP 服务器通常仅根据 CHADDR(Client Hardware Address)字段来确认客户端的 MAC 地址,如果攻击者通过不断改变 DHCP 请求报文中的 CHADDR 字段的值向 DHCP 服务器申请 IP 地址,将会导致 DHCP 服务器上的地址池被快速耗尽,导致 DHCP 服务器无法为其他合法用户分配 IP 地址。

另外,如果网络内的恶意客户端短时间内向 DHCP 服务器发送大量的 DHCP 报文,将会对 DHCP 服务器的性能和网络带宽带来冲击,严重时会导致网络堵塞或服务器因负荷过重而无法正常提供服务。

因此,局域网络部署 DHCP 服务器后会存在一些安全威胁,影响网络的正常运行,必须想办法解决,为此,就诞生了 DHCP 监听(Snooping)技术。

7.3.2 DHCP 监听概述

1. DHCP 监听简介

DHCP 监听是 DHCP 的一种安全特性,通过建立和维护 DHCP 监听绑定数据库(DHCP Snooping Binding Database),能实现屏蔽非法 DHCP 服务器和过滤非法 DHCP 报文,从而保证 DHCP 客户端从合法的 DHCP 服务器获取 IP 配置信息。

DHCP 监听绑定数据库通常也称为 DHCP 监听绑定表(DHCP Snooping Binding Table)。

2. 非法 DHCP 报文的拦截原理

DHCP 监听的一个重要功能就是实现对非法 DHCP 报文进行拦截,其内容包括屏蔽非法 DHCP 服务器和过滤非法 DHCP 报文。

（1）屏蔽非法 DHCP 服务器

为了屏蔽非法 DHCP 服务器，DHCP 监听将交换机的端口划分为信任端口和非信任端口两类，所有端口均默认为非信任端口。连接终端设备的端口为非信任端口，连接合法 DHCP 服务器的端口或者连接汇聚交换机的上行端口定义为信任端口。

开启 DHCP 监听后，非信任端口只能够发送 DHCP 请求报文，丢弃所有响应报文，比如 DHCP 提供报文和 DHCP 确认报文。对于来自非信任端口的 DHCP 请求报文，还会比较 DHCP 请求报文的数据链路层帧头中的源 MAC 地址和应用层 DHCP 报文中的客户机的硬件地址（即 CHADDR 字段）是否相同，只有这两者相同的请求报文才会被转发，否则将被丢弃，从而防止 DHCP 地址池耗竭攻击。

信任端口可以转发所有的 DHCP 报文。通过将连接到合法 DHCP 服务器的端口设置为信任端口，其他端口设置为非信任端口，可实现屏蔽非法 DHCP 服务器的功能，如图 7.5 所示。

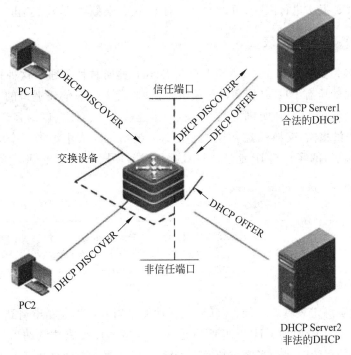

图 7.5　DHCP 信任端口与非信任端口对 DHCP 报文的处理方式

在图 7.5 中，合法 DHCP 服务器所连接的端口配置为信任端口，其他端口保持默认的非信任端口。对于 DHCP 客户端（PC1 和 PC2）发出的发现报文，交换设备仅将其转发至信任端口。对于 DHCP 服务器的响应报文，交换设备仅转发从信任口收到的响应报文，丢弃所有来自非信任口的响应报文，从而屏蔽掉非法 DHCP 服务器。

（2）过滤非法 DHCP 报文

DHCP 监听对经过设备的 DHCP 报文将进行合法性检查，并过滤非法的 DHCP 报文。以下几种类型的报文将被认为是非法的 DHCP 报文。

- 非信任端口收到的 DHCP 服务器的响应报文,包括确认、否定和提供等报文。
- 开启 DHCP 监听源 MAC 校验功能后(默认开启),将比较报文的数据链路层(数据帧)头部的源 MAC 地址和应用层 DHCP 报文中的客户端 MAC 地址(即 CHADDR 字段)是否相同,若不相同,则视为非法报文。数据链路层的帧头中的源 MAC 地址是发送者的真实 MAC 地址,应用层中的 DHCP 报文中的客户端 MAC 地址可以伪造。通过比较这两处的 MAC 地址是否一致,可以判定是否是伪造的 DHCP 报文。
- 如果收到的释放、谢绝报文信息与 DHCP 监听绑定表中的记录不一致,则视为非法报文。

3. DHCP 报文限速

DHCP 监听特性还提供了对端口的 DHCP 报文进行限速的功能。通过在每个非信任端口对 DHCP 报文进行限速,可以防范针对 DHCP 服务器的泛洪攻击。

4. DHCP 监听绑定表

Cisco 交换机支持在每个 VLAN 上启用 DHCP 监听特性。通过这种特性,交换机能够对 VLAN 内的所有 DHCP 报文进行监听,通过监听来自非信任端口的 DHCP 报文的交互过程,建立起 DHCP 监听绑定表。一旦一个连接在非信任端口的客户端获得一个合法的 DHCP 提供报文,交换机就会自动在 DHCP 监听绑定表中添加一个绑定条目,内容包括该非信任端口的客户端 IP 地址、MAC 地址、端口号、VLAN 号、租期等信息。例如:

```
Switch#show ip dhcp snooping binding
MacAddress          IpAddress       Lease(sec)  Type              VLAN Interface
-----------         ------          ----------  -------------     ---- -------------
00:01:C7:39:83:85   192.168.1.31    86400       dhcp-snooping     1    FastEthernet0/1
00:02:4A:1C:7E:05   192.168.1.32    86400       dhcp-snooping     1    FastEthernet0/2
00:05:5E:C2:23:B1   192.168.1.33    86400       dhcp-snooping     1    FastEthernet0/3
Total number of bindings: 3
```

DHCP 监听绑定表具有添加、更新和删除功能。当客户端成功申请到 IP 地址后,交换设备会自动将其添加到 DHCP 监听绑定表中。当客户端成功续约后,会更新 DHCP 监听绑定表中的租约时间。当客户端发出 DHCP 释放报文或者地址租约到期后,会删除对应的 DHCP 监听绑定表项。DHCP 监听绑定表也允许管理员进行手工添加或删除。DHCP 监听绑定表可以为 IP 报文过滤和 ARP 报文过滤提供依据。

7.3.3 DHCP 监听配置命令

1. 开启 DHCP 监听功能

配置命令为:

```
ip dhcp snooping
```

全局配置模式下执行以上命令,开启 DHCP 监听功能,这是全局性的总开关。

2. 启用 DHCP 监听功能特性

配置命令为:

```
ip dhcp snooping vlan vlan-list
```

全局配置模式下执行以上命令,*vlan-list* 为要启用 DHCP 监听功能特性的 VLAN 列表,支持 VLAN 范围表达,各列表项间用逗号分隔。

例如,若要对 VLAN 1、VLAN 5 至 VLAN 8、VLAN 10、VLAN 20 和 VLAN 30 开启 DHCP 监听功能,则配置命令为:

```
Switch(config)#ip dhcp snooping vlan 1,5-8,10,20,30
```

3. 开启源 MAC 地址校验

配置命令为:

```
ip dhcp snooping verify mac-address
```

全局配置模式下执行以上命令,该功能默认为开启。开启该功能特性后,从非信任端口收到的 DHCP 请求报文,将比较数据链路层帧头中的源 MAC 地址和应用层 DHCP 报文中的客户端硬件地址(CHADDR)是否相同,MAC 地址一致的才转发,否则判定为非法 DHCP 报文并直接丢弃。

4. 查看 DHCP 监听状态信息

配置命令为:

```
show ip dhcp snooping
```

该命令在特权模式执行,在二层接入交换机上查看结果,如下所示。

```
SW3#show ip dhcp snooping
Switch DHCP snooping is enabled
DHCP snooping is configured on following VLANs:
1,10,20,30
Insertion of option 82 is enabled
Option 82 on untrusted port is not allowed
Verification of hwaddr field is enabled
Interface        Trusted      Rate limit (pps)
-------------- --------     -----------------
```

5. 配置交换机给非信任端口收到的 DHCP 报文插入 Option 82

配置命令为:

```
ip dhcp snooping information option
```

在全局配置模式下执行以上命令。该功能特性默认为开启。开启该功能特性后,交换机会给所有从非信任端口收到的 DHCP 报文插入 Option 82(中继扩展信息)。若要关闭,则执行以下命令。

```
no ip dhcp snooping information option
```

默认情况下,Cisco IOS DHCP 服务器拒绝为 DHCP 报文的 Option 82 中,giaddr 字段(DHCP 中继服务器地址)为 0.0.0.0 的 DHCP 请求报文分配 IP 地址,认为这种 DHCP 请求报文是非法的。对于 Option 82 中 giaddr 字段有中继服务器地址的 DHCP 请求报文不受影响,能正常获得 IP 地址。另外,如果不是思科的 DHCP 服务器则不受影响,因为这些服务器没有这个功能特性,不会去检查 giaddr 字段的地址。

解决办法有以下两种。

第一种方案:在 DHCP 客户端主机所连的交换机上关闭给 DHCP 请求报文,添加 Option 82 的功能。

第二种方案:在 Cisco IOS DHCP 服务器上配置允许给 Option 82 中 giaddr 字段值为 0.0.0.0 的 DHCP 请求报文分配 IP 地址。即对没有可信的 DHCP 中继信息的请求报文也响应地址申请请求。配置方法是在 Cisco IOS DHCP 服务器的全局配置模式下执行以下命令。

```
ip dhcp relay information trust-all
```

6. 配置交换机转发从非信任端口收到的带有 Option 82 的 DHCP 报文

配置命令为:

```
ip dhcp snooping information option allow-untrusted
```

该命令在全局配置模式执行,其作用是设置汇聚层交换机转发从非信任(untrusted)端口收到的、由接入交换机发送的带有 Option 82 的 DHCP 报文。默认是关闭的。

三层汇聚交换机在开启 DHCP 监听后,默认不转发含有 Option 82 信息的 DHCP 报文。

7. 配置端口为 DHCP 监听特性的信任端口

配置命令为:

```
ip dhcp snooping trust
```

该命令在接口模式下执行,配置当前接口为信任端口。交换机的所有接口默认为非信任端口。接入交换机的上联口,应配置为信任端口,否则,客户端将无法从 DHCP 服务器获得 IP 地址。

例如,若要配置接入交换机的上联口为信任端口,则配置命令为:

```
SW1(config)#int G0/1
SW1(config-if)#ip dhcp snooping trust
```

8. 配置非信任端口对 DHCP 报文的发送速率

配置命令为：

```
ip dhcp snooping limit rate rate_value
```

该命令在接口模式下执行，设置当前端口发送 DHCP 报文的速率，默认为每秒 15 条。rate_value 代表速率值，速率范围为 1～2048。信任端口不限速率。

例如，若要配置 Fa0/1～Fa0/24 端口发送 DHCP 报文的速率为每秒 20 条，则配置命令为：

```
SW1(config)#int range Fa0/1-24
SW1(config-range)#ip dhcp snooping limit rate 20
```

9. 配置限速端口被禁用后自动恢复

配置命令 1 为：

```
errdisable recovery cause dhcp-rate-limit
```

在全局配置模式下执行，使由于 DHCP 报文限速原因而被禁用的端口能自动从因错误而被禁用(err-disable)状态恢复。

配置命令 2 为：

```
errdisable recovery interval seconds
```

在全局配置模式下执行，端口被置为因错误而被禁用状态后，设置经过多少秒后恢复。以上命令在 Cisco Packet Tracer V7.1.1 中不支持。

10. 手动添加 DHCP 监听绑定条目

配置命令为：

```
ip dhcp snooping binding MAC vlan vlan-id ip-address interface int_id expiry
lease_time
```

参数说明：MAC 为客户机的 MAC 地址；vlan-id 代表客户机所在的 VLAN 号；ip-address 代表要绑定的 IP 地址；int_id 代表客户机所连接的交换机的接口类型和编号；lease_time 代表租期，单位为秒。该命令在 Cisco Packet Tracer V7.1.1 中不支持。

例如，假设用户主机的 MAC 地址为 00:0A:F3:6C:09:A5，属于 VLAN 1，连接在交换机的 Fa0/4 接口，IP 地址为 192.168.1.31，若在手工添加一条 DHCP 监听绑定条目，租期为一天，则实现的命令为：

```
ip dhcp snooping binding 000A.F36C.09A5 vlan 1 192.168.1.31 interface fa0/4
expiry 86400
```

11. 保存 DHCP 监听绑定表

可以将交换机建立起来的 DHCP 监听绑定表保存到交换机的 Flash 闪存或者外部

数据库中。

保存到 Flash(闪存)的配置命令为：

```
ip dhcp snooping database flash:filename.db
```

参数说明：*filename. db* 代表保存到 Flash 的数据库文件名,可自定义,比如 dhcp_snooping. db。该命令在全局配置模式执行。

若要保存到外部 URL 地址所指定的数据文件中,比如利用 TFTP 协议搭建的 TFTP 站点,则配置命令为：

```
ip dhcp snooping database tftp://url/filename.db
```

例如,若要将 DHCP 监听绑定表保存到 IP 地址为 192.168.252.253 的 tftp 站点的 switch 文件夹下,保存用的文件名为 dhcp_snooping. db,则配置命令为：

```
ip dhcp snooping database tftp://192.168.252.253./switch/dhcp_snooping.db
```

12. 配置 DHCP 监听绑定表更新后延迟多长时间保存

配置命令为：

```
ip dhcp snooping database write-delay seconds
```

参数说明：*seconds* 代表延迟的时间,单位为秒,默认为 300s,可选范围为 15~86400s。写入保存到 Flash 时,该时间不宜过短,避免频繁写入,影响交换机 Flash 的寿命。

13. 配置 DHCP 监听绑定表写入失败的超时时间

配置命令为：

```
ip dhcp snooping database timeout seconds
```

DHCP 监听绑定表写入操作失败后,将重新尝试写入操作。如果在超时时间内都没有写入成功,则宣告失败,不再写入。默认为 300s,可选范围为 0~86400s。

写入 Flash 一般不会失败,但写入 tftp 站点就可能因网络原因而导致写入失败。

14. 从保存的监听绑定表恢复绑定条目

交换机断电重启后,原来建立和维护的 DHCP 监听绑定表就丢失了。为快速恢复 DHCP 监听绑定表,可从保存的数据库文件中进行恢复。配置命令为：

```
renew ip dhcp snooping database flash:dhcp_snooping.db
renew ip dhcp snooping database tftp://192.168.252.253/switch/dhcp_snooping.db
```

该命令在 Cisco Packet Tracer V7.1.1 中不支持。

15. 显示 DHCP 监听状态的相关命令

(1) show ip dhcp snooping 显示 DHCP 监听的各种状态信息和各端口的配置信息。

（2）show ip dhcp snooping binding　　显示当前的 DHCP 监听绑定表。

（3）show ip dhcp snooping database　　显示 DHCP 监听绑定表的相关信息。

（4）clear ip dhcp snooping binding　　清除 DHCP 监听绑定表中的全部绑定条目。

7.3.4　DHCP 监听应用案例

1. 案例网络拓扑

以传统三层架构和路由交换配置模式构建的大型局域网络为例，由于是 DHCP 监听配置应用，对网络拓扑进行了简化，减少了汇聚交换机的数量和无关的设备。本案例将 IOS DHCP 服务器配置在核心交换机上，也可以配置在出口路由器上，网络拓扑如图 7.6 所示。

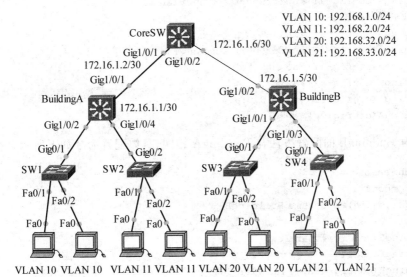

图 7.6　DHCP 监听应用案例拓扑

2. 网络配置要求

汇聚层交换机与核心层交换机采用路由模式实现互联互通，IOS DHCP 服务器配置在核心交换机上，对接入层交换机和汇聚层交换机配置启用 DHCP 监听功能。

3. 配置步骤与配置方法

（1）在 BuildingA 汇聚交换机上创建 VLAN 10 和 VLAN 11，配置 VLAN 接口地址，并指定 DHCP 服务器的地址为 172.16.1.2，然后将端口划分到对应的 VLAN，最后配置互联接口 IP 地址和默认路由。

配置命令为：

```
Switch>enable
Switch#config t
```

231

```
Switch(config)#hostname BuildingA
BuildingA(config)#ip routing
BuildingA(config)#vlan 10
BuildingA(config-vlan)#vlan 11
BuildingA(config-vlan)#int vlan 10
BuildingA(config-if)#ip address 192.168.1.1 255.255.255.0
BuildingA(config-if)#ip helper-address 172.16.1.2
BuildingA(config-if)#int vlan 11
BuildingA(config-if)#ip address 192.168.2.1 255.255.255.0
BuildingA(config-if)#ip helper-address 172.16.1.2
BuildingA(config-if)#int G1/0/1
BuildingA(config-if)#no switchport
BuildingA(config-if)#ip address 172.16.1.1 255.255.255.252
BuildingA(config-if)#int G1/0/2
BuildingA(config-if)#switchport access vlan 10
BuildingA(config-if)#no cdp enable
BuildingA(config-if)#int G1/0/4
BuildingA(config-if)#switchport access vlan 11
BuildingA(config-if)#no cdp enable
BuildingA(config-if)#exit
BuildingA(config)#ip route 0.0.0.0 0.0.0.0 172.16.1.2
BuildingA(config)#
```

（2）对 BuildingB 的配置方法与 BuildingA 相同，具体配置命令如下所示。

```
Switch>enable
Switch#config t
Switch(config)#hostname BuildingB
BuildingB(config)#ip routing
BuildingB(config)#vlan 20
BuildingB(config-vlan)#vlan 21
BuildingB(config-vlan)#int vlan 20
BuildingB(config-if)#ip address 192.168.32.1 255.255.255.0
BuildingB(config-if)#ip helper-address 172.16.1.6
BuildingB(config-if)#int vlan 11
BuildingB(config-if)#ip address 192.168.33.1 255.255.255.0
BuildingB(config-if)#ip helper-address 172.16.1.6
BuildingB(config-if)#int G1/0/2
BuildingB(config-if)#no switchport
BuildingB(config-if)#ip address 172.16.1.5 255.255.255.252
BuildingB(config-if)#int G1/0/1
BuildingB(config-if)#switchport access vlan 20
BuildingB(config-if)#no cdp enable
BuildingB(config-if)#int G1/0/3
BuildingB(config-if)#switchport access vlan 21
BuildingB(config-if)#no cdp enable
BuildingB(config-if)#exit
BuildingB(config)#ip route 0.0.0.0 0.0.0.0 172.16.1.6
BuildingB(config)#
```

（3）配置 CoreSW 核心交换机的互联接口地址和路由，实现互联互通。假设每幢楼宇规划使用 32 个网段。

```
Switch>enable
Switch#config t
Switch(config)#hostname CoreSW
CoreSW(config)#ip routing
CoreSW(config)#int G1/0/1
CoreSW(config-if)#no switchport
CoreSW(config-if)#ip address 172.16.1.2 255.255.255.252
CoreSW(config-if)#int G1/0/2
CoreSW(config-if)#no switchport
CoreSW(config-if)#ip address 172.16.1.6 255.255.255.252
CoreSW(config-if)#exit
CoreSW(config)#ip route 192.168.32.0 255.255.224.0 172.16.1.5
CoreSW(config)#ip route 192.168.0.0 255.255.224.0 172.16.1.1
```

至此，局域网内网实现互联互通。接下来配置 IOS DHCP 服务器和 DHCP 监听功能。

（4）在 CoreSW 核心交换机上配置 DHCP 服务。

```
CoreSW(config)#service dhcp
CoreSW(config)#ip dhcp pool pool_vlan10
CoreSW(dhcp-config)#network 192.168.1.0 255.255.255.0
CoreSW(dhcp-config)#default-router 192.168.1.1
CoreSW(dhcp-config)#dns-server 61.128.192.99
CoreSW(dhcp-config)#exit
CoreSW(config)#ip dhcp pool pool_vlan11
CoreSW(dhcp-config)#network 192.168.2.0 255.255.255.0
CoreSW(dhcp-config)#default-router 192.168.2.1
CoreSW(dhcp-config)#dns-server 61.128.192.99
CoreSW(dhcp-config)#exit
CoreSW(config)#ip dhcp pool pool_vlan20
CoreSW(dhcp-config)#network 192.168.32.0 255.255.255.0
CoreSW(dhcp-config)#default-router 192.168.32.1
CoreSW(dhcp-config)#dns-server 61.128.192.99
CoreSW(dhcp-config)#exit
CoreSW(config)#ip dhcp pool pool_vlan21
CoreSW(dhcp-config)#network 192.168.33.0 255.255.255.0
CoreSW(dhcp-config)#default-router 192.168.33.1
CoreSW(dhcp-config)#dns-server 61.128.192.99
CoreSW(dhcp-config)#exit
!配置要排除的 IP 地址
CoreSW(contig)#ip dhcp excluded-address 192.168.1.1 192.168.1.30
CoreSW(config)#ip dhcp excluded-address 192.168.2.1 192.168.2.30
CoreSW(config)#ip dhcp excluded-address 192.168.32.1 192.168.32.30
CoreSW(config)#ip dhcp excluded-address 192.168.33.1 192.168.33.30
!配置允许带有 Option 82 信息,但无合法中继服务器地址的 DHCP 请求报文分配 IP 地址
CoreSW(config)#ip dhcp relay information trust-all
```

```
CoreSW(config)#exit
CoreSW#write
```

（5）在汇聚层交换机上开启 DHCP 监听功能。

```
BuildingA(config)#ip dhcp snooping
BuildingA(config)#ip dhcp snooping vlan 10-11
BuildingA(config)#ip dhcp snooping information option allow-untrusted
!配置汇聚交换机 BuildingB 的 DHCP 监听功能
BuildingB(config)#ip dhcp snooping
BuildingB(config)#ip dhcp snooping vlan 20-21
BuildingB(config)#ip dhcp snooping information option allow-untrusted
```

（6）在接入层交换机上开启 DHCP 监听功能。配置方法相同，仅以 SW1 示例。接入交换机与汇聚交换机级联的上联口一定要配置为信任口，否则，开启 DHCP 监听功能后，客户主机将无法获得 IP 地址。

```
Switch>enable
Switch#config t
Switch(config)#hostname SW1
SW1(config)#ip dhcp snooping
SW1(config)#ip dhcp snooping vlan 1
!配置上联端口为信任口
SW1(config)#int G0/1
SW1(config-if)#ip dhcp snooping trust
SW1(config-if)#end
SW1#write
```

（7）设置各 PC 主机的 IP 地址获得方式为 DHCP，观察能否获得正确的 IP 地址。若能正确获得，则说明配置正确。

（8）查看 DHCP 监听状态信息和 DHCP 监听地址绑定信息。

在 SW1 接入交换机上的查看结果如图 7.7 所示。

```
SW1#show ip dhcp snooping
Switch DHCP snooping is enabled
DHCP snooping is configured on following VLANs:
1
Insertion of option 82 is enabled
Option 82 on untrusted port is not allowed
Verification of hwaddr field is enabled
Interface              Trusted       Rate limit (pps)
------------           -------       ----------------
FastEthernet0/2        no            unlimited
FastEthernet0/1        no            unlimited
GigabitEthernet0/1     yes           unlimited
SW1#show ip dhcp snooping binding
MacAddress         IpAddress       Lease(sec)   Type            VLAN   Interface
---------------    -----------     ----------   -------------   ----   ----------------
00:01:C7:39:83:85  192.168.1.31    86400        dhcp-snooping   1      FastEthernet0/1
00:02:4A:1C:7E:05  192.168.1.32    86400        dhcp-snooping   1      FastEthernet0/2
Total number of bindings: 2
SW1#
```

图 7.7　查看 DHCP 监听状态和地址绑定信息

7.4　IP 源保护与动态 ARP 检测

IP 源保护(IP Source Guard)和动态 ARP 检测(Dynamic ARP Inspection)都是基于二层的安全特性,适用于部署应用了 DHCP＋DHCP 监听的网络,二者用于防范不同类型的网络攻击,本节将介绍其配置与应用方法。

7.4.1　ARP 协议与 ARP 欺骗

1. ARP 协议及工作原理

(1) ARP 协议简介。

在数据链路层,是根据设备的硬件地址(MAC)来寻址和进行数据帧的转发。一个主机要将数据帧发送给目标主机,就必须知道目标主机的 MAC 地址。而在网络层,是根据 IP 协议地址(IP 地址)来进行寻址和进行 IP 数据包的路由转发的,因此,在 IP 地址与 MAC 地址之间,就必须要有能实现相互转换的机制和协议。

ARP(Address Resolution Protocol)地址解析协议工作在数据链路层与网络层之间,其工作内容同时涉及数据链路层和网络层。ARP 协议用于将 IP 地址转换为对应的 MAC 地址。RARP(Reverse Address Resolution Protocol)反地址解析协议用于将 MAC 地址转换为对应的 IP 地址。

ARP 和 RARP 协议使用相同的包头结构,如表 7.1 所示。

表 7.1　ARP 和 RARP 协议的包头结构

硬件类型		协议类型
硬件地址长度	协议地址长度	操作类型
发送者的硬件地址		发送者的协议地址
目标的硬件地址		目标的协议地址

- 硬件类型字段用于指明硬件接口的类型。对于以太网,其值为 1。
- 协议类型字段指明发送方提供的高层协议的类型。对于 IP 协议,其值为 0x0800。
- 硬件地址长度和协议地址长度用于指明硬件地址和高层协议地址的长度,其单位为字节。对于 MAC 地址,其长度为 6,对于 IP 地址,其长度为 4。
- 操作类型字段用于表示这个数据包的类型。ARP 请求为 1,ARP 响应为 2,RARP 请求为 3,RARP 响应为 4。
- 发送者的硬件地址字段用于提供发送者的硬件地址,即 MAC 地址。
- 发送者的协议地址用于提供发送者的协议地址,对于协议类型为 IP 的,则为 IP 地址。
- 目标的硬件地址用于提供目标主机或目标设备的硬件地址。对于 ARP 请求数据包,这部分的值为 00:00:00:00:00:00,这部分是要请求获得的信息部分。对于

ARP 响应数据包,该字段的值就是所获得的目标主机或目标设备的 MAC 地址。

· 目标的协议地址用于提供目标主机或目标设备的协议地址,比如 IP 地址。

(2) ARP 协议工作原理。

为避免每次转发数据帧时都要进行目标主机 MAC 地址的查询,ARP 协议规定每台主机都应建立起一个 ARP 缓冲区,用于存储 IP 地址与 MAC 地址的对应列表,即 ARP 列表。

由于 IP 地址和 MAC 间的映射关系是动态变化的,为保证 ARP 缓冲区中的 IP 地址与 MAC 地址间的对应关系能得到及时更新,提高记录的有效性,ARP 协议使用老化机制,定时检查 ARP 缓冲区中的每条记录。若某条记录在规定的老化期时间内(默认为 20min)未被使用过,则该条记录将被删除;若被使用到,则重置该条记录的老化期时间;若 IP 与 MAC 地址间的对应关系有变化,则同时还要更新其对应关系。

当一台主机收到 ARP 请求数据包时,由于 ARP 请求数据包中含有发起 ARP 请求的源主机的 IP 地址和 MAC 地址信息,此时主机就会在自己的 ARP 缓冲区中查找是否有该 IP 地址的 ARP 列表项。若有,则用当前新的 IP 地址与 MAC 地址的对应关系更新自己 ARP 缓冲区中的该列表项;若无,则在 ARP 缓冲区中添加 IP 地址与 MAC 地址的对应列表项。从中可见,ARP 协议赋予 ARP 缓冲区具有自动更新和学习的能力。

当一台主机收到 ARP 响应数据包时,由于响应数据包中含有目标主机的 IP 地址和目标主机的 MAC 地址信息,因此,主机会将目标主机的 IP 地址与 MAC 地址的对应关系添加到自己的 ARP 缓冲区中,或对 ARP 缓冲区中已存在的列表项进行更新。

从中可见,通过对 ARP 请求数据包的广播和对 ARP 响应数据包的接收,各主机就会逐渐相互学习到对方的 IP 地址与 MAC 地址的对应关系,并保存在自己的 ARP 缓冲区中。

为简化起见,下面以在同一个网段内的数据通信为例,介绍 ARP 协议的工作过程。在图 7.8 中,所有主机通过两台二层交换机连接在同一个网段。在 IP 地址为 192.168.1.2 的 PC0 主机上,ping IP 地址为 192.168.1.26 的主机,下面分析 ARP 请求数据包和 ARP 响应数据包的传输过程和工作原理。

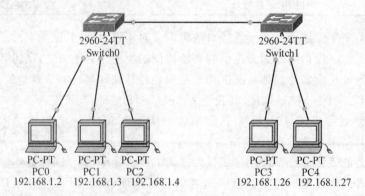

图 7.8　ARP 工作原理分析拓扑

在 PC0 主机的命令行执行 ping 192.168.1.26 命令后,在发出第一个 ICMP 数据包之前,PC0 主机会对目标主机(192.168.1.26)的 MAC 地址进行查询,只有获得目标主机的 MAC 地址之后,才会封装生成 ICMP 数据包,然后将其发送出去。对目标主机的 MAC 地址的查询过程如下:

① PC0 主机首先在自己的 ARP 缓冲区中进行查询。若有目标主机的 IP 地址与 MAC 地址的对应关系,则获得目标主机的 MAC 地址;若没有,则以广播方式发出 ARP 请求数据包,请求获取 IP 地址为 192.168.1.26 主机的 MAC 地址,如图 7.9 所示。

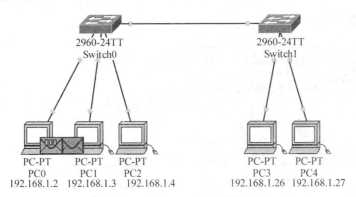

图 7.9　生成 ARP 请求数据包

在图 7.9 中,PC0 主机图标上左侧的图标代表等待进行数据帧封装的 ICMP 数据包。在发送数据包时,是由高层协议向低层协议逐层封装数据包头信息。对该数据包的解码如图 7.10 所示,ICMP 数据包还没有封装成 Ethernet Ⅱ 格式的数据帧。

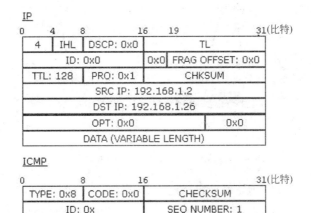

图 7.10　等待进行封装的 ICMP 数据包的解码

PC0 主机图标上右侧的图标为即将发送出去的 ARP 请求数据包,对该数据包的解码如图 7.11 所示。从图中可见,ARP 请求数据包中包含请求者的 IP 地址和 MAC 地址信息。

② 接下来 ARP 请求数据包将由 PC0 主机到达其接入交换机。接入交换机收到该 ARP 请求数据包后,将以广播方式广播到除 PC0 主机以外的其余所有端口。这样 PC1 和 PC2 主机以及 Switch1 交换机均会收到该 ARP 请求数据包。

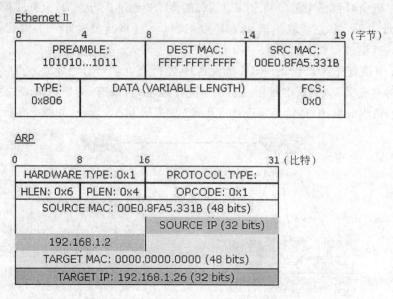

图 7.11 PC0 主机外发的 ARP 请求数据包的解码

PC1 和 PC2 主机收到该 ARP 请求数据包之后,将比较目标 IP 地址是否与自己相同,即判断 ARP 数据包是否是给自己的,如果不是,则丢弃,如图 7.12 所示。

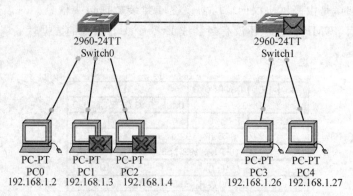

图 7.12 ARP 请求数据包以广播方式转发

Switch1 交换机收到 ARP 请求数据包之后,以广播方式将其广播到除接收端口之外的其余所有端口。这样 PC3 和 PC4 就会收到该 ARP 请求数据包。由于 PC3 的 IP 地址与 ARP 请求数据包中的目标 IP 地址相符,因此 PC3 会接收该 ARP 请求数据包,而 PC4 会直接丢弃该数据包。

③ 目标主机 PC3 收到 ARP 请求数据包之后,会将请求数据包中包含的源 IP 和源 MAC 地址信息添加到自己的 ARP 缓冲区中,若 ARP 缓冲区中已存在该表项,则进行更新操作,然后生成对应的 ARP 响应数据包,响应数据包的解码如图 7.13 所示。

从图 7.13 可见,ARP 响应数据包中包含目标主机的 IP 和 MAC 地址信息,所要请求的 MAC 地址已获得。ARP 响应数据包的操作类型(OPCODE)为 0x2。由于是响应数据包,数据包中的 SOURCE MAC 就是做出 ARP 响应的目标主机的 MAC 地址。

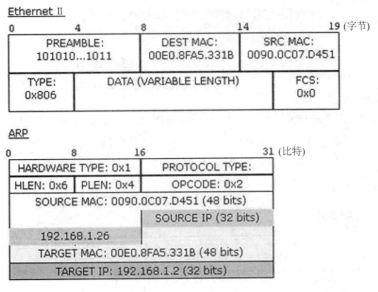

图 7.13　ARP 响应数据包的解码

查看 PC3 主机的 ARP 表,其结果如图 7.14 所示。从图中可见,PC0 主机的 IP 地址和 MAC 地址对应关系被收录到了 ARP 缓冲区中。以后 PC3 主机要向 PC0 主机发送数据帧时,就不用再发起 ARP 查询了,可直接从自己的 ARP 缓冲区中获取。

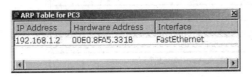

图 7.14　PC3 主机的 ARP 缓冲区列表

④ ARP 响应数据包通过交换机的直接转发,最终就可到达发起 ARP 请求的源主机 PC0,如图 7.15 所示。PC0 收到 ARP 响应数据包之后,就知道目标主机的 MAC 地址了。PC0 会将目标主机的 IP 地址与 MAC 地址的对应关系添加到自己的 ARP 缓冲区中,如图 7.16 所示,然后发出 ICMP 数据包。

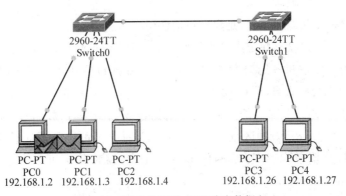

图 7.15　源主机收到 ARP 响应数据包

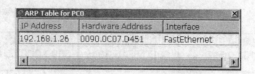

图 7.16　PC0 主机的 ARP 缓冲区列表

对 ICMP 数据包的解码如图 7.17 所示，与图 7.10 对比可见，最终生成并外发的 ICMP 数据包已封装成 Ethernet Ⅱ 格式的数据帧，接下来就可以在物理层中传输了。数据帧交给物理层传输时，还要在帧前面插入 8 字节的前同步码，其作用是使接收端在接收数据帧时能迅速实现比特同步。

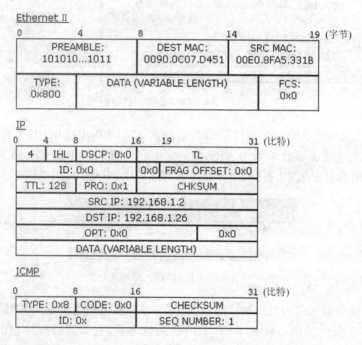

图 7.17　PC0 外发的 ICMP 数据包的解码

（3）ARP 协议的缺陷。

ARP 协议是无状态的协议，是建立在信任所有节点的基础上的，这种运行机制高效，但不安全。ARP 协议没有规定主机必须要收到 ARP 请求数据包后才能发送 ARP 应答数据包，也没有规定主机一定要发送过 ARP 请求数据包后才能接收 ARP 应答数据包。因此，用户主机不会检查自己是否发过请求数据包，也不管是否是合法的应答数据包，只要收到目标 MAC 地址是自己的 ARP 响应数据包或 ARP 广播数据包，都会接收这些数据包并更新自己的 ARP 缓冲区，这就为 ARP 欺骗提供了可能。恶意节点可以伪造和发布虚假的 ARP 数据包，从而影响网内节点的正常通信，甚至可以发起"中间人"攻击（man-in-the middle attack）。

240

2. ARP 欺骗的工作原理

弄清 ARP 协议的工作原理和存在的缺陷之后,利用其缺陷,通过伪造 ARP 请求数据包或响应数据包,就可发起 ARP 欺骗攻击(ARP Spoofing Attack)。

在 ARP 欺骗中,最常见的是网关欺骗,下面介绍其欺骗原理和欺骗方法。

图 7.18 所示的网络拓扑结构是一幢楼的典型结构,该幢楼的所有 VLAN 均在汇聚层交换机上创建,网关地址也配置在汇聚层交换机上。各网段的网关地址、主机的 IP 地址和 MAC 地址如图 7.18 所示。

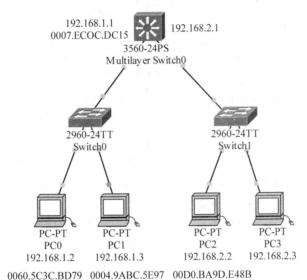

图 7.18　ARP 欺骗案例网络拓扑

假设 PC0 主机要访问 PC2 主机。由于属于网段间的访问,PC0 主机的访问请求数据包将首先转发给自己的网关地址,然后再由网关将数据包路由和转发给目标主机。

PC0 主机要将访问请求数据包转发给自己的网关地址,就必须知道网关的 MAC 地址。因此,PC0 主机首先在自己的 ARP 缓冲区中查询网关地址(192.168.1.1)对应的 MAC 地址,若找不到,就会向网关地址发起 ARP 请求数据包,请求获取网关的 MAC 地址。网关收到该 ARP 请求数据包后,给源主机回复 ARP 响应数据包,源主机收到 ARP 响应数据包后,将网关的 IP 和 MAC 对应关系添加到自己的 ARP 缓冲区中,然后将访问请求数据包封装成数据帧转发给自己的网关,以后就由网关负责路由和转发数据包。

以上通信过程建立在正常通信的情况下,在发起 ARP 查询的过程中存在一个缺陷。那就是 PC0 主机发起 ARP 请求,请求获得网关的 MAC 地址时,正常情况下,应该只有网关响应这个 ARP 请求,回复 PC0 主机 ARP 响应数据包。假设 PC1 是进行 ARP 欺骗攻击的主机。PC1 主机可主动响应这个 ARP 请求数据包,或者周期性地向 PC0 主机发送伪造的 ARP 响应数据包,响应数据包中的源 IP 地址设置为网关地址(192.168.1.1),而源 MAC 则伪造为 PC1 主机自己的 MAC 地址(0004.9ABC.5E97)。这样 PC0 主机就会收到错误的或者伪造的 ARP 响应数据包,导致 PC0 主机 ARP 缓冲区中,网关地址与

MAC 地址的对应关系被更新,网关 IP 地址对应的 MAC 地址被错误地对应到了 PC1 主机的 MAC 地址,而不是网关真实的 MAC 地址。这样一来,以后 PC0 主机要向网关外发数据包时,就被错误地转发给了 PC1 主机,而不是真实的网关。攻击者通过伪造的 ARP 响应数据包,实现对被攻击者的 ARP 缓存投毒(ARP Cache Poisoning)。

PC1 主机接收到 PC0 主机所有外发的数据包后,PC1 主机可按自己的需要进行处理,比如窃取数据包内容,然后再将数据包转发给真实的网关地址,让数据包可以正常出去。如果 PC1 主机收到来自 PC0 的数据包后不转发,就会导致 PC0 主机无法访问其他网段。

PC1 主机为了能接收到从网关发送给 PC0 的响应数据包,实施 ARP 欺骗攻击的 PC1 主机通常还要同时对网关进行 ARP 欺骗。PC1 主机会周期性地向网关发送伪造的 ARP 响应数据包,ARP 响应数据包的源 IP 地址为 PC0 主机的 IP 地址,源 MAC 地址为 PC1 主机的 MAC 地址。网关收到这些 ARP 响应数据包后,就会更新 ARP 缓存,这样网关所在的交换机的 ARP 缓冲区中,PC0 主机的 IP 地址对应的 MAC 地址就错误地对应到了攻击者 PC1 的 MAC 地址上。以后,网关向 PC0 主机发送数据包时,就会被错误地转发给 PC1 主机。

从以上两个过程可见,PC1 主机实现了对 PC0 主机和网关的同时欺骗,PC1 主机起到了"中间人"或代理的角色。如果 PC1 主机转发 PC0 主机外发或回来的数据包,则 PC0 主机仍能通信,只是由于要通过 PC1 主机的"中转",速度上可能会变慢,并且通信的数据可被 PC1 主机窃取。PC1 主机根据需要,比如窃取用户的网游账户和密码,可控制让 PC0 用户上网出现时断时续,以达到让用户重新登录网游,为自己窃取账户和密码提供更多的机会。因此,局域网内若感染 ARP 病毒,受到 ARP 欺骗攻击,其基本现象就是上网速度会变慢,甚至无法访问,或者出现上网时断时续的现象。

由于 ARP 缓冲区有老化机制,因此,ARP 欺骗攻击会周期性连续进行,会不断发送进行 ARP 欺骗的 ARP 响应数据包或伪造的 ARP 请求数据包。

3. 对 ARP 欺骗的防范措施

为防范 ARP 欺骗,可在交换机上配置动态 ARP 检测。

7.4.2　配置动态 ARP 检测

1. 动态 ARP 检测简介

动态 ARP 检测(Dynamic ARP Inspection,DAI)是一个基于二层的安全特性,用于防范 ARP 欺骗和中间人攻击,并可防止内网用户私设 IP 地址或盗用 IP 地址上网的行为。

DAI 利用 DHCP 监听建立起来的 IP、MAC、端口和 VLAN 绑定数据库,在非信任端口拦截所有 ARP 请求数据包和响应数据包,根据 IP 和 MAC 地址绑定表进行合法性检查,只转发合法的 ARP 数据包。对判定为非法的 ARP 数据包进行日志记录,并丢弃非法的 ARP 数据包。对信任端口收到的 ARP 数据包不做任何检查,直接转发。

DAI 技术工作在二层广播域,即 VLAN 内,因此,要基于 VLAN 开启 DAI 检测技术。DAI 对 ARP 数据包的合法性检查,以 DHCP 监听绑定表为基础,因此,应用环境为DHCP+DHCP 监听+DAI。对于没有使用 DHCP 的应用环境,由于没有 IP 与 MAC 的绑定信息数据库,要想防范 ARP 欺骗和中间人攻击,可通过配置 ARP ACLs(ARP Access-List),然后将 ARP ACLs 应用到 DAI 来实现。本节以 DHCP 应用环境为例,介绍 DAI 的配置与应用方法。

2. DAI 的配置命令与配置步骤

(1) 在 VLAN 上开启 DAI 功能。

配置命令为:

```
ip arp inspection vlan vlan-range
```

该命令在全局配置模式下执行,在指定的 VLAN 上开启 DAI 功能。默认情况下,所有 VLAN 的 DAI 功能均是被关闭的。互联的两个交换机上要指定相同的 VLAN 号。

例如,若要在 10～12 号 VLAN 和 15 号 VLAN 上开启 DAI 功能,则配置命令为:

```
Switch(config)#ip arp inspection vlan 10-12,15
```

(2) 将交换机的互联端口配置为 DAI 的信任端口。

配置命令为:

```
ip arp inspection trust
```

在接口配置模式下执行。信任端口对 ARP 数据包不进行合法性检查,也不限速,直接转发。若要取消信任配置,则执行 no ip arp inspection trust 命令。

例如,若要将交换机的 G0/1 端口配置为信任口,则配置命令为:

```
switch(config)#int G0/1
switch(config-if)#ip arp inspection trust
```

(3) 配置附加的合法性校验。

默认情况下,ARP 数据包的合法性检查依据 IP-MAC 地址绑定表进行判定,另外,也允许增加附加的合法性判定依据,让 DAI 做进一步的合法性校验。配置命令为:

```
ip arp inspection validate {[src-mac][dst-mac][ip]}
```

命令功能:对进入交换机端口的 ARP 数据包,按指定的判定依据进行合法性检查。三个参数选项至少应选一个。该命令在全局配置模式执行。

参数说明如下。

src-mac:对进入端口的 ARP 请求数据包和响应数据包都要进行基于源 MAC 地址的合法性检查判定。检查方法:对比数据帧头的源 MAC 地址(SRC MAC)和 ARP body中的发送者 MAC 地址(SOURCE MAC)是否一致,若不一致,则被判定为非法 ARP 数据包,被丢弃。ARP 数据包的解码可参阅图 7.13。

dst-mac：对进入端口的 ARP 响应数据包进行基于目标 MAC 地址的合法性检查判定。检查方法：对比数据帧头的目标 MAC 地址（DEST MAC）和 ARP body 中的目标 MAC 地址（TARGET MAC）是否一致，若不一致，则被判定为非法 ARP 数据包，被丢弃。

ip：检查 ARP 数据包中的 IP 地址是否是无效或非预期的。0.0.0.0、255.255.255.255 和组播 IP 地址被认定为是无效的 IP 地址。发送者 IP 地址，对于 ARP 请求数据包和响应数据包都会进行检查，目标 IP 地址只有在数据包是 ARP 响应数据包时才会检查。

例如，若要配置增加这三项附加检查，则配置命令为：

```
switch(config)#ip arp inspection validate src-mac dst-mac ip
```

（4）对从非信任端口进入的 ARP 数据包进行限速。

对从非信任端口进入的 ARP 请求数据包和 ARP 响应数据包，通常应配置端口对 ARP 数据包的接收速率，以阻止通过 ARP 泛洪发起的拒绝服务攻击（Denial of Service Attack，DoS）。

配置命令为：

```
ip arp inspection limit {rate pps [burst interval seconds] | none}
```

命令功能：设置非信任端口的 ARP 数据包的接收速率阈值，当超出这个阈值后，接口状态将被设为 err-disable（不可用）。应用 errdisable recovery 命令，可以使交换机接口在违例行为停止后，能够在一定时间后自动恢复接口的功能。该命令在接口配置模式下执行。

参数说明如下。

rate pps：配置端口接收 ARP 数据包的速率，单位为 pps，即每秒接收多少报文。非信任端口的默认速率为 15pps，而信任端口速率无限制。

burst interval seconds：为可选项，设置一个连续的检测时间段，用来检测在这个时间段内的 ARP 数据包数量。seconds 默认值为 1s，设置值范围为 1~15。

none：代表不限制速率。

例如，若要对 Fa0/1~Fa0/24 端口设置接收 ARP 数据包的速率为 10pps，则配置命令为：

```
switch(config)#int range fa0/1-24
switch(config-if-range)#ip arp inspection limit rate 10
```

（5）在全局配置模式下，配置非信任端口因违规被禁用后自动恢复和恢复的时间间隔。

配置命令 1 为：

```
errdisable recovery cause arp-inspection
```

命令功能：开启由于 arp-inspection 违规被置为 errdisable 状态的接口的自动恢复功能。

配置命令 2 为：

```
errdisable recovery interval seconds
```

命令功能：配置接口自动恢复的时间间隔，*seconds* 代表经过多长时间恢复接口的功能，单位为 s，取值范围为 30～86400。

（6）配置 DAI 日志。

当 DAI 功能被激活开启后，所有被拒绝或者丢弃的 ARP 数据包将被日志记录。当 DAI 丢弃一个 ARP 数据包，交换机会在 log buffer 里存储一条信息，随后产生一条系统消息（system message），在这条系统消息产生后，交换机从 log buffer 里清除之前存储的条目。

配置 DAI 占用 log buffer 的最大条目数量和产生消息的速率的配置命令为：

```
ip arp inspection log-buffer {entries number | logs number interval seconds}
```

参数说明如下。

entries *number*：配置指定 DAI 占用 log buffer 的最大条目数量，默认值为 32，取值范围为 0～1024。

logs *number* interval *seconds*：配置 DAI 发送系统消息的速率，默认为每秒产生 5 条消息。*number* 取值范围为 0～1024，*seconds* 的取值范围为 0～86400s（1 天）。若 *number* > *seconds*，则每秒发送 *number*/*seconds* 个系统消息；否则，每隔 *seconds*/*number* 秒发送 1 个系统消息。时间间隔若设置为 0，则表示系统消息将立即产生，而 log buffer 中不再存储条目。

例如，若要配置 DAI 占用的 log buffer 的最大条目数为 64 条，每秒产生 3 条系统消息，则配置命令为：

```
switch(config)#ip arp inspection log-buffer entries 64
switch(config)#ip arp inspection log-buffer logs 3 interval 1
```

（7）查看 DAI 配置信息。

show ip arp inspection interface [*interface-id*]：显示指定的接口或所有接口的信任状态和接收 ARP 数据包的速率信息。

show ip arp inspection vlan *vlan-range*：显示指定 VLAN 的 DAI 配置信息和状态。

show ip arp inspection statistics vlan *vlan-range*：显示指定 VLAN 的各项统计信息。

clear ip arp inspection statistics：清除 DAI 的各项统计信息。

show errdisable recovery：显示被置于错误状态的端口的恢复情况。

show ip arp inspection log：查看 DAI 日志信息。

clear ip arp inspection log：清除 DAI 的日志缓存（log buffer）。

3. 配置案例

下面以 7.3.4 小节为例，网络拓扑如图 7.6 所示，在原有配置的基础上增加配置 DAI

功能,防范 ARP 欺骗和中间人攻击,并防止内网用户私设 IP 地址或盗用 IP 地址上网的行为。

前面已配置实现了 DHCP+DHCP 监听功能,在此基础上只需增配 DAI 功能即可,实现方法就是在各接入层交换机上开启并配置 DAI 功能,交换机的上联端口配置为 DAI 的信任端口。

(1) 分别在各接入层交换机上开启并配置 DAI 功能。

各接入层交换机的配置方法相同,下面以 SW1 交换机为例,列出其配置命令,其余交换机如法炮制。

```
!在 VLAN 上开启 DAI 功能,接入交换机使用的默认 VLAN 1
SW1(config)#ip arp inspection vlan 1
!配置附加的 ARP 报文合法性检查项目
SW1(config)#ip arp inspection validate src-mac dst-mac ip
!交换机的上联端口配置为 DAI 的信任端口
SW1(config)#int G0/1
SW1(config-if)#ip arp inspection trust
!配置其余非信任口接收 ARP 报文的速率阈值
SW1(config-if)#int range fa0/1-24
SW1(config-if-range)#ip arp inspection limit rate 10
SW1(config-if-range)#exit
!配置端口因 DAI 违规后,经过 50s 自动恢复
SW1(config)#errdisable recovery cause arp-inspection
SW1(config)#errdisable recovery interval 50
!配置 DAI 使用的日志缓存的大小,设置最多允许 64 个日志条目
SW1(config)#ip arp inspection log-buffer entries 64
SW1(config)#exit
SW1#write
```

(2) 检验 DAI 功能与配置信息。

① 首先检查配置 DAI 功能后,各主机能否正常接入网络,能否访问网络中的其他主机。

② 使用 DAI 的相关 show 命令查看和验证 DAI 的配置信息和运行状态信息。

③ 添加一台新的主机,使用静态 IP 地址,验证其能否接入和访问网络,如果不能,再利用手工地址绑定方式。在 DHCP 监听地址绑定表中添加该台新主机的地址绑定,再查看能否访问网络,正常情况下应该可以访问网络了。

④ 添加一台新主机,使用静态 IP 址,IP 地址盗用其他主机的 IP 地址,查看能否产生 IP 冲突,该台主机能否接入和访问网络。

7.4.3 配置端口安全

1. 端口安全简介

端口安全(Port Security)是一种对网络接入进行端口级访问控制的安全特性,通过定义各种安全模式,让交换机学习到安全的 MAC 地址,实现 MAC 地址与端口的绑定,

阻止未经许可的 MAC 地址主机接入访问网络(防止非授权访问),并可防止 MAC 地址欺骗攻击。端口安全功能特性默认处于关闭状态。

启用了端口安全策略的端口通常称为安全端口(Security Port)。利用端口安全,可实现以下功能。

- 可配置一个端口只允许一台或几台指定的网络设备或主机,通过该端口接入网络。
- 端口安全根据 MAC 地址确定允许连接该端口的网络设备或主机。
- 安全 MAC 地址可以手工配置指定,也可以让交换机自动学习获得,或者手工配置指定与自动学习相结合的方式来获得。
- 当一个未知(未授权)MAC 地址的主机或设备连接到该端口时,将触发违规,激活惩罚措施,根据惩罚措施的配置,交换机可丢弃数据帧,以禁止网络接入,或让端口处于不可用状态(err-disable)。

交换机端口处于自动协商时,该端口不能启用端口安全功能。对于访问端口,应使用 switchport mode access 命令进行明确配置指定;对于中继端口,可执行 switchport nonegotiate 命令关闭自动协商功能。

2. 端口安全配置命令

(1) 配置端口允许的最大安全 MAC 地址数。

配置命令为:

```
switchport port-security maximum number
```

参数说明:number 代表端口允许的最大安全 MAC 地址数,取值范围为 1~132,默认值为 1。不同系列的交换机最大 MAC 地址数的阈值可能不相同。

当将接口的最大允许安全 MAC 地址数设置为 1,又为接口设置指定了一个安全 MAC 地址后,则该接口将只为拥有该 MAC 地址的主机提供接入服务,其他主机将无法通过该端口接入网络。对于级联端口,应加大安全 MAC 地址数的设置量。

例如,若要设置 fa0/1 端口允许的最大安全 MAC 地址数为 10,则配置命令为:

```
switch(config)#int fa0/1
switch(config-if)#switchport mode access
switch(config-if)#switchport port-security maximum 10
```

(2) 配置指定安全 MAC 地址。

安全 MAC 地址就是允许在该端口接入的主机或网络设备的 MAC 地址,是端口接入允许与否的判定依据。安全 MAC 地址表项可以通过端口动态学习、手工配置指定以及配置动态黏性(sticky)MAC 地址来获得。

① 端口动态学习。默认情况下,交换机会自动学习连接到端口的主机或网络设备的 MAC 地址。通过自动学习建立的安全 MAC 地址,在设备重启或者端口状态翻转(down/up)后将丢失。若让端口自动学习,不需要配置该项。

② 手工配置指定安全 MAC 地址。

配置命令为：

```
switchport port-security mac-address mac_address
```

参数说明：*mac_address* 代表允许连接该端口的主机或网络设备的 MAC 地址。MAC 地址采用点分十六进制格式表示，其格式为：H.H.H。

例如，若要配置允许 MAC 地址为 00-0F-EA-01-B9-4E 的主机连接交换机的 fa0/1 端口，则配置安全 MAC 地址的命令为：switchport port-security mac-address 000F.EA01.B94E。

该命令一次添加指定一个 MAC 地址。若有多个地址需要指定，则重复使用该命令添加。

③ 配置动态黏性(sticky)MAC 地址。动态学习的安全 MAC 地址在端口状态翻转(down/up)后将丢失，全部手工配置指定，工作量太大，配置使用动态黏性(sticky)MAC 地址，可以很好地解决这个问题，其配置命令为：

```
switchport port-security mac-address sticky
```

配置使用动态黏性(sticky)MAC 地址后，交换机将自动学习 MAC 地址，变成黏性(sticky)的 MAC 地址，以防止安全 MAC 地址丢失。实现方式是：交换机会自动在该接口下面通过插入一条配置命令来记录该动态黏性安全 MAC 地址。通过保存配置文件，就可将动态黏性 MAC 地址保存在启动配置文件中，设备重启或端口翻转时也不会丢失。

交换机自动添加动态黏性 MAC 地址到端口的配置命令格式如下：

```
switchport port-security mac-address sticky 000F.EA01.3CD0
```

除了让系统自动添加之外，也可以手工配置指定动态黏性 MAC 地址，其配置命令为：

```
switchport port-security mac-address sticky {mac_address}
```

参数说明：*mac_address* 为可选项。若指定该参数，则用于静态配置指定允许的动态黏性 MAC 地址；若不使用该参数，则命令代表配置使用动态黏性 MAC 地址。

比如，若端口允许的最大 MAC 地址数为 5，需要手工静态指定 2 个 MAC 地址，其余 3 个自动学习，则配置方法为：

```
switchport port-security maximum 5
switchport port-security mac-address sticky
switchport port-security mac-address 000F.EA01.B94E
switchport port-security mac-address 000F.EA01.B2FD
```

（3）配置违规(violation)后的动作。

当未授权的网络设备或主机连接到安全端口时，就会发生安全违规，此时安全端口可采取三种安全措施中的一种来保护端口。

配置命令为：

```
switchport port-security violation protect|restrict|shutdown
```

参数说明如下。

- protect：保护模式，丢弃违规主机的报文，禁止网络接入，不产生告警信息。若 MAC 地址采用动态学习，当安全 MAC 地址数量达到端口所允许的最大 MAC 地址数时，对于下一个新主机的数据帧直接丢弃，以拒绝非授权主机对端口的连接和访问。
- restrict：限制模式，丢弃违规主机的数据包，向网络管理主机发出一个 SNMP 陷阱通知。
- shutdown：端口禁用模式。交换机将禁用该端口并让端口处于不可用(err-disable)状态，并发出一个 SNMP 陷阱通知。

为了让处于不可用状态的端口在违规行为消除后能自动恢复端口的功能，让端口成为可用状态，可配置以下命令来实现。*timer-interval* 代表等待多少秒之后恢复端口的功能，*timer-interval* 的取值范围为 30～86400。

```
errdisable recovery cause security-violation
errdisable recovery interval timer-interval
```

(4) 开启端口安全功能。

经过前面的配置后，最后就可开启端口的安全功能，其配置命令为：

```
switchport port-security
```

(5) 查看端口安全配置。

show port-security address：查看安全地址的配置信息，如安全地址与绑定的端口情况。

show port-security interface *interface-id*：查看指定接口的端口安全配置情况。

例如，若要查看 fa0/1 的端口安全配置情况，实现命令为：

```
C2960#show port-security interface fa0/1
```

3. 配置示例

【例 7.2】　配置 Cisco 2960 交换机的 fa0/5 端口，只允许连接 MAC 地址为 0006.5bf7.9bb8 或 000a.c45d.7816 的主机，禁止连接其他主机，违规时不产生告警信息。

配置方法如下：

```
C2960(config)#int fa0/5
C2960(config-if)#switchport mode access
C2960(config-if)#switchport port-security maximum 2
C2960(config-if)#switchport port-security mac-address 0006.5bf7.9bb8
C2960(config-if)#switchport port-security mac-address 000a.c45d.7816
C2960(config-if)#switchport port-security violation protect
C2960(config-if)#switchport port-security
C2960(config-if)#no shutdown
```

【例 7.3】　要求对 Cisco 2960 交换机的第 1～24 号端口进行安全配置，安全地址采用动态黏性地址,最大安全 MAC 地址数为 5 个,对非授权主机的数据帧直接丢弃,禁止接入网络,并发出 SNMP 陷阱通知。

配置方法如下:

```
C2960(config)#int range fa0/1-24
C2960(config-if-range)#switchport mode access
C2960(config-if-range)#switchport port-security maximum 5
C2960(config-if-range)#switchport port-security mac-address sticky
C2960(config-if-range)#switchport port-security violation restrict
C2960(config-if-range)#switchport port-security
C2960(config-if-range)#no shutdown
C2960(config-if-range)#end
C2960#write
```

7.4.4 配置 IP 源保护

1. IP 源保护简介

IP 源保护(IP Source Guard,IPSG)是一种二层的、基于源 IP 和源 MAC 地址检查过滤的端口流量过滤技术,用于防止 IP 地址欺骗,阻止用户私设 IP 地址接入网络。防止 ARP 欺骗要使用 DAI 技术,防止 MAC 地址欺骗使用端口安全技术(Port Security)。

2. IP 源保护的工作原理

IP 源保护基于 DHCP 监听地址绑定表,建立和维护一个 IP 源绑定表(IP Source Binding Table),作为对端口接收到的数据包进行合法性检查的基础数据库。如果没有应用 DHCP 监听功能,也可通过手工静态绑定方式建立 IP 源绑定表。

IP 源保护由于是二层的安全特性,只支持二层端口(Access 或 Trunk 口)。IP 源保护基于端口来开启或关闭 IP 源保护功能。在端口下开启激活 IP 源保护功能后,将根据 DHCP 监听地址绑定表,自动建立 IP 源绑定表,此时,交换机端口只对以下两类报文进行转发,其余全部丢弃。

- 所接收到的是 DHCP 报文。
- 所接收到的报文的源 IP 地址,或者源 IP 地址+源 MAC 地址,在 IP 源绑定表中能找到匹配的条目。

从以上的端口转发规则可见,用户主机发出的 DHCP 报文,端口会接收并转发。用户主机通过 DHCP 服务获得 IP 地址后,其 IP 地址、MAC 地址、VLAN 与端口的绑定信息,会被 DHCP 监听自动添加并记录到 DHCP 监听地址绑定表,对应的 IP 源绑定表中也会同步更新有了该条记录,这样,用户主机获得 IP 地址后,由于在 IP 源绑定表中有匹配的条目,因此,交换机会转发这类合法用户的报文,用户可以正常接入和访问网络。

如果用户是手工静态设置的 IP 地址,由于没有进行 DHCP 地址分配,在 DHCP 监听地址绑定表中没有该主机的地址绑定信息,对应的在 IP 源绑定表中也肯定没有,这时,用户主机发出的所有非 DHCP 报文因在 IP 源绑定表中没有匹配条目而被直接丢弃,用户无法接入网络,从而防止用户采用静态地址分配方式私设 IP 地址上网,用户只能通过 DHCP 方式动态获得 IP 地址接入网络。

IP 源保护的信任端口与非信任端口与 DHCP 监听的信任端口与非信任端口相同。对非信任端口的安全过滤检查有以下两种方式。

- 源 IP 地址过滤:根据报文网络层的源 IP 地址,在 IP 源绑定表中查找是否有匹配条目,若有,则检查匹配,允许报文通过。
- 源 IP 和源 MAC 地址过滤:根据报文网络层的源 IP 地址和数据链路层的源 MAC 地址,在 IP 源绑定表中查找是否有匹配条目,若有,则检查匹配,允许报文通过。这种检查方式更严格,必须使源 IP 和源 MAC 同时匹配才能被端口接收和转发。

要以源 IP+源 MAC 地址作为检查过滤条件时,必须启用 DHCP 报文的 Option 82 扩展信息,即交换机给 DHCP 请求报文添加 Option 82 扩展信息的功能不能关闭。

采用源 IP 地址过滤方式时,IP 源保护与端口安全功能是相互独立的关系。当采用源 IP 地址+源 MAC 地址过滤方式时,IP 源保护与端口安全变成了一种"集成"关系,此时开启 IP 源保护的端口,要开启端口安全特性。

Cisco 的交换机要支持 IP 源保护功能,必须是 35 系列及以上型号的交换机才支持,Cisco 2950、Cisco 2960 系列的交换机不支持该功能。

3. IP 源保护配置命令

(1) 在端口上开启 IP 源保护功能。
配置命令 1 为:

```
ip verify source [port-security]
```

配置命令 2 为:

```
ip verify source vlan dhcp-snooping [port-security]
```

命令 1 的用法适用于 Cisco 35 系列交换机,命令 2 的用法适用于 Cisco 45/65 系列交换机和 Cisco 76 系列的路由器。

该命令在接口配置模式下执行,用于开启该接口的 IP 源保护功能。命令若不带 port-security 关键字,则表示用源 IP 地址过滤方式开启 IP 源保护功能;若带上 port-security 关键字,则表示用源 IP 地址+源 MAC 地址过滤方式开启 IP 源保护功能。在开启 IP 源保护功能之前,应先开启端口安全。

例如,若要在 Cisco 3750 交换机的 G1/0/1 端口以源 IP 地址+源 MAC 地址过滤方式开启 IP 源保护功能,则配置命令为:

```
switch(config)#int G1/0/1
switch(config-if)#switchport mode access
!配置端口安全违规的处理方式为丢弃且不报错
switch(config-if)#switchport port-security violation protect
!配置端口允许的安全 MAC 地址数最大为 100
```

```
switch(config-if)#switchport port-security max 100
!开启端口安全功能
switch(config-if)#switchport port-security
!以源 IP 地址+源 MAC 地址过滤方式开启 IP 源保护功能
switch(config-if)#ip verify source port-security
```

（2）添加配置静态 IP 源绑定条目。

如果网络开启了 DHCP 监听功能，不用手工静态绑定；如果没有启用 DHCP 监听，则需要手工静态绑定，以便在 IP 源绑定表中添加绑定条目。配置命令为：

```
ip source binding mac-address vlan vlan-id ip-address inteface interface-id
```

在开启 IP 源保护后，手工静态设置 IP 地址的主机无法接入网络。为验证在 IP 绑定表中有绑定条目的情况下能否接入和访问网络，可将该主机的地址绑定信息添加到 IP 绑定表中。

假设该主机的 MAC 地址为 00:02:17:3A:94:E6，IP 地址为 192.168.1.33，属于 VLAN 1，连接在交换机的 fa0/3 端口，则实现 IP 源绑定的配置命令为：

```
Switch(config)#ip source binding 0002.173A.94E6 vlan 1 192.168.1.33 interface
fa0/3
```

（3）显示 IP 源绑定表。

命令如下：

```
show ip source binding [ip-address] [mac-address] [dhcp-snooping | static]
[inteface interface-id] [vlan vlan-id]
```

show ip source binding 命令显示 IP 源绑定表中的全部内容，其余可选参数用于指定显示的过滤条件。例如，若显示所有静态绑定的地址列表，则显示命令为：

```
show ip source binding static
```

若显示从 DHCP 监听绑定地址表中获得的地址绑定列表，则显示命令为：

```
show ip source dhcp-snooping
```

（4）显示 IP 源保护的配置信息。

命令如下：

```
show ip verify source [interface interface-id]
```

显示指定的接口或所有接口的 IP 源保护配置信息。

4. 配置案例

7.3.4 小节的 DHCP 监听应用案例的网络拓扑如图 7.6 所示。在 7.5.2 小节中添加配置了 DAI 功能，下面在此基础上再增加配置 IP 源保护功能。

由于 Cisco 2960 接入交换机不支持 IP 源保护功能，因此，只能在汇聚层交换机上进行添加配置。下面以 BuildingA 汇聚交换机为例，演示其配置方法。

```
!在 G1/0/2~G1/0/24 端口开启 IPSG 功能
BuildingA(config)#int range G1/0/2-24
BuildingA(config-if-range)#switchport mode access
BuildingA(config-if-range)#switchport port-security violation protect
BuildingA(config-if-range)#switchport port-security max 100
BuildingA(config-if-range)#switchport port-security
!以源 IP 地址+源 MAC 地址过滤方式开启 IPSG 功能
BuildingA(config-if-range)#ip verify source port-security
```

实训 1　DHCP 服务具体配置与应用

【实训目的】　熟悉和掌握 Cisco IOS DHCP 服务器的配置与应用方法。

【实训环境】　Cisco Packet Tracer V7.1.1。

【实训网络拓扑】　实训网络拓扑如图 7.19 所示。

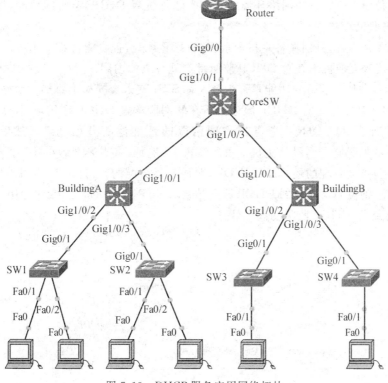

图 7.19　DHCP 服务应用网络拓扑

【实训内容与实训步骤】

（1）按图 7.19 所示在 Cisco Packet Tracer V7.1.1 网络模拟平台中构建实训网络拓扑。

（2）自行规划各幢楼宇所使用的网络地址和三层设备间的互联接口地址，采用路由交换技术,配置实现整个局域网内网的互联互通。

(3) 在出口路由器上配置 IOS DHCP 服务,实现为局域网内所有网段用户自动分配 IP 地址。网关使用每个网段的第 1 个可用 IP 地址,IP 地址池为每个网段的 30～220 号地址。

(4) 设置各主机的 IP 地址获得方式为 DHCP,查看能否获得正确的 IP 地址。若全部主机均能正确获得 IP 地址,则 DHCP 服务配置成功。

实训 2　DHCP 监听具体配置与应用

【实训目的】　熟悉和掌握 DHCP 监听的配置与应用方法。

【实训环境】　Cisco Packet Tracer V7.1.1。

【实训网络拓扑】　实训网络拓扑如图 7.19 所示。

【实训内容与实训步骤】

(1) 在实训 1 所完成的网络环境的基础上增加配置 DHCP 监听的功能,过滤掉非法的 DHCP 数据包。

(2) 配置完毕后,分别在各主机上重新获得 IP 地址,查看能否获得成功。

(3) 在接入交换机上查看 DHCP 监听绑定地址表的内容。

(4) 验证 DHCP 监听的功能是否生效。在 SW1 接入交换机上添加一台服务器,并开启和配置 DHCP 服务。对 DHCP 服务器所在的网段配置 DHCP 作用域,IP 地址池的开始地址可区别于 IOS DHCP 服务器中同网段的地址池的开始地址。然后在与新添 DHCP 服务器处于同一网段的主机上重新获得 IP 地址,查看其获得的 IP 地址是合法的 IOS DHCP 服务器分配的还是新添的 DHCP 服务器分配的,若仍是 IOS DHCP 服务器分配的 IP 地址,则说明新添加的 DHCP 服务器被 DHCP 监听所屏蔽,无法为用户主机提供 DHCP 响应服务,DHCP 监听功能生效。

第8章 动态路由协议

本章主要介绍动态路由协议的基本概念，以及 RIP、OSPF 和 BGP 动态路由协议的配置与应用。

8.1 路由协议概述

8.1.1 路由协议简介

1. 路由的概念

路由(routing)作为名词用时，是指从源到目的地的路径；作为动词用时，是指从源到目的地进行路径选择并进行转发的动作或行为。如果从路径选择和执行转发的这一过程来看，路由是指路由器从一个接口上收到 IP 数据包，根据 IP 数据包要到达的目的网络地址，进行定向转发到另一个接口的过程。

在路由器或三层交换机等三层设备中，维护和管理一张路由表，在路由表中记录该设备能到达的网络的网络地址、能通达某个或某些网络的接口(端口)和下一跳地址等信息。当一个 IP 数据包到达三层设备时，路由进程会获取 IP 数据包中的目的 IP 地址和子网掩码，据此获知该 IP 数据包要到达的目的网络的地址，然后根据目的网络地址，在路由表中查找是否有到该网络的路由(路径信息)，若有，则按路由表项指示的接口和下一跳地址，将 IP 数据包路由转发给下一跳地址所在的网络设备，之后就由下一跳地址所在的网络设备负责后续的路由接力转发，直至最终到达目的网络所在的网络设备，由最后一站的网络设备将 IP 数据包转发给目标主机。若在路由表中未找到匹配的路由表项，则检查路由表中是否有默认路由，若有默认路由，则按默认路由的指示进行路由转发；若没有默认路由，则网络设备就不知道如何转发该 IP 数据包，则会直接丢弃。

2. 路由分类

路由器和三层交换机等三层网络设备可以用 3 种方式获得网络中的路由信息，建立路由表，分别是从数据链路层协议学习、人工配置静态路由、利用动态路由协议发现和学习获得。因此，根据来源的不同，路由可以分为以下三类。

（1）直连路由

直连路由是从数据链路层协议直接学习获得的。直连路由不用人工配置,在路由器的接口设置好 IP 地址后,路由进程会自动生成直连路由。直连路由开销小,但只能发现本接口所属网段的路由。

比如,路由器的 G0/0 接口地址为 172.16.1.1/30,G0/1 接口地址为 172.16.1.5/30,设置好接口的 IP 地址后,路由器的路由进程就会自动添加 172.16.1.0/30 子网与172.16.1.4/30 子网的直连路由,如图 8.1 所示。

```
Router#show ip route
Codes: L - local, C - connected, S - static, R - RIP, M - mobile, B - BGP
       D - EIGRP, EX - EIGRP external, O - OSPF, IA - OSPF inter area
       N1 - OSPF NSSA external type 1, N2 - OSPF NSSA external type 2
       E1 - OSPF external type 1, E2 - OSPF external type 2, E - EGP
       i - IS-IS, L1 - IS-IS level-1, L2 - IS-IS level-2, ia - IS-IS inter area
       * - candidate default, U - per-user static route, o - ODR
       P - periodic downloaded static route

Gateway of last resort is not set

      172.16.0.0/16 is variably subnetted, 4 subnets, 2 masks
C        172.16.1.0/30 is directly connected, GigabitEthernet0/0
L        172.16.1.1/32 is directly connected, GigabitEthernet0/0
C        172.16.1.4/30 is directly connected, GigabitEthernet0/1
L        172.16.1.5/32 is directly connected, GigabitEthernet0/1
```

图 8.1 查看路由信息

（2）静态路由

由网络管理人员通过路由配置命令手工配置添加的路由称为静态路由。静态路由无开销,配置简单,适合网络拓扑结构变化小的网络,比如局域网络,在前面的网络配置案例中采用的就是静态路由。静态路由的缺点是无法自动根据网络拓扑结构的变化而自动调整路由,需要网络管理人员手工维护管理。

（3）动态路由

动态路由是指由动态路由协议自动发现和维护的路由。网络管理人员只需配置好使用某种动态路由协议即可,不需要人工配置具体的路由表项,路由信息由路由协议根据路由算法自动发现和计算生成,并自动维护管理。当网络拓扑结构复杂,各节点间有冗余链路,或者网络拓扑结构经常有变化的网络,建议使用动态路由,以减少路由配置工作量。

3. 路由协议与可被路由协议

（1）路由协议

① 路由协议简介。路由协议（Routing Protocol）也称为路由选择协议,负责发现和学习最佳路径,建立到达各个网络的路由,并通过与网络中的其他路由器交换路由信息和链路状态信息来动态维护路由表。所有路由协议都有发现、计算和维护路由的功能。

动态路由就是利用路由协议,根据路由算法,自动发现和计算(计算出最佳路径)获得的路由,所以路由协议也通常称为动态路由协议。

② 路由协议的分类。根据使用的路由算法的不同,路由协议分为距离矢量路由协议和链路状态路由协议两种。

常用的距离矢量路由协议有 RIP(Routing Information Protocol,路由信息协议)和 BGP(Border Gateway Protocol,边界网关协议)。RIP 基于 UDP 协议工作,服务端口号 UDP 520;BGP 基于 TCP 协议工作,服务端口号 TCP 179。

常用的链路状态路由协议有 OSPF(Open Shortest Path First,开放最短路径优先协议)和 IS-IS(Intermediate System-to-Intermediate System,中间系统到中间系统)。OSPF 基于 IP 协议工作,采用 IP 协议封装 OSPF 协议数据包,IP 协议号是 89,即 OSPF 的报文封装在 IP 数据包中。IS-IS 是 ISO(国际标准化组织)定义的路由协议,采用 OSI 地址,最初应用在采用 OSI 模型的网络中,目前也被应用到采用 TCP/IP 协议簇的因特网中,成为当前因特网的主流路由协议之一。IS-IS 的报文直接封装在数据链路层中。IS-IS 与 OSPF 很相似,都是基于链路状态数据库的路由协议,使用最短路径优先(SPF)算法进行路由计算,具有收敛速度快、无环路等特点,适用于大型网络。

距离矢量路由协议和链路状态路由协议所采用的算法的主要区别在于发现和计算路由的方法不相同。根据协议作用的范围的不同,路由协议可分为内部网关协议(Interior Gateway Protocol,IGP)和外部网关协议(Exterior Gateway Protocol,EGP)两种。

内部网关协议在一个自治系统(Autonomous System,AS)的内部运行,常见的 RIP、OSPF 和 IS-IS 就属于内部网关协议。外部网关协议运行于不同的自治系统之间,BGP 就是目前最常用的外部网关协议。

除了以上的国标路由协议之外,还有思科公司专有的路由协议。IGRP(Interior Gateway Routing Protocol,内部网关路由协议)是 Cisco 公司在 20 世纪 80 年代中期推出的一种距离矢量的内部网关协议,到了 90 年代,推出了功能增强的 EIGRP(Enhanced Interior Gateway Routing Protocol,增强内部网关路由协议)。

③ 路由协议工作的层次。对协议工作的网络模型层次问题在一些网络考试中经常被提及,在 TCP/IP 模型中对一些协议所在的层次没有明确的定义。非要将某协议划分到哪一层,一般情况,可根据一个协议的实现需要依赖协议所在层次的下一层功能作为依据进行判定,比如 RIP 基于 UDP 协议工作,BGP 基于 TCP 协议工作,而 UDP 和 TCP 是传输层的协议,因此,RIP 和 BGP 应算是应用层的协议,但解决的却是网络层的问题。OSPF 报文直接封装在 IP 数据包内,可划归为网络层协议。

(2) 可被路由协议

可被路由协议(Routed Protocol)属于网络层协议,是用于定义数据包内各字段的格式和用途的网络层封装协议。常见的可被路由协议有以下几种。

- IP(Internet Protocol,网际协议)协议。
- Novell 公司的 IPX(Internetwork Protocol eXchange,网间分组交换)协议。
- Apple 公司的 AppleTalk 协议。

可被路由协议,比如 IP 协议,将来自上层的信息封装在 IP 数据包,然后根据路由协议学习得到的最佳路径进行路由选择和传输。

4. 管理距离与度量的概念

（1）管理距离

管理距离（Administrative Distance，AD）是用来确定一种路由协议可信度或可靠性的度量值，每一种路由协议按可靠性从高到低依次分配一个信任等级，这个信任等级就叫管理距离。可信度越高，则代表在进行最佳路由选择时选用的优先级越高，因此，管理距离定义了路由来源的优先级。管理距离值为 $0\sim255$ 的整数，管理距离值越小，代表路由来源的可信度和优先级越高。

直连路由管理距离为 0，优先级最高，这个值不能配置修改，管理距离值 255 表示不信任该路由来源，路由器不会将其添加到路由表中。静态路由和动态路由的管理距离根据需要可以配置修改，默认情况下，静态路由管理距离为 1，RIP 协议的管理距离为 120，OSPF 协议的管理距离为 110，IS-IS 协议的管理距离为 115。

管理距离代表了不同路由协议的可信度和优先级，当到达目的网络有多条使用不同路由协议的路径时，管理距离将是选择最优路由的第一标准。不要将管理距离误理解成网络距离，网络距离用度量值表示。

（2）度量

度量（Metric）是指路由协议用来分配到达远程网络的路由开销的值。在使用同一路由协议的网络中，当到达目的网络有多条路径时，路由协议选择度量值最低的路由作为最佳路由。

不同的路由协议一般使用不同的度量，路由协议常用的度量如下。

跳数：距离矢量路由协议常用该度量，度量值代表的是数据包到达目的网络必须经过的路由器的数量（跳数）。

带宽：利用链路的带宽特性作为度量，通过优先考虑最高带宽的路径来做出路由选择。

负载：利用链路的通信流量使用率作为度量。

延迟：利用数据包经过某条路径所花费的时间作为度量。

可靠性：通过接口错误计数或以往的链路故障次数来估计链路出现故障的可能性。

开销（Cost）：由 IOS 或网络管理员确定的值。开销可以只考虑链路的某一个特性（比如，跳数、带宽、负载、延迟、可靠性），也可以是多个特性的组合计算得到。应选择开销最低的路径作为最佳路由。

不同的路由协议使用不同的度量，代表的含义也不相同，因此，比较不同路由协议的度量值没有意义。在 RIP 路由协议中使用跳数来作为度量，在 IS-IS 和 OSPF 路由协议中使用开销来作为度量，OSPF 协议使用链路的带宽并通过计算得到开销值。在 IGRP 和 EIGRP 路由协议中，使用带宽、延迟、可靠性和负载的组合计算值来作为度量。

8.1.2　路由协议工作原理

路由协议都有发现、计算和维护路由的功能,工作原理大体相似,只是在具体实现细节上会有所不同。各种路由协议的工作过程都包含以下 4 个阶段。

1. 邻居发现

运行某种路由协议的路由器会通过发送广播报文,主动将自己介绍给网段内的其他路由器,以发现邻居路由器。

2. 交换路由信息

发现邻居后,每台路由器将自己已知的路由信息发给相邻的路由器,相邻的路由器收到后,进行矢量叠加,更新自己的路由表,然后再将更新后的路由信息发送给自己的邻居路由器,通过这种方式逐步扩散,经过一段时间,最终每台路由器都会收到网络中的所有路由信息。

3. 计算路由

每一台路由器都会运行所启用的路由协议所使用的路由算法,计算出到达每个网络的最佳路由,建立路由表。计算工作主要是要计算出到达每个网络的下一跳和度量值。

4. 维护路由

为了能够及时发现某台路由器突然失效(设备故障或链路故障引起)等异常情况,路由协议规定两台路由器之间的协议报文应该周期性发送。如果路由器有一段时间收不到邻居发来的协议报文,则可认为该邻居路由器失效了。

8.2　RIP 动态路由协议

8.2.1　RIP 路由协议简介

RIP 是 20 世纪 70 年代开发的动态路由协议,也是最早的动态路由协议,主要用于规模较小的网络,比如企事业单位的局域网络或者结构简单的地区性网络。由于 RIP 原理简单,配置和维护管理也比较容易,因此,在局域网络中应用较广泛。

RIP 是一种基于距离矢量算法的路由协议,其路由度量使用跳数(Hop Count)来衡量到达目的网络的距离。路由器与它直连的网络的跳数为 0,通过与其直连的路由器而到达下一个紧邻的网络,跳数为 1,即每经过一台路由器,跳数加 1,其余以此类推。为限制收敛时间,RIP 规定路由度量值为 0~15 的整数,大于或等于 16 的跳数,代表网络或主机不可达。由于有这个限制,故 RIP 不适合部署大型网络。

距离矢量路由协议在网络发生故障时有可能产生路由环路现象。RIP 使用路由毒化（Route Poisoning）、水平分割（Split Horizons）、毒性逆转（Poison Reverse）、定义最大度量值、触发更新（Triggered Update）和抑制计时器（Holddown Timer）等机制来避免路由环路的产生，加快网络收敛速度，提高网络的稳定性。另外，RIP 协议允许引入其他路由协议所得到的路由。

RIP 有 RIPv1 和 RIPv2 两个版本，两个版本不兼容，不能相互学习路由。RIPv1 是有类别路由协议，协议报文不携带子网掩码，不支持 VLSM（Variable Length Subnet Mask，可变长子网掩码）。协议报文不支持验证，协议安全没有保障，只支持以广播方式发布协议报文，系统和网络开销都较大。RIPv2 是无类别路由协议，协议报文中携带子网掩码信息，支持 VLSM 和 CIDR（Classless Inter-Domain Routing，无类域间路由），支持组播方式发送路由更新报文，减少了资源消耗，并支持对协议报文进行验证，提供明文验证和 MD5 密文验证两种方式，提高了协议的安全性。因此，目前一般都使用 RIPv2。

RIP 使用 UDP 协议发送协议报文进行路由信息交换，RIP 进程服务端口号 UDP 520。

8.2.2　RIP 路由协议的工作过程

1. 交换路由信息

在未启用 RIP 路由协议时，路由表中仅有直连路由；启用 RIP 后，RIP 路由进程使用广播报文向各接口发送广播请求报文，向各邻居路由器请求路由信息。

各邻居路由器收到请求报文后，将自己的路由表信息以响应报文的形式进行回复。响应报文中，各路由表项的度量值为路由表中的原度量值加上发送附加度量值（默认为 1）。

2. 更新路由表

路由器收到邻居路由器的响应报文后，更新自己的路由表，更新方法如下：

- 对本路由器已有的路由表项，当发送响应报文的邻居相同时，无论度量值增大还是减少，都更新该路由表项，度量值相同时只将老化时间清零。
- 对本路由器已有的路由表项，当发送响应报文的邻居不相同时，只在路由度量值减少时才更新该路由表项。
- 对本路由器不存在的路由表项，若度量值小于 16，则在路由表中增加该路由表项。

3. 路由表维护

RIP 路由信息维护由定时器来完成，RIP 协议定义了 3 个定时器。

（1）Update 定时器：定义发送路由更新的时间间隔，默认为 30s。各路由器会以该定时器所设置的时间为周期，以响应报文的形式广播自己的路由表，以供大家更新路由信息。

（2）Timeout 定时器：定义路由老化的时间默认为 180s。如果在老化时间内没有收到某条路由的更新报文，则该条路由的度量值将会被置为 16，并从路由表中删除。

（3）Garbage-Collect 定时器：定义一条路由从度量值变为 16 开始，直到从路由表中删除所等待的时间，默认为 120s。如果在 Garbage-Collect 定时器所设置的时间内该条路由没有得到更新，则将该条路由从路由表中删除。

8.2.3 RIP 的配置及应用

1. RIP 的配置命令

（1）启用 RIP 路由协议。
配置命令为：

```
router rip
```

该命令在全局配置模式下执行，用于启用 RIP 路由协议，启动 RIP 服务进程，并进入动态路由配置子模式。若要关闭 RIP 路由协议，则执行 no router rip 命令。

（2）配置 RIP 协议的版本信息。
配置命令为：

```
version 1|2
```

在动态路由配置子模式下执行，用于指定 RIP 协议所使用的版本号，默认为版本 1。
例如，若要使用 RIPv2，则配置命令为：

```
router(config)#router rip
router(config-router)#version 2
```

（3）配置参与 RIP 动态路由的网络。
配置命令为：

```
network network-address
```

在动态路由配置子模式下执行，network-address 代表网络地址。一台路由器相连的网络，若都要参与 RIP 动态路由的生成，则要用 network 命令逐一配置指定。没有配置指定的网络不会出现在 RIP 的路由更新报文中。若要删除某一个网络，可执行 no network network-address 命令来实现。

例如，若路由器连接了 10.8.1.0/24 和 172.16.1.0/16 网络，这两个网络都要参与 RIP 动态路由的生成，则配置方法为：

```
router(config)#router rip
router(config-router)#version 2
router(config-router)#network 10.8.1.0
router(config-router)#network 172.16.0.0
```

（4）关闭路由自动汇总。

配置命令为：

```
no auto-summary
```

RIPv1 和 RIPv2 默认开启了路由自动汇总功能。RIPv1 是有类路由协议，无法关闭。RIPv2 是无类别路由协议，可以使用该命令关闭路由自动汇总功能。

在使用 RIP 路由协议时，在网络边界路由器上会对 RIP 路由进行自动汇总，将网络地址汇总为有类网络地址。比如，10.8.1.0/24、10.8.2.0/24 等地址将被汇总为 10.0.0.0/8 的 A 类地址，因此，在进行了子网划分的网络部署应用 RIP 动态路由协议。若没有关闭自动汇总功能，将因为路由自动汇总导致路由混乱。

在 RIPv1 中，路由报文并不带有子网掩码，只能按主类网络号识别网络掩码。

在图 8.2 的网络拓扑中部署应用了 RIP 路由协议，但没有关闭自动汇总功能。Router1 路由器是 10.8.1.0/24 和 10.8.128.0/24 网络的边界路由器，Router0 和 Router2 路由器的路由更新报文到达 Router1 路由器后，Router1 路由器就会对 10.8.1.0/24 和 10.8.128.0/24 网络地址进行自动汇总，将其汇总为有类的 A 类地址，即 10.0.0.0/8，因此，在 Router1 路由器上，到 10.0.0.0/8 网络就会产生出 2 条路由，路由的下一跳地址和出去的接口不相同，如图 8.3 所示，路由条目最前面有 R 的路由，代表 RIP 协议生成的路由。

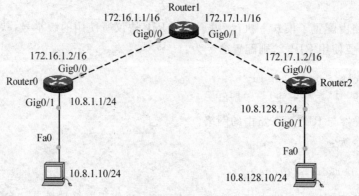

图 8.2　RIP 案例网络拓扑

（5）路由重发布。

① 重发布静态路由。

配置命令为：

```
redistribute static
```

命令功能：将设备上配置的静态路由发布到 RIP 协议路由中，让其他网络设备能通过 RIP 学习到该静态路由。该命令在动态路由配置子模式下执行。

② 重发布默认路由。

配置命令为：

```
Router#show ip route
Codes: L - local, C - connected, S - static, R - RIP, M - mobile, B - BGP
       D - EIGRP, EX - EIGRP external, O - OSPF, IA - OSPF inter area
       N1 - OSPF NSSA external type 1, N2 - OSPF NSSA external type 2
       E1 - OSPF external type 1, E2 - OSPF external type 2, E - EGP
       i - IS-IS, L1 - IS-IS level-1, L2 - IS-IS level-2, ia - IS-IS inter area
       * - candidate default, U - per-user static route, o - ODR
       P - periodic downloaded static route

Gateway of last resort is not set

R     10.0.0.0/8 [120/1] via 172.17.1.2, 00:00:25, GigabitEthernet0/1
                 [120/1] via 172.16.1.2, 00:00:16, GigabitEthernet0/0
      172.16.0.0/16 is variably subnetted, 2 subnets, 2 masks
C        172.16.0.0/16 is directly connected, GigabitEthernet0/0
L        172.16.1.1/32 is directly connected, GigabitEthernet0/0
      172.17.0.0/16 is variably subnetted, 2 subnets, 2 masks
C        172.17.0.0/16 is directly connected, GigabitEthernet0/1
L        172.17.1.1/32 is directly connected, GigabitEthernet0/1
```

图 8.3　路由自动汇总

default-information originate

命令功能：将设备上的默认路由发布到 RIP 协议路由中，让其他网络设备能通过 RIP 学习到该默认路由。该命令在动态路由配置子模式下执行。

例如，若整个局域网内网部署应用了 RIPv2 路由协议，在出口路由器上配置了到因特网的默认路由，则该默认路由仅存在该出口路由器上，运行了 RIP 路由协议的其他三层设备上是没有到因特网的默认路由的，这会导致内网用户因缺少到因特网的路由而无法访问因特网，解决办法就是在出口路由器上将其默认路由发布到 RIP 协议路由中。

发布默认路由后，查看三层设备的路由表，就会多出类似以下的默认路由条目。

R*   0.0.0.0/0 [120/2] via 172.18.2.1, 00:00:11, GigabitEthernet1/1/1

（6）查看 RIP 运行状态及配置信息。
显示命令为：

show ip protocols

显示内容如图 8.4 所示。图 8.4 中最后一行的 Distance 代表管理距离，RIP 协议的管理距离为 120。
（7）查看路由表。
显示命令为：

show ip route

（8）清除 IP 路由表中的路由。
配置命令为：

clear ip route * |network-address

命令功能：clear ip route * 命令清除所有路由表项。对于直连路由无法清除，clear

263

```
Router#  show ip protocols
Routing Protocol is "rip"
Sending updates every 30 seconds, next due in 25 seconds
Invalid after 180 seconds, hold down 180, flushed after 240
Outgoing update filter list for all interfaces is not set
Incoming update filter list for all interfaces is not set
Redistributing: rip
Default version control: send version 2, receive 2
  Interface           Send  Recv  Triggered RIP  Key-chain
  GigabitEthernet0/1   2     2
  GigabitEthernet0/0   2     2
Automatic network summarization is not in effect
Maximum path: 4
Routing for Networks:
        10.0.0.0
        172.17.0.0
Passive Interface(s):
Routing Information Sources:
        Gateway        Distance      Last Update
        172.17.1.1       120         00:00:14
Distance: (default is 120)
```

图 8.4　查看 RIP 配置信息

ip route *network-address* 命令用于清除指定网络的路由表项。

（9）在控制台显示 RIP 的工作信息。

配置命令为：

```
debug ip rip
```

打开 rip 路由协议的诊断显示，打开后，设备发送和接收到的 RIP 报文信息会在控制台中显示，便于进行故障诊断。若要关闭诊断显示，则执行 no debug ip rip 命令。

```
Router#debug ip rip
RIP protocol debugging is on
Router#no debug ip rip
RIP protocol debugging is off
```

2. 配置案例

【例 8.1】　网络拓扑如图 8.2 所示，试采用 RIPv2 动态路由协议实现整个网络的互联互通。

配置步骤与配置方法如下：

（1）根据网络地址规划配置路由器接口地址。

① 配置 Router0 路由器。

```
Router>enable
Router#config t
Router(config)#hostname Router0
Router0(config)#int G0/0
Router0(config-if)#ip address 172.16.1.2 255.255.0.0
Router0(config-if)#int G0/1
Router0(config-if)#ip address 10.8.1.1 255.255.255.0
```

② 配置 Router1 路由器。

```
Router>enable
Router#config t
Router(config)#hostname Router1
Router1(config)#int G0/0
Router1(config-if)#ip address 172.16.1.1 255.255.0.0
Router1(config-if)#int G0/1
Router1(config-if)#ip address 172.17.1.1 255.255.0.0
```

③ 配置 Router2 路由器。

```
Router>enable
Router#config t
Router(config)#hostname Router2
Router2(config)#int G0/0
Router2(config-if)#ip address 172.17.1.2 255.255.0.0
Router2(config-if)#int G0/1
Router2(config-if)#ip address 10.8.128.1 255.255.255.0
```

(2) 配置各 PC 主机的 IP 地址和网关地址,网关地址为与之相连的路由器接口的 IP
地址。

(3) 配置 RIP 路由。

① 配置 Router0 路由器。

```
Router0(config)#router rip
Router0(config-router)#version 2
Router0(config-router)#no auto-summary
Router0(config-router)#network 172.16.0.0
Router0(config-router)#network 10.8.1.0
Router0(config-router)#end
Router0#write
```

② 配置 Router1 路由器。

```
Router1(config)#router rip
Router1(config-router)#version 2
Router1(config-router)#no auto-summary
Router1(config-router)#network 172.16.0.0
Router1(config-router)#network 172.17.0.0
Router1(config-router)#end
Router1#write
```

③ 配置 Router2 路由器。

```
Router2(config)#router rip
Router2(config-router)#version 2
Router2(config-router)#no auto-summary
Router2(config-router)#network 172.17.0.0
Router2(config-router)#network 10.8.128.0
Router2(config-router)#end
```

```
Router2#write
```

（4）验证网络配置。

① 查看路由表。分别在 Router0、Router1 和 Router2 路由器上执行 show ip route 命令，查看路由表信息，观察 RIP 路由生成是否正确。路由表信息分别如图 8.5～图 8.7 所示。

```
Router0#show ip route
Codes: L - local, C - connected, S - static, R - RIP, M - mobile, B - BGP
       D - EIGRP, EX - EIGRP external, O - OSPF, IA - OSPF inter area
       N1 - OSPF NSSA external type 1, N2 - OSPF NSSA external type 2
       E1 - OSPF external type 1, E2 - OSPF external type 2, E - EGP
       i - IS-IS, L1 - IS-IS level-1, L2 - IS-IS level-2, ia - IS-IS inter area
       * - candidate default, U - per-user static route, o - ODR
       P - periodic downloaded static route

Gateway of last resort is not set

     10.0.0.0/8 is variably subnetted, 3 subnets, 2 masks
C       10.8.1.0/24 is directly connected, GigabitEthernet0/1
L       10.8.1.1/32 is directly connected, GigabitEthernet0/1
R       10.8.128.0/24 [120/2] via 172.16.1.1, 00:00:04, GigabitEthernet0/0
     172.16.0.0/16 is variably subnetted, 2 subnets, 2 masks
C       172.16.0.0/16 is directly connected, GigabitEthernet0/0
L       172.16.1.2/32 is directly connected, GigabitEthernet0/0
R    172.17.0.0/16 [120/1] via 172.16.1.1, 00:00:04, GigabitEthernet0/0
```

图 8.5　Router0 路由器的路由表

```
Router1#show ip route
Codes: L - local, C - connected, S - static, R - RIP, M - mobile, B - BGP
       D - EIGRP, EX - EIGRP external, O - OSPF, IA - OSPF inter area
       N1 - OSPF NSSA external type 1, N2 - OSPF NSSA external type 2
       E1 - OSPF external type 1, E2 - OSPF external type 2, E - EGP
       i - IS-IS, L1 - IS-IS level-1, L2 - IS-IS level-2, ia - IS-IS inter area
       * - candidate default, U - per-user static route, o - ODR
       P - periodic downloaded static route

Gateway of last resort is not set

     10.0.0.0/24 is subnetted, 2 subnets
R       10.8.1.0/24 [120/1] via 172.16.1.2, 00:00:18, GigabitEthernet0/0
R       10.8.128.0/24 [120/1] via 172.17.1.2, 00:00:01, GigabitEthernet0/1
     172.16.0.0/16 is variably subnetted, 2 subnets, 2 masks
C       172.16.0.0/16 is directly connected, GigabitEthernet0/0
L       172.16.1.1/32 is directly connected, GigabitEthernet0/0
     172.17.0.0/16 is variably subnetted, 2 subnets, 2 masks
C       172.17.0.0/16 is directly connected, GigabitEthernet0/1
L       172.17.1.1/32 is directly connected, GigabitEthernet0/1
```

图 8.6　Router1 路由器的路由表

从中可见，使用 RIPv2 并关闭路由自动汇总功能后，各子网地址不再汇总为有类地址，在 Router1 的路由表中，10.8.1.0/24 和 10.8.128.0/24 子网不再汇总为 10.0.0.0/8，各自对应一条路由条目，此时 Router1 的路由正确，不再因为路由自动汇总而混乱了。

```
Router2#show ip route
Codes: L - local, C - connected, S - static, R - RIP, M - mobile, B - BGP
       D - EIGRP, EX - EIGRP external, O - OSPF, IA - OSPF inter area
       N1 - OSPF NSSA external type 1, N2 - OSPF NSSA external type 2
       E1 - OSPF external type 1, E2 - OSPF external type 2, E - EGP
       i - IS-IS, L1 - IS-IS level-1, L2 - IS-IS level-2, ia - IS-IS inter area
       * - candidate default, U - per-user static route, o - ODR
       P - periodic downloaded static route

Gateway of last resort is not set

     10.0.0.0/8 is variably subnetted, 3 subnets, 2 masks
R       10.8.1.0/24 [120/2] via 172.17.1.1, 00:00:16, GigabitEthernet0/0
C       10.8.128.0/24 is directly connected, GigabitEthernet0/1
L       10.8.128.1/32 is directly connected, GigabitEthernet0/1
R    172.16.0.0/16 [120/1] via 172.17.1.1, 00:00:16, GigabitEthernet0/0
     172.17.0.0/16 is variably subnetted, 2 subnets, 2 masks
C       172.17.0.0/16 is directly connected, GigabitEthernet0/0
L       172.17.1.2/32 is directly connected, GigabitEthernet0/0
```

图 8.7 Router2 路由器的路由表

② 检查网络的通畅性。在 10.8.1.10 主机的命令行,ping 10.8.128.10 主机,检查网络是否通畅,检查结果是通畅,说明 RIP 路由协议配置成功。

【例 8.2】 在第 4 章的 4.4 节中规划设计了一个拥有三个校区的大型局域网络。在前面的配置中,已分步完成了 A 校区和 B 校区局域网内网的配置,分别实现了这两个校区内网的互联互通。C 校区的因特网出口链路同时也是 VPN 业务使用的链路。C 校区申请到的公网地址段为 202.202.50.0/28,互联接口地址使用 202.202.50.0/30,网关地址为 202.202.50.1/30,NAT 地址池使用 202.202.50.8/29 子网。现要求对 C 校区采用 RIPv2 路由协议进行配置,实现整个 C 校区内网的互联互通,并对出口路由器 RouterC 进行 NAT 配置,实现内网用户能访问因特网。VPN 业务在第 9 章学习了 VPN 之后再完成配置。

配置方法如下:

(1) 根据网络的总体规划,C 校区使用 192.168.0.0/16 的网络地址。每幢楼宇规划使用 32 个 C 类网段地址。为便于后期测试 NAT 功能,出口路由器 RouterC 的对端路由器,即 ISP 服务商的路由器(Router_ISP_5)上增加了测试用的 WAN_Web4 服务器,最终的网络拓扑和地址规划如图 8.8 所示。

(2) 分别在各幢楼宇的汇聚交换机创建和划分 VLAN。

① 配置 BuildingC1 楼宇的 VLAN。

```
Switch>enable
Switch#config t
Switch(config)#hostname BuildingC1
BuildingC1(config)#ip routing
BuildingC1(config)#vlan 2
BuildingC1(config-vlan)#vlan 33
BuildingC1(config-vlan)#int vlan 2
```

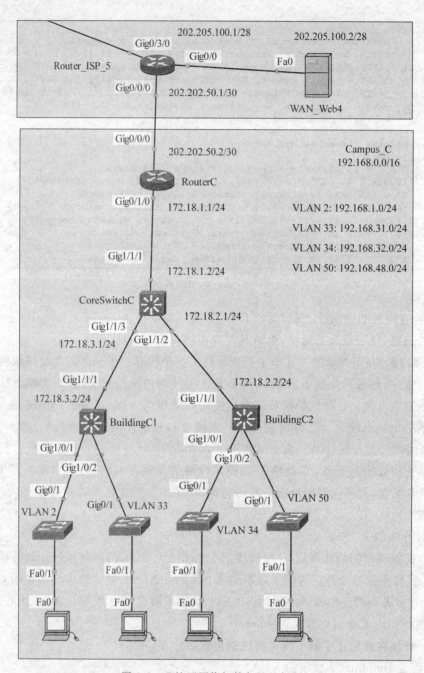

图 8.8   C 校区网络拓扑与地址规划

```
BuildingC1(config-if)#ip address 192.168.1.1 255.255.255.0
BuildingC1(config-if)#int vlan 33
BuildingC1(config-if)#ip address 192.168.31.1 255.255.255.0
BuildingC1(config-if)#int G1/0/1
BuildingC1(config-if)#switchport access vlan 2
BuildingC1(config-if)#int G1/0/2
```

```
BuildingC1(config-if)#switchport access vlan 33
```

② 配置 BuildingC2 楼宇的 VLAN。

```
Switch>enable
Switch#config t
Switch(config)#hostname BuildingC2
BuildingC2(config)#ip routing
BuildingC2(config)#vlan 34
BuildingC2(config-vlan)#vlan 50
BuildingC2(config-vlan)#int vlan 34
BuildingC2(config-if)#ip address 192.168.32.1 255.255.255.0
BuildingC2(config-if)#int vlan 50
BuildingC2(config-if)#ip address 192.168.48.1 255.255.255.0
BuildingC2(config-if)#int G1/0/1
BuildingC2(config-if)#switchport access vlan 34
BuildingC2(config-if)#int G1/0/2
BuildingC2(config-if)#switchport access vlan 50
```

(3) 配置三层设备的互联接口地址和 RIP 路由。
① 配置 BuildingC1 楼宇汇聚交换机。

```
BuildingC1(config-if)#int G1/1/1
BuildingC1(config-if)#no switchport
BuildingC1(config-if)#ip address 172.18.3.2 255.255.255.0
BuildingC1(config-if)#exit
BuildingC1(config)#router rip
BuildingC1(config-router)#version 2
BuildingC1(config-router)#no auto-summary
BuildingC1(config-router)#network 192.168.1.0
BuildingC1(config-router)#network 192.168.31.0
BuildingC1(config-router)#network 172.18.3.0
BuildingC1(config-router)#end
BuildingC1#write
```

② 配置 BuildingC2 楼宇汇聚交换机。

```
BuildingC2(config-if)#int G1/1/1
BuildingC2(config-if)#no switchport
BuildingC2(config-if)#ip address 172.18.2.2 255.255.255.0
BuildingC2(config-if)#exit
BuildingC2(config)#router rip
BuildingC2(config-router)#version 2
BuildingC2(config-router)#no auto-summary
BuildingC2(config-router)#network 192.168.32.0
BuildingC2(config-router)#network 192.168.48.0
BuildingC2(config-router)#network 172.18.2.0
BuildingC2(config-router)#end
BuildingC2#write
```

③ 配置 CoreSwitchC 核心交换机的接口地址和 RIP 路由。

```
Switch>enable
Switch#config t
Switch(config)#hostname CoreSwitchC
CoreSwitchC(config)#ip routing
CoreSwitchC(config)#int G1/1/1
CoreSwitchC(config-if)#no switchport
CoreSwitchC(config-if)#ip address 172.18.1.2 255.255.255.0
CoreSwitchC(config-if)#int G1/1/2
CoreSwitchC(config-if)#no switchport
CoreSwitchC(config-if)#ip address 172.18.2.1 255.255.255.0
CoreSwitchC(config-if)#int G1/1/3
CoreSwitchC(config-if)#no switchport
CoreSwitchC(config-if)#ip address 172.18.3.1 255.255.255.0
CoreSwitchC(config-if)#exit
CoreSwitchC(config)#router rip
CoreSwitchC(config-router)#version 2
CoreSwitchC(config-router)#no auto-summary
CoreSwitchC(config-router)#network 172.18.1.0
CoreSwitchC(config-router)#network 172.18.2.0
CoreSwitchC(config-router)#network 172.18.3.0
CoreSwitchC(config-router)#end
CoreSwitchC#write
```

④ 配置出口路由器接口地址、RIP 路由和 NAT。

```
Router>enable
Router#config t
Router(config)#hostname RouterC
RouterC(config)#int G0/1/0
RouterC(config-if)#ip address 172.18.1.1 255.255.255.0
RouterC(config-if)#ip nat inside
RouterC(config-if)#int G0/0/0
RouterC(config-if)#ip address 202.202.50.2 255.255.255.0
RouterC(config-if)#ip nat outside
RouterC(config-if)#exit
!配置 rip 路由
RouterC(config)#router rip
RouterC(config-router)#version 2
RouterC(config-router)#no auto-summary
RouterC(config-router)#network 172.18.1.0
!重发布默认路由到 RIP 协议路由。这一点非常重要,没有该项配置,内网将因缺少默认路由而无
  法访问因特网
RouterC(config-router)#default-information originate
RouterC(config-router)#exit
!配置 NAT 使用的 ACL,C 校区通过 VPN 访问 A 校区时不进行 NAT 操作
RouterC(config)#access-list 101 deny ip 192.168.0.0 0.0.255.255 10.0.0.0 0.248.
255.255
!其余访问均进行 NAT 操作
```

```
RouterC(config)#access-list 101 permit ip any any
!定义 NAT Pool
RouterC(config)#ip nat pool CampusC_pool 202.202.50.8 202.202.50.15 netmask
255.255.255.248
!配置 NAT
RouterC(config)#ip nat inside source list 101 pool CampusC_pool overload
!配置到因特网的默认路由
RouterC(config)#ip route 0.0.0.0 0.0.0.0 202.202.50.1
RouterC(config)#exit
RouterC#write
```

⑤ 配置因特网服务器的路由器(Router_ISP_5)。

```
Router#config t
Router(config)#hostname Router_ISP_5
Router_ISP_5(config)#int G0/0/0
Router_ISP_5(config-if)#ip address 202.202.50.1 255.255.255.252
Router_ISP_5(config-if)#int G0/0
Router_ISP_5(config-if)#ip address 202.205.100.1 255.255.255.240
!配置到 C 校区公网地址 202.202.50.0/28 网络的路由
Router_ISP_5(config-if)#exit
Router_ISP_5(config)#ip route 202.202.50.0 255.255.255.240 202.202.50.2
Router_ISP_5(config)#exit
Router_ISP_5#write
```

(4) 配置验证。

① 查看各三层设备的路由表,检查路由信息是否正确。CoreSwitchC、BuildingC1、BuildingC2 和 RouterC 的路由查看结果分别如图 8.9～图 8.12 所示。从中可见,各三层设备通过 RIP 路由协议成功学习到了正确的路由。

```
CoreSwitchC#show ip route
Codes: C - connected, S - static, I - IGRP, R - RIP, M - mobile, B - BGP
       D - EIGRP, EX - EIGRP external, O - OSPF, IA - OSPF inter area
       N1 - OSPF NSSA external type 1, N2 - OSPF NSSA external type 2
       E1 - OSPF external type 1, E2 - OSPF external type 2, E - EGP
       i - IS-IS, L1 - IS-IS level-1, L2 - IS-IS level-2, ia - IS-IS inter area
       * - candidate default, U - per-user static route, o - ODR
       P - periodic downloaded static route

Gateway of last resort is 172.18.1.1 to network 0.0.0.0

     172.18.0.0/24 is subnetted, 3 subnets
C       172.18.1.0 is directly connected, GigabitEthernet1/1/1
C       172.18.2.0 is directly connected, GigabitEthernet1/1/2
C       172.18.3.0 is directly connected, GigabitEthernet1/1/3
R     192.168.1.0/24 [120/1] via 172.18.3.2, 00:00:15, GigabitEthernet1/1/3
R     192.168.31.0/24 [120/1] via 172.18.3.2, 00:00:15, GigabitEthernet1/1/3
R     192.168.32.0/24 [120/1] via 172.18.2.2, 00:00:23, GigabitEthernet1/1/2
R     192.168.48.0/24 [120/1] via 172.18.2.2, 00:00:23, GigabitEthernet1/1/2
R*    0.0.0.0/0 [120/1] via 172.18.1.1, 00:00:22, GigabitEthernet1/1/1
```

图 8.9　核心交换机 CoreSwitchC 的路由表

```
BuildingC1#show ip route
Codes: C - connected, S - static, I - IGRP, R - RIP, M - mobile, B - EGP
       D - EIGRP, EX - EIGRP external, O - OSPF, IA - OSPF inter area
       N1 - OSPF NSSA external type 1, N2 - OSPF NSSA external type 2
       E1 - OSPF external type 1, E2 - OSPF external type 2, E - EGP
       i - IS-IS, L1 - IS-IS level-1, L2 - IS-IS level-2, ia - IS-IS inter area
       * - candidate default, U - per-user static route, o - ODR
       P - periodic downloaded static route

Gateway of last resort is 172.18.3.1 to network 0.0.0.0

     172.18.0.0/24 is subnetted, 3 subnets
R       172.18.1.0 [120/1] via 172.18.3.1, 00:00:25, GigabitEthernet1/1/1
R       172.18.2.0 [120/1] via 172.18.3.1, 00:00:25, GigabitEthernet1/1/1
C       172.18.3.0 is directly connected, GigabitEthernet1/1/1
C    192.168.1.0/24 is directly connected, Vlan2
C    192.168.31.0/24 is directly connected, Vlan33
R    192.168.32.0/24 [120/2] via 172.18.3.1, 00:00:25, GigabitEthernet1/1/1
R    192.168.48.0/24 [120/2] via 172.18.3.1, 00:00:25, GigabitEthernet1/1/1
R*   0.0.0.0/0 [120/2] via 172.18.3.1, 00:00:25, GigabitEthernet1/1/1
```

图 8.10 BuildingC1 楼宇的路由表

```
BuildingC2#show ip route
Codes: C - connected, S - static, I - IGRP, R - RIP, M - mobile, B - BGP
       D - EIGRP, EX - EIGRP external, O - OSPF, IA - OSPF inter area
       N1 - OSPF NSSA external type 1, N2 - OSPF NSSA external type 2
       E1 - OSPF external type 1, E2 - OSPF external type 2, E - EGP
       i - IS-IS, L1 - IS-IS level-1, L2 - IS-IS level-2, ia - IS-IS inter area
       * - candidate default, U - per-user static route, o - ODR
       P - periodic downloaded static route

Gateway of last resort is 172.18.2.1 to network 0.0.0.0

     172.18.0.0/24 is subnetted, 3 subnets
R       172.18.1.0 [120/1] via 172.18.2.1, 00:00:18, GigabitEthernet1/1/1
C       172.18.2.0 is directly connected, GigabitEthernet1/1/1
R       172.18.3.0 [120/1] via 172.18.2.1, 00:00:18, GigabitEthernet1/1/1
R    192.168.1.0/24 [120/2] via 172.18.2.1, 00:00:18, GigabitEthernet1/1/1
R    192.168.31.0/24 [120/2] via 172.18.2.1, 00:00:18, GigabitEthernet1/1/1
C    192.168.32.0/24 is directly connected, Vlan34
C    192.168.48.0/24 is directly connected, Vlan50
R*   0.0.0.0/0 [120/2] via 172.18.2.1, 00:00:18, GigabitEthernet1/1/1
```

图 8.11 BuildingC2 楼宇的路由表

② 设置各测试主机的 IP 地址,然后任选一台 PC,在其命令行 ping 其他主机的 IP 地址,看能否 ping 通。然后再 ping 网内其他三层设备的接口地址,特别是出口路由器的内网接口地址,看能否 ping 通,如果都能 ping 通,则内网配置成功,网络通畅。

③ 检验 NAT 功能配置是否成功。在任意一台主机的命令行 ping 因特网中的 202.205.100.2 服务器,检查能否 ping 通,若能 ping 通,再在主机的浏览器地址栏中输入 http://202.205.100.2 并按 Enter 键,访问其 Web 服务,若能访问,则 NAT 配置成功。

至此,C 校区采用 RIPv2 动态路由协议和 NAT 技术完成了除 VPN 之外的全部配置工作,内网通畅,并能成功访问因特网。到目前为止,三个校区分别采用不同的组网技术

```
RouterC#show ip route
Codes: C - connected, S - static, I - IGRP, R - RIP, M - mobile, B - BGP
       D - EIGRP, EX - EIGRP external, O - OSPF, IA - OSPF inter area
       N1 - OSPF NSSA external type 1, N2 - OSPF NSSA external type 2
       E1 - OSPF external type 1, E2 - OSPF external type 2, E - EGP
       i - IS-IS, L1 - IS-IS level-1, L2 - IS-IS level-2, ia - IS-IS inter area
       * - candidate default, U - per-user static route, o - ODR
       P - periodic downloaded static route

Gateway of last resort is not set

     172.18.0.0/24 is subnetted, 3 subnets
C       172.18.1.0 is directly connected, GigabitEthernet0/1/0
R       172.18.2.0 [120/1] via 172.18.1.2, 00:00:23, GigabitEthernet0/1/0
R       172.18.3.0 [120/1] via 172.18.1.2, 00:00:23, GigabitEthernet0/1/0
R    192.168.1.0/24 [120/2] via 172.18.1.2, 00:00:23, GigabitEthernet0/1/0
R    192.168.31.0/24 [120/2] via 172.18.1.2, 00:00:23, GigabitEthernet0/1/0
R    192.168.32.0/24 [120/2] via 172.18.1.2, 00:00:23, GigabitEthernet0/1/0
R    192.168.48.0/24 [120/2] via 172.18.1.2, 00:00:23, GigabitEthernet0/1/0
```

图 8.12　RouterC 出口路由器的路由表

完成了内部局域网络的组建和对因特网的访问配置,就只剩利用 VPN 技术实现三个校区的互联互通了,这一项配置完成后,整个局域网络的组建工作也就完成了。

8.2.4　RIPv2 认证配置及应用

1. RIPv2 认证简介

RIPv2 支持对协议报文进行认证,防止非授权路由器获得网络的路由信息,然后发动网络攻击,或者防止非授权路由器发布虚假路由信息而导致网络故障。

RIPv2 认证支持明文认证和 MD5 密文认证两种方式,默认为明文认证,密码明文传输。其认证是单向的,即 R1 路由器认证了 R2 路由器(被认证方),则对 R1 而言,R2 是可信的,R1 就会接收 R2 传来的路由更新报文。但对 R2 而言,R1 没有经过认证则是不可信的,R2 就不会接收 R1 传来的路由更新报文。为了能相互接收和更新路由信息,就必须相互认证,RIP 认证配置在路由器的互联接口上,双方配置的密钥匹配成功,则认证成功。

每台参与认证的路由器上都要定义一个密钥链(Key Chain),在密钥链中可以定义多个密钥,每一个密钥对应一个 id 值,明文认证和密文认证的过程如下:

明文认证时,被认证方发送密钥链中最小 id 值的密钥(不携带 id 值),认证方收到密钥后,与自己密钥链中的全部密钥进行匹配比较,只要有一个密钥匹配,则认证成功。

MD5 密文认证时,被认证方发送密钥链中 id 值最小的密钥,认证方收到后,首先比较自己的密钥链中是否有相同的密钥 id 条目,若有,则比较其密钥是否相同,若密钥相同,则认证通过;密钥不相同,则认证不通过。若认证方没有相同的密钥 id 条目,则比较与该 id 值递增方向最近的一个密钥 id 的密钥看是否匹配,若不匹配,则继续向后比较;若后面没有密钥 id 了,则认证失败。

为了提升网络的安全性,避免发生路由欺骗和网络攻击,建议部署和应用 RIPv2 密文认证,以避免攻击者通过抓包获得明文传输的认证密码。

2. 认证配置命令

(1) 定义密钥链。

配置命令为:

```
key chain keychain-name
key key-id
key-string password
```

命令功能:定义密钥链,链的名称自定义,*keychain-name* 代表要定义或创建的链名称,该命令在全局配置模式下执行,执行后进入密钥链配置子模式。

一个密钥链中至少有一个密钥 id 和密钥,密钥用于定义一个 id 条目,该命令在密钥链配置子模式(config-keychain)下执行,执行后将进入下一级子模式(config-keychain-key),用于配置定义密钥 id 对应的密钥。

例如,若要在 Router1 路由器上配置并定义一个名为 ripkeychain 的密钥链,再定义两个密钥 id 条目,密钥 id 值分别为 1 和 2,对应密钥分别为 NoLetin1314 和 UcMe5093Rv,则配置定义方法为:

```
Router1(config)#key chain ripkeychain
Router1(config-keychain)#key 1
Router1(config-keychain-key)#key-string NoLetin1314
Router1(config-keychain-key)#exit
Router1(config-keychain)#key 2
Router1(config-keychain-key)#key-string UcMe5093Rv
Router1(config-keychain-key)#end
```

(2) 配置认证模式。

配置命令为:

```
ip rip authentication mode text|md5
```

命令功能:配置指定 RIP 认证的模式是明文(text)还是密文(md5)认证,默认为明文认证。

(3) 启用 RIP 认证并配置所使用的密钥链。

配置命令为:

```
ip rip authentication key-chain rip-key-chain
```

rip-key-chain 代表要使用的密钥链的名称。例如,若要使用 ripkeychain 链启用 RIP 认证,则配置命令为:

```
ip rip authentication key-chain ripkeychain
```

3. RIPv2 认证配置案例

【例 8.3】 网络拓扑如图 8.13 所示,整个网络采用 RIPv2 动态路由,并要求对

Router0、Router1 和 Router2 配置 RIP 密文认证。Router0 与 Router1 之间的认证密码为 NoLetin1314，Router1 与 Router2 之间的认证密码为 UcMe5093Rv。

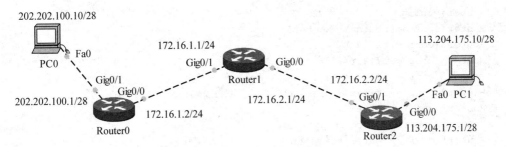

图 8.13　RIP 认证网络拓扑

配置方法如下：

（1）配置各路由器的互联接口地址和 RIP 路由。

① 配置 Router0 路由器。

```
Router>enable
Router#configt
Router(config)#hostname Router0
Router0(config)#int G0/1
Router0(config-if)#ip address 202.202.100.1 255.255.255.240
Router0(config-if)#int G0/0
Router0(config-if)#ip address 172.16.1.2 255.255.255.0
Router0(config-if)#exit
Router0(config)#router rip
Router0(config-router)#version 2
Router0(config-router)#no auto-summary
Router0(config-router)#network 202.202.100.0
Router0(config-router)#network 172.16.1.0
Router0(config-router)#exit
```

② 配置 Router1 路由器。

```
Router>enable
Router#configt
Router(config)#hostname Router1
Router1(config)#int G0/1
Router1(config-if)#ip address 172.16.1.1 255.255.255.0
Router1(config-if)#int G0/0
Router1(config-if)#ip address 172.16.2.1 255.255.255.0
Router1(config-if)#exit
Router1(config)#router rip
Router1(config-router)#version 2
Router1(config-router)#no auto-summary
Router1(config-router)#network 172.16.1.0
Router1(config-router)#network 172.16.2.0
Router1(config-router)#exit
```

③ 配置 Router3 路由器。

```
Router>enable
Router#config t
Router(config)#hostname Router3
Router3(config)#int G0/1
Router3(config-if)#ip address 172.16.2.2 255.255.255.0
Router3(config-if)#int G0/0
Router3(config-if)#ip address 113.204.175.1 255.255.255.240
Router3(config-if)#exit
Router3(config)#router rip
Router3(config-router)#version 2
Router3(config-router)#no auto-summary
Router3(config-router)#network 113.204.175.0
Router3(config-router)#network 172.16.2.0
Router3(config-router)#exit
```

（2）验证 RIP 路由配置。分别在三台路由器中执行 show ip route 命令查看路由表，重点查看 RIP 路由学习是否成功。

（3）配置 RIP 密文认证。

① 配置 Router0 的 RIP 认证。

```
Router0(config)#key chain ripkeychain
Router0(config-keychain)#key 1
Router0(config-keychain-key)#key-string NoLetin1314
Router0(config-keychain-key)#exit
Router0(config-keychain)#exit
Router0(config)#int G0/0
Router0(config-if)#ip rip authentication mode md5
Router0(config-if)#ip rip authentication key-chain ripkeychain
Router0(config-if)#end
Router0#write
```

② 配置 Router1 的 RIP 认证。

```
Router1(config)#key chain ripkeychain
Router1(config-keychain)#key 1
Router1(config-keychain-key)#key-string NoLetin1314
Router1(config-keychain-key)#exit
Router1(config-keychain)#key 2
Router1(config-keychain-key)#key-string UcMe5093Rv
Router1(config-keychain-key)#end
Router1#config t
Router1(config)#int G0/1
Router1(config-if)#ip rip authentication mode md5
Router1(config-if)#ip rip authentication key-chain ripkeychain
Router1(config-if)#int G0/0
Router1(config-if)#ip rip authentication mode md5
Router1(config-if)#ip rip authentication key-chain ripkeychain
Router1(config-if)#end
```

```
Router1#write
```

③ 配置 Router3 的 RIP 认证。

```
Router3(config)#key chain ripkeychain
Router3(config-keychain)#key 2
Router3(config-keychain-key)#key-string UcMe5093Rv
Router3(config-keychain-key)#exit
Router3(config-keychain)#exit
Router3(config)#int G0/1
Router3(config-if)#ip rip authentication mode md5
Router3(config-if)#ip rip authentication key-chain ripkeychain
Router3(config-if)#end
Router3#write
```

(4) 验证 RIP 密文认证。配置完成后,可先使用 clear ip route * 命令清除路由表,然后稍等一会儿,再使用 show ip route 命令查看各路由器的路由表,看是否还能正常学习到 RIP 协议路由。另外,也可执行 debug ip rip 命令,在控制台显示 RIP 工作信息并进行查看。

Cisco Packet Tracer V7.1.1 支持定义密钥链,但不支持在接口下开启 RIPv2 认证功能,因此,该认证实验无法在 Cisco Packet Tracer 环境中完成。

8.3 OSPF 动态路由协议

8.3.1 OSPF 路由协议概述

1. OSPF 路由协议简介

OSPF 是基于链路状态的自治系统内部使用的路由协议。与距离矢量路由协议不同,链路状态路由协议使用最短路径优先算法(Shortest Path First,SPF)计算和选择路由,关心网络中链路或接口的状态(up/down、带宽、时延、利用率等),每台路由器将其已知的链路状态向该区域的其他路由器通告,利用这种方式,网络上的每台路由器最终形成包含网络完整链路状态信息的链路状态数据库,最后各路由器依此为依据,使用 SPF 算法独立计算出路由。

OSPF 将协议包封装在 IP 数据包中,并利用组播方式发送协议包。OSPF 路由协议比 RIP 具有更大的扩展性、快速收敛性和安全可靠性,并弥补了 RIP 路由协议的缺陷和不足,不会出现路由环路,可适用于大中型网络的组建。

2. OSPF 路由协议的工作过程

OSPF 路由协议有 4 个主要的工作过程,分别是寻找邻居、建立邻接关系、传递交互链路状态信息和计算路由。

(1) 寻找邻居

OSPF 路由协议启动运行后,将周期性地从启动 OSPF 协议的每一个接口,用组播地址发送 Hello 包,以寻找邻居。在 Hello 包中携带有一些参数,比如始发路由器的 Router id、始发路由器接口的区域 id、始发路由器的地址掩码、路由器的优先级等信息。

路由器通过记录彼此的邻居状态来确认是否与对方建立了邻接关系。路由器首次收到某路由器的 Hello 包时,仅将该路由器当作邻居候选人,邻居状态记录为 Init。在相互协商成功 Hello 包中所指定的某些参数后,才将该路由器确定为邻居,邻居状态修改为 2-way。当双方的链路状态信息交换成功后,邻居状态变为 Full,表示邻居路由器之间的链路状态信息已经同步完成。

一台路由器可以有很多个邻居,也可以同时成为其他路由器的邻居,因此,路由器使用邻居表来记录邻居 id、邻居地址和邻居状态等信息。邻居地址一般为邻居路由器给自己发送 Hello 包的接口地址,邻居 id 为邻居路由器的 Router id。Router id 是在 OSPF 区域内唯一标识一台路由器的 IP 地址。路由器使用接口 IP 地址作为邻居地址,与区域内的其他路由器建立邻居关系,使用 Router id 来唯一标识区域内的某台路由器。

(2) 建立邻接关系

邻居关系建立后,接下来就是建立邻接关系(Adjacency)的过程。只有建立了邻接关系的路由器之间才能交换链路状态信息。

如果让区域内两两互联的路由器彼此间都建立邻接关系,则有 $[n(n-1)/2]$ 个邻接关系。太多的邻接关系需要消耗较多的资源,为了减少邻接关系数量,OSPF 路由协议规定,在广播型网络(比如以太网)中,在区域内要选举出一个 DR(Designated Router,指定路由器)路由器和 BDR(Backup Designated Router,备份的指定路由器)路由器,区域内的其他路由器只能与 DR 和 BDR 建立邻接关系,这样一来,邻接关系的数量就减少为 $[2(n-2)+1]$ 条,DR 和 BDR 成为链路信息交互的中心。

在广播型网络中,DR 和 BDR 的选举过程如下:

在初始阶段,路由器会将 Hello 包中的 DR 和 BDR 字段值设置为 0.0.0.0,当路由器接收到邻居的 Hello 包后,检查 Hello 包中携带的路由器优先级、DR 和 BDR 等字段,然后列出所有具备 DR 和 BDR 资格的路由器。

路由器的优先级为 0~255,数字越大,优先级越高。优先级为 0 的路由器,不能参与 DR 和 BDR 的选举,没有选举资格。

在具备选举资格的路由器中,优先级最高的路由器将被宣告为 BDR。若优先级相同,则 Router id 大的优先,BDR 选举成功后再进行 DR 的选举。若同时有一台或多台路由器宣称自己为 DR,则优先级最高的将被宣告为 DR。若优先级相同,则 Router id 大的优先。若没有路由器宣称自己为 DR,则将已有的 BDR 推举为 DR,然后再执行一次选举过程,选出新的 BDR。

DR 和 BDR 选举成功后,路由器会将 DR 和 BDR 的 IP 地址设置到 Hello 包的 DR 和 BDR 字段,表明该区域内的 DR 和 BDR 已经生效。区域内的其他路由器只与 DR 和 BDR 之间建立邻接关系,此后,所有路由器继续周期性地组播 Hello 包来寻找新的邻居和维持旧邻居关系。

路由器的优先级可以影响选举过程,新加入的高优先级路由器不会更改已经生效的 DR 和 BDR,即新加入的高优先级路由器只能接受已经存在的 DR 和 BDR,与它们建立邻接关系,不会被选举成为新的 DR 或 BDR。

（3）传递交互链路状态信息

建立邻接关系的路由器之间通过发布 LSA(Link State Advertisement,链路状态公告)来交互链路状态信息。通过获得对方的 LSA,同步区域内的所有链路状态信息后,各路由器将形成包含整个区域网络完整链路状态信息的 LSDB(Link State Database,链路状态数据库)。

为减少对网络资源的占用,OSPF 路由协议采用增量更新机制发布 LSA,即只发布邻居缺少的链路状态给邻居。当网络变化时,路由器会立即向已经建立邻接关系的邻居发送 LSA 摘要信息。如果网络未发生变化,路由器默认每隔 30min 向已经建立邻接关系的邻居路由器发送一次 LSA 摘要信息。摘要信息仅是对该路由器的链路状态进行简单的描述,并不是具体的链路信息。邻居接收到 LSA 摘要信息后,比较自身的链路状态信息,若发现对方具有自己不具备的链路信息,则向对方请求该链路信息,否则不做任何回应。当路由器收到邻居发来的请求某个或某些链路信息的 LSA 包后,将立即向邻居提供所需要的链路信息,邻居收到后,将回应确认包。

从中可见,OSPF 路由协议在发布 LSA 时进行了四次握手过程,保证了链路状态信息传递的可靠性。另外,OSPF 路由协议还具备超时重传机制。在 LSA 更新阶段,若发送的包在规定时间没有收到对方的回应,则认为该包丢失,将重新发送包。当网络时延大时会造成超时重传。为应对重复的数据包,OSPF 协议为每一个数据包编写从小到大的序号,当路由器收到重复序号的包时,只响应第一个包。

（4）计算路由

路由器通过以下步骤计算获得 OSPF 最佳路由,并加入路由表。

① 评估一台路由器到另一台路由器所需要的开销(Cost)。OSPF 路由协议根据路由器的每一个接口指定的度量值来决定最短路径,此处的度量值采用的是接口的开销。一条路由的开销就是沿着到达目的网络的路径上所有路由器出接口的开销总和。

② 同步 OSPF 区域内每台路由器的 LSDB。OSPF 通过交换 LSA 实现 LSDB 的同步。

③ 使用 SPF 算法计算出路由。OSPF 路由协议用 SPF 算法,以自身为根节点,计算出一棵最短路径树。在这棵树上,由根到各节点的累计开销最小,即由根到各节点的路径在整个网络中是最优的,这样就获得了由根去往各个节点的路由,最后将计算得到的路由加入路由表中。

如果通过计算发现有两条到达目标网络的路径的开销相同,则将这两条路由都加入路由表中,这种路由称为等价路由。

3. OSPF 的分区域管理

OSPF 路由协议的 SPF 算法比较复杂,需要耗费路由器较多的内存和 CPU 资源,同时还要维护和管理整个网络的链路状态数据库,网络规模越大,这方面的负荷就会越重,为此,OSPF 路由协议采用了分区域的管理办法,将一个大的自治系统划分为几个小的区域(Area),路由器仅需与其所在区域内的其他路由器建立邻接关系,并共享相同的链路状态数据库,而不需要考虑其他区域的路由器,这样,原来需要维护和管理的庞大数据库就被划分为几个小的数据库,在各自的区域内进行维护和管理,从而降低了对路由器内存和 CPU 资源的消耗。

为区分各个区域,每个区域都用一个 32 位的区域 id 来标识。区域 id 可以表示为一个十进制数,也可以用点分十进制数来表示,例如,区域 0 等同于 0.0.0.0,区域 1 等同于 0.0.0.1。区域 id 仅是对区域的标识,与区域内路由器的 IP 地址分配无关。

划分区域后,OSPF 自治系统内的通信就可分为 3 种类型,即区域内通信、区域间通信和区域外部通信(域内路由器与另一个自治系统内的路由器之间的通信),为了完成这些通信,OSPF 协议对本自治系统内的各区域和路由器进行了区分和任务分工。

为了有效管理区域间的通信,需要有一个区域作为所有区域的枢纽,负责汇总每一个区域的网络拓扑和路由到其他所有的区域,所有的区域间通信都必须通过该区域来实现,这个区域称为骨干区域(Backbone Area),协议规定骨干区域的区域 id 为 0。一个 OSPF 自治系统必须有一个骨干区域。

所有非骨干区域都必须与骨干区域相连。非骨干区域之间不能直接交换数据包;非骨干区域间的链路状态同步和路由信息同步,只能通过区域 0 来完成。

路由器的所有接口都属于同一个区域的路由器,称为区域内部路由器。至少有一个接口与骨干区域相连的路由器称为骨干路由器。连接一个或多个区域到骨干区域的路由器,称为区域边界路由器,这些路由器一般会成为区域间通信的路由网关。在一个自治系统的某一个区域内的路由器,若该路由器与其他自治系统内的某路由器相连,则该路由器就称为自治系统边界路由器。

划分区域后,只有在同一个区域的路由器彼此间才能建立邻居和邻接关系。为保证区域间能正常通信,区域边界路由器必须同时加入两个或两个以上的区域,负责向它所连接的区域转发其他区域的 LSA 通告,以实现 OSPF 自治系统内部的链路状态同步和路由信息同步。

在配置使用 OSPF 动态路由协议的网络时,使用单区域配置还是多区域配置,取决于网络规模的大小,若网络规模不是太大,则可使用单区域配置;若网络规模较大,则使用多区域配置。

8.3.2 OSPF 配置命令

1. 启用 OSPF 路由协议

配置命令为:

```
router ospf process-id
```

命令功能:启用 OSPF 路由协议并指定 OSPF 进程的进程号。该命令在全局配置模式下运行,运行后进入动态路由配置子模式。

process-id 为 OSPF 启动运行的进程号,取值范围为 1～65535,可任意配置指定。进程号仅在本地路由器内部起作用。

例如,若要启动 OSPF 路由协议,并指定 OSPF 运行的进程号为 1,则配置命令为:

```
Router(config)#router ospf 1
Router(config-router)#
```

若要停用 OSPF 路由协议,可执行 no router ospf *process-id* 命令来实现。

2. 配置指定参与 OSPF 动态路由的网络

配置命令为:

```
network network-address wildcard-mask area area-id
```

参数说明:*network-address* 代表网络地址;*wildcard-mask* 代表网络地址的通配符掩码,即反掩码;*area-id* 代表网络所属的区域号。

假设路由器处于骨干区域中,路由器的接口连接了两个网络,网络地址分别为 192. 168.1.0/24 和 192.168.2.0/24,这两个网络都要参与 OSPF 动态路由,则配置方法为:

```
Router(config)#router ospf 1
Router(config-router)#network 192.168.1.0 0.0.0.255 area 0
Router(config-router)#network 192.168.2.0 0.0.0.255 area 0
```

3. 配置路由器的 Router id

配置命令为:

```
router-id A.B.C.D
```

Router id 的格式与 IP 地址相同,用于唯一标识该台路由器。该命令在动态路由配置子模式下执行。

例如,若要配置指定路由器的 Router id 值为 1.1.1.1,则配置命令为:

```
Router(config-router)#router-id 1.1.1.1
```

若未配置指定路由器的 Router id,则使用本路由器上所有 lookback 接口中最大的 IP 地址作为 Router id。若 lookback 口也没有配置 IP 地址,则使用本路由器上所有物理接口中最大的 IP 地址作为 Router id。

4. 显示与验证 OSPF 配置

show ip ospf neighbor:显示 OSPF 的邻居关系。
show ip protocols:显示路由协议配置信息。
show ip ospf:显示 OSPF 的信息。
show ip ospf interface:显示 OSPF 的接口信息。

8.3.3 OSPF 单区域应用配置案例

OSPF 单区域配置是将整个 OSPF 网络都作为一个骨干区域来配置,没有非骨干区域。

【例 8.4】 在第 4 章的 4.4 节中规划设计了一个拥有三个校区的大型局域网络,为便于进行访问因特网的测试,还模拟了一个因特网络。本例采用 OSPF 动态路由协议,采用单区域配置方法配置实现模拟的因特网络,以实现整个网络的互联互通。

在前期规划设计的基础上,对模拟的因特网设备的布局进行调整,规划好各互联接口 IP 地址和各 Web 服务器地址后的网络拓扑如图 8.14 所示。

配置方法如下:

(1) 配置 Router_ISP_3 路由器。该台路由器是 B 校区的出口路由器的对端路由器,为 B 校区提供因特网接入服务,是因特网服务商(ISP)的路由器。

```
Router(config)#hostname Router_ISP_3
Router_ISP_3(config)#int G0/0
Router_ISP_3(config-if)#ip address 222.177.208.1 255.255.255.240
Router_ISP_3(config-if)#no shutdown
Router_ISP_3(config-if)#int G0/1/0
Router_ISP_3(config-if)#ip address 222.177.205.1 255.255.255.252
Router_ISP_3(config-if)#no shutdown
Router_ISP_3(config-if)#int G0/3/0
Router_ISP_3(config-if)#ip address 222.177.200.5 255.255.255.252
Router_ISP_3(config-if)#no shutdown
Router_ISP_3(config-if)#int G0/2/0
Router_ISP_3(config-if)#ip address 222.177.200.1 255.255.255.252
Router_ISP_3(config-if)#no shutdown
Router_ISP_3(config-if)#exit
!配置启动 OSPF 路由协议
Router_ISP_3(config)#router ospf 1
!B 校区申请到 16 个公网地址,网络地址为 222.177.205.0/28
Router_ISP_3(config-router)#network 222.177.205.0 0.0.0.3 area 0
Router_ISP_3(config-router)#network 222.177.200.4 0.0.0.3 area 0
Router_ISP_3(config-router)#network 222.177.200.0 0.0.0.3 area 0
Router_ISP_3(config-router)#network 222.177.208.0 0.0.0.15 area 0
!带子网掩码发布静态路由到 OSPF 协议路由,以让其他路由器学习到该静态路由信息
Router_ISP_3(config-router)#redistribute static subnets
Router_ISP_3(config-router)#exit
!配置到 222.177.205.0/28 网络的静态路由,下一跳指向 B 校区出口路由器的外网接口地址
Router_ISP_3(config)#ip route 222.177.205.0 255.255.255.240 222.177.205.2
!保存配置并退出
Router_ISP_3(config)#exit
Router_ISP_3#write
```

(2) 配置 Router_ISP_4 路由器。该台路由器用于 B 校区的 VPN 接入。

```
Router(config)#hostname Router_ISP_4
Router_ISP_4(config-if)#int G0/3/0
```

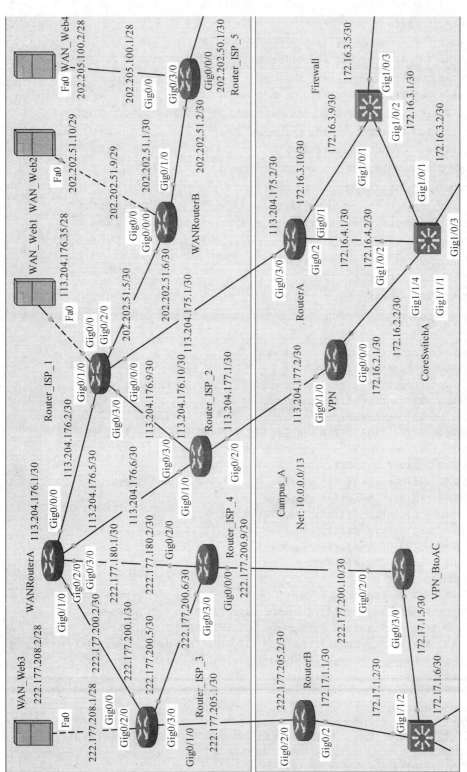

图 8.14　模拟的因特网拓扑结构和地址规划

```
Router_ISP_4(config-if)#ip address 222.177.200.6 255.255.255.252
Router_ISP_4(config-if)#no shutdown
Router_ISP_4(config-if)#int G0/0/0
Router_ISP_4(config-if)#ip address 222.177.200.9 255.255.255.252
Router_ISP_4(config-if)#no shutdown
Router_ISP_4(config-if)#int G0/2/0
Router_ISP_4(config-if)#ip address 222.177.180.2 255.255.255.252
Router_ISP_4(config-if)#no shutdown
Router_ISP_4(config-if)#exit
!配置启动 OSPF 路由协议
Router_ISP_4(config)#router ospf 1
Router_ISP_4(config-router)#network 222.177.200.4 0.0.0.3 area 0
Router_ISP_4(config-router)#network 222.177.200.8 0.0.0.3 area 0
Router_ISP_4(config-router)#network 222.177.180.0 0.0.0.3 area 0
Router_ISP_4(config-router)#end
Router_ISP_4#write
Router_ISP_4#exit
```

（3）配置 WANRouterA 路由器。

```
Router(config)#hostname WANRouterA
WANRouterA(config-if)#int G0/1/0
WANRouterA(config-if)#ip address 222.177.200.2 255.255.255.252
WANRouterA(config-if)#no shutdown
WANRouterA(config-if)#int G0/2/0
WANRouterA(config-if)#ip address 222.177.180.1 255.255.255.252
WANRouterA(config-if)#no shutdown
WANRouterA(config-if)#int G0/3/0
WANRouterA(config-if)#ip address 113.204.176.5 255.255.255.252
WANRouterA(config-if)#no shutdown
WANRouterA(config-if)#int G0/0/0
WANRouterA(config-if)#ip address 113.204.176.1 255.255.255.252
WANRouterA(config-if)#no shutdown
WANRouterA(config-if)#exit
!配置启动 OSPF 路由协议
WANRouterA(config)#router ospf 1
WANRouterA(config-router)#network 222.177.200.0 0.0.0.3 area 0
WANRouterA(config-router)#network 222.177.180.0 0.0.0.3 area 0
WANRouterA(config-router)#network 113.204.176.4 0.0.0.3 area 0
WANRouterA(config-router)#network 113.204.176.0 0.0.0.3 area 0
WANRouterA(config-router)#end
WANRouterA#write
WANRouterA#exit
```

（4）配置 Router_ISP_2 路由器。该路由器是 A 校区的 VPN 接入路由器。

```
Router(config)#hostname Router_ISP_2
Router_ISP_2(config-if)#int G0/1/0
```

```
Router_ISP_2(config-if)#ip address 113.204.176.6 255.255.255.252
Router_ISP_2(config-if)#no shutdown
Router_ISP_2(config-if)#int G0/2/0
Router_ISP_2(config-if)#ip address 113.204.177.1 255.255.255.252
Router_ISP_2(config-if)#no shutdown
Router_ISP_2(config-if)#int G0/3/0
Router_ISP_2(config-if)#ip address 113.204.176.10 255.255.255.252
Router_ISP_2(config-if)#no shutdown
Router_ISP_2(config-if)#exit
!配置启动 OSPF 路由协议
Router_ISP_2(config)#router ospf 1
Router_ISP_2(config-router)#network 113.204.176.4 0.0.0.3 area 0
Router_ISP_2(config-router)#network 113.204.177.0 0.0.0.3 area 0
Router_ISP_2(config-router)#network 113.204.177.8 0.0.0.3 area 0
Router_ISP_2(config-router)#end
Router_ISP_2#write
Router_ISP_2#exit
```

（5）配置 Router_ISP_1 路由器。该路由器是 A 校区的因特网接入路由器。G0/0/0
和 G0/0 接口 IP 地址在前面已配置好。到 113.204.175.0/27 网络的静态路由已配置，
其下一跳地址为 A 校区出口路由器的外网接口地址。

```
Router_ISP_1(config-if)#int G0/1/0
Router_ISP_1(config-if)#ip address 113.204.176.2 255.255.255.252
Router_ISP_1(config-if)#no shutdown
Router_ISP_1(config-if)#int G0/3/0
Router_ISP_1(config-if)#ip address 113.204.176.9 255.255.255.252
Router_ISP_1(config-if)#no shutdown
Router_ISP_1(config-if)#int G0/2/0
Router_ISP_1(config-if)#ip address 202.202.51.5 255.255.255.252
Router_ISP_1(config-if)#no shutdown
Router_ISP_1(config-if)#exit
!配置启动 OSPF 路由协议
Router_ISP_1(config)#router ospf 1
Router_ISP_1(config-router)#network 113.204.176.0 0.0.0.3 area 0
Router_ISP_1(config-router)#network 113.204.176.8 0.0.0.3 area 0
Router_ISP_1(config-router)#network 202.202.51.4 0.0.0.3 area 0
Router_ISP_1(config-router)#network 113.204.175.0 0.0.0.3 area 0
Router_ISP_1(config-router)#network 113.204.176.32 0.0.0.15 area 0
!带子网掩码发布静态路由到 OSPF 协议路由，以让其他路由器学习到该静态路由信息
Router_ISP_1(config-router)#redistribute static subnets
Router_ISP_1(config-router)#end
Router_ISP_1#write
Router_ISP_1#exit
```

（6）配置 WANRouterB 路由器。

```
Router(config)#hostname WANRouterB
WANRouterB(config-if)#int G0/0/0
```

```
WANRouterB(config-if)#ip address 202.202.51.6 255.255.255.252
WANRouterB(config-if)#no shutdown
WANRouterB(config-if)#int G0/1/0
WANRouterB(config-if)#ip address 202.202.51.1 255.255.255.252
WANRouterB(config-if)#no shutdown
WANRouterB(config-if)#int G0/0
WANRouterB(config-if)#ip address 202.202.51.9 255.255.255.248
WANRouterB(config-if)#no shutdown
WANRouterB(config-if)#exit
!配置启动 OSPF 路由协议
WANRouterB(config)#router ospf 1
WANRouterB(config-router)#network 202.202.51.4 0.0.0.3 area 0
WANRouterB(config-router)#network 202.202.51.0 0.0.0.3 area 0
WANRouterB(config-router)#network 202.202.51.8 0.0.0.7 area 0
WANRouterB(config-router)#end
WANRouterB#write
WANRouterB#exit
```

（7）配置 Router_ISP_5 路由器。该路由器是 C 校区的因特网和 VPN 接入路由器，路由器的 G0/0/0 和 G0/0 接口 IP 地址在前面已配置完成，到 202.202.50.0/28 网络的静态路由已配置好，路由下一跳地址为 C 校区出口路由器的外网接口地址。

```
Router_ISP_5(config-if)#int G0/3/0
Router_ISP_5(config-if)#ip address 202.202.51.2 255.255.255.252
Router_ISP_5(config-if)#no shutdown
Router_ISP_5(config-if)#exit
!配置启动 OSPF 路由协议
Router_ISP_5(config)#router ospf 1
Router_ISP_5(config-router)#network 202.202.51.0 0.0.0.3 area 0
Router_ISP_5(config-router)#network 202.205.100.0 0.0.0.15 area 0
Router_ISP_5(config-router)#network 202.202.50.0 0.0.0.3 area 0
!带子网掩码发布静态路由到 OSPF 协议路由，以让其他路由器学习到该静态路由信息
Router_ISP_5(config-router)#redistribute static subnets
Router_ISP_5(config-router)#end
Router_ISP_5#write
Router_ISP_5#exit
```

（8）根据地址规划，设置 WAN_Web2 和 WAN_Web3 的 IP 地址和网关地址，并修改 index.html 网页源代码，添加显示服务器的 IP 地址。

（9）补充配置 B 校区的出口路由器 RouterB 的 NAT 功能。在前面的配置中，B 校区采用扁平化方案配置实现了内网的互联互通，核心交换机与出口路由器之间的互联和路由器的 NAT 功能未配置。

① 配置出口路由器。

```
Router>enable
Router#config t
Router(config)#hostname RouterB
RouterB(config)#int G0/2/0
```

```
RouterB(config-if)#ip address 222.177.205.2 255.255.255.252
RouterB(config-if)#ip nat outside
RouterB(config-if)#no shutdown
RouterB(config-if)#int G0/2
RouterB(config-if)#ip address 172.17.1.1 255.255.255.252
RouterB(config-if)#ip nat inside
RouterB(config-if)#no shutdown
RouterB(config-if)#exit
RouterB(config)#access-list 1 permit any
RouterB(config)#ip nat pool CampusB_pool 222.177.205.8 222.177.205.15 netmask
255.255.255.248
RouterB(config)#ip nat inside source list 1 pool CampusB_pool overload
!配置到因特网的默认路由和回内网的回程路由
RouterB(config)#ip route 0.0.0.0 0.0.0.0 222.177.205.1
RouterB(config)#ip route 10.8.0.0 255.248.0.0 172.17.1.2
RouterB(config)#exit
RouterB#write
```

② 配置核心交换机。

```
CoreSwitchB#config t
CoreSwitchB(config)#int G1/0/1
CoreSwitchB(config-if)#no switchport
CoreSwitchB(config-if)#ip address 172.17.1.2 255.255.255.252
CoreSwitchB(config-if)#description to-internet
CoreSwitchB(config-if)#int G1/1/2
CoreSwitchB(config-if)#no switchport
CoreSwitchB(config-if)#ip address 172.17.1.6 255.255.255.252
CoreSwitchB(config-if)#description to-VPN
CoreSwitchB(config-if)#exit
!配置到因特网的默认路由
CoreSwitchB(config)#ip route 0.0.0.0 0.0.0.0 172.17.1.1
!配置访问 A 校区内网时走 VPN
CoreSwitchB(config)#ip route 10.0.0.0 255.248.0.0 172.17.1.5
CoreSwitchB(config)#exit
CoreSwitchB#write
```

(10) 配置 A 校区 VPN 路由器的接口地址和 B 校区 VPN_BtoAC 路由器的接口地址,并配置到因特网的默认路由。

① 配置 A 校区的 VPN 路由器。

```
Router>enable
Router#config t
Router(config)#hostname VPN
VPN(config)#int G0/1/0
VPN(config-if)#ip address 113.204.177.2 255.255.255.252
VPN(config-if)#no shutdown
VPN(config-if)#int G0/0/0
VPN(config-if)#ip address 172.16.2.1 255.255.255.252
VPN(config-if)#no shutdown
```

```
VPN(config-if)#exit
!配置到因特网的默认路由
VPN(config)#ip route 0.0.0.0 0.0.0.0 113.204.177.1
!配置到 A 校区内网的路由
VPN(config)#ip route 10.0.0.0 255.248.0.0 172.16.2.2
VPN(config)#exit
VPN#write
```

② 配置 B 校区的 VPN_BtoAC 路由器。

```
Router>enable
Router#config t
Router(config)#hostname VPN_BtoAC
VPN_BtoAC(config)#int G0/2/0
VPN_BtoAC(config-if)#ip address 222.177.200.10 255.255.255.252
VPN_BtoAC(config-if)#no shutdown
!配置内网接口地址
VPN_BtoAC(config-if)#int G0/3/0
VPN_BtoAC(config-if)#ip address 172.17.1.5 255.255.255.252
VPN_BtoAC(config-if)#no shutdown
VPN_BtoAC(config-if)#exit
!配置到因特网的默认路由
VPN_BtoAC(config)#ip route 0.0.0.0 0.0.0.0 222.177.200.9
!配置到 B 校区内网的路由
VPN_BtoAC(config)#ip route 10.8.0.0 255.248.0.0 172.17.1.6
VPN_BtoAC(config)#exit
VPN_BtoAC#write
```

(11) 网络通畅性测试与验证。

① 查看路由器的路由表。使用 show ip route 命令依次查看各路由器的路由表,检查 OSPF 协议路由学习是否成功,路由是否正确。WANRouterA 路由器的路由表如图 8.15 所示,从中可见 OSPF 路由学习成功,路由条目第一列带有 E2 标志的是学习到的重发布的静态路由。

② 网络通畅性测试。在 A 校区、B 校区和 C 校区内网任意选择一台 PC,在其命令行利用 ping 命令,分别 ping 因特网中的 4 台 Web 服务器的 IP 地址,若都能 ping 通,则说明这三个校区内网到因特网的网络通畅,整个因特网的网络也是通畅的,OSPF 协议配置成功。

在校区网内网,可使用 ping 命令去 ping 因特网中的任意一个公网地址,若都能 ping 通,则进一步证明网络配置成功。

③ 在 B 校区和 C 校区任选一台 PC,在命令行利用 ping 命令和服务器的公网地址去 ping A 校区 DMZ 区中的服务器,检查 B 校区和 C 校区到 A 校区的 DMZ 区之间的网络是否通畅。

④ Web 服务访问测试。在任意一个校区的任意一台 PC 的浏览器中去访问因特网和 A 校区 DMZ 区中的 Web 服务器,检查能否成功访问。

到目前为止,拥有三个校区的大型局域网络除 VPN 功能未配置以外,其余功能全部

```
Gateway of last resort is not set

      113.0.0.0/8 is variably subnetted, 9 subnets, 4 masks
O E2     113.204.175.0/27 [110/20] via 113.204.176.2, 01:28:11, GigabitEthernet0/0/0
O        113.204.175.0/30 [110/2] via 113.204.176.2, 01:28:11, GigabitEthernet0/0/0
C        113.204.176.0/30 is directly connected, GigabitEthernet0/0/0
L        113.204.176.1/32 is directly connected, GigabitEthernet0/0/0
C        113.204.176.4/30 is directly connected, GigabitEthernet0/3/0
L        113.204.176.5/32 is directly connected, GigabitEthernet0/3/0
O        113.204.176.8/30 [110/2] via 113.204.176.2, 01:28:11, GigabitEthernet0/0/0
O        113.204.176.32/28 [110/2] via 113.204.176.2, 01:28:11, GigabitEthernet0/0/0
O        113.204.177.0/30 [110/2] via 113.204.176.6, 01:28:11, GigabitEthernet0/3/0
      202.202.50.0/24 is variably subnetted, 2 subnets, 2 masks
O E2     202.202.50.0/28 [110/20] via 113.204.176.2, 01:28:11, GigabitEthernet0/0/0
O        202.202.50.0/30 [110/4] via 113.204.176.2, 01:28:11, GigabitEthernet0/0/0
      202.202.51.0/24 is variably subnetted, 3 subnets, 2 masks
O        202.202.51.0/30 [110/3] via 113.204.176.2, 01:28:11, GigabitEthernet0/0/0
O        202.202.51.4/30 [110/2] via 113.204.176.2, 01:28:11, GigabitEthernet0/0/0
O        202.202.51.8/30 [110/3] via 113.204.176.2, 01:28:11, GigabitEthernet0/0/0
      202.205.100.0/28 is subnetted, 1 subnets
O        202.205.100.0/28 [110/4] via 113.204.176.2, 01:28:11, GigabitEthernet0/0/0
      222.177.180.0/24 is variably subnetted, 2 subnets, 2 masks
C        222.177.180.0/30 is directly connected, GigabitEthernet0/2/0
L        222.177.180.1/32 is directly connected, GigabitEthernet0/2/0
      222.177.200.0/24 is variably subnetted, 4 subnets, 2 masks
C        222.177.200.0/30 is directly connected, GigabitEthernet0/1/0
L        222.177.200.2/32 is directly connected, GigabitEthernet0/1/0
O        222.177.200.4/30 [110/2] via 222.177.200.1, 01:28:11, GigabitEthernet0/1/0
                         [110/2] via 222.177.180.2, 01:28:11, GigabitEthernet0/2/0
O        222.177.200.8/30 [110/2] via 222.177.180.2, 01:28:11, GigabitEthernet0/2/0
      222.177.205.0/24 is variably subnetted, 2 subnets, 2 masks
O E2     222.177.205.0/28 [110/20] via 222.177.200.1, 01:28:11, GigabitEthernet0/1/0
O        222.177.205.0/30 [110/2] via 222.177.200.1, 01:28:11, GigabitEthernet0/1/0
      222.177.208.0/28 is subnetted, 1 subnets
O        222.177.208.0/28 [110/2] via 222.177.200.1, 01:28:11, GigabitEthernet0/1/0
```

图 8.15　WANRouterA 路由器的路由表

配置完成,三个校区均能顺利访问因特网,也能成功访问 A 校区的服务器。

8.3.4　OSPF 多区域应用配置案例

1. OSPF 多区域配置

如果网络规模比较大,则可采用 OSPF 多区域配置方案。区域内路由器的配置方法与单区域相同,只是增加了区域划分。另外,对于区域边界路由器,由于同时属于 2 个区域,在配置上要将对应接口所连接的网络配置到不同的区域中,这是多区域配置的关键点。整个网络必须有一个骨干区域,其他区域均属非骨干区域,非骨干区域与骨干区域相连,通过骨干区域交互链路状态信息和路由信息。

2. OSPF 多区域配置案例

【例 8.5】　假设有一大型局域网络要求划分为 3 个区域,采用 OSPF 多区域配置方案实现整个网络的互联互通,网络拓扑结构和地址规划如图 8.16 所示。

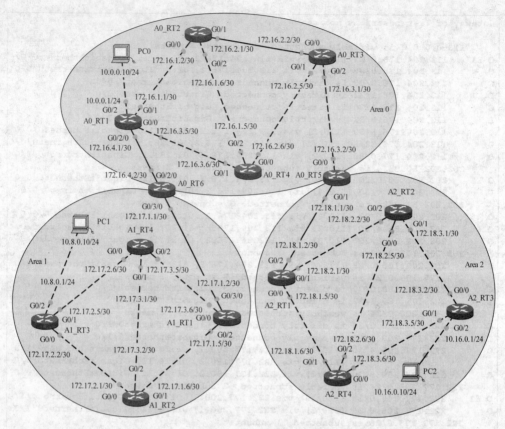

图 8.16　OSPF 多区域案例网络拓扑及地址规划

配置方法如下：

（1）配置骨干区域。

① 配置 A0_RT1 路由器。

```
Router>enable
Router#config t
Router(config)#hostname A0_RT1
A0_RT1(config)#int G0/0
A0_RT1(config-if)#ip address 172.16.3.5 255.255.255.252
A0_RT1(config-if)#no shutdown
A0_RT1(config-if)#int G0/1
A0_RT1(config-if)#ip address 172.16.1.1 255.255.255.252
A0_RT1(config-if)#no shutdown
A0_RT1(config-if)#int G0/2
A0_RT1(config-if)#ip address 10.0.0.1 255.255.255.0
A0_RT1(config-if)#no shutdown
A0_RT1(config-if)#int G0/2/0
A0_RT1(config-if)#ip address 172.16.4.1 255.255.255.252
A0_RT1(config-if)#no shutdown
A0_RT1(config-if)#exit
A0_RT1(config)#router ospf 1
```

```
A0_RT1(config-router)#network 172.16.4.0 0.0.0.3 area 0
A0_RT1(config-router)#network 172.16.3.4 0.0.0.3 area 0
A0_RT1(config-router)#network 172.16.1.0 0.0.0.3 area 0
A0_RT1(config-router)#network 10.0.0.0 0.0.0.255 area 0
A0_RT1(config-router)#end
A0_RT1#write
```

② 配置 A0_RT2 路由器。

```
Router>enable
Router#config t
Router(config)#hostname A0_RT2
A0_RT2(config)#int G0/0
A0_RT2(config-if)#ip address 172.16.1.2 255.255.255.252
A0_RT2(config-if)#no shutdown
A0_RT2(config-if)#int G0/1
A0_RT2(config-if)#ip address 172.16.2.1 255.255.255.252
A0_RT2(config-if)#no shutdown
A0_RT2(config-if)#int G0/2
A0_RT2(config-if)#ip address 172.16.1.6 255.255.255.252
A0_RT2(config-if)#no shutdown
A0_RT2(config-if)#exit
A0_RT2(config)#router ospf 1
A0_RT2(config-router)#network 172.16.1.0 0.0.0.3 area 0
A0_RT2(config-router)#network 172.16.1.4 0.0.0.3 area 0
A0_RT2(config-router)#network 172.16.2.0 0.0.0.3 area 0
A0_RT2(config-router)#end
A0_RT2#write
```

③ 配置 A0_RT3 路由器。

```
Router>enable
Router#config t
Router(config)#hostname A0_RT3
A0_RT3(config)#int G0/0
A0_RT3(config-if)#ip address 172.16.2.2 255.255.255.252
A0_RT3(config-if)#no shutdown
A0_RT3(config-if)#int G0/1
A0_RT3(config-if)#ip address 172.16.2.5 255.255.255.252
A0_RT3(config-if)#no shutdown
A0_RT3(config-if)#int G0/2
A0_RT3(config-if)#ip address 172.16.3.1 255.255.255.252
A0_RT3(config-if)#no shutdown
A0_RT3(config-if)#exit
A0_RT3(config)#router ospf 1
A0_RT3(config-router)#network 172.16.2.0 0.0.0.3 area 0
A0_RT3(config-router)#network 172.16.2.4 0.0.0.3 area 0
A0_RT3(config-router)#network 172.16.3.0 0.0.0.3 area 0
A0_RT3(config-router)#end
A0_RT3#write
```

④ 配置 A0_RT4 路由器。

```
Router>enable
Router#config t
Router(config)#hostname A0_RT4
A0_RT4(config)#int G0/0
A0_RT4(config-if)#ip address 172.16.2.6 255.255.255.252
A0_RT4(config-if)#no shutdown
A0_RT4(config-if)#int G0/1
A0_RT4(config-if)#ip address 172.16.3.6 255.255.255.252
A0_RT4(config-if)#no shutdown
A0_RT4(config-if)#int G0/2
A0_RT4(config-if)#ip address 172.16.1.5 255.255.255.252
A0_RT4(config-if)#no shutdown
A0_RT4(config-if)#exit
A0_RT4(config)#router ospf 1
A0_RT4(config-router)#network 172.16.2.4 0.0.0.3 area 0
A0_RT4(config-router)#network 172.16.1.4 0.0.0.3 area 0
A0_RT4(config-router)#network 172.16.3.4 0.0.0.3 area 0
A0_RT4(config-router)#end
A0_RT4#write
```

⑤ 配置区域边界路由器 A0_RT5。

```
Router>enable
Router#config t
Router(config)#hostname A0_RT5
A0_RT5(config)#int G0/0
A0_RT5(config-if)#ip address 172.16.3.2 255.255.255.252
A0_RT5(config-if)#no shutdown
A0_RT5(config-if)#int G0/1
A0_RT5(config-if)#ip address 172.18.1.1 255.255.255.252
A0_RT5(config-if)#no shutdown
A0_RT5(config-if)#exit
A0_RT5(config)#router ospf 1
A0_RT5(config-router)#network 172.16.3.0 0.0.0.3 area 0
A0_RT5(config-router)#network 172.18.1.0 0.0.0.3 area 2
A0_RT5(config-router)#end
A0_RT5#write
```

⑥ 配置区域边界路由器 A0_RT6。

```
Router>enable
Router#config t
Router(config)#hostname A0_RT6
A0_RT6(config)#int G0/2/0
A0_RT6(config-if)#ip address 172.16.4.2 255.255.255.252
A0_RT6(config-if)#no shutdown
A0_RT6(config-if)#int G0/3/0
```

```
A0_RT6(config-if)#ip address 172.17.1.1 255.255.255.252
A0_RT6(config-if)#no shutdown
A0_RT6(config-if)#exit
A0_RT6(config)#router ospf 1
A0_RT6(config-router)#network 172.16.4.0 0.0.0.3 area 0
A0_RT6(config-router)#network 172.17.1.0 0.0.0.3 area 1
A0_RT6(config-router)#end
A0_RT6#write
```

（2）配置非骨干区域 1。

① 配置 A1_RT1 路由器。

```
Router>enable
Router#config t
Router(config)#hostname A1_RT1
A1_RT1(config)#int G0/3/0
A1_RT1(config-if)#ip address 172.17.1.2 255.255.255.252
A1_RT1(config-if)#no shutdown
A1_RT1(config-if)#int G0/0
A1_RT1(config-if)#ip address 172.17.3.6 255.255.255.252
A1_RT1(config-if)#no shutdown
A1_RT1(config-if)#int G0/2
A1_RT1(config-if)#ip address 172.17.1.5 255.255.255.252
A1_RT1(config-if)#no shutdown
A1_RT1(config-if)#exit
A1_RT1(config)#router ospf 1
A1_RT1(config-router)#network 172.17.1.0 0.0.0.3 area 1
A1_RT1(config-router)#network 172.17.3.4 0.0.0.3 area 1
A1_RT1(config-router)#network 172.17.1.4 0.0.0.3 area 1
A1_RT1(config-router)#end
A1_RT1#write
```

② 配置 A1_RT2 路由器。

```
Router>enable
Router#config t
Router(config)#hostname A1_RT2
A1_RT2(config)#int G0/1
A1_RT2(config-if)#ip address 172.17.1.6 255.255.255.252
A1_RT2(config-if)#no shutdown
A1_RT2(config-if)#int G0/2
A1_RT2(config-if)#ip address 172.17.3.2 255.255.255.252
A1_RT2(config-if)#no shutdown
A1_RT2(config-if)#int G0/0
A1_RT2(config-if)#ip address 172.17.2.1 255.255.255.252
A1_RT2(config-if)#no shutdown
A1_RT2(config-if)#exit
A1_RT2(config)#router ospf 1
```

```
A1_RT2(config-router)#network 172.17.1.4 0.0.0.3 area 1
A1_RT2(config-router)#network 172.17.3.0 0.0.0.3 area 1
A1_RT2(config-router)#network 172.17.2.0 0.0.0.3 area 1
A1_RT2(config-router)#end
A1_RT2#write
```

③ 配置 A1_RT3 路由器。

```
Router>enable
Router#config t
Router(config)#hostname A1_RT3
A1_RT3(config)#int G0/0
A1_RT3(config-if)#ip address 172.17.2.2 255.255.255.252
A1_RT3(config-if)#no shutdown
A1_RT3(config-if)#int G0/1
A1_RT3(config-if)#ip address 172.17.2.5 255.255.255.252
A1_RT3(config-if)#no shutdown
A1_RT3(config-if)#int G0/2
A1_RT3(config-if)#ip address 10.8.0.1 255.255.255.0
A1_RT3(config-if)#no shutdown
A1_RT3(config-if)#exit
A1_RT3(config)#router ospf 1
A1_RT3(config-router)#network 172.17.2.0 0.0.0.3 area 1
A1_RT3(config-router)#network 172.17.2.4 0.0.0.3 area 1
A1_RT3(config-router)#network 10.8.0.0 0.0.0.255 area 1
A1_RT3(config-router)#end
A1_RT3#write
```

④ 配置 A1_RT4 路由器。

```
Router>enable
Router#config t
Router(config)#hostname A1_RT4
A1_RT4(config)#int G0/0
A1_RT4(config-if)#ip address 172.17.2.6 255.255.255.252
A1_RT4(config-if)#no shutdown
A1_RT4(config-if)#int G0/1
A1_RT4(config-if)#ip address 172.17.3.1 255.255.255.252
A1_RT4(config-if)#no shutdown
A1_RT4(config-if)#int G0/2
A1_RT4(config-if)#ip address 172.17.3.5 255.255.255.0
A1_RT4(config-if)#no shutdown
A1_RT4(config-if)#exit
A1_RT4(config)#router ospf 1
A1_RT4(config-router)#network 172.17.2.4 0.0.0.3 area 1
A1_RT4(config-router)#network 172.17.3.0 0.0.0.3 area 1
A1_RT4(config-router)#network 172.17.3.4 0.0.0.3 area 1
A1_RT4(config-router)#end
A1_RT4#write
```

（3）配置非骨干区域 2。

① 配置 A2_RT1 路由器。

```
Router>enable
Router#config t
Router(config)#hostname A2_RT1
A2_RT1(config)#int G0/2
A2_RT1(config-if)#ip address 172.18.1.2 255.255.255.252
A2_RT1(config-if)#no shutdown
A2_RT1(config-if)#int G0/1
A2_RT1(config-if)#ip address 172.18.2.1 255.255.255.252
A2_RT1(config-if)#no shutdown
A2_RT1(config-if)#int G0/0
A2_RT1(config-if)#ip address 172.18.1.5 255.255.255.252
A2_RT1(config-if)#no shutdown
A2_RT1(config-if)#exit
A2_RT1(config)#router ospf 1
A2_RT1(config-router)#network 172.18.1.0 0.0.0.3 area 2
A2_RT1(config-router)#network 172.18.2.0 0.0.0.3 area 2
A2_RT1(config-router)#network 172.18.1.4 0.0.0.3 area 2
A2_RT1(config-router)#end
A2_RT1#write
```

② 配置 A2_RT2 路由器。

```
Router>enable
Router#config t
Router(config)#hostname A2_RT2
A2_RT2(config)#int G0/2
A2_RT2(config-if)#ip address 172.18.2.2 255.255.255.252
A2_RT2(config-if)#no shutdown
A2_RT2(config-if)#int G0/1
A2_RT2(config-if)#ip address 172.18.3.1 255.255.255.252
A2_RT2(config-if)#no shutdown
A2_RT2(config-if)#int G0/0
A2_RT2(config-if)#ip address 172.18.2.5 255.255.255.252
A2_RT2(config-if)#no shutdown
A2_RT2(config-if)#exit
A2_RT2(config)#router ospf 1
A2_RT2(config-router)#network 172.18.2.0 0.0.0.3 area 2
A2_RT2(config-router)#network 172.18.2.4 0.0.0.3 area 2
A2_RT2(config-router)#network 172.18.3.0 0.0.0.3 area 2
A2_RT2(config-router)#end
A2_RT2#write
```

③ 配置 A2_RT3 路由器。

```
Router>enable
Router#config t
Router(config)#hostname A2_RT3
```

```
A2_RT3(config)#int G0/0
A2_RT3(config-if)#ip address 172.18.3.2 255.255.255.252
A2_RT3(config-if)#no shutdown
A2_RT3(config-if)#int G0/1
A2_RT3(config-if)#ip address 172.18.3.5 255.255.255.252
A2_RT3(config-if)#no shutdown
A2_RT3(config-if)#int G0/2
A2_RT3(config-if)#ip address 10.16.0.1 255.255.255.0
A2_RT3(config-if)#no shutdown
A2_RT3(config-if)#exit
A2_RT3(config)#router ospf 1
A2_RT3(config-router)#network 172.18.3.0 0.0.0.3 area 2
A2_RT3(config-router)#network 172.18.3.4 0.0.0.3 area 2
A2_RT3(config-router)#network 10.16.0.0 0.0.0.255 area 2
A2_RT3(config-router)#end
A2_RT3#write
```

④ 配置 A2_RT4 路由器。

```
Router>enable
Router#config t
Router(config)#hostname A2_RT4
A2_RT4(config)#int G0/2
A2_RT4(config-if)#ip address 172.18.2.6 255.255.255.252
A2_RT4(config-if)#no shutdown
A2_RT4(config-if)#int G0/1
A2_RT4(config-if)#ip address 172.18.1.6 255.255.255.252
A2_RT4(config-if)#no shutdown
A2_RT4(config-if)#int G0/0
A2_RT4(config-if)#ip address 172.18.3.6 255.255.255.252
A2_RT4(config-if)#no shutdown
A2_RT4(config-if)#exit
A2_RT4(config)#router ospf 1
A2_RT4(config-router)#network 172.18.1.0 0.0.0.3 area 2
A2_RT4(config-router)#network 172.18.2.4 0.0.0.3 area 2
A2_RT4(config-router)#network 172.18.3.4 0.0.0.3 area 2
A2_RT4(config-router)#end
A2_RT4#write
```

（4）配置 PC0、PC1 和 PC2 主机的 IP 地址和网关地址。

（5）配置验证与网络通畅性测试。

① 查看路由表。可在任意一个区域中的任意一台路由器，通过执行 show ip route 命令来查看路由表。比如在区域 1 中的 A1_RT2 路由器中查看路由表，其结果如图 8.17 所示。

路由列表项中带有 IA 标志的表示是从其他区域学习到的路由，从中可见，路由学习成功。

② 在 PC0、PC1 和 PC2 中，可在任意一台 PC 中去 ping 另外 2 台 PC 的 IP 地址，查看能否 ping 通。若能相互 ping 通，则说明三个区域网络通畅，整个网络配置成功。

```
Gateway of last resort is not set

     10.0.0.0/24 is subnetted, 3 subnets
O IA    10.0.0.0/24 [110/4] via 172.17.1.5, 00:07:54, GigabitEthernet0/1
O       10.8.0.0/24 [110/2] via 172.17.2.2, 00:28:46, GigabitEthernet0/0
O IA    10.16.0.0/24 [110/10] via 172.17.1.5, 00:07:04, GigabitEthernet0/1
     172.16.0.0/30 is subnetted, 7 subnets
O IA    172.16.1.0/30 [110/4] via 172.17.1.5, 00:07:54, GigabitEthernet0/1
O IA    172.16.1.4/30 [110/5] via 172.17.1.5, 00:07:54, GigabitEthernet0/1
O IA    172.16.2.0/30 [110/5] via 172.17.1.5, 00:07:54, GigabitEthernet0/1
O IA    172.16.2.4/30 [110/5] via 172.17.1.5, 00:07:54, GigabitEthernet0/1
O IA    172.16.3.0/30 [110/6] via 172.17.1.5, 00:07:54, GigabitEthernet0/1
O IA    172.16.3.4/30 [110/4] via 172.17.1.5, 00:07:54, GigabitEthernet0/1
O IA    172.16.4.0/30 [110/3] via 172.17.1.5, 00:07:54, GigabitEthernet0/1
     172.17.0.0/16 is variably subnetted, 9 subnets, 2 masks
O       172.17.1.0/30 [110/2] via 172.17.1.5, 00:25:41, GigabitEthernet0/1
C       172.17.1.4/30 is directly connected, GigabitEthernet0/1
L       172.17.1.6/32 is directly connected, GigabitEthernet0/1
C       172.17.2.0/30 is directly connected, GigabitEthernet0/0
L       172.17.2.1/32 is directly connected, GigabitEthernet0/0
O       172.17.2.4/30 [110/2] via 172.17.2.2, 00:25:55, GigabitEthernet0/0
C       172.17.3.0/30 is directly connected, GigabitEthernet0/2
L       172.17.3.2/32 is directly connected, GigabitEthernet0/2
O       172.17.3.4/30 [110/2] via 172.17.1.5, 00:27:52, GigabitEthernet0/1
     172.18.0.0/30 is subnetted, 6 subnets
O IA    172.18.1.0/30 [110/7] via 172.17.1.5, 00:07:14, GigabitEthernet0/1
O IA    172.18.1.4/30 [110/8] via 172.17.1.5, 00:07:04, GigabitEthernet0/1
O IA    172.18.2.0/30 [110/8] via 172.17.1.5, 00:07:04, GigabitEthernet0/1
O IA    172.18.2.4/30 [110/9] via 172.17.1.5, 00:07:04, GigabitEthernet0/1
O IA    172.18.3.0/30 [110/9] via 172.17.1.5, 00:07:04, GigabitEthernet0/1
O IA    172.18.3.4/30 [110/10] via 172.17.1.5, 00:07:04, GigabitEthernet0/1
```

图 8.17　A1_RT2 路由器的路由表

8.3.5　路由重分发

1. 路由重分发的应用场景

路由重分发(Route Redistribution)是指当网络中使用了多路路由协议时,为了实现将一种路由协议学习到的路由,转换为另一种路由协议的路由,并通过另一种路由协议广播或组播出去,从而实现不同路由协议之间交换路由信息的目的。

比如一个大型局域网络,如图 8.18 所示,如果一部分网络采用 RIP 路由协议,另一部分采用 OSPF 路由协议,两部分网络要实现互联互通,则在位于两个网络的边界路由器上就必须配置路由重分发,将 RIP 网络的路由信息发布到 OSPF 网络,将 OSPF 网络的路由信息重发布到 RIP 网络。

在例 8.4 中,因特网中的 ISP 路由器 Router_ISP_1、Router_ISP_3 和 Router_ISP_5 针对所申请到的公网地址段(A 校区申请到 32 个公网地址,B 校区和 C 校区各申请到 16 个公网地址,出口路由器与对端的 ISP 路由器之间互联使用 4 个地址的子网),分别配置了到 A 校区、B 校区和 C 校区的静态路由,路由下一跳指向该单位出口路由器的外网

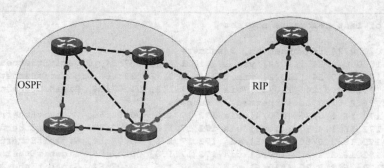

图 8.18 应用不同路由协议的网络

接口地址。为了让因特网中的其他路由器能通过 OSPF 路由协议学习到这些静态路由，需要在配置有静态路由的路由器上重分发静态路由。图 8.15 中路由条目第一列带有 E2 标志的就是 OSPF 路由协议学习到的重分发的静态路由。

除了不同动态路由协议彼此间可以重分发路由信息之外，还可以将路由器上的直连路由、静态路由和默认路由根据需要重分发到 RIP 或 OSPF 协议路由中。

2. 路由重分发相关配置命令

路由重分发在动态路由配置子模式下使用 redistribute 命令来实现，具体用法如下。

（1）重分发直连路由。

配置命令为：

```
redistribute connected [subnets]
```

将直连路由重分发到 RIP 协议时使用 redistribute connected 命令；将直连路由分发到 OSPF 协议时使用 redistribute connected subnets 命令，即带子网掩码重分发直连路由。

（2）重分发静态路由。

配置命令为：

```
redistribute static [subnets]
```

将静态路由重分发到 RIP 协议时，使用 redistribute static 命令；将静态路由分发到 OSPF 协议时，使用 redistribute static subnets 命令，即带子网掩码重分发静态路由。

（3）重分发默认路由。

配置命令为：

```
default-information originate
```

（4）将一种动态路由协议中的路由重分发到另一种动态路由协议。

配置命令为：

```
redistribute 协议名称 [进程号][metric 度量值][subnets]
```

该命令在动态路由配置子模式下执行，将指定的动态路由协议的路由信息重分发到当前动态路由协议中。

参数说明如下。

协议名称：用于指定源路由协议，即产生被分发路由的路由协议的名称，可以是RIP、OSPF、BGP 或 EIGRP 路由协议。

进程号：OSPF 路由协议有进程号，当要将 OSPF 路由信息发布到其他动态路由协议时，命令中的"协议名称"为 ospf，进程号就是在当前路由器上启动 OSPF 协议的进程的进程号。

metric：用于设置指定重分发进来的路由条目需要添加的度量值。若没有指定该参数项，默认添加种子度量值（Seed Metric）所设置的度量值。OSPF 协议的种子度量值为 20。

subnets：重分发路由时考虑子网掩码，即带子网掩码重分发路由。

3. RIP 与 OSPF 网络互联互通应用案例

【例 8.6】　以图 8.18 所示的网络为例，在此基础上对网络互联接口地址进行规划，并添加网络测试主机之后的网络拓扑，如图 8.19 所示。对整个网络进行配置，实现整个网络的互联互通。

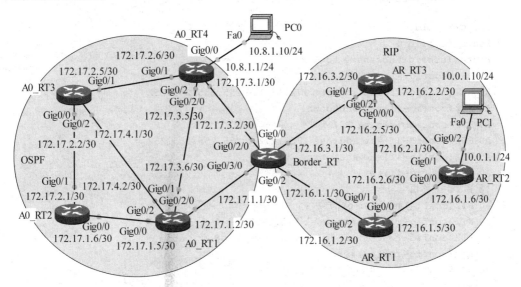

图 8.19　RIP 与 OSPF 网络互联互通应用案例的网络拓扑

配置方法如下：

（1）配置 OSPF 网络。

① 配置 A0_RT1 路由器。

```
Router>enable
Router#config t
Router(config)#hostname A0_RT1
A0_RT1(config)#int G0/2/0
A0_RT1(config-if)#ip address 172.17.1.2 255.255.255.252
```

299

```
A0_RT1(config-if)#no shutdown
A0_RT1(config-if)#int G0/1
A0_RT1(config-if)#ip address 172.17.3.6 255.255.255.252
A0_RT1(config-if)#no shutdown
A0_RT1(config-if)#int G0/2
A0_RT1(config-if)#ip address 172.17.4.2 255.255.255.252
A0_RT1(config-if)#no shutdown
A0_RT1(config-if)#int G0/0
A0_RT1(config-if)#ip address 172.17.1.5 255.255.255.252
A0_RT1(config-if)#no shutdown
A0_RT1(config-if)#exit
!配置 OSPF 路由
A0_RT1(config)#router ospf 1
A0_RT1(config-router)#network 172.17.1.0 0.0.0.3 area 0
A0_RT1(config-router)#network 172.17.3.4 0.0.0.3 area 0
A0_RT1(config-router)#network 172.17.4.0 0.0.0.3 area 0
A0_RT1(config-router)#network 172.17.1.4 0.0.0.3 area 0
A0_RT1(config-router)#end
A0_RT1#write
```

② 配置 A0_RT2 路由器。

```
Router>enable
Router#config t
Router(config)#hostname A0_RT2
A0_RT2(config)#int G0/0
A0_RT2(config-if)#ip address 172.17.1.6 255.255.255.252
A0_RT2(config-if)#no shutdown
A0_RT2(config-if)#int G0/1
A0_RT2(config-if)#ip address 172.17.2.1 255.255.255.252
A0_RT2(config-if)#no shutdown
A0_RT2(config-if)#exit
!配置 OSPF 路由
A0_RT2(config)#router ospf 1
A0_RT2(config-router)#network 172.17.1.4 0.0.0.3 area 0
A0_RT2(config-router)#network 172.17.2.0 0.0.0.3 area 0
A0_RT2(config-router)#end
A0_RT2#write
```

③ 配置 A0_RT3 路由器。

```
Router>enable
Router#config t
Router(config)#hostname A0_RT3
A0_RT3(config)#int G0/0
A0_RT3(config-if)#ip address 172.17.2.2 255.255.255.252
A0_RT3config-if)#no shutdown
A0_RT3(config-if)#int G0/2
A0_RT3(config-if)#ip address 172.17.4.1 255.255.255.252
A0_RT3(config-if)#no shutdown
```

```
A0_RT3(config-if)#int G0/1
A0_RT3(config-if)#ip address 172.17.2.5 255.255.255.252
A0_RT3(config-if)#no shutdown
A0_RT3(config-if)#exit
!配置 OSPF 路由
A0_RT3(config)#router ospf 1
A0_RT3(config-router)#network 172.17.2.0 0.0.0.3 area 0
A0_RT3(config-router)#network 172.17.4.0 0.0.0.3 area 0
A0_RT3(config-router)#network 172.17.2.4 0.0.0.3 area 0
A0_RT3(config-router)#end
A0_RT3#write
```

④ 配置 A0_RT4 路由器。

```
Router>enable
Router#config t
Router(config)#hostname A0_RT4
A0_RT4(config)#int G0/2/0
A0_RT4(config-if)#ip address 172.17.3.1 255.255.255.252
A0_RT4(config-if)#no shutdown
A0_RT4(config-if)#int G0/0
A0_RT4(config-if)#ip address 10.8.1.1 255.255.255.0
A0_RT4(config-if)#no shutdown
A0_RT4(config-if)#int G0/1
A0_RT4(config-if)#ip address 172.17.2.6 255.255.255.252
A0_RT4(config-if)#no shutdown
A0_RT4(config-if)#int G0/2
A0_RT4(config-if)#ip address 172.17.3.5 255.255.255.252
A0_RT4(config-if)#no shutdown
A0_RT4(config-if)#exit
!配置 OSPF 路由
A0_RT4(config)#router ospf 1
A0_RT4(config-router)#network 172.17.3.0 0.0.0.3 area 0
A0_RT4(config-router)#network 10.8.1.0 0.0.0.255 area 0
A0_RT4(config-router)#network 172.17.2.4 0.0.0.3 area 0
A0_RT4(config-router)#network 172.17.3.4 0.0.0.3 area 0
A0_RT4(config-router)#end
A0_RT4#write
```

（2）配置 RIP 网络。
① 配置 AR_RT1 路由器。

```
Router>enable
Router#config t
Router(config)#hostname AR_RT1
AR_RT1(config)#int G0/2
AR_RT1(config-if)#ip address 172.16.1.2 255.255.255.252
AR_RT1(config-if)#no shutdown
AR_RT1(config-if)#int G0/1
AR_RT1(config-if)#ip address 172.16.2.6 255.255.255.252
```

```
AR_RT1(config-if)#no shutdown
AR_RT1(config-if)#int G0/0
AR_RT1(config-if)#ip address 172.16.1.5 255.255.255.252
AR_RT1(config-if)#no shutdown
AR_RT1(config-if)#exit
!配置 RIP 路由
AR_RT1(config)#router rip
AR_RT1(config-router)#version 2
AR_RT1(config-router)#no auto-summary
AR_RT1(config-router)#network 172.16.1.0
AR_RT1(config-router)#network 172.16.2.4
AR_RT1(config-router)#network 172.16.1.4
AR_RT1(config-router)#end
AR_RT1#write
```

② 配置 AR_RT2 路由器。

```
Router>enable
Router#config t
Router(config)#hostname AR_RT2
AR_RT2(config)#int G0/0
AR_RT2(config-if)#ip address 172.16.1.6 255.255.255.252
AR_RT2(config-if)#no shutdown
AR_RT2(config-if)#int G0/1
AR_RT2(config-if)#ip address 172.16.2.1 255.255.255.252
AR_RT2(config-if)#no shutdown
AR_RT2(config-if)#int G0/2
AR_RT2(config-if)#ip address 10.0.1.1 255.255.255.0
AR_RT2(config-if)#no shutdown
AR_RT2(config-if)#exit
!配置 RIP 路由
AR_RT2(config)#router rip
AR_RT2(config-router)#version 2
AR_RT2(config-router)#no auto-summary
AR_RT2(config-router)#network 172.16.1.4
AR_RT2(config-router)#network 172.16.2.0
AR_RT2(config-router)#network 10.0.1.0
AR_RT2(config-router)#end
AR_RT2#write
```

③ 配置 AR_RT3 路由器。

```
Router>enable
Router#config t
Router(config)#hostname AR_RT3
AR_RT3(config)#int G0/0
AR_RT3(config-if)#ip address 172.16.2.2 255.255.255.252
AR_RT3(config-if)#no shutdown
AR_RT3(config-if)#int G0/2
AR_RT3(config-if)#ip address 172.16.2.5 255.255.255.252
```

```
AR_RT3(config-if)#no shutdown
AR_RT3(config-if)#int G0/1
AR_RT3(config-if)#ip address 172.16.3.2 255.255.255.252
AR_RT3(config-if)#no shutdown
AR_RT3(config-if)#exit
!配置 RIP 路由
AR_RT3(config)#router rip
AR_RT3(config-router)#version 2
AR_RT3(config-router)#no auto-summary
AR_RT3(config-router)#network 172.16.2.0
AR_RT3(config-router)#network 172.16.2.4
AR_RT3(config-router)#network 172.16.3.0
AR_RT3(config-router)#end
AR_RT3#write
```

（3）配置边界路由器 Border_RT。

```
Router>enable
Router#config t
Router(config)#hostname Border_RT
Border_RT(config)#int G0/0
Border_RT(config-if)#ip address 172.16.3.1 255.255.255.252
Border_RT(config-if)#no shutdown
Border_RT(config-if)#int G0/2
Border_RT(config-if)#ip address 172.16.1.1 255.255.255.252
Border_RT(config-if)#no shutdown
Border_RT(config-if)#int G0/2/0
Border_RT(config-if)#ip address 172.17.3.2 255.255.255.252
Border_RT(config-if)#no shutdown
Border_RT(config-if)#int G0/3/0
Border_RT(config-if)#ip address 172.17.1.1 255.255.255.252
Border_RT(config-if)#no shutdown
Border_RT(config-if)#exit
Border_RT(config)#router ospf 1
Border_RT(config-router)#network 172.17.1.0 0.0.0.3 area 0
Border_RT(config-router)#network 172.17.3.0 0.0.0.3 area 0
Border_RT(config-router)#exit
Border_RT(config)#router rip
Border_RT(config-router)#version 2
Border_RT(config-router)#no auto-summary
Border_RT(config-router)#network 172.16.3.0
Border_RT(config-router)#network 172.16.1.0
Border_RT(config-router)#exit
```

（4）配置检查。目前已完成了 OSPF 和 RIP 网络的动态路由配置，但还未配置路由
重分发，下面查看路由器的路由表，看能否学习到对方的路由信息。

在采用 OSPF 路由协议的网络中任选一台路由器来查看其路由表，比如查看 A0_

303

RT2 的路由表,如图 8.20 所示。从中可见,只有 OSPF 网络中的路由,没有 RIP 网络中的路由信息。在使用 RIP 路由协议的网络中,在 AR_RT1 路由器的路由表中只有 RIP 协议路由,没有 OSPF 协议路由,如图 8.21 所示。

```
A0_RT2#show ip route
Codes: L - local, C - connected, S - static, R - RIP, M - mobile, B - BGP
       D - EIGRP, EX - EIGRP external, O - OSPF, IA - OSPF inter area
       N1 - OSPF NSSA external type 1, N2 - OSPF NSSA external type 2
       E1 - OSPF external type 1, E2 - OSPF external type 2, E - EGP
       i - IS-IS, L1 - IS-IS level-1, L2 - IS-IS level-2, ia - IS-IS inter area
       * - candidate default, U - per-user static route, o - ODR
       P - periodic downloaded static route

Gateway of last resort is not set

     10.0.0.0/24 is subnetted, 1 subnets
O       10.8.1.0/24 [110/3] via 172.17.1.5, 00:08:58, GigabitEthernet0/0
                    [110/3] via 172.17.2.2, 00:08:58, GigabitEthernet0/1
     172.17.0.0/16 is variably subnetted, 9 subnets, 2 masks
O       172.17.1.0 [110/2] via 172.17.1.5, 00:00:38, GigabitEthernet0/0
C       172.17.1.4/30 is directly connected, GigabitEthernet0/0
L       172.17.1.6/32 is directly connected, GigabitEthernet0/0
C       172.17.2.0/30 is directly connected, GigabitEthernet0/1
L       172.17.2.1/32 is directly connected, GigabitEthernet0/1
O       172.17.2.4/30 [110/2] via 172.17.2.2, 00:10:55, GigabitEthernet0/1
O       172.17.3.0/30 [110/3] via 172.17.1.5, 00:00:03, GigabitEthernet0/0
                      [110/3] via 172.17.2.2, 00:00:03, GigabitEthernet0/1
O       172.17.3.4/30 [110/2] via 172.17.1.5, 00:08:58, GigabitEthernet0/0
O       172.17.4.0/30 [110/2] via 172.17.1.5, 00:08:58, GigabitEthernet0/0
                      [110/2] via 172.17.2.2, 00:08:58, GigabitEthernet0/1
```

图 8.20   A0_RT2 路由器的路由表

```
AR_RT1#show ip route
Codes: L - local, C - connected, S - static, R - RIP, M - mobile, B - BGP
       D - EIGRP, EX - EIGRP external, O - OSPF, IA - OSPF inter area
       N1 - OSPF NSSA external type 1, N2 - OSPF NSSA external type 2
       E1 - OSPF external type 1, E2 - OSPF external type 2, E - EGP
       i - IS-IS, L1 - IS-IS level-1, L2 - IS-IS level-2, ia - IS-IS inter area
       * - candidate default, U - per-user static route, o - ODR
       P - periodic downloaded static route

Gateway of last resort is not set

     10.0.0.0/24 is subnetted, 1 subnets
R       10.0.1.0/24 [120/1] via 172.16.1.6, 00:00:06, GigabitEthernet0/0
     172.16.0.0/16 is variably subnetted, 8 subnets, 2 masks
C       172.16.1.0/30 is directly connected, GigabitEthernet0/2
L       172.16.1.2/32 is directly connected, GigabitEthernet0/2
C       172.16.1.4/30 is directly connected, GigabitEthernet0/0
L       172.16.1.5/32 is directly connected, GigabitEthernet0/0
R       172.16.2.0/30 [120/1] via 172.16.1.6, 00:00:06, GigabitEthernet0/0
                      [120/1] via 172.16.2.5, 00:00:15, GigabitEthernet0/1
C       172.16.2.4/30 is directly connected, GigabitEthernet0/1
L       172.16.2.6/32 is directly connected, GigabitEthernet0/1
R       172.16.3.0/30 [120/1] via 172.16.2.5, 00:00:15, GigabitEthernet0/1
                      [120/1] via 172.16.1.1, 00:00:09, GigabitEthernet0/2
```

图 8.21   AR_RT1 路由器的路由表

Border_RT 边界路由器因同时属于 OSPF 和 RIP 网络，故路由表中拥有完整的路由信息，如图 8.22 所示。

```
Border_RT#show ip route
Codes: L - local, C - connected, S - static, R - RIP, M - mobile, B - BGP
       D - EIGRP, EX - EIGRP external, O - OSPF, IA - OSPF inter area
       N1 - OSPF NSSA external type 1, N2 - OSPF NSSA external type 2
       E1 - OSPF external type 1, E2 - OSPF external type 2, E - EGP
       i - IS-IS, L1 - IS-IS level-1, L2 - IS-IS level-2, ia - IS-IS inter area
       * - candidate default, U - per-user static route, o - ODR
       P - periodic downloaded static route

Gateway of last resort is not set

      10.0.0.0/24 is subnetted, 2 subnets
R        10.0.1.0/24 [120/2] via 172.16.1.2, 00:00:24, GigabitEthernet0/2
                      [120/2] via 172.16.3.2, 00:00:01, GigabitEthernet0/0
O        10.8.1.0/24 [110/2] via 172.17.3.1, 00:05:34, GigabitEthernet0/2/0
      172.16.0.0/16 is variably subnetted, 7 subnets, 2 masks
C        172.16.1.0/30 is directly connected, GigabitEthernet0/2
L        172.16.1.1/32 is directly connected, GigabitEthernet0/2
R        172.16.1.4/30 [120/1] via 172.16.1.2, 00:00:24, GigabitEthernet0/2
R        172.16.2.0/30 [120/1] via 172.16.3.2, 00:00:01, GigabitEthernet0/0
R        172.16.2.4/30 [120/1] via 172.16.1.2, 00:00:24, GigabitEthernet0/2
                       [120/1] via 172.16.3.2, 00:00:01, GigabitEthernet0/0
C        172.16.3.0/30 is directly connected, GigabitEthernet0/0
L        172.16.3.1/32 is directly connected, GigabitEthernet0/0
      172.17.0.0/16 is variably subnetted, 9 subnets, 2 masks
C        172.17.1.0/30 is directly connected, GigabitEthernet0/3/0
L        172.17.1.1/32 is directly connected, GigabitEthernet0/3/0
O        172.17.1.4/30 [110/2] via 172.17.1.2, 00:05:34, GigabitEthernet0/3/0
O        172.17.2.0/30 [110/3] via 172.17.1.2, 00:05:34, GigabitEthernet0/3/0
                       [110/3] via 172.17.3.1, 00:05:34, GigabitEthernet0/2/0
O        172.17.2.4/30 [110/2] via 172.17.3.1, 00:05:34, GigabitEthernet0/2/0
C        172.17.3.0/30 is directly connected, GigabitEthernet0/2/0
L        172.17.3.2/32 is directly connected, GigabitEthernet0/2/0
O        172.17.3.4/30 [110/2] via 172.17.1.2, 00:05:34, GigabitEthernet0/3/0
                       [110/2] via 172.17.3.1, 00:05:34, GigabitEthernet0/2/0
O        172.17.4.0/30 [110/2] via 172.17.1.2, 00:05:34, GigabitEthernet0/3/0
```

图 8.22　Border_RT 边界路由器路由表

（5）配置 OSPF 与 RIP 网络间的路由重分发。

!将 RIP 路由协议学习到的路由,重分发到 OSPF 路由协议中
Border_RT(config)#router ospf 1
Border_RT(config-router)#redistribute rip subnets
Border_RT(config-router)#exit

执行以上命令后,再次查看 A0_RT2 路由器的路由表,就会发现已成功学习到来自 RIP 路由协议的路由,如图 8.23 所示。路由条目第一列带有 E2 标志的就是从 RIP 路由协议学习到的路由。

!将 OSPF 学习到的路由信息重分发到 RIP 路由协议中

Border_RT(config)#router rip

Border_RT(config-router)#redistribute ospf 1 metric 10

Border_RT(config-router)#end

Border_RT#write

```
A0_RT2#show ip route
Codes: L - local, C - connected, S - static, R - RIP, M - mobile, B - BGP
       D - EIGRP, EX - EIGRP external, O - OSPF, IA - OSPF inter area
       N1 - OSPF NSSA external type 1, N2 - OSPF NSSA external type 2
       E1 - OSPF external type 1, E2 - OSPF external type 2, E - EGP
       i - IS-IS, L1 - IS-IS level-1, L2 - IS-IS level-2, ia - IS-IS inter area
       * - candidate default, U - per-user static route, o - ODR
       P - periodic downloaded static route


Gateway of last resort is not set


      10.0.0.0/24 is subnetted, 2 subnets
O E2    10.0.1.0/24 [110/20] via 172.17.1.5, 00:00:13, GigabitEthernet0/0
O       10.8.1.0/24 [110/3] via 172.17.1.5, 00:14:43, GigabitEthernet0/0
                    [110/3] via 172.17.2.2, 00:14:43, GigabitEthernet0/1
      172.16.0.0/30 is subnetted, 5 subnets
O E2    172.16.1.0/30 [110/20] via 172.17.1.5, 00:00:13, GigabitEthernet0/0
O E2    172.16.1.4/30 [110/20] via 172.17.1.5, 00:00:13, GigabitEthernet0/0
O E2    172.16.2.0/30 [110/20] via 172.17.1.5, 00:00:13, GigabitEthernet0/0
O E2    172.16.2.4/30 [110/20] via 172.17.1.5, 00:00:13, GigabitEthernet0/0
O E2    172.16.3.0/30 [110/20] via 172.17.1.5, 00:00:13, GigabitEthernet0/0
      172.17.0.0/16 is variably subnetted, 9 subnets, 2 masks
O       172.17.1.0/30 [110/2] via 172.17.1.5, 00:14:43, GigabitEthernet0/0
C       172.17.1.4/30 is directly connected, GigabitEthernet0/0
L       172.17.1.6/32 is directly connected, GigabitEthernet0/0
C       172.17.2.0/30 is directly connected, GigabitEthernet0/1
L       172.17.2.1/32 is directly connected, GigabitEthernet0/1
O       172.17.2.4/30 [110/2] via 172.17.2.2, 00:14:43, GigabitEthernet0/1
O       172.17.3.0/30 [110/3] via 172.17.1.5, 00:14:43, GigabitEthernet0/0
                      [110/3] via 172.17.2.2, 00:14:43, GigabitEthernet0/1
O       172.17.3.4/30 [110/2] via 172.17.1.5, 00:14:43, GigabitEthernet0/0
O       172.17.4.0/30 [110/2] via 172.17.1.5, 00:14:43, GigabitEthernet0/0
                      [110/2] via 172.17.2.2, 00:14:43, GigabitEthernet0/1
```

图 8.23　从 RIP 学习路由后的 A0_RT2 路由器的路由表

配置完成后,查看 RIP 网络中的 AR_RT1 路由器的路由表,如图 8.24 所示。从中可见,已成功学习到来自 OSPF 路由协议的路由信息,路由重分发配置成功。

(6) 配置验证与网络通畅性测试。

① 为便于进行网络测试,分别设置 PC0 和 PC1 主机的 IP 地址和网关地址。

② 在 PC1 主机的命令行 ping PC0 主机的 IP 地址,检查能否 ping 通。测试结果如图 8.25 所示,从中可见,网络通畅,整个网络配置成功。

```
AR_RT1# show ip route
Codes: L - local, C - connected, S - static, R - RIP, M - mobile, B - BGP
       D - EIGRP, EX - EIGRP external, O - OSPF, IA - OSPF inter area
       N1 - OSPF NSSA external type 1, N2 - OSPF NSSA external type 2
       E1 - OSPF external type 1, E2 - OSPF external type 2, E - EGP
       i - IS-IS, L1 - IS-IS level-1, L2 - IS-IS level-2, ia - IS-IS inter area
       * - candidate default, U - per-user static route, o - ODR
       P - periodic downloaded static route

Gateway of last resort is not set

     10.0.0.0/24 is subnetted, 2 subnets
R       10.0.1.0/24 [120/1] via 172.16.1.6, 00:00:16, GigabitEthernet0/0
R       10.8.1.0/24 [120/10] via 172.16.1.1, 00:00:03, GigabitEthernet0/2
     172.16.0.0/16 is variably subnetted, 8 subnets, 2 masks
C       172.16.1.0/30 is directly connected, GigabitEthernet0/2
L       172.16.1.2/32 is directly connected, GigabitEthernet0/2
C       172.16.1.4/30 is directly connected, GigabitEthernet0/0
L       172.16.1.5/32 is directly connected, GigabitEthernet0/0
R       172.16.2.0/30 [120/1] via 172.16.1.6, 00:00:16, GigabitEthernet0/0
                      [120/1] via 172.16.2.5, 00:00:15, GigabitEthernet0/1
C       172.16.2.4/30 is directly connected, GigabitEthernet0/1
L       172.16.2.6/32 is directly connected, GigabitEthernet0/1
R       172.16.3.0/30 [120/1] via 172.16.2.5, 00:00:15, GigabitEthernet0/1
                      [120/1] via 172.16.1.1, 00:00:03, GigabitEthernet0/2
     172.17.0.0/30 is subnetted, 7 subnets
R       172.17.1.0/30 [120/10] via 172.16.1.1, 00:00:03, GigabitEthernet0/2
R       172.17.1.4/30 [120/10] via 172.16.1.1, 00:00:03, GigabitEthernet0/2
R       172.17.2.0/30 [120/10] via 172.16.1.1, 00:00:03, GigabitEthernet0/2
R       172.17.2.4/30 [120/10] via 172.16.1.1, 00:00:03, GigabitEthernet0/2
R       172.17.3.0/30 [120/10] via 172.16.1.1, 00:00:03, GigabitEthernet0/2
R       172.17.3.4/30 [120/10] via 172.16.1.1, 00:00:03, GigabitEthernet0/2
R       172.17.4.0/30 [120/10] via 172.16.1.1, 00:00:03, GigabitEthernet0/2
```

图 8.24　从 OSPF 学习路由后的 AR_RT1 路由器的路由表

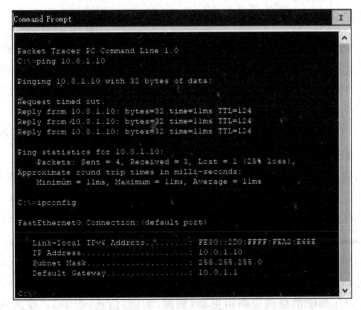

图 8.25　RIP 与 OSPF 网络间通畅性测试

8.4 BGP 动态路由协议

8.4.1 BGP 路由协议概述

1. 因特网的两层路由架构

自治系统(Autonomous System,AS)是处于一个管理机构控制下的一个网络群,拥有者或者管理者有权自主决定在本系统中采用何种路由协议。

整个因特网就是由许多的自治系统构成的,因特网的路由采用两层架构,即自治系统内部的路由和自治系统之间的路由。自治系统内部的网络采用内部网关路由协议,比如RIP、OSPF 等。自治系统之间的路由采用外部网关路由协议,比如 BGP 路由协议。自治系统之间路由时,以自治系统为对象,不用考虑自治系统内部的网络拓扑结构。

2. 自治系统号

为了唯一标识每一个自治系统,每一个自治系统都有一个编号,称为自治系统号。自治系统号采用 16 位的二进制数编码表示,共有 65536 个号码。其中 0 和 65535 保留,23456 号用于号码转换使用,64512~65534 为私有(专用的)自治系统号,相当于 IP 地址中的私网地址,1~64511 的号码(除去 23456)用于因特网的自治系统。自治系统号由ICANN(The Internet Corporation for Assigned Names and Numbers)机构负责统一分配和管理。

3. BGP 路由协议简介

BGP(Border Gateway Protocol,边界网关协议)是一种基于策略的路由选择协议,用于在自治系统之间交换路由选择信息,BGP 路由器交换有关前往目标网络的路径信息。对于 BGP 路由协议而言,整个因特网就是由若干自治系统为单位而构成的一个大的网络,任意两个自治系统间的连接就形成一条路径。BGP 路由协议使用 TCP 协议传输数据包,端口号为 179。由于传输链路是可靠的,故 BGP 不需要使用定期更新路由,而采用触发更新和增量更新路由方式。

BGP 路由协议通过手工配置指定邻居路由器,以便建立 TCP 连接,连接建立成功后才能交换路由信息。首次采用全量交换,以后在路由信息有变化时采用增量更新方式更新路由。在没有路由变化时,将周期性(默认 60s)地发送 Keepalive 消息,以保持会话有效,维持邻居关系。

BGP 路由协议的消息类型有 Open、Keepalive、Update 和 Notification 四种。Open消息用于建立 BGP 对等体之间的连接关系;对等体周期性地交换 Keepalive 消息,以保持会话连接有效;Update 消息携带路由更新(删减、增加)信息;当 BGP 检测到错误时,就会向对等体发出 Notification 消息,之后 BGP 连接将被关闭。

BGP 路由协议维护三张表,分别是邻居关系表、转发数据表和路由表。

- 邻居关系表：记录与之建立 BGP 连接的所有邻居。
- 转发数据表：记录每个邻居的网络,从邻居处获得的所有路由都被加入转发表中。
- 路由表：BGP 路由选择进程从 BGP 转发表中选出前往每个网络的最佳路径,并加入路由表中。从外部 AS 获悉的 BGP 路由(EBGP 路由)管理距离为 20,从 AS 系统内部获悉的路由(IBGP 路由)管理距离为 200。

8.4.2　BGP 配置命令

1. 启用 BGP 路由协议

配置命令为：

```
router bgp 自治系统号
```

该命令在全局配置模式下执行,用于启动激活 BGP 路由协议。一台路由器只能运行一个 BGP 进程,并且整个路由器只能属于一个自治系统。自治系统号是该路由器所在的自治系统的编号。

例如,若路由器 router 是编号为 100 的自治系统的边界路由器,要在该路由器启用 BGP 路由协议,则配置命令为：

```
Router(config)#router bgp 100
```

2. 配置指定邻居路由器

配置命令为：

```
neighbor ip-address remote-as AS-number
```

该命令在动态路由配置子模式下执行,用于指定邻居路由器的 IP 地址以及邻居路由器所在的自治系统号。

邻居路由器应与当前路由器直连,邻居 IP 地址是与当前路由器直连的接口的 IP 地址。配置指定邻居后才能建立 BGP 连接,激活 BGP 会话,交换路由信息。

3. 通告路由信息

BGP 路由协议将自治系统内的路由信息通告给其他自治系统内的内部网关路由协议,有两种方法,分别是用 network 手工配置指定要通告的路由和用 redistribute 路由重分发方式自动全部通告。

(1) 用 network 通告。

配置命令为：

```
network 网络地址 mask 子网掩码
```

该命令在动态路由配置子模式下执行,用于告诉 BGP 路由进程通告哪些本地所学习到的网络。这些网络可以是直连路由、静态路由或者是通过动态路由协议学习到的路由。所通告的路由必须在本地路由表中。

(2) 用 redistribute 通告。

用 redistribute 通告就是利用路由重发布来通告路由,其配置命令为:

redistribute 路由协议 [进程号/自治系统号] [subnets]

参数说明:路由协议是要通告的路由源所采用的路由协议,进程号是可选项。若路由协议有进程号,比如 OSPF,则带上进程号;若是 BGP 协议,则带上自治系统编号。

若要将 BGP 路由信息重发布到自治系统内的内部网关路由协议,应带上 subnets 参数,在路由重发布时带上子网掩码。例如:

```
Router(config)#router ospf 1
Router(config-router)#redistribute bgp 200 subnets
```

4. 查看 BGP 路由信息

show ip bgp summary:显示 BGP 汇总信息,可查看到与之相连的邻居信息。

show ip bgp:查看 BGP 转发表。在显示的列表中,带有"＊"号的代表该路由条目有效;带有"＞"的代表是最佳路由,会被添加到路由表中。

show ip route bgp:查看 BGP 路由。

8.4.3　BGP 配置应用案例

【例 8.7】　假设有 AS 100、AS 200 和 AS 300 三个自治系统,彼此间通过自治系统边界路由器互联,如图 8.26 所示。各自治系统内部采用 OSPF 路由协议,自治系统之间采用 BGP 路由协议,试对网络进行合理配置,实现整个网络的互联互通。

配置方法如下:

(1) 采用 OSPF 路由协议,分别配置 AS 100、AS 200 和 AS 300 自治系统内部网络。这部分的配置方法在前面已学习过,具体配置命令不再列出。

(2) 配置各自治系统的边界路由器(ASBR)。

① 配置 AS 100 自治系统的边界路由器 ASBR_AS100。

```
Router(config)#hostname ASBR_AS100
ASBR_AS100(config)#int G0/0/0
ASBR_AS100(config-if)#no shutdown
ASBR_AS100(config-if)#ip address 1.1.1.13 255.255.255.252
ASBR_AS100(config-if)#int G0/1/0
ASBR_AS100(config-if)#no shutdown
ASBR_AS100(config-if)#ip address 1.1.1.17 255.255.255.252
ASBR_AS100(config-if)#int G0/2/0
ASBR_AS100(config-if)#no shutdown
ASBR_AS100(config-if)#ip address 1.1.1.1 255.255.255.252
```

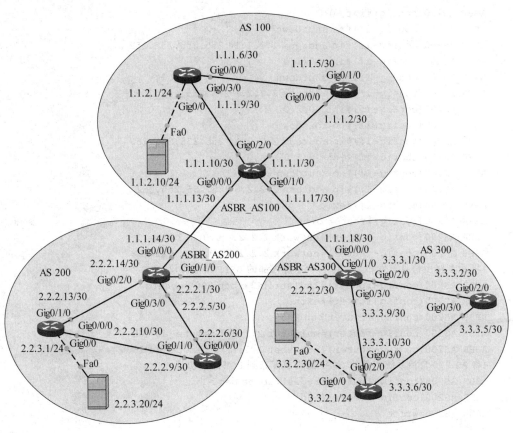

图 8.26　BGP 应用案例拓扑

```
ASBR_AS100(config-if)#int G0/3/0
ASBR_AS100(config-if)#no shutdown
ASBR_AS100(config-if)#ip address 1.1.1.10 255.255.255.252
ASBR_AS100(config-if)#exit
ASBR_AS100(config)#router ospf 1
ASBR_AS100(config-router)#network 1.1.1.0 0.0.0.3 area 0
ASBR_AS100(config-router)#network 1.1.1.8 0.0.0.3 area 0
```
!将 BGP 路由信息重发布给 100 自治系统内部的 OSPF 路由协议
```
ASBR_AS100(config-router)#redistribute bgp 100 subnets
ASBR_AS100(config-router)#exit
ASBR_AS100(config)#router bgp 100
ASBR_AS100(config-router)#neighbor 1.1.1.14 remote-as 200
ASBR_AS100(config-router)#neighbor 1.1.1.18 remote-as 300
```
!将 AS 100 自治系统内部的 OSPF 路由重发布到 BGP 路由协议
```
ASBR_AS100(config-router)#redistribute ospf 1
ASBR_AS100(config-router)#end
ASBR_AS100#write
```

② 配置 AS 200 自治系统的边界路由器 ASBR_AS200。

```
Router(config)#hostname ASBR_AS200
```

```
ASBR_AS200(config)#int G0/0/0
ASBR_AS200(config-if)#no shutdown
ASBR_AS200(config-if)#ip address 1.1.1.14 255.255.255.252
ASBR_AS200(config-if)#int G0/1/0
ASBR_AS200(config-if)#no shutdown
ASBR_AS200(config-if)#ip address 2.2.2.1 255.255.255.252
ASBR_AS200(config-if)#int G0/2/0
ASBR_AS200(config-if)#no shutdown
ASBR_AS200(config-if)#ip address 2.2.2.14 255.255.255.252
ASBR_AS200(config-if)#int G0/3/0
ASBR_AS200(config-if)#no shutdown
ASBR_AS200(config-if)#ip address 2.2.2.5 255.255.255.252
ASBR_AS200(config-if)#exit
ASBR_AS200(config)#router ospf 1
ASBR_AS200(config-router)#network 2.2.2.4 0.0.0.3 area 0
ASBR_AS200(config-router)#network 2.2.2.12 0.0.0.3 area 0
!将 BGP 路由信息重发布给 200 自治系统内部的 OSPF 路由协议
ASBR_AS200(config-router)#redistribute bgp 200 subnets
ASBR_AS200(config-router)#exit
ASBR_AS200(config)#router bgp 200
ASBR_AS200(config-router)#neighbor 2.2.2.2 remote-as 300
ASBR_AS200(config-router)#neighbor 1.1.1.13 remote-as 100
!将 AS 200 自治系统内部的 OSPF 路由重发布到 BGP 路由协议
ASBR_AS200(config-router)#redistribute ospf 1
ASBR_AS200(config-router)#end
ASBR_AS200#write
```

③ 配置 AS 300 自治系统的边界路由器 ASBR_AS300。

```
Router(config)#hostname ASBR_AS300
ASBR_AS300(config)#int G0/0/0
ASBR_AS300(config-if)#no shutdown
ASBR_AS300(config-if)#ip address 1.1.1.18 255.255.255.252
ASBR_AS300(config-if)#int G0/1/0
ASBR_AS300(config-if)#no shutdown
ASBR_AS300(config-if)#ip address 2.2.2.2 255.255.255.252
ASBR_AS300(config-if)#int G0/2/0
ASBR_AS300(config-if)#no shutdown
ASBR_AS300(config-if)#ip address 3.3.3.1 255.255.255.252
ASBR_AS300(config-if)#int G0/3/0
ASBR_AS300(config-if)#no shutdown
ASBR_AS300(config-if)#ip address 3.3.3.9 255.255.255.252
ASBR_AS300(config-if)#exit
ASBR_AS300(config)#router ospf 1
ASBR_AS300(config-router)#network 3.3.3.0 0.0.0.3 area 0
ASBR_AS300(config-router)#network 3.3.3.8 0.0.0.3 area 0
ASBR_AS300(config-router)#redistribute bgp 300 subnets
ASBR_AS300(config-router)#exit
ASBR_AS300(config)#router bgp 300
ASBR_AS300(config-router)#neighbor 2.2.2.1 remote-as 200
```

```
ASBR_AS300(config-router)#neighbor 1.1.1.17 remote-as 100
ASBR_AS300(config-router)#redistribute ospf 1
ASBR_AS300(config-router)#end
ASBR_AS300#write
```

（3）配置验证与网络通畅性测试。

① 在自治系统边界路由器的特权模式执行 show ip route bgp 命令，查看 BGP 路由，观察是否学习到了其他两个自治系统路由信息。在 ASBR_AS200 路由器的查看结果如图 8.27 所示。

```
ASBR_AS200#show ip route bgp
B    1.1.1.0/30 [20/20] via 1.1.1.13, 00:00:00
B    1.1.1.4/30 [20/2] via 1.1.1.13, 00:00:00
B    1.1.1.8/30 [20/20] via 1.1.1.13, 00:00:00
B    1.1.2.0/24 [20/2] via 1.1.1.13, 00:00:00
B    3.3.2.0/24 [20/2] via 2.2.2.2, 00:00:00
B    3.3.3.0/30 [20/20] via 2.2.2.2, 00:00:00
B    3.3.3.4/30 [20/2] via 2.2.2.2, 00:00:00
B    3.3.3.8/30 [20/20] via 2.2.2.2, 00:00:00
```

图 8.27 查看 BGP 路由

② 查看路由器 BGP 转发表。ASBR_AS200 路由器的转发表查看结果如图 8.28 所示。

```
ASBR_AS200#show ip bgp
BGP table version is 39, local router ID is 2.2.2.14
Status codes: s suppressed, d damped, h history, * valid, > best, i - internal,
              r RIB-failure, S Stale
Origin codes: i - IGP, e - EGP, ? - incomplete

   Network          Next Hop        Metric LocPrf Weight Path
*  1.1.1.0/30       2.2.2.2              0      0      0 300 100 ?
*>                  1.1.1.13             0      0      0 100 ?
*  1.1.1.4/30       2.2.2.2              0      0      0 300 100 ?
*>                  1.1.1.13             0      0      0 100 ?
*  1.1.1.8/30       2.2.2.2              0      0      0 300 100 ?
*>                  1.1.1.13             0      0      0 100 ?
*  1.1.2.0/24       2.2.2.2              0      0      0 300 100 ?
*>                  1.1.1.13             0      0      0 100 ?
*> 2.2.2.4/30       0.0.0.0              0          32768 i
*                   2.2.2.4                     0      0 200 ?
*>                  0.0.0.0              0          32768 i
*> 2.2.2.8/30       2.2.2.13             0      0      0 200 ?
*>                  2.2.2.6              0      0      0 200 ?
*> 2.2.2.12/30      0.0.0.0              0          32768 i
*                   2.2.2.12             0      0      0 200 ?
*>                  0.0.0.0              0          32768 i
*> 2.2.3.0/24       2.2.2.13             0      0      0 200 ?
*> 3.3.2.0/24       2.2.2.2              0      0      0 300 ?
*                   1.1.1.13             0      0      0 100 300 ?
*> 3.3.3.0/30       2.2.2.2              0      0      0 300 ?
*                   1.1.1.13             0      0      0 100 300 ?
*> 3.3.3.4/30       2.2.2.2              0      0      0 300 ?
*                   1.1.1.13             0      0      0 100 300 ?
*> 3.3.3.8/30       2.2.2.2              0      0      0 300 ?
*                   1.1.1.13             0      0      0 100 300 ?
```

图 8.28 查看路由器的 BGP 转发表

③ 查看路由器的 BGP 汇总信息和邻居。在边界路由器的特权模式执行 show ip bgp summary 命令，查看结果如图 8.29 所示。

313

```
ASBR_AS200#show ip bgp summary
BGP router identifier 2.2.2.14, local AS number 200
BGP table version is 39, main routing table version 6
25 network entries using 3300 bytes of memory
25 path entries using 1300 bytes of memory
16/16 BGP path/bestpath attribute entries using 2944 bytes of memory
3 BGP AS-PATH entries using 72 bytes of memory
0 BGP route-map cache entries using 0 bytes of memory
0 BGP filter-list cache entries using 0 bytes of memory
Bitfield cache entries: current 1 (at peak 1) using 32 bytes of memory
BGP using 7648 total bytes of memory
BGP activity 12/0 prefixes, 25/0 paths, scan interval 60 secs

Neighbor      V     AS MsgRcvd MsgSent    TblVer  InQ OutQ Up/Down   State/PfxRcd
2.2.2.2       4    300      39      17        39    0    0 00:15:13           4
1.1.1.13      4    100      40      17        39    0    0 00:15:13           4
```

图 8.29　查看 BGP 汇总信息和 BGP 邻居路由器

④ 网络通畅性测试。在任意一个自治系统内部网络中任选一台主机,在主机的命令行 ping 任意一个自治系统内部网络中的任意主机,检测网络是否通畅。检测结果如图 8.30 所示,从中可见,网络通畅,BGP 配置成功。

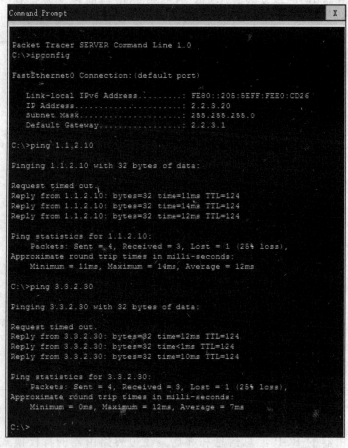

图 8.30　自治系统间网络通畅性测试

实训 1 配置 RIP 路由协议

【实训目的】 熟悉和掌握 RIP 路由协议的配置与应用方法。

【实训环境】 Cisco Packet Tracer V7.1.1。

【实训网络拓扑】 实训网络拓扑如图 8.31 所示。

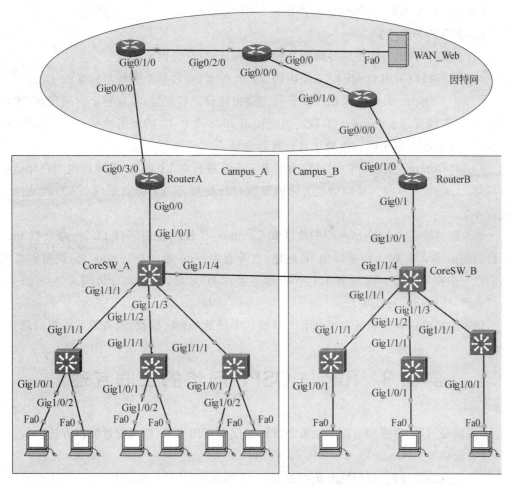

图 8.31 动态路由协议实训网络拓扑

【实训内容与要求】

（1）对 Campus_A 校区网络采用 RIP 动态路由协议进行配置，实现整个校区内网的互联互通。三层设备间的互联接口 IP 地址自行规划设计。该校区内网使用 10.0.0.0/13 的网络地址，拓扑图中每台 PC 为一个网段的代表，网段自行规划设计。

（2）对 RouterA 路由器进行 NAT 配置，实现内网用户能访问因特网。Campus_A 校区所申请的公网地址段自行规划，NAT 配置采用 NAT 地址池的配置方案。

(3) 配置验证。设置各 PC 的 IP 地址,检查各 PC 间能否互访。

实训 2 配置 OSPF 路由协议

【实训目的】 熟悉和掌握 OSPF 路由协议的配置与应用方法。

【实训环境】 Cisco Packet Tracer V7.1.1。

【实训网络拓扑】 实训网络拓扑如图 8.31 所示。

【实训内容与要求】

(1) 规划设计因特网中的各路由器的互联接口地址(公网地址)。

(2) 对因特网采用 OSPF 动态路由协议进行配置,实现整个因特网的互联互通。

(3) 对 Campus_B 校区采用 OSPF 动态路由协议进行配置,实现整个内网(包含出口路由器)的互联互通。Campus_B 校区内网使用 10.8.0.0/13 的网络地址,各三层设备的互联接口地址和各楼宇的网段地址自行规划设计。

(4) 对 Campus_B 校区的出口路由器 RouterB 进行 NAT 配置,实现内网用户能访问因特网。Campus_B 校区所申请的公网地址段自行规划,NAT 配置采用 NAT 地址池的配置方案。

(5) 配置验证。在 Campus_A 校区和 Campus_B 校区任选一台 PC,在命令行 ping 因特网中的 WAN_Web 服务器的 IP 地址,查看能否 ping 通。若能 ping 通,说明网络通畅。接下来在浏览器中输入 WAN_Web 服务器的 IP 地址,检查能否访问其 Web 服务,若能访问,则网络配置成功。

(6) 在 Campus_A 校区和 Campus_B 校区中任选一台三层设备,查看路由表信息。

实训 3 RIP 与 OSPF 网络的互联互通

【实训目的】 熟悉和掌握路由重分发的功能和应用场景,以及配置使用方法。

【实训环境】 Cisco Packet Tracer V7.1.1。

【实训网络拓扑】 实训网络拓扑如图 8.31 所示。

【实训内容与要求】

(1) Campus_A 校区和 Campus_B 校区之间通过租用的裸光纤实现内网互联。裸光纤两端分别接在这两个校区的核心交换机上,试对两个校区的核心交换机进行相关配置,实现两个校区内网的互联互通。

(2) 配置验证。在 Campus_A 校区任选一台 PC,在其命令行 ping Campus_B 校区中的任意一台 PC 的 IP 地址,查看能否 ping 通,若都能 ping 通,则内网互联成功。

(3) 在任意一台三层设备上查看路由表,并思考和分析这些路由信息的来源。

实训 4　BGP 路由协议配置与应用

【实训目的】　熟悉和掌握因特网的体系结构和路由架构,掌握 BGP 路由协议的配置与应用方法。

【实训环境】　Cisco Packet Tracer V7.1.1。

【实训网络拓扑】　实训网络拓扑如图 8.32～图 8.34 所示。

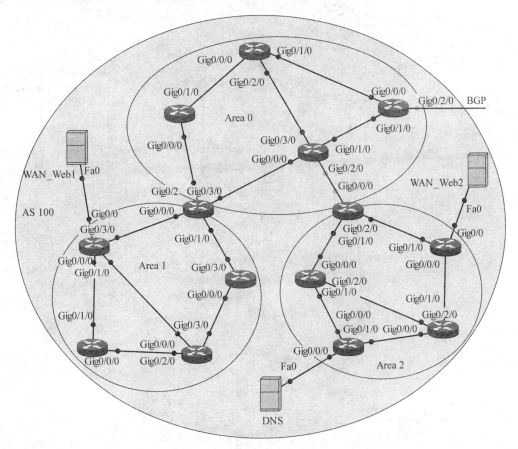

图 8.32　AS 100 自治系统拓扑结构

【实训内容与要求】

(1) AS 100 和 AS 200 自治系统内部网络均采用 OSPF 多区域配置方案,自行规划设计各自治系统的互联接口地址和各服务器的 IP 地址,然后配置实现各自治系统内部网络的互联互通。

(2) 分别对自治系统边界路由器进行配置,利用 BGP 路由协议实现两个自治系统之间的互联互通。

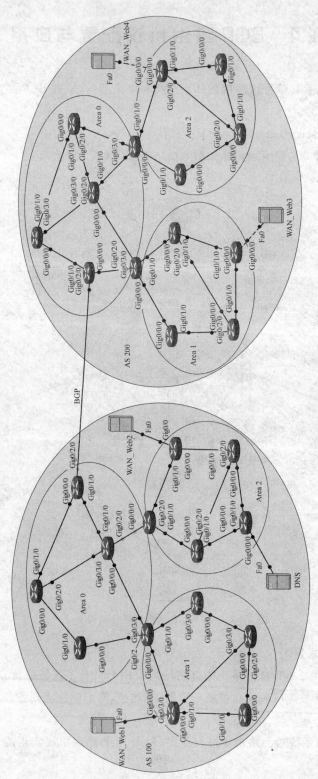

图 8.33　AS 100 与 AS 200 自治系统互联拓扑

（3）配置验证与网络通畅性测试。通过查看任意一台路由器的路由表，检查和验证路由学习是否成功和正确。在自治系统边界路由器查看 BGP 路由信息、转发表和邻居路由器信息，进一步检查和验证 BGP 配置是否正确。最后任选一台服务器，ping 各自治系统内的任意一台服务器的 IP 地址，检查网络是否通畅，对应的服务能否正常访问。

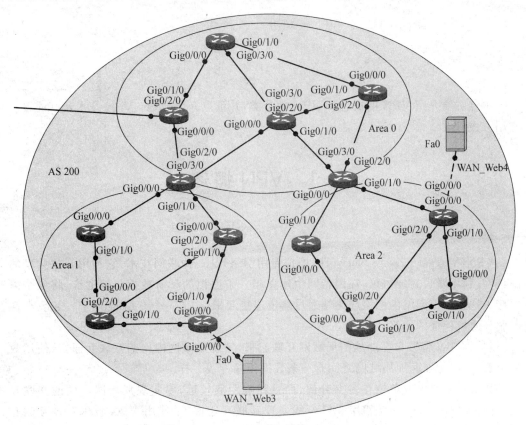

图 8.34　AS 200 自治系统拓扑结构

第 9 章 VPN 配置与应用

本章主要介绍 VPN 的概念和 VPN 的分类,并重点介绍 IPSec VPN 技术及其配置和应用方法。

9.1 VPN 概述

1. VPN 的概念

VPN(Virtual Private Network,虚拟专用网络)是一种联网技术,它利用开放共享的因特网,利用隧道封装协议,在因特网中建立起一条虚拟的私有数据传输通道,将各个需要接入这张虚拟网络的网络或终端通过隧道连接起来,构成一个专用的、具有一定安全性和服务质量保证的网络。

利用 VPN 将分布在两地的局域网互联起来,实现局域网内网的互联互通,从使用效果上看,就好像在两地局域网之间有一条数据传输专线一样。

如果一个企事业单位有多个分部,而且相隔距离较远,要实现局域网内网的互联互通,有两种解决办法,一是租用光纤专线实现互联互通;二是使用 VPN 技术实现互联互通。租用光纤专线方案,由于是链路独享,带宽和稳定性有保障,但费用十分高昂。使用 VPN 技术互联方案,分布在两地的单位只需各自租用一条接入当地因特网服务商(ISP)的链路,然后在各自的用于 VPN 互联的路由器上进行 VPN 配置,即可实现内网的互联互通,费用较低,因此,远距离的内网互联互通一般都采用 VPN 技术来实现。

2. VPN 的分类

根据实现 VPN 的隧道封装协议所属的网络层次,VPN 分为采用二层隧道协议的 VPN、采用三层隧道协议的 VPN 和 SSL VPN 三类。

（1）采用二层隧道协议的 VPN

二层隧道协议的 VPN 对用户数据的封装在第二层完成,常用的 VPN 封装协议主要有 PPTP（Point to Point Tunneling Protocol,点对点隧道协议）、L2TP（Layer 2 Tunneling Protocol,第二层隧道协议）、L2F（Level 2 Forwarding Protocol,第二层转发协议）、MPLS（Multi-Protocol Label Switch,多协议标签交换）。

PPTP 和 L2TP 主要用于实现基于拨号的 VPN 连接。通过 VPN 拨号,借助因特网实现远程接入企事业单位的内部网络。MPLS VPN 主要用于实现专线 VPN 业务。

（2）采用三层隧道协议的 VPN

采用三层隧道协议的 VPN 对用户数据的封装在第三层完成，其 VPN 封装协议主要有 GRE（Generic Routing Encapsulation，通用路由封装协议）和 IPSec（Internet Protocol Security，IP 安全协议）两种。GRE VPN 采用明文传输数据，没有安全性，IPSec VPN 采用加密方式传输数据。本章将重点介绍 IPSec VPN 的配置和应用方法。

（3）SSL VPN

SSL VPN 采用 SSL（Secure Sockets Layer，安全套接层）协议来对用户数据进行封装。SSL 协议工作在 TCP/IP 模型的传输层与应用层之间。从 OSI 的七层模型来看，SSL 协议工作在会话层和表示层。

SSL 协议的体系结构中包含两个协议子层，分别说明如下。

SSL 记录协议层（SSL Record Protocol Layer）：建立在可靠的传输协议（TCP）之上，为高层协议提供基本的安全服务，具体实施数据压缩/解压缩、加解密等与安全有关的操作。

SSL 握手协议层（SSL Handshake Protocol Layer）：建立在 SSL 记录协议之上，用于在实际的数据传输开始前，通信双方进行身份认证、协商加密算法、生成和交换加密密钥等。

根据连接对象的类型，VPN 可分为远程访问 VPN（Access VPN）、内联网 VPN（Intranet VPN）和外联网 VPN（Extranet VPN）三类。

（1）远程访问 VPN

企事业单位员工在家或出差在外地，利用因特网，通过 VPN 拨号接入企事业单位内部网络，对内网资源进行访问的一种 VPN 连接方式，是主机到网络的连接访问。

（2）内联网 VPN

企事业单位的总部网络与分支机构的网络，利用因特网，通过建立 VPN 隧道，实现企事业单位内网互联互通的一种 VPN 连接方式，是网络与网络间的互联互通。

（3）外联网 VPN

一个企业的网络与合作伙伴企业的网络之间或者一个企业与兼并的企业网络之间，利用因特网，通过建立 VPN 隧道，实现企业内网的互联互通的一种 VPN 连接方式。从技术上看，与内联网 VPN 相同，只是在访问和安全策略上有所不同，即网络与网络之间是以不对等的方式连接的。

9.2　数据安全技术

为保证数据在网络传输过程中的安全性，必须解决数据传输的机密性、完整性、身份的可鉴别性和抗抵赖性问题。IPSec VPN 是一种非常安全的 VPN，在传输过程中，要进行身份认证和校验，并对数据进行加密和封装，以保证数据在开放共享的因特网中传输的安全。在学习 IPSec VPN 之前，本节先学习数据的安全技术。

9.2.1　数据加密技术

为防止交易数据和其他重要而敏感的信息在网络收集和传输过程中被人窃听或泄密，可在收集、传输和存储过程中对数据进行加密。

加密是指使用密码算法对数据作变换，使只有密钥持有者才能恢复数据的原貌。主要目的是防止信息的非授权泄露。现代密码学的基本原则是：一切密码寓于密钥之中即算法公开，密钥保密。根据密码算法的不同，加密方式分为对称密钥加密和非对称密钥加密两种。

1. 对称密钥加密技术

对称密钥加密即加密和解密的密钥相同的一种加密技术，密钥必须妥善保管，通常又称为单密钥加密。

优点：计算开销小，处理速度快，保密强度高。

缺点：密钥分发和管理困难。数据的保密性主要取决于对密钥的安全发布和管理。

对称密钥加密的过程及原理如图 9.1 所示，加密密钥 K_E 和解密密钥 K_D 相同。

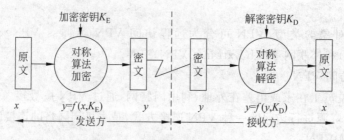

图 9.1　对称密钥加密/解密过程

对称密钥加密的典型算法是 DES(Data Encryption Standard，数据加密标准)，该算法的密钥较短(56bit)。随着计算机运算能力的不断增强，容易被暴力破解，安全性受到质疑。

3DES(又称 Triple DES)为三重数据加密算法，是 DES 加密算法的一种应用模式，使用 3 个 56 位的密钥对数据进行三次加密，相当于通过增加 DES 密钥长度的办法来增强加密的强度，提高抗攻击能力。3DES 是 DES 向 AES 加密算法过渡的加密算法。

AES(Advanced Encryption Standard，高级加密标准)是目前公认最安全的对称密钥加密算法，该加密算法支持 128bit、192bit 和 256bit 密钥长度。

2. 非对称密钥加密技术

非对称密钥加密是指加密密钥和解密密钥不相同的加密算法，又称为公开密钥加密(Public Key Encryption)，使用该种加密算法时，应首先产生出一对彼此间存在一定相关性的唯一密钥对，该密钥对满足不可能由加密密钥推算出解密密钥，且可使用其中任意一个密钥对数据进行加密，使用另一个密钥则可对加密后的数据进行解密的特点。用于加密的密钥可对外公开,称为公钥(K_{PB});用于解密的密钥,通常由用户自己秘密保存,称为私钥(K_{PV})。

优点:便于密钥管理、分发、还可用于数字签名。

缺点:计算开销大,处理速度慢。

非对称密钥加密过程及原理如图 9.2 所示。

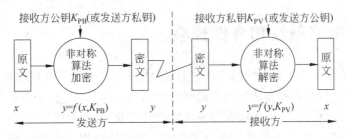

图 9.2　非对称密钥加密/解密过程

通信双方需要加密通信时,可公开自己的公钥 K_{PB},发送方用接收方的公钥对数据进行加密;接收方收到密文后,用自己的私钥 K_{PV} 解密。这种密钥的使用方法,常用于保密通信。若数据发送方用自己的私钥 K_{PV} 对数据进行加密,接收方收到密文后,用发送方的公钥 K_{PB} 解密。这种密钥的使用方法,常用于数字签名。若密文能用发送方的公钥解密,则能证明该数据一定是发送方所发送,能防止抵赖行为。

公开密钥加密技术解决了密钥的发布和管理问题,是目前商业密码的核心,加密安全性高。缺点是计算开销大,处理速度较慢。因此,常用于对少量数据的加密,比如数字签名,以及对对称加密的密钥进行加密传输等。

RSA 是目前最有影响力的公钥加密算法,算法的安全性基于数论中大素数分解的困难性。RSA 既可用于数据加密,也可用于数字签名。DSA(Digital Signature Algorithm)是另一种公钥加密算法,算法的安全性基于解离散对数的困难性,只能用于数字签名,不能用于数据加密。

3. 加密技术的组合应用

对称密钥加密具有计算开销小、处理速度快的优点,因此可用于对要传输的数据信息进行加密。非对称密钥加密计算开销大,处理速度较慢,但密钥便于发布和安全管理,因此,可采用非对称密钥加密算法来加密对称密钥加密中所使用的密钥,从而解决对称密钥加密算法中密钥的安全发布和管理问题。

为保证密钥交换的安全性,可采取将对称密钥用数据接收者的公钥进行加密,然后将加密后形成的密文发送给数据接收者,接收者使用自己的私钥对其解密,这样就可获得对称加密的密钥,从而保证对称密钥的安全传输与交换。被公钥加密后的对称密钥称为数字信封,因此,数字信封内装的是对数据加密所使用的对称密钥。由于数字信封采用了公钥加密技术,保证只有指定的接收者才能阅读该封信的内容。

在采用了数字信封机制的加密传输过程中,数据的加密与解密过程如下所示。

(1) 信息发送者 A 随机产生一个对称密钥(SK),然后用 SK 对要发送的信息加密,得密文 E。

（2）用接收者 B 的公钥 K_{PB_B} 对 SK 进行加密，得密文 DE，该密文 DE 称为数字信封。

（3）将密文 E 和数字信封 DE 一起传送给接收者 B。

（4）接收者 B 用自己的私钥 K_{PV_B} 对数字信封 DE 解密，得对称密钥 SK。

（5）用解密得到的对称密钥 SK 对密文 E 进行解密，从而得到原文信息。

9.2.2　数据完整性和身份校验

使用加密技术解决了数据的机密性，但还不能保证数据的完整性和在传输过程中不被篡改或伪造。比如，若黑客从网络拦截到密文和数字信封，由于黑客无 B 的私钥，因此无法解密获得对称密钥，也就无法获得所传输的真实数据，这保证了数据的机密性。如果黑客用对称加密算法也加密伪造一份文件，并也用 B 的公钥加密对称密钥，伪造出数字信封，然后将伪造的密文和数字信封发送给 B，B 也能正常解密，并得到伪造的文件内容。从该过程可见，接收者 B 无法判断所收到的信件是否真的是 A 发送的，即无法对发送者的身份和收到内容的完整性进行有效的鉴别，为此，产生了数字摘要和数字签名技术。

1. 数字摘要

数据在传输过程中可能被篡改或伪造，为保证数据的完整性和一致性，可采用数字摘要技术来校验。

数字摘要也称为消息摘要（Message Digest），算法采用单向 Hash 函数，将需要进行完整性校验的数据信息散列成固定长度（128 位或 160 位）的消息摘要，如图 9.3 所示。

单向散列 Hash 函数可使用 MD5（Message-Digest Algorithm 5）、SHA-1 或 SHA-2 算法。SHA 是 Secure Hash Algorithm 的缩写，称为安全的哈希算法。MD5 算法将其散列成 128 位的 Hash 值（消息摘要），SHA-1 算法散列为 160 位的 Hash 值，比 MD5 具有更强的抗穷举攻击的能力，

图 9.3　生成数字摘要

是一个非常值得信赖的 Hash 算法。SHA-2 算法可散列为 224 位、256 位、384 位或 512 位的 Hash 值，安全性更高。

假设 Hash 函数用 $h(\ )$ 表示，要完整性保护的消息用 x 表示，数字摘要用 y 表示，则产生数字摘要的算法可表达为：$y=h(x)$。根据单向散列函数的算法特点，可得出数字摘要 y 与 x 具有以下特点。

- 给定 x，很容易计算出 y。
- 给定 y，由 $h(x)=y$，很难计算出 x。
- 给定 x_1，要找到另一个消息 x_2，使其满足 $h(x_1)=h(x_2)$ 是很困难的。
- 给定两个消息 x_1 和 x_2，使 $h(x_1)=h(x_2)$ 是很困难的。

由于数字摘要具有以上特点，不同的消息生成的摘要密文总是不相同的，而同一消息

生成的摘要密文必定是相同的,因此,数字摘要就可成为验明消息是否"真身"的数字指纹。

利用数字摘要技术的发送者在加密发送消息之前,先对消息生成一个数字摘要,接收者收到消息后,用同样的 Hash 函数再生成一个数字摘要,然后比较这两个摘要,若相同,则消息在传输过程中没有被篡改或伪造,这样就可保证数据信息的完整性和一致性。

2. 数字签名

数字签名(Digital Signature)是指使用密码算法对待发的数据进行加密处理,生成一段信息,附着在原文上一起发送,供接收方通过该信息来验证所收到的数据的真实性。这段信息类似于现实生活中的签名或印章,故称为数字签名。

可综合运用数字摘要技术和公钥加密技术来实现数字签名。为便于说明数字签名的实现过程,对原文的加密传输暂时忽略,数字签名的实现方法和工作原理如下所述。

(1) 首先将原文进行单向 Hash 运算,生成数字摘要密文 MD_1。

(2) 用发送者 A 的私钥(K_{PV_A})对生成的数字摘要 MD_1 进行加密,得到数字签名 DS。

(3) 将数字签名 DS 附着在原文上一起发送给接收者 B。

(4) 接收者 B 收到后,首先用发送方的公钥 K_{PB_A} 对数字签名进行解密,得到原始的数字摘要 MD_1。

(5) 将收到的信息原文,用同样的单向 Hash 函数运算,得到一个新的数字摘要 MD_2。

(6) 比较 MD_1 是否与 MD_2 相同,若相同,则说明信息在传输过程中没有被篡改或伪造;另一方面也说明该信息就是 A 发送的,因为数字签名使用 A 的公钥可以解开,说明发送者拥有 A 的私钥。

因此,利用数字签名和数字摘要技术不仅可保证数据的完整性,而且可对数据发送方的身份进行确认,并可防止抵赖行为,具有抗否认功能,其作用类似传统商务活动中的手写签名或盖印章,可用于接收方对接收到的消息真伪进行鉴别,并作为防抵赖的证据。数字签名的实现方法和工作原理示意如图 9.4 所示。

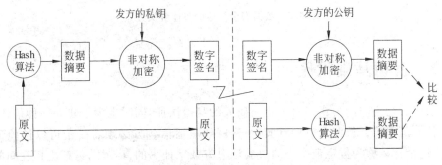

图 9.4 数字签名的实现过程

将对原文的加密传输考虑进去,则数据安全传输的整体解决方案如下:

（1）数据发送方 A 对要发送的信息进行单向 Hash 运算,生成数字摘要 MD_1。

（2）发送方 A 用自己的私钥 K_{PV_A} 对数字摘要 MD_1 进行加密,生成数字签名 DS。

（3）发送方将数据明文、数字签名和发送者的数字证书放在一起,通过对称加密算法,用密钥 SK 对其加密,生成密文 E。

（4）通过接收者的公钥数字证书获得接收者 B 的公钥 K_{PB_B},然后用接收者的公钥 (K_{PB_B}) 对密钥 SK 进行加密,生成数字信封 DE。

（5）发送方将生成的密文 E 和数字信封 DE 一起发送给接收者 B。

（6）接收者 B 收到数据后,首先用自己的私钥 K_{PV_B} 解开数字信封,获得对称加密的密钥 SK。

（7）用解密得到的密钥 SK 对密文 E 进行对称解密运算,得到信息明文、数字签名和发送方的公钥数字证书。

（8）用发送方的公钥解密数字签名 DS,获得原始的数字摘要 MD_1。

（9）接收者 B 用收到的信息明文进行同样的 Hash 运算,生成一个新的数字摘要 MD_2。

（10）比较数字摘要 MD_2 和 MD_1 是否相同,若相同,则数据正确,否则数据有误。

数据安全传输的整体解决方案如图 9.5 所示。

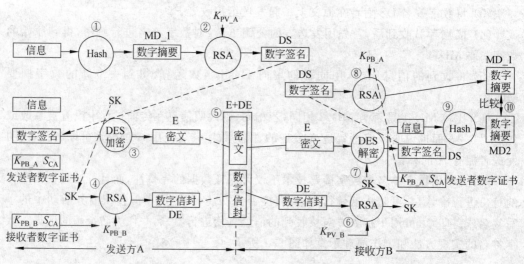

图 9.5　数据安全传输的整体解决方案

9.2.3　公钥基础设施

为便于管理用户的公钥和对公钥所属人的身份认证,同时也为了建立一种信任机制,使通信各方能够确认彼此身份的真实性,这就要求通信各方必须有一个可以被验证的身份标识,这个标识称为数字证书。通过验证对方数字证书的有效性,可解决相互间的信任问题,并获得对方的公钥。

颁发数字证书并对证书的真实性和有效性进行认证并签名的机构,称为证书授权中心(Certificate Authority,CA),也可称为证书认证中心。

提供公钥加密和数字签名服务的系统称为公钥基础设施(Public Key Infrastructure,PKI),建立 PKI 的目的是管理密钥和数字证书。PKI 系统的核心元素是数字证书,核心执行者是 CA 认证机构。

1. 数字证书

数字证书是一个由证书主体(证书拥有者)的身份信息、用户公钥、密钥的有效时间、发证机关(证书授权中心 CA)名称、证书序列号和证书授权中心对该证书的数字签名等数据构成的一个权威性的电子文件。

CA 认证中心为每个使用公开密钥的用户发放一个数字证书,数字证书的作用是证明证书拥有者身份的真实性,并证明该用户合法拥有证书中列出的公开密钥。因此,利用数字证书就可实现将用户的真实身份信息与用户的公开密钥对应起来,成为用户网上通信的一个身份证明,从而为通信建立一种信任机制。

CA 对证书的数字签名可以确保证书内容的真实性和有效性,同时也使攻击者无法伪造和篡改数字证书。

数字证书是公开的,发送者可将自己的数字证书连同密文复制一份、摘要放在一起,发送给接收方。接收方通过验证证书上的数字签名来检查此证书的有效性(用 CA 机构的公钥来验证该证书上的签名即可),如果证书检查正确,则可相信该证书的拥有者身份的真实性和证书中的公钥的确属于该用户。

证书从用途上可细分为签名证书和加密证书。签名证书主要用于对用户信息进行签名,以保证信息的不可否认性;加密证书主要用于对用户传送信息进行加密,以保证信息的真实性和完整性。证书格式和证书内容采用 X.509 国际标准。

2. 数字证书认证中心

为保证数字证书内容的真实性和有效性,数字证书通常由具有合法性、权威性、可信赖性、公正性的第三方认证机构进行颁发和管理。证书的认证机构称为认证中心(Certificate Authority,CA),负责颁发数字证书,以证明实体身份的真实性,并负责在通信中检验和管理数字证书。CA 具有证书申请、证书审批、签发证书及证书下载、证书归档、证书注销、证书更新、证书吊销列表(CRL)管理、CA 自身密钥管理、时间戳服务等功能。

建立 PKI 的主要目的是通过自动管理密钥和证书,为用户建立一个安全的网络运行环境,使用户可以在各种应用环境下方便地使用加密和数字签名技术,保证网上数据的机密性、完整性、有效性、身份的可鉴别性和抗否认性,从而保证信息的安全传输。

9.3 IPSec VPN 技术

IPSec VPN 是使用 IPSec 作为隧道封装协议的一种 VPN 技术。IPSec 对 IP 数据包具有封装、加密、身份验证和数据校验功能,可被用来建立安全的 VPN 隧道,实现利用开放共享的因特网来传输私有的 IP 数据包。IPSec VPN 可实现网络与网络之间的 VPN 连接、主机与网络之间的 VPN 连接,或者主机与主机之间的 VPN 连接。

9.3.1　IPSec 协议框架

IPSec 是通过对 IP 数据包进行加密和认证来保护 IP 数据的网络协议框架。IPSec 并不是一个单独的协议,而是由封装协议、密钥协商算法、加密算法、完整性校验算法和身份验证算法构成的一个协议框架,如表 9.1 所示。

表 9.1　IPSec 协议框架

类　别	协议或算法
封装协议	AH、ESP、AH+ESP
机密性	DES、3DES、AES
完整性	MD5、SHA
身份验证	PSK(Pre-Shared Key,预共享密钥)、RSA
密钥协商	DH1、DH2、DH5

1. 封装协议

IPSec 使用 AH 和 ESP 两个安全协议对原始数据进行封装。

(1) AH 协议: AH(Authentication Header,报文头验证)协议主要提供数据源验证、数据完整性验证、身份认证和防报文重放功能。AH 协议不支持加密,协议号为 51,能防止通信数据被篡改。由于不支持加密,无法防止通信数据被窃听,常用于传输非机密数据。

AH 协议对报文的封装方式是在 IP 包头后面添加一个用于身份验证的报文头,以对数据提供完整性保护。可选的完整性校验算法有 MD5 或 SHA-1。

(2) ESP 协议: ESP(Encapsulating Security Payload,封装安全载荷)具备 AH 协议的功能,同时具备对 IP 数据包的加密功能,以提供数据传输的机密性。ESP 的协议号为 50。

ESP 协议对报文的封装方式是在 IP 包头后面添加一个 ESP 报文头,并在数据包的后面追加一个 ESP 尾,并对要保护的数据进行加密后再封装在 IP 包中,以保证数据的机密性。

另外,也支持将 AH 协议和 ESP 协议结合使用进行双重封装,但由于开销较大,一般不推荐使用。

2. 机密性与完整性

IPSec 利用封装和加密机制来实现数据的机密性,利用数字摘要来验证和确保数据的完整性。

3. 身份验证

IPSec 的身份验证支持预共享密钥和数字签名来验证通信对端的身份。PSK 是一种简单有效的、通过预设置的密钥来验证身份的身份认证方式。

4. 密钥协商算法

IPSec 支持 Diffie-Hellman（迪菲—赫尔曼）密钥交换算法。Diffie-Hellman 算法是 Whitefield Diffie 和 Martin Hellman 在 1976 年公布的一种密钥交换算法，通常也称为 DH 算法，它是一种建立密钥的方法，而不是加密算法，必须和其他加密算法结合使用。IPSec 支持使用 DH1、DH2 和 DH5 密钥交换算法。DH1 使用一个 768 位的模数，DH2 使用一个 1024 位的模数，DH5 使用一个 1536 位的模数。模数越大，密钥就越随机，安全性越好。

通过通信双方初始约定的数和双方随机生成的数利用 DH 算法，通信双方可计算生成相同的共享密钥，利用该共享密钥，再加密用于对数据进行对称加密的密钥，生成数字信封。接收方收到数字信封后，利用生成的共享密钥即可解密对称加密的密钥，最后再用对称加密的密钥解密数据密文，获得数据原文。

DH 算法的特点是通信双方并不交换密钥，而是利用双方初始约定的数据和双方随机生成的数，并利用算法生成相同的共享密钥。

RSA 非对称加密算法和 DH 密钥协商算法都可以用来解决密钥分发问题，RSA 的解决思路是用接收方的公钥加密要分发的密钥，接收方用自己的私钥解密密钥。DH 密钥交换的解决思路则是不交换密钥，而是双方利用算法直接计算生成相同的密钥。

9.3.2　ISAKMP 与 IKE 简介

IKE 是 Internet Key Exchange 的缩写，称为因特网密钥交换协议，用于在两个通信实体协商建立安全关联（Security Association，SA）和交换密钥。安全关联是单向的，协商结束后，会建立两条单向的 IPSec SA，一条用于发送加密数据，一条用于接收加密数据。

安全关联（SA）是 IPSec 中的一个重要概念，一个安全关联表示两个或多个通信实体之间经过了身份认证，且这些通信实体都能支持相同的加密算法，成功地交换了会话密钥，可以开始利用 IPSec 进行安全通信。安全关联是保障双方通信安全而达成的协定。

IPSec 协议本身没有提供在通信实体间建立安全关联的方法，而是利用 IKE 建立安全关联。IKE 定义了通信实体间进行身份认证、协商加密算法以及生成共享的会话密钥的方法。

IKE 是一个混合型协议，由 RFC2409 定义，由 ISAKMP、Oakley 和 SKEME 三个协议组成，SKEME 提供 IKE 的密钥交换方式，主要使用 DH 来实现密钥交换。Oakley 提供了框架设计，让 IKE 能够支持更多的协议。ISAKMP 是 IKE 的核心协议，决定了 IKE 协商包的封装格式、交换过程和模式切换。

ISAKMP 是 Internet Security Association and Key Management Protocol 的缩写,称为因特网安全关联和密钥管理协议,由 RFC2408 定义,定义了协商、建立、修改和删除 SA 的过程和包格式。ISAKMP 只是为 SA 的属性和协商、修改、删除 SA 的方法提供了一个通用的框架,并没有定义具体的 SA 格式。ISAKMP 没有定义任何密钥交换协议的细节,也没有定义任何具体的加密算法、密钥生成技术或者认证机制。这个通用的框架是与密钥交换独立的,可以被不同的密钥交换协议使用。

IKE 可以简单理解为是对 ISAKMP 的完善和升级补充,补上了 ISAKMP 所没有的密钥管理,以及在两个 IPSec 对等体之间共享密钥。IKE 真正定义了一个密钥交换的过程,而 ISAKMP 只是定义了一个通用的可以被任何密钥交换协议使用的框架。

IPSec 采用两阶段协商,第一阶段协商成功后建立 IKE SA,为后续第二阶段协商传递参数提供安全通道;第二阶段协商成功后建立起 IPSec SA,为数据保密通信提供加解密服务。

在配置 IPSec VPN 时,主要就是针对 ISAKMP 进行配置,SKEME 和 Oakley 没有任何相关的配置内容。ISAKMP 报文使用 UDP 协议传输,端口号为 500。

9.3.3　IPSec 的工作模式

IPSec 无论采用 AH 封装协议还是采用 ESP 封装协议,都有两种工作模式,即传输模式和隧道模式。下面以 ESP 封装协议为例,介绍传输模式和隧道模式的封装过程。

1. 传输模式

传输模式(Transport Mode)通常用于提供端到端主机之间的安全通信,其封装过程如图 9.6 所示。

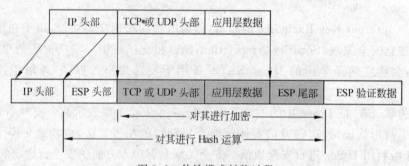

图 9.6　传输模式封装过程

从图 9.6 中可见,首先对原始 IP 数据包进行 ESP 封装,插入 ESP 头部和尾部,然后采用加密算法对 TCP 或 UDP 头部、应用层数据和 ESP 尾部进行加密生成密文,接下来再使用 Hash 算法对 ESP 头部和密文进行 Hash 运算,生成数字摘要,作为 ESP 验证数据放在密文的后面,最后再将原始 IP 数据包的 IP 包头放在 ESP 头部的前面,完成整个加密和封装过程。传输模式仅加密 IP 数据包的数据部分,IP 头部不加密。

传输模式在对 IP 数据包进行加密和封装的过程中并不会改变 IP 包头信息,通信双方必须是路由可达的,常用于一个网络内部的安全通信。

2. 隧道模式

隧道模式(Tunnel Mode)通常用于提供网络与网络(站点与站点)之间的安全通信,其封装过程如图 9.7 所示。

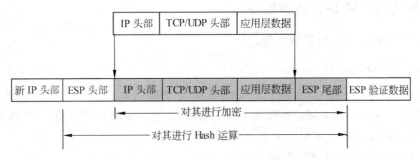

图 9.7　隧道模式封装过程

在隧道模式下,ESP 封装协议在原始 IP 数据包的 IP 包头前面插入 ESP 头部,在应用层数据后面插入 ESP 尾部,然后使用加密算法对原始 IP 包头、TCP 或 UDP 头部、应用层数据和 ESP 尾部进行加密运算,生成密文,并将密文放在 ESP 头部的后面。接下来使用 Hash 算法对 ESP 头部和密文进行 Hash 运算,生成数字摘要作为 ESP 验证数据,放在密文的后面。最后在 ESP 头部再插入一个新的 IP 包头,从而完成加密和封装过程,这个过程就是 VPN 的隧道化过程。封装完成后的 IP 数据包结构如图 9.8 所示。

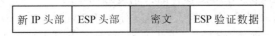

图 9.8　加密封装后的 IP 数据包结构

从中可见,在隧道模式下,原始 IP 数据包被整体加密和封装,不会保留原始的 IP 包头,会增加一个新的 IP 包头信息,在新的 IP 包头中,源 IP 地址为发送方路由器的外网接口地址(公网地址),目的 IP 地址为 VPN 对端路由器的外网接口地址(公网地址),通过这种封装和添加新的 IP 包头后,IP 数据包就可以在因特网中正常路由到目的路由器。路由器接收 IP 数据包后,经过解封和数据解密,就可还原出原始 IP 数据包的内容,从而实现两个局域网间利用 VPN 隧道并通过因特网实现内网的互联互通。

9.4　IPSec VPN 的配置与应用

9.4.1　IPSec VPN 配置命令

1. 启动并激活 ISAKMP 功能

配置命令为:

```
crypto isakmp enable
```

该命令在全局配置模式下执行,用于启动并激活 ISAKMP 功能。

在 Cisco Packet Tracer V7.1.1 网络模拟软件中支持 IPSec VPN 功能的路由器有 819IOX、819HGW、829、1240、4321、1841 和 2811 型号的路由器。

2. 创建与配置 IKE 协商策略

创建 IKE 协商策略配置命令为:

```
crypto isakmp policy priority_number
```

参数说明:*priority_number* 代表策略编号,取值范围为 1~10000,数字越小,策略的优先级越高。该命令在全局配置模式下执行,执行后进入策略配置子模式,在该子模式下进行具体的策略配置,相关配置命令和功能如下。

(1) 配置指定身份认证的类型。

配置命令为:

```
authentication {pre-share|rsa-encr|rsa-sig}
```

参数说明:pre-share 代表采用预共享密钥认证方式;rsa-encr 代表采用公钥加密的认证方式;rsa-sig 代表 RSA 数字签名的认证方式。Cisco Packet Tracer 仅支持 pre-share 认证方式。

在这三种认证方式中,pre-share 是最简单方便的一种认证方式。rsa-encr 认证方式由发起者产生一个随机数,并用接收者的公钥进行加密的一种身份认证方式,这种方式需要拥有与其通信的所有节点的公钥。rsa-sig 使用 RSA 数字签名认证,需要配置路由器使用 X.509 数字证书,还要部署 CA 认证中心,配置起来工作量较大,使用较少。

(2) 配置指定加密算法。

配置命令为:

```
encryption {des|3des|aes}
```

配置指定加密信息所用的对称加密算法,默认为 des。若选择 aes 算法,还可进一步配置指定使用多少位加密的 aes 算法,可选的加密位数为 128、192 和 256 位。

例如,若要配置采用预共享密钥身份认证方式,信息加密采用 256 位的 aes 加密算法,则配置命令为:

```
Router(config)#crypto isakmp policy 10
Router(config-isakmp)#authentication pre-share
Router(config-isakmp)#encryption aes 256
```

(3) 配置指定数据校验使用的 Hash 算法。

配置命令为:

```
hash {md5|sha}
```

参数说明:sha 代表 SHA-1 算法,IPSec 采用 SHA-1 算法。

（4）配置 IKE 采用的 DH 组。

配置命令为：

group {1|2|5}

配置密钥协商所采用的 DH 组。参数 1 代表 DH1，2 代表 DH2，5 代表 DH5。

（5）配置 SA 的生存时间。

配置命令为：

lifetime seconds

参数说明：seconds 代表 SA 的生存时间，单位为秒，取值范围为 60～86400s。

3. 查看创建的 IKE 策略和系统的默认策略

配置命令为：

show crypto isakmp policy

命令执行效果如下：

```
Router#show crypto isakmp policy
Global IKE policy
Protection suite of priority 10
    encryption algorithm: AES-Advanced Encryption Standard (256 bit keys).
    hash algorithm: Secure Hash Standard
    authentication method: Pre-Shared Key
    Diffie-Hellman group: #5 (1536 bit)
    lifetime: 86400 seconds, no volume limit
Default protection suite
    encryption algorithm: DES-Data Encryption Standard (56 bit keys).
    hash algorithm: Secure Hash Standard
    authentication method: Rivest-Shamir-Adleman Signature
    Diffie-Hellman group: #1 (768 bit)
    lifetime: 86400 seconds, no volume limit
```

从输出结果可见，路由器会创建一个默认的 IKE 策略，加密算法采用 DES，校验算法为 SHA-1，DH 组为组 1，身份验证方式为 RSA 数字签名。RSA 是算法的三位发明者姓氏（Rivest-Shamir-Adleman）的首字母缩写。

4. 设置预共享密钥和 VPN 对端地址

配置命令为：

crypto isakmp key pwdstring address peer-address

参数说明：pwdstring 代表采用预共享密钥身份认证方式的身份认证密码，最长不超过 128 个字符。VPN 通信各方的身份认证密码必须相同。peer-address 代表 VPN 通信的对端路由器的外网接口的 IP 地址,为公网地址。

该命令在全局配置模式下执行,在配置一点对多点 VPN 时,对于 VPN 主节点,由于其 VPN 对端有多个,对端地址也有多个,可通过多次执行该命令来添加指定多个对端地址。

5. 建立 IPSec 转换集

配置命令为:

```
crypto ipsec transform-set name transform1 [transform2] [transform3 ...]
```

命令功能:该命令创建 IPSec 转换集,用于配置指定要使用的安全协议和要使用的相关算法。一个转换集通常应定义三个方面的配置项,即数据加密算法与封装协议、数据校验算法和 IPSec 的工作模式。

IP 数据包在通过 VPN 传输时,当从内网进入外部的因特网时,需要对 IP 数据包进行变换处理。变换处理的方式由 IPSec 转换集来定义,每个转换集至少需要定义一个转换规则。

参数说明:*name* 代表要创建的转换集的名称,*transform1*、*transform2*、*transform3* 代表要使用的转换规则。变换集中可使用的转换规则如表 9.2 所示。

表 9.2 转换规则

安 全 协 议	变换规则名	功 能 说 明
AH 完整性	ah-md5-hmac	使用 MD5 的 AH 数据包完整性校验
AH 完整性	ah-sha-hmac	使用 SHA-1 的 AH 数据包完整性校验
ESP 完整性	esp-md5-hmac	使用 MD5 的 ESP 数据包完整性校验
ESP 完整性	esp-sha-hmac	使用 SHA-1 的 ESP 数据包完整性校验
ESP 加密	esp-null	不使用加密的 ESP 封装
ESP 加密	esp-des	使用 DES 加密的 ESP 封装
ESP 加密	esp-3des	使用 3DES 加密的 ESP 封装
ESP 加密	esp-aes	使用 AES 加密的 ESP 封装
压缩	comp-lzs	使用 Lempel-Ziv-Stac(LZS)压缩 IP 数据包

该命令在全局配置模式下执行。执行后将进入配置子模式,在该子模式下,可配置指定 IPSec 的工作模式。其配置命令为:

```
mode tunnel|transport
```

参数说明:tunnel 代表隧道模式,为默认值;transport 代表传输模式。

Cisco Packet Tracer 不支持利用 mode 命令配置工作模式,默认支持隧道工作模式。也不支持 comp-lzs 转换规则。

例如,若要创建一个名为 mytfset 的转换集,采用 256 位 AES 加密的 ESP 封装和 SHA-1 的数据完整性校验算法,并配置使用隧道工作模式,则配置命令为:

```
Router(config)#crypto ipsec transform-set mytfset esp-aes 256 esp-sha-hmac
```

若要同时激活 IP 压缩,则配置命令为:

```
Router(config)#crypto ipsec transform-set mytfset esp-aes 256 esp-sha-hmac
comp-lzs
```

6. 创建并配置加密映射

配置命令为:

```
crypto map map-name seq-num ipsec-isakmp
```

参数说明:该命令用于创建加密映射,map-$name$ 代表要创建的加密映射的名称; seq-num 代表加密映射的条目序列号。同一个名称的加密映射,可以创建多个条目。在一点对多点的 VPN 配置中,主节点对应多个 VPN 对端,此时就需要创建多个加密映射条目。路由器将根据条目序列号从小到大的顺序处理这些映射。

该命令在全局配置模式下执行,执行后将进入配置子模式。在子模式中,可进行相关的具体配置。

(1) 配置匹配策略定义源到目标的安全流量。

配置命令为:

```
match address access-list-number
```

参数说明:$access$-$list$-$number$ 代表 ACL 的编号,IPSec 利用访问控制列表(ACL)来定义允许通过 VPN 的流量,因此,在配置该项之前,应事先定义一个扩展 ACL 规则,定义哪些流量允许通过 VPN,哪些流量禁止通过 VPN。

(2) 配置 VPN 对端的 IP 地址。

配置命令为:

```
set peer ipaddress
```

参数说明:$ipaddress$ 代表 VPN 对端路由器的外网接口的 IP 地址。

(3) 配置用于进行 VPN 传输变换的转换集。

配置命令为:

```
set transform-set name
```

参数说明:$name$ 代表用于进行 VPN 传输变换的转换集的名称。

7. 应用加密映射到 VPN 路由器的外网接口

配置命令为:

```
crypto map map-name
```

该命令在接口配置模式下执行。当在路由器的一个接口上应用了加密映射后,路由器使用该接口的 IP 地址作为 IPSec VPN 数据包的源 IP 地址。

8. 查看 VPN 配置的相关信息

- show crypto isakmp policy：查看 IKE 策略和系统默认策略。
- show crypto ipsec transform-set：查看 IPSec 转换集。
- show crypto isakmp sa：查看 ISAKMP/IKE SA。
- show crypto ipsec sa：查看 IPSec SA。
- show crypto map：查看加密映射。

9. 清除 SA

当路由器的 VPN 配置有误时，有可能建立不正确的 SA。修改配置后，新配置并不会立即生效，因为 SA 有生存周期，而且默认值比较长。为让修改后的配置生效，需要清除旧的 SA，让其重新建立新的 SA。在 Cisco Packet Tracer 中，不支持清除 SA 的命令。

- clear crypto isakmp：清除 ISAKMP/IKE SA。
- clear crypto sa：清除 IPSec SA。

9.4.2 点对点的 VPN 配置案例

【例 9.1】 在第 4 章的 4.4 节中规划设计了一个拥有三个校区的大型局域网络，B 校区和 C 校区分别通过 VPN 链路与 A 校区实现内网互联互通。A 校区使用一条 VPN 链路，同时实现与 B 校区和 C 校区的互联互通，整个校园内网的互联互通相当于是一点对多点的 VPN 结构。A 校区和 B 校区的 VPN 互联拓扑结构如图 9.9 所示，要求配置 A 校区的 VPN 路由器和 B 校区的 VPN_BtoAC 路由器，实现 A 校区与 B 校区内网的互联互通。

配置步骤与配置方法如下：

(1) 配置互联接口地址和路由。

① 配置 B 校区 VPN 路由器 VPN_BtoAC。互联接口地址和路由在前面的配置中已配置好。由于 B 校区使用的内网地址段为 10.8.0.0/13，应添加配置以下两条静态路由。

```
ip route 0.0.0.0 0.0.0.0 222.177.200.9
ip route 10.8.0.0 255.248.0.0 172.17.1.6
```

② 配置 A 校区 VPN 路由器。互联接口地址和路由在前面的配置中已配置好。由于 A 校区使用的内网地址段为 10.0.0.0/13，应添加配置以下两条静态路由。

```
ip route 0.0.0.0 0.0.0.0 113.204.177.1
ip route 10.0.0.0 255.248.0.0 172.16.2.2
```

(2) 检查 VPN 链路两端的 VPN 路由器外网接口间的网络是否通畅。

在配置 VPN 之前，必须保证 VPN 路由器外网接口间的网络通畅。在 VPN_BtoAC 路由器的特权模式下，使用 ping 命令，ping 113.204.177.2，检查能否 ping 通。检查结果是能 ping 通，网络通畅。

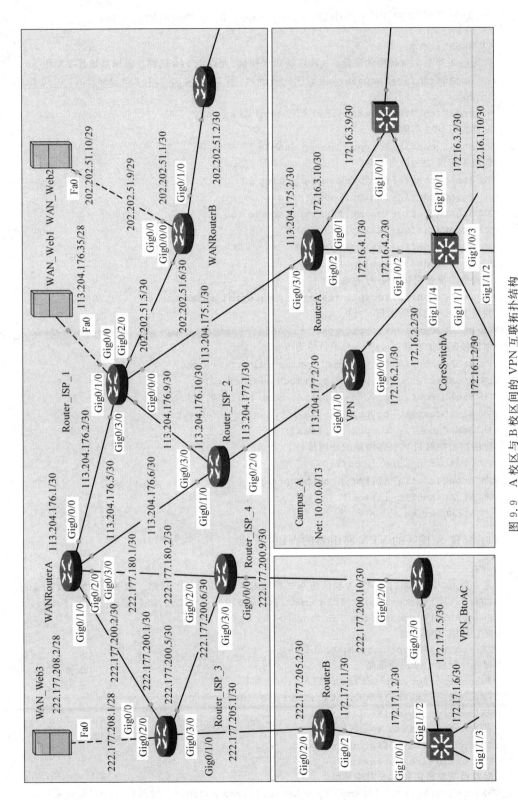

图 9.9　A 校区与 B 校区间的 VPN 互联拓扑结构

（3）配置 B 校区的 VPN 路由器（VPN_BtoAC）的 VPN 功能。

```
VPN_BtoAC#config t
!首先定义要走 VPN 链路的流量。B 校区访问 A 校区,允许走 VPN 链路。源网络地址不要用 any
VPN_BtoAC(config)#access-list 101 permit ip 10.8.0.0 0.7.255.255 10.0.0.0 0.7.
255.255
VPN_BtoAC(config)#access-list 101 deny ip any any
!配置启用 VPN 功能
VPN_BtoAC(config)#crypto isakmp enable
!创建并配置 IKE 协商策略
VPN_BtoAC(config)#crypto isakmp policy 10
VPN_BtoAC(config-isakmp)#authentication pre-share
VPN_BtoAC(config-isakmp)#encryption aes 256
VPN_BtoAC(config-isakmp)#hash sha
VPN_BtoAC(config-isakmp)#group 5
VPN_BtoAC(config-isakmp)#exit
!配置预共享密钥和 VPN 对端地址
VPN_BtoAC(config)#crypto isakmp key NoLetin57039Me address 113.204.177.2
!创建 IPSec 传输转换集 mytf
VPN_BtoAC(config)#crypto ipsec transform-set mytf esp-aes 256 esp-sha-hmac
!创建并配置加密映射 vpnmap,条目号为 5
VPN_BtoAC(config)#crypto map vpnmap 5 ipsec-isakmp
VPN_BtoAC(config-crypto-map)#match address 101
VPN_BtoAC(config-crypto-map)#set peer 113.204.177.2
VPN_BtoAC(config-crypto-map)#set transform-set mytf
VPN_BtoAC(config-crypto-map)#exit
!应用加密映射到 VPN 路由器的外网接口
VPN_BtoAC(config)#int g0/2/0
VPN_BtoAC(config-if)#crypto map vpnmap
VPN_BtoAC(config-if)#end
VPN_BtoAC#write
```

（4）配置 A 校区的 VPN 路由器的 VPN 功能。

```
VPN#config t
!定义要走 VPN 链路的流量。A 校区访问 B 校区内网,允许走 VPN 链路。源网络地址不要用 any
VPN(config)#access-list 101 permit ip 10.0.0.0 0.7.255.255 10.8.0.0 0.7.255.255
VPN(config)#access-list 101 deny ip any any
!配置启用 VPN 功能
VPN(config)#crypto isakmp enable
!创建并配置 IKE 协商策略
VPN(config)#crypto isakmp policy 10
VPN(config-isakmp)#authentication pre-share
VPN(config-isakmp)#encryption aes 256
VPN(config-isakmp)#hash sha
VPN(config-isakmp)#group 5
VPN(config-isakmp)#exit
!配置预共享密钥和 VPN 对端地址
VPN(config)#crypto isakmp key NoLetin57039Me address 222.177.200.10
```

```
!创建 IPSec 传输转换集 mytf
VPN(config)#crypto ipsec transform-set mytf esp-aes 256 esp-sha-hmac
!创建并配置加密映射 vpnmap,条目号为 5
VPN(config)#crypto map vpnmap 5 ipsec-isakmp
VPN(config-crypto-map)#match address 101
VPN(config-crypto-map)#set peer 222.177.200.10
VPN(config-crypto-map)#set transform-set mytf
VPN(config-crypto-map)#exit
!应用加密映射到 VPN 路由器的外网接口
VPN(config)#int g0/1/0
VPN(config-if)#crypto map vpnmap
!保存配置
VPN(config-if)#end
VPN#write
```

（5）测试与验证 VPN 配置。

① 在 B 校区内网任选一台 PC,比如 10.8.2.10;在 A 校区内网任选一台 PC,比如 10.0.32.30。然后在一台 PC 的命令行去 ping 另一台 PC 的 IP 地址,检查能否 ping 通。检测结果如图 9.10 所示,从中可见,网络通畅,内网互联成功,VPN 配置成功。

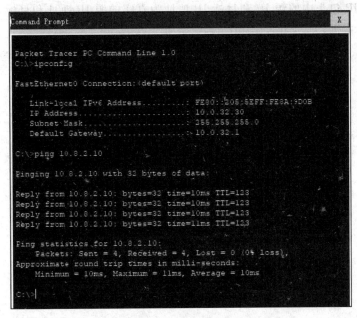

图 9.10　A 校区与 B 校区内网互联互通测试

② 切换到模拟模式,追踪 IP 数据包的走向,查看是否走 VPN 链路。当 IP 数据包走到 VPN 链路两端的路由器上时,对 IP 数据包进行解码,查看路由器对 IP 数据包的封装和解封过程中源 IP 地址和目标 IP 地址的变化情况。

IP 数据包进入 VPN 路由器时的报文解码如图 9.11 所示。从中可见,源 IP 数据包被封装,添加了一个新的 IP 包头。新 IP 包头中,源 IP 地址为 VPN 路由器的外网接口地址 113.204.177.2,目标 IP 地址为 VPN 对端路由器的外网接口地址 222.177.200.10。

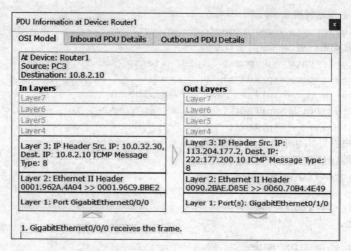

图 9.11　IP 数据包进入 VPN 路由器时被封装并增加新 IP 包头

当封装后的 IP 数据包经因特网到达 B 校区的 VPN_BtoAC 路由器时,IP 数据包解封和解密,还原出原始的 IP 数据包。IP 数据包解码过程如图 9.12 所示。从图 9.12 中可见,解封后 IP 包头中的源 IP 和目标 IP 地址为真实的源 IP 地址和目标 IP 地址,最后路由到达目标主机。

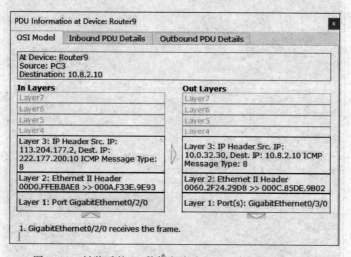

图 9.12　封装后的 IP 数据包在出 VPN 路由器时被解封

③ 查看 SA 信息。在 VPN_BtoAC 路由器的特权模式下执行 show crypto isakmp sa 命令,查看 ISAKMP/IKE SA 信息,结果如图 9.13 所示。如果 VPN 连接不成功,可首先查看 ISAKMP/IKE SA 建立是否成功。

在路由器特权模式下执行 show crypto ipsec sa 命令,可进一步查看 IPSec SA 的详细信息,如图 9.14 所示,从中可看到路由器建立了 inbound(入站)和 outbound(出站)方向的 IPSec SA,并处于 ACTIVE 状态。通过以上检测和验证,A 校区与 B 校区间的 VPN 互联成功。

```
VPN_BtoAC#show crypto isakmp sa
IPv4 Crypto ISAKMP SA
dst               src               state        conn-id slot status
113.204.177.2     222.177.200.10    QM_IDLE          1063      0 ACTIVE


IPv6 Crypto ISAKMP SA
```

图 9.13　查看 ISAKMP/IKE SA

```
VPN_BtoAC#show crypto ipsec sa

interface: GigabitEthernet0/2/0
    Crypto map tag: vpnmap, local addr 222.177.200.10

   protected vrf: (none)
   local  ident (addr/mask/prot/port): (10.8.0.0/255.248.0.0/0/0)
   remote ident (addr/mask/prot/port): (10.0.0.0/255.248.0.0/0/0)
   current_peer 113.204.177.2 port 500
    PERMIT, flags={origin_is_acl,}
   #pkts encaps: 3, #pkts encrypt: 3, #pkts digest: 0
   #pkts decaps: 1, #pkts decrypt: 1, #pkts verify: 0
   #pkts compressed: 0, #pkts decompressed: 0
   #pkts not compressed: 0, #pkts compr. failed: 0
   #pkts not decompressed: 0, #pkts decompress failed: 0
   #send errors 1, #recv errors 0

     local crypto endpt.: 222.177.200.10, remote crypto endpt.:113.204.177.2
     path mtu 1500, ip mtu 1500, ip mtu idb GigabitEthernet0/2/0
     current outbound spi: 0x40584D0A(1079528714)

     inbound esp sas:
      spi: 0x413862EB(1094214379)
        transform: esp-aes 256 esp-sha-hmac ,
        in use settings ={Tunnel, }
        conn id: 2004, flow_id: FPGA:1, crypto map: vpnmap
        sa timing: remaining key lifetime (k/sec): (4525504/2896)
        IV size: 16 bytes
        replay detection support: N
        Status: ACTIVE

     inbound ah sas:

     inbound pcp sas:

     outbound esp sas:
      spi: 0x40584D0A(1079528714)
        transform: esp-aes 256 esp-sha-hmac ,
        in use settings ={Tunnel, }
        conn id: 2005, flow_id: FPGA:1, crypto map: vpnmap
        sa timing: remaining key lifetime (k/sec): (4525504/2896)
        IV size: 16 bytes
        replay detection support: N
        Status: ACTIVE

     outbound ah sas:

     outbound pcp sas:
```

图 9.14　查看 IPSec SA 信息

341

9.4.3　一点对多点的 VPN 配置案例

IPSec VPN 能实现点对点的 VPN,通过合理配置,也能实现一点对多点的 VPN。本小节在 9.4.2 小节 VPN 配置的基础上,进一步配置实现 A 校区与 C 校区间的 VPN 互联互通,这样就形成了一点(A 校区)对两点(B、C 校区)的 VPN 架构。

C 校区的 VPN 链路与访问因特网服务的出口链路共用同一条链路,因此在配置 NAT 和 VPN 时,要利用访问控制列表进行流量匹配控制。

C 校区访问 A 校区内网时,禁止进行 NAT 操作,只能进行 VPN 封装和传输。另外,由于 C 校区路由器 NAT 配置采用的是 NAT 地址池配置方案,IP 数据包在离开路由器的外网接口时将进行源地址的替换修改,会将源地址替换修改为 NAT 地址池中的某一个地址,这会导致 A 校区的 VPN 路由器在与 C 校区的 RouterC 进行协商并建立 ISAKMP/IKE SA 时,RouterC 发出去的报文的源地址会被替换修改为 NAT 地址池中的某一个地址(随机的),比如 202.202.50.9,这会导致 A 校区的 VPN 路由器和 202.202.50.9 建立 ISAKMP/IKE SA,这是错误的,正确的应是与外网接口地址 202.202.50.2 建立 ISAKMP/IKE SA,从而导致 ISAKMP/IKE SA 建立失败,第二阶段的 IPSec SA 也无法成功建立,最终导致 VPN 建立失败。为此,对用于 NAT 的访问控制列表(101)进行修改,添加以下规则,禁止对 202.202.50.2 地址进行替换修改。

```
access-list 101 deny ip host 202.202.50.2 any
```

A 校区与 C 校区间的因特网互联拓扑结构如图 9.15 所示。下面分别对 RouterC 和 VPN 路由器进行配置,以实现 A 校区与 C 校区的 VPN 互联互通。

1. 配置 C 校区 RouterC 路由器的 VPN

```
!重新定义用于 NAT 的 101 访问控制列表。先删除,再重新定义
RouterC(config)#no access-list 101
!重新定义 101 访问控制列表
RouterC(config)#access-list 101 deny ip 192.168.0.0 0.0.255.255 10.0.0.0 0.248.255.255
RouterC(config)#access-list 101 deny ip host 202.202.50.2 any
RouterC(config)#access-list 101 permit ip any any
!定义控制 VPN 流量的 ACL
RouterC(config)#access-list 102 permit ip 192.168.0.0 0.0.255.255 10.0.0.0 0.7.255.255
RouterC(config)#access-list 102 deny ip any any
!配置启用 VPN 功能
RouterC(config)#crypto isakmp enable
!创建并配置 IKE 协商策略
RouterC(config)#crypto isakmp policy 10
RouterC(config-isakmp)#authentication pre-share
RouterC(config-isakmp)#encryption aes 256
RouterC(config-isakmp)#hash sha
```

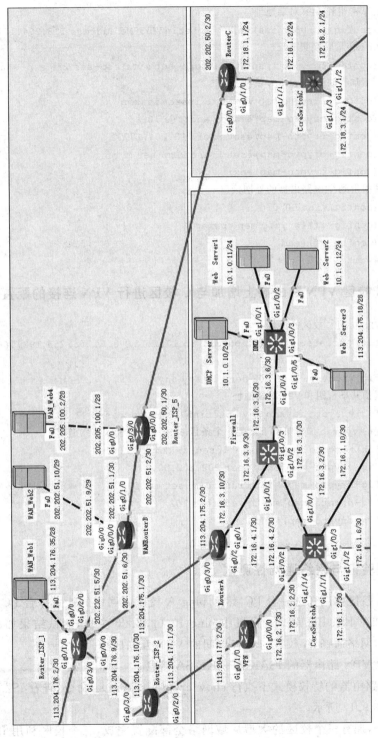

图 9.15　A 校区与 C 校区间的因特网互联拓扑结构

```
RouterC(config-isakmp)#group 5
RouterC(config-isakmp)#exit
!配置预共享密钥和 VPN 对端地址
RouterC(config)#crypto isakmp key NoLetin57039Me address 113.204.177.2
!创建 IPSec 传输转换集 mytf
RouterC(config)#crypto ipsec transform-set mytf esp-aes 256 esp-sha-hmac
!创建并配置加密映射 vpnmap,条目号为 5
RouterC(config)#crypto map vpnmap 5 ipsec-isakmp
RouterC(config-crypto-map)#match address 102
RouterC(config-crypto-map)#set peer 113.204.177.2
RouterC(config-crypto-map)#set transform-set mytf
RouterC(config-crypto-map)#exit
!应用加密映射到 VPN 路由器的外网接口
RouterC(config)#int G0/0/0
RouterC(config-if)#crypto map vpnmap
RouterC(config-if)#end
RouterC#write
```

2. 在 A 校区 VPN 路由器上增加与 C 校区进行 VPN 连接的配置

```
!定义走 VPN 访问 C 校区的流量
VPN(config)#access-list 102 permit ip 10.0.0.0 0.7.255.255 192.168.0.0 0.0.
255.255
VPN(config)#access-list 102 deny ip any any
!增加配置预共享密钥和 VPN 对端地址
VPN(config)#crypto isakmp key NoLetin57039Me address 202.202.50.2
!在已创建的 vpnmap 加密映射下增配一个条目 6,用于与 C 校区 VPN 连接
VPN(config)#crypto map vpnmap 6 ipsec-isakmp
VPN(config-crypto-map)#set peer 202.202.50.2
VPN(config-crypto-map)#set transform-set mytf
VPN(config-crypto-map)#match address 102
VPN(config-crypto-map)#end
VPN#write
```

3. 配置验证与网络通畅性测试

(1) 在 C 校区内网任选一台 PC,然后 ping A 校区内网中的任意一台 PC,查看能否 ping 通。比如在 192.168.48.10 主机中 ping 10.0.32.30 主机,测试结果如图 9.16 所示,从中可见,网络通畅,A 校区与 C 校区间的 VPN 互联成功。

(2) 查看 VPN 路由器的 ISAKMP/IKE SA 信息。

在 VPN 路由器的特权模式下执行 show crypto isakmp sa 命令,查看 ISAKMP/IKE SA 信息,如图 9.17 所示。

到此为止,拥有三个校区的大型局域网络全部配置完成,三个校区利用 IPSec VPN 实现内网互联,B 校区和 C 校区通过 VPN 均能访问 A 校区内网。

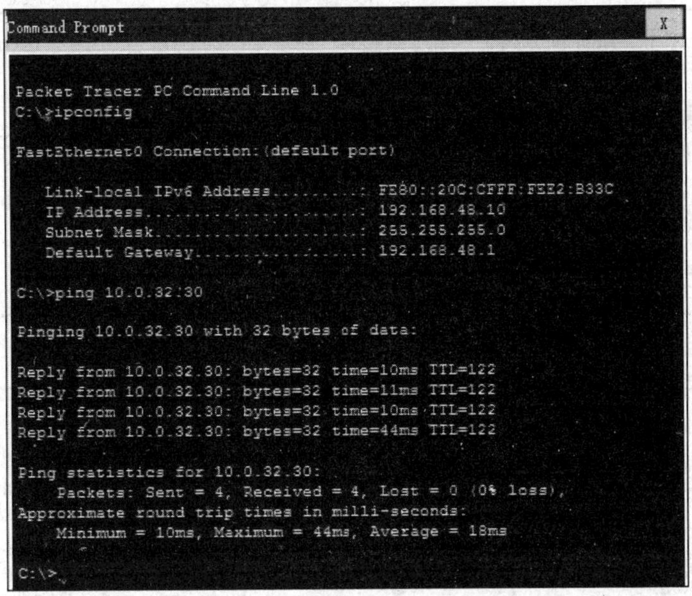

```
Command Prompt
Packet Tracer PC Command Line 1.0
C:\>ipconfig

FastEthernet0 Connection:(default port)

   Link-local IPv6 Address.........: FE80::20C:CFFF:FEE2:B33C
   IP Address......................: 192.168.48.10
   Subnet Mask.....................: 255.255.255.0
   Default Gateway.................: 192.168.48.1

C:\>ping 10.0.32.30

Pinging 10.0.32.30 with 32 bytes of data:

Reply from 10.0.32.30: bytes=32 time=10ms TTL=122
Reply from 10.0.32.30: bytes=32 time=11ms TTL=122
Reply from 10.0.32.30: bytes=32 time=10ms TTL=122
Reply from 10.0.32.30: bytes=32 time=44ms TTL=122

Ping statistics for 10.0.32.30:
    Packets: Sent = 4, Received = 4, Lost = 0 (0% loss),
Approximate round trip times in milli-seconds:
    Minimum = 10ms, Maximum = 44ms, Average = 18ms

C:\>
```

图 9.16　C 校区内网 ping A 校区内网

```
VPN#show crypto isakmp sa
IPv4 Crypto ISAKMP SA
dst             src             state          conn-id slot status
222.177.200.10  113.204.177.2   QM_IDLE           1008    0 ACTIVE

202.202.50.2    113.204.177.2   QM_IDLE           1075    0 ACTIVE


IPv6 Crypto ISAKMP SA
```

图 9.17　VPN 路由器的 ISAKMP/IKE SA

实训　配置一点对多点 VPN

【实训目的】 熟悉和掌握 IPSec VPN 的配置步骤与配置方法，掌握一点对多点 VPN 的配置及应用方法。

【实训环境】 Cisco Packet Tracer V7.1.1。

【实训网络拓扑】 实训网络拓扑如图 9.18 所示。

【实训内容与要求】

(1) CampusA、CampusB 和 CampusC 网络只展示了路由器和核心交换机。为便于网络测试，每台核心交换机下面接了一台 PC。CampusA 局域网络内网地址为 10.16.0.0/13，CampusB 局域网络内网地址为 10.0.0.0/13，CampusC 局域网络内网地址为 10.8.0.0/13。

CampusA 局域网络申请到的公网地址为 222.101.100.0/28，NAT Pool 地址为 222.

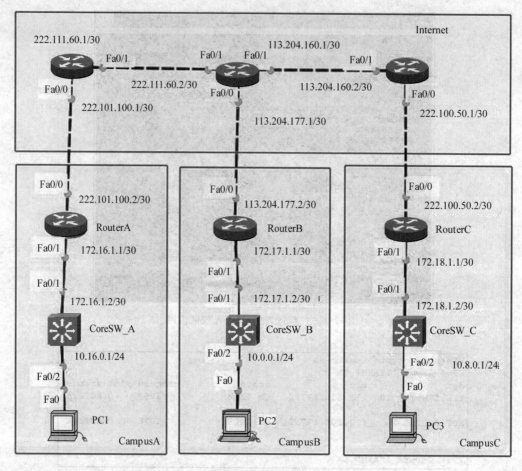

图 9.18 一点对多点 VPN 实训网络拓扑

101.100.8/29。CampusB 局域网络申请到的公网地址为 113.204.177.0/28，NAT Pool 地址为 113.204.177.8/29。CampusC 局域网络申请到的公网地址为 222.100.50.0/28，NAT Pool 地址为 222.100.50.8/29。

（2）为便于进行访问因特网测试，在因特网中增加一台 Web 服务器，以供各校区访问测试，然后采用 OSPF 单区域配置方案对因特网进行配置，实现其互联互通。

（3）假设 RouterA、RouterB 和 RouterC 是专门用于实现这三个校区互联的路由器，以 CampusB 校区为主节点，采用一点对多点的 VPN 配置法，通过配置 IPSec VPN，实现 CampusA 与 CampusB、CampusC 与 CampusB 内网间的互联互通。

（4）假设 RouterA、RouterB 和 RouterC 路由器分别是 CampusA、CampusB 和 CampusC 局域网络的出口路由器和 VPN 路由器，即 VPN 链路和访问因特网的链路共用同一条出口链路，NAT 配置全部采用 NAT 地址池的配置方案，试对 RouterA、RouterB 和 RouterC 路由器进行合理配置，实现各校区能访问因特网，同时又能实现内网互联互通，仍以 CampusB 校区作为 VPN 的主节点。

第 10 章 规划设计高可靠性网络

本章主要介绍端口聚合、HSRP 和 VRRP 路由冗余协议、生成树协议等网络高可靠性技术,以及这些技术在网络中的应用。

10.1 高可靠性技术简介

1. 可靠性的概念

网络的高可靠性是指当设备或者链路出现故障时,网络提供服务的不间断性。高可靠性要求网络的可靠性达到 99.999% 及以上,即每年故障时间不得超过 5min。可靠性等于 MTBF/(MTBF+MTTR),其中 MTBF 代表平均无故障时间,该指标衡量网络的稳定程度,MTTR 代表网络故障平均修复时间,该指标衡量故障响应修复速度。

2. 高可靠性技术

目前常用的高可靠性技术主要有链路备份技术、设备备份技术和堆叠技术三种。

(1) 链路备份技术

链路备份技术用于避免由于单链路出现故障时导致网络通信中断。当主链路中断后,备用链路会自动成为新的主用链路并接替主链路的工作,从而保证网络通信不中断,提高网络的可靠性。

最常用的链路备份技术就是链路聚合(端口聚合)。链路聚合是将多条物理链路聚合在一起,形成一条逻辑链路来使用。采用链路聚合可以提供链路冗余性,同时又可提高链路的通信带宽。

(2) 设备备份技术

设备备份技术用于避免由于单设备故障导致的网络通信中断。当主设备中断后,备用设备或备用板卡会自动成为新的主设备,接管网络通信流量的路由转发。设备备份技术分为设备自身的备份技术和设备间的备份技术两种。

设备自身的备份技术是指单台设备上,通过添加功能相同的冗余板卡来提供设备冗余备份功能。比如在网络规划设计时,虽然核心交换机只配置了一台,但可以在该台核心交换机上配置 2 块主控板,这 2 块主控板以主、备方式工作,备用的主控板作为主用的主控板的一个完全镜像,数据保持时时同步,但不处理业务,不控制系统。一旦主用的主控板发生故障或被拔出时,备用板立即自动取代主用板成为新的主用板,以保证设备的继续运行和网络通信不中断,从而提高网络的可靠性。

除了设备的主控板通常要进行冗余配置之外,为保障供电系统的高可靠性,设备电源系统也必须配置为冗余电源,至少要配置两个电源或多个电源模块。

设备间的备份技术是指利用多台物理设备形成一个设备组来提供网络服务,从而提高网络设备的可靠性,保证网络通信不因某一台设备出现故障而中断。为让设备组能协调工作,各设备上要配置启用路由冗余协议。

(3) 堆叠技术

堆叠技术是将多台设备通过堆叠口连接在一起形成一台"联合设备",用户对这台"联合设备"进行管理,可以实现对堆叠中的所有设备进行管理。

一个堆叠系统由多台成员设备组成,Master 设备负责堆叠的运行、管理和维护,Slave 设备在作为备份的同时,也可以处理业务。一旦 Master 设备出现故障,系统会迅速自动选举新的 Master,以保证通信不中断,从而实现设备级的 1∶N 备份。成员设备之间物理堆叠口支持聚合功能,堆叠系统和上、下层设备之间的物理连接通常也支持聚合功能,通过多链路备份大大提高了堆叠系统的可靠性。

10.2 端 口 聚 合

10.2.1 端口聚合简介

端口聚合也称端口汇聚或者链路聚合。端口聚合是指将两个或两个以上的同类端口聚合成一个端口组来使用。通过端口聚合,连接在聚合端口上的物理链路被整体视为一条逻辑链路,从而增加设备间的级联带宽,提高数据的吞吐率。另外,同一汇聚组的各个成员端口之间彼此动态备份,提高了可靠性。Cisco 将端口聚合后形成的逻辑链路称为以太网通道(EtherChannel)。

通过端口聚合,可提高汇聚链路的带宽,并提供链路冗余,提高链路的可靠性。只有相同类型的端口,并且工作在相同模式下才能进行聚合。

Cisco 交换机支持两种端口聚合协议,分别是端口聚合协议(Port Aggregation Protocol,PAgP)和链路聚合控制协议(Link Aggregate Control Protocol,LACP)。

1. 端口聚合控制协议

PAgP 是思科专有协议,只适用于思科交换机。根据链路的工作模式,端口聚合后的链路的工作模式有两种,即二层工作模式和三层工作模式。二层工作模式又分为 Access 访问模式和 Trunk 中继模式。

对于中继工作模式的端口汇聚配置,一定要注意配置的先后次序,否则链路不通。正确的配置顺序为:

首先对要参与聚合的端口配置封装协议,配置工作模式为 Trunk,然后再配置端口聚合。端口聚合后会自动生成一个逻辑端口,称为 port-channel。最后在 port-channel 接口下再配置封装协议和配置工作模式为 Trunk。

对于三层工作模式的配置,首先将端口配置为三层工作模式,然后再配置端口汇聚,最后在生成的 port-channel 下再配置 IP 地址。也可以先手工创建端口聚合组,创建后会生成对应的 port-channel 接口,将该接口设置为三层工作模式,并配置 port-channel 接口的 IP 地址,接下来在配置要聚合的端口时一定要先执行 no switchport 命令,将端口设置为三层工作模式,再配置聚合协议和将端口加入该聚合组,否则将因 port-channel 接口工作在三层而端口工作在二层,致使工作模式不同而报错,无法配置。

2. 链路聚合控制协议

链路聚合控制协议是国际标准的协议,协议编号为 IEEE 802.3ad。Cisco 设备与非 Cisco 设备互联时,要使用该协议进行端口聚合。

10.2.2　端口聚合配置命令

1. 创建端口聚合组

配置命令为:

interface port-channel 端口聚合组号

该命令在全局配置模式下执行,创建指定编号的端口聚合组,并生成对应编号的 port-channel 接口。

例如,若要创建编号为 1 的端口聚合组,工作模式为三层,port-channel 1 接口的 IP 地址为 172.16.1.1/30,则配置命令为:

```
Switch(config)#int port-channel 1
Switch(config-if)#no switchport
Switch(config-if)#ip address 172.16.1.1 255.255.255.252
```

2. 对参与聚合的端口配置指定聚合协议

配置命令为:

channel-protocol lacp|pagp

该命令在接口配置模式下执行,为可选配置。

例如,假设要聚合的端口是 Cisco 3560 交换机的 G0/1 和 G0/2 端口,聚合协议采用 pagp,则配置命令为:

```
Switch(config)#int range range G0/1-2
Switch(config-if-range)#channel-protocol pagp
```

3. 将参与聚合的端口加入聚合组,并配置指定协商模式

配置命令为:

channel-group 聚合组编号 mode 协商模式

该命令在接口配置模式下执行,将当前端口加入指定的聚合组,并指定聚合链路的协商模式。

对于 PAgP 协议,协商模式有 Auto 和 Desirable 两种;对于 LACP 协议,有 Active 和 Passive 两种。除此之外,还有手工激活模式 On。

- Auto:通过 PAgP 协议协商激活端口,被动协商,不主动发送协商消息,只接收协商消息。物理链路对端必须配置为 Desirable 模式。
- Desirable:通过 PAgP 协议协商激活端口,主动协商,主动发送协商消息,也会接收协商消息。物理链路对端可以是 Desirable 模式或 Auto 模式。
- Active:通过 LACP 协议协商激活端口,主动协商,主动发送协商消息,也会接收协商消息。物理链路对端可以是 Active 或 Passive 模式。
- Passive:通过 LACP 协议协商激活端口,被动协商,不主动发送协商消息,只接收协商消息。物理链路对端必须配置为 Active 模式。
- On:手工激活模式,不使用链路或端口聚合协议,两端都必须是 On 模式。

例如,若要将 Cisco 3560 的 G0/1 和 G0/2 加入聚合组 1,协商模式采用 Desirable,则配置命令为:

```
Switch(config)#int range range G0/1-2
Switch(config-if-range)#channgel-group 1 mode desirable
```

4. 配置以太网通道的负载均衡

配置命令为:

```
port-channel load-balance method
```

该命令在全局配置模式下执行,其中,*method* 代表负载均衡的策略,其可选值及含义如下。

- src-ip:源 IP 地址,即对源 IP 地址相同的数据包进行负载均衡。
- dst-ip:目的 IP 地址,即对目的 IP 地址相同的数据包进行负载均衡。
- src-dst-ip:对源和目的 IP 地址均相同的数据包进行负载均衡。
- src-mac:源 MAC 地址,即对源 MAC 地址相同的数据包进行负载均衡,这是默认值。
- dst-mac:目的 MAC 地址,即目的 MAC 地址相同的数据包进行负载均衡。
- src-dst-mac:对源和目的 MAC 地址均相同的数据包进行负载均衡。
- src-port:源端口号,即对源端口相同的数据包进行负载均衡。
- dst-port:目的端口号,即对目的端口相同的数据包进行负载均衡。
- src-dst-port:对源和目的端口号均相同的数据包进行负载均衡。

例如,若要采用基于目的 IP 地址的负载均衡策略,则配置命令为:

```
port-channel load-balance dst-ip
```

5. 查看以太网通道配置信息

show etherchannel port-channel：查看以太网通道配置信息。

show etherchannel load-balance：查看负载均衡配置信息。

show etherchannel summary：查看以太网通道的汇总信息。

10.2.3 端口聚合应用案例

【例 10.1】 假设某局域网络由两幢楼宇组成，网络拓扑如图 10.1 所示，用户日常业

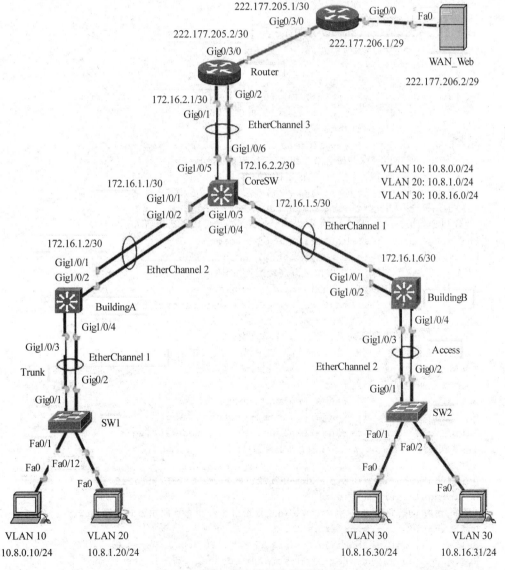

图 10.1 端口聚合应用案例网络拓扑

务的数据访问流量较大,对网络带宽要求较高。为防止网络出现带宽瓶颈,要求接入交换机与汇聚交换机之间的级联链路采用链路聚合方式,提供 2Gbps 的级联带宽;汇聚交换机与核心交换机之间的级联也采用链路聚合方式,级联带宽为 2Gbps。汇聚交换机与核心交换机之间、核心交换机与出口路由器之间均采用路由模式实现互联互通,要求对整个网络进行配置,实现整个局域网络的互联互通。

配置方案:局域网内网采用 OSPF 动态路由协议,以减少手工配置路由的工作量。聚合链路通过配置端口聚合来实现。

配置方法如下:

(1) 配置汇聚层交换机。

① 配置 BuildingA 汇聚交换机。

```
Switch#config t
Switch(config)#hostname BuildingA
BuildingA(config)#ip routing
BuildingA(config)#vlan 10
BuildingA(config-vlan)#vlan 20
BuildingA(config-vlan)#int vlan 10
BuildingA(config-if)#ip address 10.8.0.1 255.255.255.0
BuildingA(config-if)#int vlan 20
BuildingA(config-if)#ip address 10.8.1.1 255.255.255.0
!配置与接入交换机级联的聚合端口组 1,工作模式为 trunk
BuildingA(config-if)#int range G1/0/3-4
BuildingA(config-if-range)#switchport trunk encapsulation dot1q
BuildingA(config-if-range)#switchport mode trunk
!将端口加入聚合组 1,聚合协议采用 LACP,协商模式采用主动协商 Active
BuildingA(config-if-range)#channel-protocol lacp
BuildingA(config-if-range)#channel-group 1 mode active
!对生成的 port-channel1 虚拟接口进行配置,配置其工作模式为 trunk
BuildingA(config-if-range)#int port-channel 1
BuildingA(config-if)#switchport trunk encapsulation dot1q
BuildingA(config-if)#switchport mode trunk
!配置与核心交换机级联的聚合组 2,工作模式为三层路由模式
!首先将端口切换为三层端口,然后配置将端口加入聚合组 2,聚合协议为 LACP,协商模式
 为 Active
BuildingA(config-if)#int range G1/0/1-2
BuildingA(config-if-range)#no switchport
BuildingA(config-if-range)#channel-protocol lacp
BuildingA(config-if-range)#channel-group 2 mode active
!在生成的虚拟接口 port-channel 2 上配置 IP 地址
BuildingA(config-if-range)#int port-channel 2
BuildingA(config-if)#ip address 172.16.1.2 255.255.255.252
BuildingA(config-if)#exit
!配置 OSPF 动态路由协议,各 VLAN 网络地址通过重分布直连路由方式发布出去
BuildingA(config)#router ospf 1
BuildingA(config-router)#network 172.16.1.0 0.0.0.3 area 0
BuildingA(config-router)#redistribute connected subnets
BuildingA(config-router)#end
```

```
BuildingA#write
```

② 配置 BuildingB 汇聚交换机。

```
Switch#config t
Switch(config)#hostname BuildingB
BuildingB(config)#ip routing
BuildingB(config)#vlan 30
BuildingB(config-vlan)#int vlan 30
BuildingB(config-if)#ip address 10.8.16.1 255.255.255.0
```
!先创建聚合端口组 2,然后再将参与聚合的端口加入该聚合组,否则会提示所属 VLAN 不一致
!创建 port-channel 2 聚合组的虚拟接口,并将其划分到 VLAN 30
```
BuildingB(config-if-range)#int port-channel 2
BuildingB(config-if)#switchport access vlan 30
```
!配置参与聚合的端口,将其划分到 VLAN 30
```
BuildingB(config-if)#int range G1/0/3-4
BuildingB(config-if-range)#switchport access vlan 30
```
!将端口加入聚合组 2,聚合协议采用 LACP,协商模式采用主动协商 Active
```
BuildingB(config-if-range)#channel-protocol lacp
BuildingB(config-if-range)#channel-group 2 mode active
```
!配置与核心交换机级联的聚合组 1,工作模式为三层路由模式
!首先将端口切换为三层端口,然后配置将端口加入聚合组 1,聚合协议为 LACP,协商模式
  为 Active
```
BuildingB(config-if)#int range G1/0/1-2
BuildingB(config-if-range)#no switchport
BuildingB(config-if-range)#channel-protocol lacp
BuildingA(config-if-range)#channel-group 1 mode active
```
!在生成的虚拟接口 port-channel 1 上配置 IP 地址
```
BuildingA(config-if-range)#int port-channel 1
BuildingA(config-if)#ip address 172.16.1.6 255.255.255.252
BuildingA(config-if)#exit
```
!配置 OSPF 动态路由协议,各 VLAN 网络地址通过重分布直连路由方式发布出去
```
BuildingA(config)#router ospf 1
BuildingA(config-router)#network 172.16.1.4 0.0.0.3 area 0
BuildingA(config-router)#redistribute connected subnets
BuildingA(config-router)#end
BuildingA#write
```

(2) 配置核心交换机 CoreSW。

```
Switch#config t
Switch(config)#hostname CoreSW
CoreSW(config)#ip routing
```
!配置与 BuildingA 级联的聚合组 2。聚合链路两端的端口聚合组编号必须相同
```
CoreSW(config)#int range G1/0/1-2
CoreSW(config-if-range)#no switchport
CoreSW(config-if-range)#channel-protocol lacp
CoreSW(config-if-range)#channel-group 2 mode active
```
!配置聚合组 2 对应的 port-channel 2 接口的 IP 地址
```
CoreSW(config-if-range)#int port-channel 2
```

```
CoreSW(config-if)#ip address 172.16.1.1 255.255.255.252
!用同样的方法,配置与 BuildingB 级联的聚合组 1
CoreSW(config-if)#int range G1/0/3-4
CoreSW(config-if-range)#no switchport
CoreSW(config-if-range)#channel-protocol lacp
CoreSW(config-if-range)#channel-group 1 mode active
CoreSW(config-if-range)#int port-channel 1
CoreSW(config-if)#ip address 172.16.1.5 255.255.255.252
!用同样的方法,配置与 Router 路由器级联的聚合组 3
CoreSW(config-if)#int range G1/0/5-6
CoreSW(config-if-range)#no switchport
!聚合链路对端的 Cisco 2911 路由器的端口聚合只支持手工聚合模式 on
CoreSW(config-if-range)#channel-group 3 mode on
CoreSW(config-if-range)#int port-channel 3
CoreSW(config-if)#ip address 172.16.2.2 255.255.255.252
!配置 OSPF 动态路由
CoreSW(config)#router ospf 1
CoreSW(config-router)#network 172.16.1.0 0.0.0.3 area 0
CoreSW(config-router)#network 172.16.1.4 0.0.0.3 area 0
CoreSW(config-router)#network 172.16.2.0 0.0.0.3 area 0
CoreSW(config-router)#end
CoreSW#write
```

(3) 配置出口路由器。

```
Router#config t
!首先创建聚合组 3,配置 port-channel 3 接口 IP 地址并定义为 ip nat inside 接口
Router(config)#int port-channel 3
Router(config-if)#ip address 172.16.2.1 255.255.255.252
Router(config-if)#ip nat inside
!将参与聚合的端口加入聚合组 3
Router(config-if)#int range G0/1-2
!Cisco 2911 路由器端口聚合采用手工聚合模式 on。以下配置命令在存盘后,再执行 show run
 查看配置,会显示为 channel-group 3 mode on,因此,聚合链路对端的核心交换机在配置时,
 端口聚合也要配置为手工聚合模式 on,否则链路不会通
Router(config-if-range)#channel-group 3
!配置外网接口地址
Router(config-if-range)#int G0/3/0
Router(config-if)#ip address 222.177.205.2 255.255.255.252
Router(config-if)#ip nat outside
Router(config-if)#exit
!定义 ACL 并配置 NAT
Router(config)#access-list 1 permit any
Router(config)#ip nat inside source list 1 interface G0/3/0 overload
!配置默认路由到因特网
Router(config)#ip route 0.0.0.0 0.0.0.0 222.177.205.1
!配置 OSPF 动态路由
Router(config)#router ospf 1
Router(config-router)#network 172.16.2.0 0.0.0.3 area 0
!重发布默认路由到 OSPF 路由协议
```

```
Router(config-router)#default-information originate
Router(config-router)#end
Router#write
```

（4）配置因特网络由器，并设置 WAN_Web 服务器的 IP 地址。

```
Router#config t
Router(config)#int G0/3/0
Router(config-if)#ip address 222.177.205.1 255.255.255.252
Router(config-if)#int G0/0
Router(config-if)#ip address 222.177.206.1 255.255.255.248
Router(config-if)#exit
Router(config)#ip route 222.177.205.0 255.255.255.252 222.177.205.2
Router(config)#exit
Router#write
```

（5）配置接入层交换机 SW1 和 SW2。
① 配置 SW1 接入层交换机。

```
Switch#config t
Switch(config)#hostname SW1
SW1(config)#vlan 10
SW1(config-vlan)#vlan 20
SW1(config-vlan)#exit
SW1(config)#int range G0/1-2
SW1(config-if-range)#switchport mode trunk
SW1(config-if-range)#channel-protocol lacp
SW1(config-if-range)#channel-group 1 mode active
SW1(config-if-range)#int port-channel 1
SW1(config-if)#switchport mode trunk
!划分端口所属的 VLAN
SW1(config-if)#int Fa0/1
SW1(config-if)#switchport access vlan 10
SW1(config-if)#int Fa0/12
SW1(config-if)#switchport access vlan 20
SW1(config-if)#end
SW1#write
```

② 配置 SW2 接入交换机。整个交换机的用户全部属于同一个网段（VLAN 30），交换机不用创建和划分 VLAN 30，使用默认 VLAN 1 即可。

```
Switch#config t
Switch(config)#hostname SW2
SW2(config)#int range G0/1-2
SW2(config-if-range)#channel-protocol lacp
SW2(config-if-range)#channel-group 2 mode active
SW2(config-if-range)#end
SW2#write
```

（6）配置各 PC 的 IP 地址和网关地址。

（7）配置验证与网络通畅性测试。

① 在 10.8.0.10 主机中 ping 10.8.1.20 主机，检查聚合链路是否通畅。接下来再 ping 10.8.16.30，若能 ping 通，则说明内网互联互通成功，三层聚合链路运行正常。

② 在三层设备中执行 show ip route 命令，查看路由表中的路由学习是否正确。 BuildingA 汇聚交换机的路由表如图 10.2 所示，从中可见，路由信息正确，特别是路由器 重发布的默认路由成功学习到。

```
BuildingA#show ip route
Codes: C - connected, S - static, I - IGRP, R - RIP, M - mobile, B - BGP
       D - EIGRP, EX - EIGRP external, O - OSPF, IA - OSPF inter area
       N1 - OSPF NSSA external type 1, N2 - OSPF NSSA external type 2
       E1 - OSPF external type 1, E2 - OSPF external type 2, E - EGP
       i - IS-IS, L1 - IS-IS level-1, L2 - IS-IS level-2, ia - IS-IS inter area
       * - candidate default, U - per-user static route, o - ODR
       P - periodic downloaded static route

Gateway of last resort is 172.16.1.1 to network 0.0.0.0

     10.0.0.0/24 is subnetted, 3 subnets
C       10.8.0.0 is directly connected, Vlan10
C       10.8.1.0 is directly connected, Vlan20
O E2    10.8.16.0 [110/20] via 172.16.1.1, 02:20:21, Port-channel2
     172.16.0.0/30 is subnetted, 3 subnets
C       172.16.1.0 is directly connected, Port-channel2
O       172.16.1.4 [110/2] via 172.16.1.1, 00:33:10, Port-channel2
O       172.16.2.0 [110/2] via 172.16.1.1, 00:08:53, Port-channel2
O*E2 0.0.0.0/0 [110/1] via 172.16.1.1, 00:08:43, Port-channel2
```

图 10.2　BuildingA 交换机路由表

③ 在 10.8.0.10 主机中 ping 222.177.206.2 主机，检查能否 ping 通，若能 ping 通， 说明访问因特网的链路通畅。最后使用浏览器访问 222.177.206.2 服务器的 Web 服务， 若能访问，则进一步证明网络配置成功。

10.3　高可靠性网络的设计方案

高可靠性网络的规划设计，可根据业务对可靠性要求的高低和工程造价预算，从链路 备份技术和设备备份技术两方面进行综合考虑。采用高可靠性设计，会增加网络设备（含 光模块）和链路网线的使用量，网络工程造价会增加很多。下面针对不同程度的可靠性， 介绍几种高可靠性网络的设计方法。

1. 链路备份设计方案

链路备份设计方案的网络拓扑如图 10.1 所示，主要通过端口聚合技术，为网络的关 键链路提供备份冗余链路，同时提高链路级联的带宽。由于不需要增配冗余的网络设备， 因此，额外增加的费用并不高，增加的费用主要花在汇聚交换机与核心交换机之间级联使用的光模块的费用上,光模块的使用量将翻倍。

除了链路冗余设计之外,建议对单一的核心交换机增配一块主控板,形成主控板以主备模式工作,防止主控板损坏后导致整个网络瘫痪。

2. 双核心单出口设计方案

双核心单出口设计方案采用两台核心交换机,避免单台核心交换机出故障后导致整个网络瘫痪。为降低工程造价,该方案的出口路由器仍为单台设备,每幢楼的汇聚交换机也为单台设备,没有考虑冗余备份。双核心单出口网络拓扑结构如图 10.3 所示,为使拓扑简洁,楼宇汇聚交换机只用了两台作为代表。

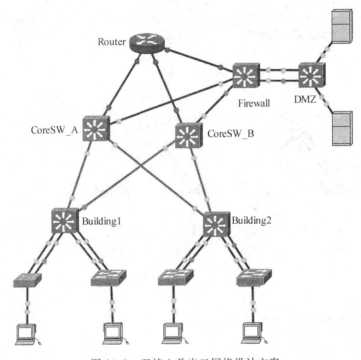

图 10.3　双核心单出口网络设计方案

3. 双核心双出口设计方案

双核心双出口设计方案在前一方案的基础上,为增强因特网出口的高可靠性,出口设备采用冗余备份方案,使用两台出口设备,网络拓扑如图 10.4 所示。

以上设计方案针对核心交换机和出口路由器采用了设备冗余的设计方案。对于汇聚交换机和接入交换机没有采用设备冗余设计方案,这些设备用量较大,如果也采用设备冗余的设计方案,则工程造价将大幅提高,网络配置的复杂度也将随之提高。核心交换机和出口路由器采用设备冗余设计方案后,为让冗余设备能协调工作,应配置启用热备份路由器协议 HSRP 或虚拟路由器冗余协议 VRRP。

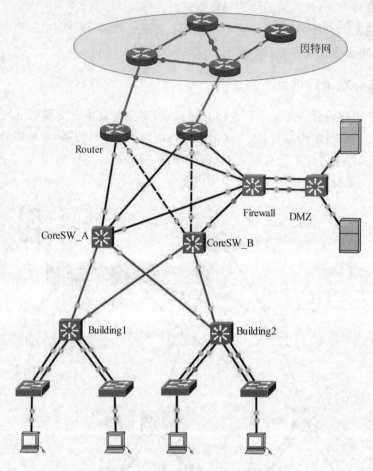

图 10.4　双核心双出口网络设计方案

4. 双汇聚双核心双出口设计方案

若要进一步提升网络的高可靠性,可进一步考虑对汇聚层交换机进行设备冗余配置,此时的网络设计方案和网络拓扑结构如图 10.5 所示。采用该设计方案后,汇聚层交换机数量和汇聚层交换机与核心交换机间级联用的光模块使用量将翻倍,工程造价将进一步提高。

汇聚交换机采用设备冗余配置方案后,该幢楼宇的每台接入交换机都要与该幢楼宇的汇聚交换机级联,为防止形成网络环路,接入交换机与汇聚交换机间的网络必须开启使用生成树协议。为了让多台汇聚交换机协同工作,汇聚交换机上必须配置启用热备份路由器协议 HSRP 或虚拟路由器冗余协议 VRRP。

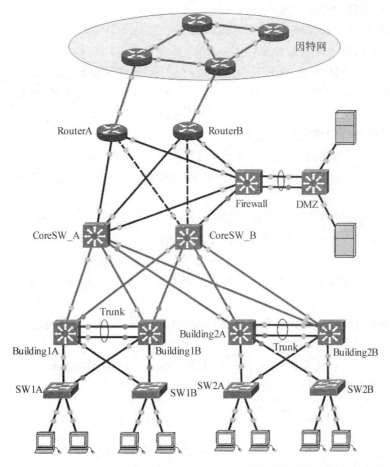

图 10.5　双汇聚双核心双出口的高可靠性网络设计方案

10.4　HSRP 协议的配置与应用

10.4.1　HSRP 概述

1. 路由冗余与路由器冗余协议

为提高网络通信的可靠性,到达目的网络的路径不应该是唯一的,应该提供多条路径选择,这样当一条链路失效时,网络设备可选择其他路径到达目标网络,这种设计方案就是所谓的路由冗余。路由冗余通过配置冗余的三层网络设备(路由器或三层交换机)来实现。比如,为防止因特网出口的单点故障引起整个局域网络无法访问因特网,出口路由器可配置两台,以主、备模式工作,一旦活动路由器出现故障,备用路由器立即切换为活动路由器,接替网络流量的路由转发工作,从而保障网络通信不中断,提高网络通信的可靠性。

为了实现对冗余的网络设备进行协调管理、控制和故障时自动切换,应在冗余的网络设备上配置启用路由器冗余协议。路由器冗余协议能将由多台物理设备组成的设备组虚拟化成一台虚拟的设备来使用,并可给虚拟设备指定一个 IP 地址(内网接口的地址),以后该 IP 地址就可作为网关地址来使用。比如,将两台出口路由器虚拟化成一台虚拟路由器后,虚拟路由器的 IP 地址,就是其内网接口的 IP 地址,同时也成为内网到因特网的出口网关地址,核心交换机到因特网的默认路由的下一跳地址,就是该虚拟路由器的 IP 地址。

组内各物理路由器运行路由器冗余协议后,各路由器会通过发送 Hello 消息进行相互通信,并根据各自的优先级高低选出一台优先级最高的作为活动路由器,另选出一台作为备份路由器。活动路由器承担网络流量的路由转发工作。当活动路由器出现故障时,备份路由器自动转为活动路由器,接替网络流量的转发和路由工作,整个网络通信不中断。

常用的路由器冗余协议主要有 HSRP(Hot Standby Router Protocol,热备份路由器协议)和 VRRP(Virtual Router Redundancy Protocol,虚拟路由器冗余协议)两种。HSRP 是 Cisco 公司的专有协议,只有 Cisco 的路由器和三层交换机支持。VRRP 是一个国际标准的协议,功能与 HSRP 相同,但在具体配置上有一些细小的差别,主要体现在以下方面。

- VRRP 可以用一台物理设备的接口地址作为虚拟设备的 IP 地址,而 HSRP 不允许,必须指定同网段的另外的 IP 地址作为虚拟设备的 IP 地址。
- VRRP 路由器状态比 HSRP 少。HSRP 协议的路由器状态有 6 种,而 VRRP 协议的路由器状态只有 3 种。

2. HSRP 的工作原理

HSRP 将多台物理路由器视为一个热备份路由器组,将其虚拟化成一台虚拟路由器来使用,并给该虚拟路由器一个 IP 地址(内网口地址,配置指定)和 MAC 地址(自动生成)。

每台物理路由器可配置指定在该组中的优先级,HSRP 协议根据各路由器的优先级,选出优先级最高的路由器作为活动路由器(Active),并由它来路由转发数据包。一个组内只有一个路由器是活动路由器;另一个路由器作为备份路由器,处于 Standby 状态。在一个组中,最多有一个活动路由器和一个备份路由器。若活动路由器发生故障,优先级高的备份路由器将自动成为活动路由器接替工作,从而保证网络通信不中断。

运行 HSRP 协议后,默认每 3 秒发送一个 Hello 消息,各路由器利用 Hello 报文来互相监听各自的存在。当路由器长时间没有接收到 Hello 包时,就认为活动路由器出现故障,备份路由器就会成为活动路由器。HSRP 协议利用优先级决定哪个路由器成为活动路由器。如果一个路由器的优先级比其他路由器的优先级高,则该路由器成为活动路由器。路由器的默认优先级是 100。

HSRP 协议使用组播地址(V1 版组播地址为 224.0.0.2,V2 版组播地址为 224.0.0.102)发送消息,消息有以下三种。

- Hello:将发送者的 HSRP 优先级和状态信息通告给其他路由器。HSRP 协议默认每 3 秒发送一个 Hello 消息。

- Coup：当一个备用路由器变为一个活动路由器时发送一个 Coup 消息。
- Resign：当活动路由器将要宕机或者当有优先级更高的路由器发送 Hello 消息时，主动发送一个 Resign 消息。

3. HSRP 路由器的 6 个状态

- Initial：初始化状态。还没准备好或者还不能参与到 HSRP 组中的路由器。
- Learn：学习状态。是指没有从活动路由器学习到虚拟 IP 地址，没有发现认证的 Hello 消息的路由器。在这种状态下，该路由器将继续等待从活动路由器中学习虚拟 IP 地址和接收 Hello 消息。
- Listen：侦听状态。是指正在接收 Hello 消息的路由器。
- Speak：说话状态。是指正在发送和接收 Hello 消息的路由器。
- Standby：备份路由器状态。当活动路由器失效时，它将成为活动路由器。
- Active：活动路由器状态。活动路由器定时发出 Hello 报文，并负责数据包的路由转发。

10.4.2　HSRP 的配置命令

1. 将三层设备的接口加入热备份组，并指定虚拟设备的 IP 地址

配置命令为：

standby 组号 ip 虚拟设备 IP 地址

命令功能：启用 HSRP 协议，创建热备份组，并指定虚拟设备的接口 IP 地址。

该命令在接口配置模式下执行，通常为三层交换机或路由器的内网口。指定的 IP 地址就是虚拟的三层交换机或路由器的内网口地址。

相同组号的路由器或三层交换机属于同一个 HSRP 组，所有属于同一个 HSRP 组的路由器或三层交换机，其配置的虚拟 IP 地址必须一致，且该 IP 地址不能是物理路由器或三层交换机的接口地址。

假设 CoreSW_A 和 CoreSW_B 核心交换机要配置为一个热备份组，CoreSW_A 的 G1/1/1 端口与汇聚交换机 Building1 相连，现要配置将 CoreSW_A 核心交换机加入 HSRP 组 1，并配置指定该组的虚拟交换机的 IP 地址为 172.16.1.5，则配置命令为：

```
CoreSW_A(config)#int G1/1/1
CoreSW_A(config-if)#standby 1 ip 172.16.1.5
```

2. 配置设备在该组中的优先级

配置命令为：

standby 组号 priority 优先级

在同一个热备份组中，优先级最高的，成为活动设备。优先级的取值范围为 0～255，

默认值为 100。

若要配置 CoreSW_A 交换机在热备份组 1 中的优先级为 120,则配置命令为:

```
CoreSW_A(config-if)#standby 1 priority 120
```

3. 配置抢占模式

配置命令为:

```
standby 组号 preempt
```

命令功能:开启抢占模式后,优先级高的将成为活动设备。若没有开启抢占模式,当原来的活动设备出现故障后,备用设备将变为活动设备,在故障设备恢复后,虽然优先级比当前活动设备的优先级还要高,但不会成为活动设备。若开启了抢占模式,故障设备恢复后,由于优先级高,将立即抢夺成为活动设备。

当两个设备的优先级相同时,IP 地址大的将成为活动设备。当活动设备和备份设备同时失效时,如果组中还有其他设备,则其他设备将参与活动设备和备份设备的选举,成为新的活动设备或备份设备。此处的设备是指路由器或三层交换机。

若要配置使用抢占模式,则配置命令为:

```
CoreSW_A(config-if)#standby 1 preempt
```

4. 配置 HSRP 的计时器

配置命令为:

```
standby 组号 timers hello 间隔时间 hold 保持时间
```

命令功能:配置指定 hello 和 hold 计时器的时间,单位为 s,为可选配置项。

"hello 间隔时间"代表设备定时发送 hello 消息的间隔时间,即定义了设备间交换信息的频率。若该参数没配置,则从活动设备上学习获得,其默认值为 3s。

"hold 保持时间"定义了经过多长时间没有收到设备发送的 hello 消息,则活动设备或者备用设备就会被宣告为失效,将重新进行活动设备和备用设备的选举,其值至少是 hello 间隔时间的 3 倍,hold 保持时间默认为 10s。

若要配置修改默认值,则所有同一个组中的设备其配置值必须保持一致。计时器越小,则出现网络故障时的切换时间越短。但在配置计时器时,并不是越小越好。

例如,若要配置 hello 间隔时间为 4s,hold 保持时间为 12s,则配置命令为:

```
CoreSW_A(config-if)#standby 1 timers 4 12
```

5. 配置认证密码

配置认证密码是为了防止其他非法设备加入热备份组中,以保障网络的安全性。为可选配置项。同一个 HSRP 组中的认证密码必须一致,认证密码字符串的最大长度为 8 个字符,默认密码为 cisco。

配置命令为:

standby 组号 authentication md5 key-string 密码

若要配置认证密码为 NbSRiner,则配置命令为:

```
CoreSW_A(config-if)#standby1 authentication md5 key-string NbSRiner
```

6. 配置接口状态跟踪

配置命令为:

standby 组号 track 接口类型 接口号 优先级变化值

命令功能:配置接口状态(up/down)跟踪后,可使设备的优先级根据接口的 up/down 状态变化,增加或减少优先级变化值。如果活动设备被跟踪的接口变为 down 状态,则该设备的优先级将被减少优先级变化值。优先级调低后,其他高优先级的设备就会成为活动设备,以实现故障时自动切换。

当设备的被跟踪接口由 down 状态变为 up 状态时,该设备的优先级将增加优先级变化值,从而抢回活动设备的角色。优先级变化值的默认值为 10。Cisco Packet Tracer 不支持配置优先级变化值,使用默认值 10。因此,在配置优先级时不能配置太高,要保证在出现故障时优先级减去 10 后,要比备份设备的优先级低,以保证备份设备能成为活动设备接替原来设备的工作。

通常跟踪设备的上行链路的接口状态,比如出口路由器的外网口,如果状态变为 down,则这条出口链路就有问题,就需要进行活动设备的切换,以实现出口链路的自动切换。

若 CoreSW_A 交换机上连接口为 G1/0/1,要追踪该接口的状态,优先级变化值为 20,则配置命令为:

```
CoreSW_A(config-if)#standby 1 track G1/0/1 20
```

对于采用双出口路由器的网络,核心交换机的上连接口有 2 个,比如 G1/0/1 和 G1/0/2,此时可通过重复执行该命令,添加对这两个上连接口的状态跟踪,实现的配置命令为:

```
CoreSW_A(config-if)#standby 1 track G1/0/1 20
CoreSW_A(config-if)#standby 1 track G1/0/2 20
```

7. 版本设置

配置命令为:

standby version 1|2

HSRP 协议有 version 1 和 version 2 两个版本,默认为 version 1。两个版本的报文格式不相同,使用的组播地址也不相同,因此不兼容。在同一个接口下不能同时配置 V1 版和 V2 版,但在同一台设备的不同接口可以配置使用不同的版本。version 1 支持的组号为 0~255,version 2 支持的组号范围为 0~4095。

8. 显示 HSRP 配置信息和状态信息

配置命令为：

show standby［接口类型 接口号］［brief］

命令功能：显示 HSRP 路由器的配置信息和状态信息，具体用法如下。

- show standby：查看当前路由器上配置的所有 HSRP 组的详细信息。
- show standby brief：查看当前路由器配置的所有 HSRP 组的简要信息。
- show standby 接口类型 接口号：查看指定接口所属的 HSRP 组的详细信息。

例如，若要查看 CoreSW_A 核心交换机的 G1/1/1 接口所属 HSRP 组的详细信息，则显示命令和显示内容如下：

```
CoreSW_A#show standby G1/1/1
GigabitEthernet1/1/1-Group 1 (version 2)
  State is Active
    9 state changes, last state change 00:00:32
  Virtual IP address is 172.16.1.5
  Active virtual MAC address is 0000.0C9F.F001
    Local virtual MAC address is 0000.0C9F.F001 (v2 default)
  Hello time 3 sec, hold time 10 sec
    Next hello sent in 1.731 secs
  Preemption enabled
  Active router is local
  Standby router is 172.16.1.3, priority 100 (expires in 7 sec)
  Priority 105 (configured 105)
    Track interface GigabitEthernet1/0/1 state Up decrement 10
  Group name is hsrp-Gig1/1/1-1 (default)
```

- show standby 接口类型 接口号 brief：查看指定接口所属的 HSRP 组的简要信息。

例如，若要显示查看 G1/1/1 接口所属 HSRP 组的简要配置信息和状态信息，则显示命令和显示内容为：

```
CoreSW_A#show standby G1/1/1 brief
                        P indicates configured to preempt.
                        |
Interface    Grp    Pri    P    State Active    Standby      Virtual IP
Gig1/1/1     1      105    P    Active local    172.16.1.3   172.16.1.5
```

9. 开启或关闭 HSRP 诊断信息的显示

- debug standby：开启 HSRP 诊断信息的显示。开启后将显示输出 HSRP 协议的通信和交互过程，有利于进行故障分析和判断。
- no debug standby：关闭 HSRP 诊断信息的显示。

10.4.3　用 HSRP 配置实现高可靠性网络

【例 10.2】　现有一局域网络采用双核心单出口设计方案,网络拓扑结构如图 10.6 所示。该局域网络内网使用的 IP 地址为 10.8.0.0/16,每幢楼宇规划使用 16 个 24 位掩码的网段地址,拓扑图仅展示了 2 幢楼宇的汇聚层交换机。试对网络进行合理配置,实现整个内网的互联互通,并能访问因特网。

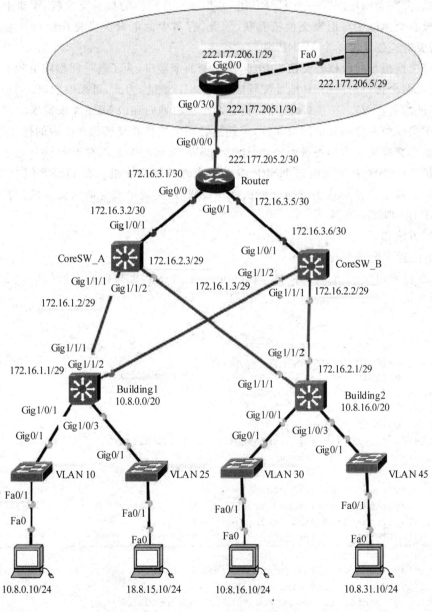

图 10.6　HSRP 应用案例拓扑

配置分析：每台汇聚层交换机都要与两台核心交换机相连，因此，对于每一台汇聚层交换机，都要在两台核心交换机上创建一个热备份组，虚拟化出一台虚拟交换机，逻辑上相当于让这台虚拟交换机与汇聚交换机互联，虚拟交换机的 IP 地址，就成为这台汇聚交换机出去的网关地址。汇聚交换机这端的 IP 地址，就是回程路由的下一跳地址。

汇聚交换机与两台核心交换机互联的接口 IP 地址应属于同一个网段，虚拟 IP 地址也必须属于该网段，因此，可使用 29 位掩码的子网来提供所需的 IP 地址。

两台核心交换机同时与每一台汇聚层交换机相连，两台核心交换机对应于每一台汇聚交换机，都需要创建配置一个 HSRP 组，并生成一台虚拟的核心交换机，逻辑上相当于是虚拟核心交换机在与汇聚交换机互联，因此，有多少台汇聚交换机在两台核心交换机上，就需要对应创建多少个 HSRP 组。

汇聚交换机与两台核心交换机互连，使用了两个接口，为了统一回程路由的下一跳地址，可将这两个接口对应的 IP 地址配置成同一个 IP 地址，为此，可采取创建一个 VLAN，将 IP 地址配置在 VLAN 接口上，然后将这两个接口划归到该 VLAN 来实现。

为了实现负荷分担和增加可靠性，可通过合理配置核心交换机在组内的优先级，实现让两台核心交换机互为热备份。例如，让 CoreSW_A 核心交换机对于 HSRP 组 1 成为活动交换机，CoreSW_B 交换机在 HSRP 组 1 中成为备份交换机。在 HSRP 组 2 中，则让 CoreSW_A 核心交换机成为备份交换机，CoreSW_B 交换机成为活动交换机。若还有其他 HSRP 组，则如法炮制。

配置方法如下：

(1) 配置汇聚层交换机。

① 配置 Building1 汇聚交换机。Building1 汇聚交换机与核心交换机的热备份组 1 对应，该组的虚拟 IP 地址规划为 172.16.1.5。

```
Switch#config t
Switch(config)#hostname Building1
Building1(config)#ip routing
Building1(config)#vlan 10
Building1(config-vlan)#vlan 25
Building1(config-vlan)#vlan 2
Building1(config-vlan)#int vlan 10
Building1(config-if)#ip address 10.8.0.1 255.255.255.0
Building1(config-if)#int vlan 25
Building1(config-if)#ip address 10.8.15.1 255.255.255.0
Building1(config-if)#int vlan 2
Building1(config-if)#ip address 172.16.1.1 255.255.255.248
Building1(config-if)#int G1/0/1
Building1(config-if)#switchport access vlan 10
Building1(config-if)#int G1/0/3
Building1(config-if)#switchport access vlan 25
Building1(config-if)#int range G1/1/1-2
Building1(config-if-range)#switchport access vlan 2
Building1(config-if)#exit
!配置出去的默认路由,下一跳指向热备份组的虚拟 IP 地址
```

```
Building1(config)#ip route 0.0.0.0 0.0.0.0 172.16.1.5
Building1(config)#exit
Building1#write
```

② 配置 Building2 汇聚交换机。Building2 汇聚交换机与核心交换机的热备份组 2 对应,该组的虚拟 IP 地址规划为 172.16.2.5。

```
Switch#config t
Switch(config)#hostname Building2
Building2(config)#ip routing
Building2(config)#vlan 30
Building2(config-vlan)#vlan 45
Building2(config-vlan)#vlan 2
Building2(config-vlan)#int vlan 30
Building2(config-if)#ip address 10.8.16.1 255.255.255.0
Building2(config-if)#int vlan 45
Building2(config-if)#ip address 10.8.31.1 255.255.255.0
Building2(config-if)#int vlan 2
Building2(config-if)#ip address 172.16.2.1 255.255.255.248
Building2(config-if)#int G1/0/1
Building2(config-if)#switchport access vlan 30
Building2(config-if)#int G1/0/3
Building2(config-if)#switchport access vlan 45
Building2(config-if)#int range G1/1/1-2
Building2(config-if-range)#switchport access vlan 2
Building2(config-if)#exit
!配置出去的默认路由,下一跳指向热备份组的虚拟 IP 地址
Building2(config)#ip route 0.0.0.0 0.0.0.0 172.16.2.5
Building2(config)#exit
Building2#write
```

(2) 配置核心交换机。

① 配置核心交换机 CoreSW_A。

```
Switch#config t
Switch(config)#hostname CoreSW_A
CoreSW_A(config)#ip routing
!将 G1/1/1 接口加入热备份组 1,虚拟 IP 地址为 172.16.1.5,用抢占模式,优先级为 105
CoreSW_A(config)#int G1/1/1
CoreSW_A(config)#no switchport
CoreSW_A(config-if)#ip address 172.16.1.2 255.255.255.248
CoreSW_A(config-if)#standby version 2
CoreSW_A(config-if)#standby 1 ip 172.16.1.5
CoreSW_A(config-if)#standby 1 preempt
CoreSW_A(config-if)#standby 1 priority 105
CoreSW_A(config-if)#standby 1 track G1/0/1
!将 G1/1/2 接口加入热备份组 2,虚拟 IP 地址为 172.16.2.5,用抢占模式,优先级为 100
CoreSW_A(config)#int G1/1/2
CoreSW_A(config)#no switchport
CoreSW_A(config-if)#ip address 172.16.2.3 255.255.255.248
```

367

```
CoreSW_A(config-if)#standby version 2
CoreSW_A(config-if)#standby 2 ip 172.16.2.5
CoreSW_A(config-if)#standby 2 preempt
CoreSW_A(config-if)#standby 2 track G1/0/1
```
!配置 G1/0/1 的接口地址
```
CoreSW_A(config-if)#int G1/0/1
CoreSW_A(config-if)#no switchport
CoreSW_A(config-if)#ip address 172.16.3.2 255.255.255.252
CoreSW_A(config-if)#exit
```
!配置出去的默认路由和回汇聚交换机的回程路由
```
CoreSW_A(config)#ip route 0.0.0.0 0.0.0.0 172.16.3.1
```
!配置到 Building1 楼宇的回程路由
```
CoreSW_A(config)#ip route 10.8.0.0 255.255.240.0 172.16.1.1
```
!配置到 Building2 楼宇的回程路由
```
CoreSW_A(config)#ip route 10.8.16.0 255.255.240.0 172.16.2.1
CoreSW_A(config)#exit
CoreSW_A#write
```

② 配置核心交换机 CoreSW_B。

```
Switch#config t
Switch(config)#hostname CoreSW_B
CoreSW_B(config)#ip routing
```
!将 G1/1/2 接口加入热备份组 1,虚拟 IP 地址为 172.16.1.5,用抢占模式,优先级为 100
```
CoreSW_B(config)#int G1/1/2
CoreSW_B(config)#no switchport
CoreSW_A(config-if)#ip address 172.16.1.3 255.255.255.248
CoreSW_B(config-if)#standby version 2
CoreSW_B(config-if)#standby 1 ip 172.16.1.5
CoreSW_B(config-if)#standby 1 preempt
CoreSW_B(config-if)#standby 1 track G1/0/1
```
!将 G1/1/1 接口加入热备份组 2,虚拟 IP 地址为 172.16.2.5,用抢占模式,优先级为 105
```
CoreSW_B(config)#int G1/1/1
CoreSW_B(config)#no switchport
CoreSW_A(config-if)#ip address 172.16.2.2 255.255.255.248
CoreSW_B(config-if)#standby version 2
CoreSW_B(config-if)#standby 2 ip 172.16.2.5
CoreSW_B(config-if)#standby 2 preempt
CoreSW_B(config-if)#standby 2 priority 105
CoreSW_B(config-if)#standby 2 track G1/0/1
```
!配置 G1/0/1 的接口地址
```
CoreSW_B(config-if)#int G1/0/1
CoreSW_B(config-if)#no switchport
CoreSW_B(config-if)#ip address 172.16.3.6 255.255.255.252
CoreSW_B(config-if)#exit
```
!配置出去的默认路由和回汇聚交换机的回程路由
```
CoreSW_B(config)#ip route 0.0.0.0 0.0.0.0 172.16.3.5
```
!配置到 Building1 楼宇的回程路由
```
CoreSW_B(config)#ip route 10.8.0.0 255.255.240.0 172.16.1.1
```
!配置到 Building2 楼宇的回程路由

```
CoreSW_B(config)#ip route 10.8.16.0 255.255.240.0 172.16.2.1
CoreSW_B(config)#exit
CoreSW_B#write
```

（3）配置出口路由器。

```
Router#config t
Router(config)#int G0/0
Router(config-if)#ip address 172.16.3.1 255.255.255.252
Router(config-if)#no shutdown
Router(config-if)#ip nat inside
Router(config-if)#int G0/1
Router(config-if)#ip address 172.16.3.5 255.255.255.252
Router(config-if)#no shutdown
Router(config-if)#ip nat inside
Router(config-if)#int G0/0/0
Router(config-if)#ip address 222.177.205.2 255.255.255.252
Router(config-if)#no shutdown
Router(config-if)#ip nat outside
Router(config-if)#exit
Router(config)#access-list 1 permit any
Router(config)#ip nat inside source list 1 interface G0/0/0 overload
Router(config)#ip route 0.0.0.0 0.0.0.0 222.177.205.1
Router(config)#ip route 10.8.0.0 255.255.0.0 172.16.3.2 10
Router(config)#ip route 10.8.0.0 255.255.0.0 172.16.3.6 20
Router(config)#exit
Router#write
```

（4）配置因特网络路由器，并设置服务器的 IP 地址。

```
Router#config t
Router(config)#int G0/3/0
Router(config-if)#ip address 222.177.205.1 255.255.255.252
Router(config-if)#no shutdown
Router(config-if)#int G0/0
Router(config-if)#ip address 222.177.206.1 255.255.255.248
Router(config-if)#no shutdown
Router(config-if)#exit
Router(config)#ip route 222.177.205.0 255.255.255.252 222.177.205.2
Router(config)#exit
Router#write
```

（5）设置各 PC 的 IP 地址和网关，然后对配置进行验证和对网络通畅性进行测试。

① 在任意一台 PC 的命令行 ping 222.177.206.5，若能 ping 通，则说明到因特网的网络通畅。

② 切换到模拟模式，设置仅捕获 ICMP 数据包，然后分别在 10.8.0.10 和 10.8.16.10 主机的命令行 ping 222.177.206.5，逐步追踪数据包的走向，并思考数据包为什么要这么走，加深对热备份组工作原理的理解。

③ 人为制造故障，追踪数据包的走向。先切换实时模式，将 CoreSW_B 核心交换机的 G1/0/1 接口关闭，人为制造故障。然后切换模拟模式，在 10.8.16.10 主机的命令行

ping 222.177.206.5,逐步追踪数据包的走向,观察并思考数据包的走向与原来有何不同,网络是否仍然通畅。

恢复 CoreSW_B 核心交换机的 G1/0/1 接口的可用状态,然后再设置 CoreSW_A 核心交换机的 G1/0/1 接口为 shutdown(关闭)状态。然后切换回模拟模式,在 10.8.16.10 主机的命令行 ping 222.177.206.5,逐步追踪数据包的走向,注意观察出口路由器回核心交换机的数据包的走向与原来有何不同,并思考路由器回来的数据包智能选路,避开故障链路是如何实现的。

④ 查看 HSRP 配置信息和状态信息。在任意一台核心交换机上执行 show standby brief 命令,查看 HSRP 的状态信息。在 CoreSW_A 核心交换机上的查看结果如下:

```
CoreSW_A#show standby brief
                     P indicates configured to preempt.
                     |
Interface  Grp  Pri  P  State Active      Standby     Virtual IP
Gig1/1/1   1    105  P  Active local      172.16.1.3  172.16.1.5
Gig1/1/2   2    100  P  Standby 172.16.2.2 local      172.16.2.5
```

从输出的信息可见,CoreSW_A 核心交换机的 G1/1/1 对于 HSRP 组 1 是活动交换机,备份交换机是 IP 地址为 172.16.1.3 的核心交换机(CoreSW_B),CoreSW_B 的 G1/1/2 接口的 IP 地址为 172.16.1.3。

CoreSW_A 核心交换机的 G1/1/1 对于 HSRP 组 2 则是备份交换机,HSRP 组 2 的活动交换机的 IP 地址为 172.16.2.2,即是 CoreSW_B 核心交换机,该交换机的 G1/1/1 接口的 IP 地址为 172.16.2.2。

使用 show standby 命令可显示更为详细的配置信息和状态信息,其显示内容如图 10.7 所示。通过以上的验证和检测,双核心单出口的高可靠网络配置成功。

```
CoreSW_A#show standby
GigabitEthernet1/1/1 - Group 1 (version 2)
  State is Active
    9 state changes, last state change 00:00:32
  Virtual IP address is 172.16.1.5
  Active virtual MAC address is 0000.0C9F.F001
    Local virtual MAC address is 0000.0C9F.F001 (v2 default)
  Hello time 3 sec, hold time 10 sec
    Next hello sent in 1.272 secs
  Preemption enabled
  Active router is local
  Standby router is 172.16.1.3, priority 100 (expires in 7 sec)
  Priority 105 (configured 105)
    Track interface GigabitEthernet1/0/1 state Up decrement 10
  Group name is hsrp-Gig1/1/1-1 (default)
GigabitEthernet1/1/2 - Group 2 (version 2)
  State is Standby
    12 state changes, last state change 00:00:47
  Virtual IP address is 172.16.2.5
  Active virtual MAC address is 0000.0C9F.F002
    Local virtual MAC address is 0000.0C9F.F002 (v2 default)
  Hello time 3 sec, hold time 10 sec
    Next hello sent in 0.681 secs
  Preemption enabled
  Active router is 172.16.2.2, priority 105 (expires in 7 sec)
    MAC address is 0000.0C9F.F002
  Standby router is local
  Priority 100 (default 100)
    Track interface GigabitEthernet1/0/1 state Up decrement 10
  Group name is hsrp-Gig1/1/2-2 (default)
```

图 10.7　查看 HSRP 详细的配置信息和状态信息

370

【例 10.3】　双核心双出口配置应用案例。在例 10.2 的基础上,将单一的出口路由器更改为双出口路由器,为此,将前面例 10.2 已配置好的网络拓扑文件(.pkt)另存为一个新的文件,然后对拓扑结构进行修改,删除原来的路由器,添加两台新的 2911 路由器。对模拟的因特网进行适当修改,增加路由器,并采用 OSPF 动态路由协议来配置实现因特网的互联互通。

因特网出口采用双出口链路,以便增加出口链路的可靠性,防止单链路故障。RouterA 路由器的出口链路申请到 16 个 IP 地址,地址段为 222.177.208.0/28,NAT 地址池为 222.177.208.8/29;RouterB 路由器的出口链路申请到 32 个 IP 地址,地址段为 222.177.205.0/27,NAT 地址池为 222.177.205.8/29。

修改后的网络拓扑和地址规划如图 10.8 所示,试对网络进行配置,实现整个网络的互联互通,并能访问因特网。

配置方法如下:

(1) 配置核心交换机与出口路由器的接口地址和出去的默认路由。

① 配置 CoreSW_A 核心交换机。

```
!删除原来配置的默认路由,删除 G1/0/1 接口的 IP 地址并设置为二层端口
CoreSW_A(config)#no ip route 0.0.0.0 0.0.0.0 172.16.3.1
CoreSW_A(config)#int G1/0/1
CoreSW_A(config-if)#no ip address
CoreSW_A(config-if)#switchport
CoreSW_A(config-if)#exit
!配置与出口路由器互联要使用的 IP 地址
CoreSW_A(config)#vlan 10
CoreSW_A(config-vlan)#int vlan 10
CoreSW_A(config-vlan)#ip address 172.16.4.1 255.255.255.248
CoreSW_A(config-vlan)#int range G1/0/1-2
CoreSW_A(config-if-range)#switchport access vlan 10
CoreSW_A(config-if-range)#exit
!配置到因特网的默认路由
CoreSW_A(config)#ip route 0.0.0.0 0.0.0.0 172.16.4.5
CoreSW_A(config)#exit
CoreSW_A#write
```

② 配置 CoreSW_B 核心交换机。

```
!删除原来配置的默认路由,删除 G1/0/1 接口的 IP 地址并设置为二层端口
CoreSW_B(config)#no ip route 0.0.0.0 0.0.0.0 172.16.3.5
CoreSW_B(config)#int G1/0/1
CoreSW_B(config-if)#no ip address
CoreSW_B(config-if)#switchport
CoreSW_B(config-if)#exit
!配置与出口路由器互联要使用的 IP 地址
CoreSW_B(config)#vlan 20
CoreSW_B(config-vlan)#int vlan 20
CoreSW_B(config-if)#ip address 172.16.3.1 255.255.255.248
CoreSW_B(config-if)#int range G1/0/1-2
```

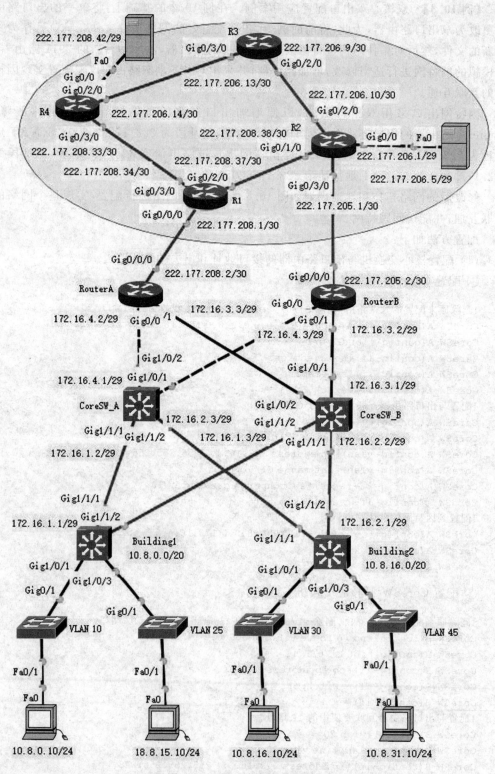

222.177.208.42/29

R3

Gig0/3/0　222.177.206.9/30

Gig0/2/0

Fa0

Gig0/0

Gig0/2/0

R4　222.177.206.13/30　222.177.206.10/30

222.177.206.14/30　Gig0/2/0

Gig0/3/0　222.177.208.38/30　R2

222.177.208.33/30　Gig0/1/0　Gig0/0　Fa0

222.177.208.34/30　222.177.208.37/30　222.177.206.1/29

Gig0/2/0　222.177.206.5/29

Gig0/3/0　Gig3/0/0

Gig0/0/0　222.177.205.1/30

222.177.208.1/30

Gig0/0/0

RouterA　222.177.208.2/30　Gig0/0/0　222.177.205.2/30　RouterB

172.16.4.2/29　172.16.3.3/29　Gig0/0

Gig0/0　172.16.4.3/29　Gig0/1　172.16.3.2/29

Gig1/0/2

172.16.4.1/29　Gig1/0/1　Gig1/0/1

172.16.3.1/29

CoreSW_A

Gig1/0/2

Gig1/1/1　172.16.2.3/29　Gig1/1/2　CoreSW_B

Gig1/1/2　172.16.1.3/29　Gig1/1/1　172.16.2.2/29

172.16.1.2/29

Gig1/1/1

172.16.1.1/29　Gig1/1/2　Gig1/1/2

Building1　172.16.2.1/29

Gig1/0/1　10.8.0.0/20　Gig1/1/1

Gig1/0/3　Gig1/0/1　Building2

Gig0/1　Gig0/1　10.8.16.0/20

Gig0/1　Gig1/0/3

VLAN 10　VLAN 25　VLAN 30　Gig0/1

VLAN 45

Fa0/1　Fa0/1　Fa0/1　Fa0/1

Fa0　Fa0　Fa0　Fa0

10.8.0.10/24　18.8.15.10/24　10.8.16.10/24　10.8.31.10/24

图 10.8　双核心双出口网络拓扑

```
CoreSW_B(config-if-range)#switchport access vlan 20
CoreSW_B(config-if-range)#exit
!配置到因特网的默认路由
CoreSW_B(config)#ip route 0.0.0.0 0.0.0.0 172.16.3.5
CoreSW_B(config)#exit
CoreSW_B#write
```

（2）配置出口路由器。两台出口路由器创建 HSRP 组 1，用于与 CoreSW_A 互联，虚拟 IP 地址为 172.16.4.5/29；创建 HSRP 组 2，用于与 CoreSW_B 互联，虚拟 IP 地址为 172.16.3.5/29。

① 配置 RouterA 路由器。

```
Router#config t
Router(config)#hostname RouterA
!配置 G0/1 和 HSRP 组 1。在组 1 中，当前路由器为高优先级路由器
RouterA(config)#int G0/1
RouterA(config-if)#no shutdown
RouterA(config-if)#ip address 172.16.4.2 255.255.255.248
RouterA(config-if)#ip nat inside
RouterA(config-if)#standby version 2
RouterA(config-if)#standby 1 ip 172.16.4.5
RouterA(config-if)#standby 1 priority 105
RouterA(config-if)#standby 1 preempt
RouterA(config-if)#standby 1 track GigabitEthernet0/0/0
!配置 G0/0 和 HSRP 组 2。在组 2 中，当前路由器为低优先级路由器
RouterA(config-if)#int G0/0
RouterA(config-if)#no shutdown
RouterA(config-if)#ip address 172.16.3.3 255.255.255.248
RouterA(config-if)#ip nat inside
RouterA(config-if)#standby version 2
RouterA(config-if)#standby 2 ip 172.16.3.5
RouterA(config-if)#standby 2 priority 100
RouterA(config-if)#standby 2 preempt
RouterA(config-if)#standby 2 track GigabitEthernet0/0/0
!配置 G0/0/0 接口
RouterA(config-if)#int G0/0/0
RouterA(config-if)#no shutdown
RouterA(config-if)#ip address 222.177.208.2 255.255.255.252
RouterA(config-if)#ip nat outside
RouterA(config-if)#exit
!配置 NAT
RouterA(config)#access-list 1 permit any
RouterA(config)#ip nat pool poolA 222.177.208.8 222.177.208.15 netmask 255.255.255.248
RouterA(config)#ip nat inside source list 1 pool poolA overload
!配置到因特网的默认路由和回内网的回程路由
RouterA(config)#ip route 0.0.0.0 0.0.0.0 222.177.208.1
!路由器有 2 个 HSRP 组，回内网对应有 2 条路径，配置不同的管理距离，设置优先级
RouterA(config)#ip route 10.8.0.0 255.255.0.0 172.16.4.1 10
```

373

```
RouterA(config)#ip route 10.8.0.0 255.255.0.0 172.16.3.1 20
RouterA(config)#exit
RouterA#write
```

② 配置 RouterB 路由器。

```
Router#config t
Router(config)#hostname RouterB
```
!配置 G0/0 和 HSRP 组 1。在组 1 中,当前路由器为低优先级路由器
```
RouterB(config)#int G0/0
RouterB(config-if)#no shutdown
RouterB(config-if)#ip address 172.16.4.3 255.255.255.248
RouterB(config-if)#ip nat inside
RouterB(config-if)#standby version 2
RouterB(config-if)#standby 1 ip 172.16.4.5
RouterB(config-if)#standby 1 priority 100
RouterB(config-if)#standby 1 preempt
RouterB(config-if)#standby 1 track GigabitEthernet0/0/0
```
!配置 G0/1 和 HSRP 组 2。在组 2 中,当前路由器为高优先级路由器
```
RouterB(config-if)#int G0/1
RouterB(config-if)#no shutdown
RouterB(config-if)#ip address 172.16.3.2 255.255.255.248
RouterB(config-if)#ip nat inside
RouterB(config-if)#standby version 2
RouterB(config-if)#standby 2 ip 172.16.3.5
RouterB(config-if)#standby 2 priority 105
RouterB(config-if)#standby 2 preempt
RouterB(config-if)#standby 2 track GigabitEthernet0/0/0
```
!配置 G0/0/0 接口
```
RouterB(config-if)#int G0/0/0
RouterB(config-if)#no shutdown
RouterB(config-if)#ip address 222.177.205.2 255.255.255.252
RouterB(config-if)#ip nat outside
RouterB(config-if)#exit
```
!配置 NAT
```
RouterB(config)#access-list 1 permit any
RouterB(config)#ip nat pool poolA 222.177.205.8 222.177.205.15 netmask 255.255.
255.248
RouterB(config)#ip nat inside source list 1 pool poolA overload
```
!配置到因特网的默认路由和回内网的回程路由
```
RouterB(config)#ip route 0.0.0.0 0.0.0.0 222.177.205.1
```
!路由器有 2 个 HSRP 组,回内网对应有 2 条路径,配置不同的管理距离,设置优先级
```
RouterB(config)#ip route 10.8.0.0 255.255.0.0 172.16.3.1 10
RouterB(config)#ip route 10.8.0.0 255.255.0.0 172.16.4.1 20
RouterB(config)#exit
RouterB#write
```

（3）配置修改核心交换机上 HSRP 组追踪的接口为 VLAN。在单出口时,直接追踪接口的状态即可,变成双出口路由器后,接口变成了 2 个,因此,改为追踪接口所属的 VLAN。

① 配置修改 CoreSW_A 核心交换机。可将原来对 HSRP 组的配置复制到记事本，在记事本中对配置命令进行修改。在接口下删除对 HSRP 组的配置后，再以复制及粘贴方式将配置粘贴回交换机的配置命令行。

```
CoreSW_A(config)#int G1/1/1
!删除原来对 HSRP 组 1 的配置，再重新配置
CoreSW_A(config-if)#no standby 1
CoreSW_A(config-if)#standby 1 ip 172.16.1.5
CoreSW_A(config-if)#standby 1 priority 105
CoreSW_A(config-if)#standby 1 preempt
CoreSW_A(config-if)#standby 1 track vlan 10
CoreSW_A(config-if)#int G1/1/2
CoreSW_A(config-if)#no standby 2
CoreSW_A(config-if)#standby 2 ip 172.16.2.5
CoreSW_A(config-if)#standby 2 preempt
CoreSW_A(config-if)#standby 2 track vlan 10
CoreSW_A(config-if)#end
CoreSW_A#write
```

② 配置修改 CoreSW_B 核心交换机的 HSRP 组的追踪接口。

```
CoreSW_B(config)#int G1/1/1
CoreSW_B(config-if)#no standby 2
CoreSW_B(config-if)#standby 2 ip 172.16.2.5
CoreSW_B(config-if)#standby 2 priority 105
CoreSW_B(config-if)#standby 2 preempt
CoreSW_B(config-if)#standby 2 track vlan 20
CoreSW_B(config-if)#int G1/1/2
CoreSW_B(config-if)#no standby 1
CoreSW_B(config-if)#standby 1 ip 172.16.1.5
CoreSW_B(config-if)#standby 1 preempt
CoreSW_B(config-if)#standby 1 track vlan 20
CoreSW_B(config-if)#end
CoreSW_B#write
```

（4）配置模拟的因特网，并设置因特网服务器的 IP 地址和网关地址。

① 配置 R1 路由器。

```
Router(config)#hostname R1
R1(config)#int G0/0/0
R1(config-if)#ip address 222.177.208.1 255.255.255.252
R1(config-if)#no shutdown
R1(config-if)#int G0/2/0
R1(config-if)#ip address 222.177.208.37 255.255.255.252
R1(config-if)#no shutdown
R1(config-if)#int G0/3/0
R1(config-if)#ip address 222.177.208.34 255.255.255.252
R1(config-if)#no shutdown
```

```
R1(config-if)#exit
R1(config-if)#router ospf 1
R1(config-router)#network 222.177.208.0 0.0.0.3 area 0
R1(config-router)#network 222.177.208.32 0.0.0.3 area 0
R1(config-router)#network 222.177.208.36 0.0.0.3 area 0
R1(config-router)#redistribute static subnets
R1(config-router)#exit
```
!配置静态路由,将该单位申请到的公网地址段路由下一跳指向该单位出口路由器的外网口地址
```
R1(config)#ip route 222.177.208.0 255.255.255.240 222.177.208.2
R1(config)#exit
R1#write
```

② 配置 R2 路由器。

```
Router(config)#hostname R2
R2(config)#int G0/3/0
R2(config-if)#ip address 222.177.205.1 255.255.255.252
R2(config-if)#no shutdown
R2(config-if)#int G0/0
R2(config-if)#no shutdown
R2(config-if)#ip address 222.177.206.1 255.255.255.248
R2(config-if)#int G0/2/0
R2(config-if)#no shutdown
R2(config-if)#ip address 222.177.206.10 255.255.255.252
R2(config-if)#int G0/1/0
R2(config-if)#no shutdown
R2(config-if)#ip address 222.177.208.38 255.255.255.252
R2(config-if)#exit
R2(config)#router ospf 1
R2(config-router)#network 222.177.205.0 0.0.0.3 area 0
R2(config-router)#network 222.177.206.0 0.0.0.7 area 0
R2(config-router)#network 222.177.206.8 0.0.0.3 area 0
R2(config-router)#network 222.177.208.36 0.0.0.3 area 0
R2(config-router)#redistribute static subnets
R2(config-router)#exit
R2(config)#ip route 222.177.205.0 255.255.255.224 222.177.205.2
R2(config)#exit
R2#write
```

③ 配置 R3 路由器。

```
Router(config)#hostname R3
R3(config)#int G0/2/0
R3(config-if)#no shutdown
R3(config-if)#ip address 222.177.206.9 255.255.255.252
R3(config-if)#int G0/3/0
R3(config-if)#no shutdown
R3(config-if)#ip address 222.177.206.13 255.255.255.252
```

```
R3(config-if)#exit
R3(config)#router ospf 1
R3(config-router)#network 222.177.206.8 0.0.0.3 area 0
R3(config-router)#network 222.177.206.12 0.0.0.3 area 0
R3(config-router)#end
R3#write
```

④ 配置 R4 路由器。

```
Router(config)#hostname R4
R4(config)#int G0/3/0
R4(config-if)#no shutdown
R4(config-if)#ip address 222.177.208.33 255.255.255.252
R4(config-if)#int G0/2/0
R4(config-if)#no shutdown
R4(config-if)#ip address 222.177.206.14 255.255.255.252
R4(config-if)#int G0/0
R4(config-if)#no shutdown
R4(config-if)#ip address 222.177.208.41 255.255.255.248
R4(config-if)#exit
R4(config)#router ospf 1
R4(config-router)#network 222.177.208.32 0.0.0.3 area 0
R4(config-router)#network 222.177.206.12 0.0.0.3 area 0
R4(config-router)#network 222.177.208.40 0.0.0.7 area 0
R4(config-router)#end
R4#write
```

⑤ 设置因特网中的 2 台 Web 服务器的 IP 地址和网关地址,并修改 Web 服务器首页文件 index.html 的显示内容,增加服务器 IP 地址的显示。

(5) 配置验证与网络通畅性测试。

① 查看路由器的热备份组的简要信息。在 RouterA 路由器的特权模式执行 show standby brief 命令,查看热备份组的状态信息,结果如图 10.9 所示。

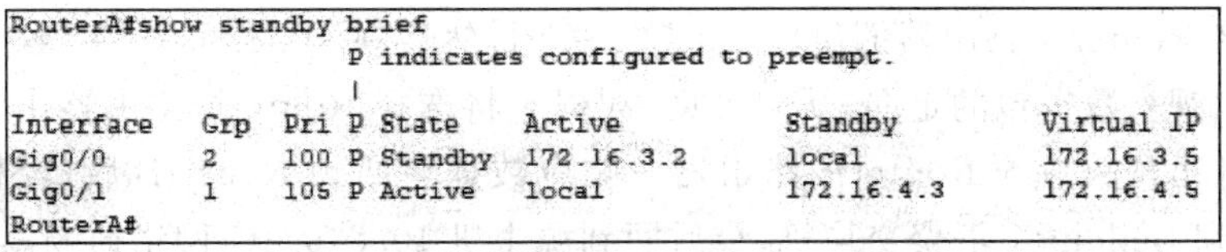

```
RouterA#show standby brief
                     P indicates configured to preempt.
                     |
Interface   Grp  Pri P State    Active     Standby       Virtual IP
Gig0/0      2    100 P Standby  172.16.3.2 local         172.16.3.5
Gig0/1      1    105 P Active   local      172.16.4.3    172.16.4.5
RouterA#
```

图 10.9　RouterA 路由器的热备份组状态信息

② 在内网任意一台 PC 上,在命令行 ping 因特网中的任意一台 Web 服务器的 IP 地址,查看能否 ping 通,测试结果如图 10.10 所示,从中可见,网络通畅。接下来进一步访问因特网中的 Web 服务,若都能正常访问,则网络配置成功。

③ 切换到模拟运行模式,然后在任意一台 PC 中 ping 因特网中的 Web 服务器,观察数据包的走向。

④ 人为制造故障点,然后在模拟运行模式 ping 因特网中的 Web 服务器,通过观察数

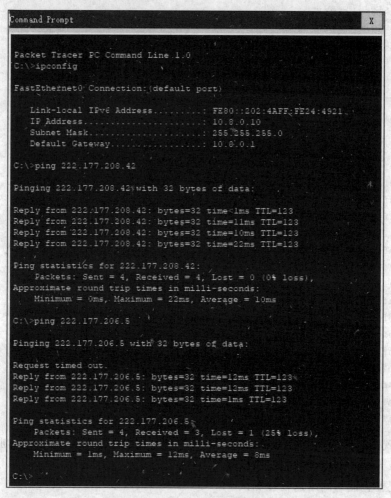

图 10.10　内网到因特网通畅性测试

据包的走向来判断设备能否自动切换链路进行数据包路由和转发。

　　例如，将 RouterA 路由器的出口 G0/0/0 关闭，然后在 10.8.0.10 主机中 ping 222.177.208.42，观察数据包的走向，从中可见，数据包将选择 RouterB 路由器出去访问因特网，成功避开出现故障的 RouterA 路由器。响应数据包回到 RouterB 后，经核心交换机 CoreSW_B 到 Building1 汇聚交换机，最后回到源主机 10.8.0.10，网络通畅。

　　接下来进一步设置故障，将刚才响应数据包回来的路径再设置一条故障链路，将 RouterB 与 CoreSW_B 互联的链路设置故障，为此，将 CoreSW_B 核心交换机的 G1/0/1 端口关闭。然后模拟运行模式，在 10.8.0.10 主机中再次 ping 222.177.208.42 服务器，观察回来的响应数据包能否成功避开故障链路。观察结果是回来的响应数据包成功避免 RouterB 至 CoreSW_B 之间的故障链路，而选择走 RouterB 至 CoreSW_A 的链路，最后响应数据包成功返回源主机，访问成功。

　　通过以上网络通畅性检测和通过人为故障点设置验证网络的高可靠性，整个网络运行正常，网络通畅，可靠性非常高，网络配置成功。

10.5　VRRP 路由冗余协议

10.5.1　VRRP 简介

VRRP 的功能与 HSRP 相同,工作原理也基本相同,只有一些细微的差别。HSRP 协议有 6 种状态,而 VRRP 只有 3 种状态,分别是 Initial(初始化)、Master(主状态)和 Backup(备份状态)。Master 状态对应于 HSRP 的 Active 状态,Backup 状态对应于 HSRP 的 Standby 状态。

VRRP 和 HSRP 默认优先级均为 100,都是优先级大的选举为活动设备。VRRP 的优先级的取值范围为 0~255,可配置的范围为 1~254,0 被系统保留。当虚拟 IP 地址与物理接口 IP 地址相同时,优先级被自动设置为 255。

Cisco Packet Tracer 模拟平台不支持 VRRP 协议,要做 VRRP 协议的配置实验,建议选择 EVE-NG(Emulated Virtual Environment-Next Generation)仿真虚拟平台。

10.5.2　VRRP 的配置命令

1. 创建备份组,并配置指定虚拟 IP 地址

配置命令为:

`vrrp 组号 ip 虚拟 IP 地址`

该命令在接口配置模式下执行,创建指定的备份组,并将当前设备加入该组。与 HSRP 不同的是,VRRP 的虚拟 IP 地址可以使用物理接口的 IP 地址。组号范围为 0~255,未指定组号时,默认为 0。

2. 配置设备的优先级

配置命令为:

`vrrp 组号 priority 优先级数值`

在接口配置模式下执行,优先级数值的取值范围为 1~254,默认值为 100。优先级数值越大,抢占成为活动设备的优先权越高。

如果备份组的虚拟 IP 地址与某个物理接口的 IP 地址相同,则该设备在该备份组的优先级自动设备为 255,为最高优先级,将成为 Master 设备。

3. 配置抢占模式

配置命令为:

`vrrp 组号 preempt [ delay delay-time ]`

在接口配置模式下执行,配置使用抢占模式。delay 为可选参数项,用于配置抢占延迟时间,即设备发现自己的优先级大于 Master 设备的优先级开始,经过抢占延迟时间后才开始抢占。*delay-time* 的取值范围为 0~3600,单位为 s,默认值为 0,即设备发现自己的优先级比 Master 设备还高时,立即开始抢占。

4. 配置接口状态跟踪

(1) 首先定义要跟踪的接口对象。

配置命令为:

```
track track-num interface interface-type port-number line-protocol
```

该命令在全局配置模式下执行,用于定义要跟踪接口协议状态(up/down)的接口对象。*track-num* 代表要跟踪的接口对象的对象编号,取值范围为 1~256,*interface-type port-number* 代表要跟踪的接口的类型和接口编号。

例如,若要跟踪路由器或三层交换机的上行链路接口 G0/0/0,将接口对象的对象编号定义为 10,则配置命令为:

```
Router(config)#track 10 G0/0/0 line-protocol
```

(2) 在接口配置模式,配置接口状态变为不可用时,优先级的变化值。

配置命令为:

```
vrrp 组号 track track-num [decrement priority-value]
```

参数说明:*track-num* 代表前面定义的要跟踪的接口对象;*priority-value* 代表优先级的变化值,取值范围为 1~254。当被跟踪的接口由 Up 状态变为 Down 状态时,优先级减少 *priority-value* 定义的值;当状态由 Down 变为 Up 状态时,优先级增加 *priority-value* 定义的值。decrement 为可选参数项,若没有配置,则优先级变化值默认为 10。

例如,假设路由器的内网口为 G0/1/0,接口 IP 地址为 172.16.3.2/29,要将该路由器配置到 VRRP 组 1,虚拟 IP 地址配置为 172.16.3.5,上行链路接口为 G0/0/0,接口跟踪 G0/0/0,优先级变化值定义为 30,则配置命令为:

```
Router(config)#track 100 G0/0/0 line-protocol
Router(config)#int G0/1/0
Router(config-if)#ip address 172.16.3.2 255.255.255.248
Router(config-if)#no shutdown
Router(config-if)#vrrp 1 ip 172.16.3.5
Router(config-if)#vrrp 1 priority 120
Router(config-if)#vrrp 1 preempt
Router(config-if)#vrrp 1 track 10 decrement 30
```

同一组的另外的路由器的配置方法相同,只是优先级定义有所不同,要跟踪的上行链路接口有可能不相同。

5. 配置 VRRP 通告时间间隔

配置命令为:

vrrp 组号 advertise［msec］［*interval*］

该命令在接口配置模式下执行。msec 为可选项,若使用该选项,则表示时间间隔的单位为 ms;若不使用该选项,则默认单位为 s。*interval* 代表 Master 设备发送 VRRP 通告消息的时间间隔,单位为 s 时,取值范围为 1～255;单位为 ms 时,取值范围为 100～1000。若不配置该项,默认值为 1s。

6. 查看 VRRP 配置信息

显示命令为:

show vrrp［组号|brief| interface 接口类型 接口编号|all］

命令的相关用法如下。

- show vrrp:显示所有 VRRP 组的配置信息。
- show vrrp all:显示所有 VRRP 组(包括没有配置虚拟 IP 地址的组)的配置信息。
- show vrrp brief:显示所有 VRRP 组的简要配置信息。
- show vrrp interface 接口类型 接口编号:查看 VRRP 接口配置信息。
- show track *track-num*:显示指定 *track-num* 的 track 配置信息。

7. 开启和关闭 VRRP 诊断调试

开启 VRRP 调试诊断使用 debug vrrp 命令来实现。若要关闭诊断调试,则执行前面带 no 的命令。诊断调试结束,一定要记得关闭。开启诊断调试后,将影响路由器或三层交换机的性能。

开启命令为:

debug vrrp［state|packet|event|error|all］

该命令在特权模式下执行,用于诊断调试 VRRP 的运行,以发现故障原因。

参数说明如下。

- state:显示有关 VRRP 状态变化的诊断信息。
- packet:显示有关 VRRP 接收和发送的协议报文信息。
- event:显示有关触发 VRRP 发生状态改变的事件信息。
- error:显示有关 VRRP 接收到错误报文的信息。
- all:显示 VRRP 的所有诊断信息。

10.6　生成树协议及配置应用

10.6.1　生成树协议概述

1. 生成树协议的作用

生成树协议(Spanning Tree Protocol,STP)用于在数据链路层消除网络环路,防止报文在网络环路中不断增生和无限循环,形成广播风暴,导致交换设备因不堪重负而瘫痪。

交换设备(网桥)运行生成树协议后,各设备通过发送和交换 BPDU(Bridge Protocol Data Unit,网桥协议数据单元)消息帧,发现可能存在的网络环路,选举出根网桥设备,并根据其他网桥设备到根网桥设备的路径开销(Path Cost)大小,有选择地阻塞路径开销大的端口,从而实现将有环路的网络结构修剪为无环路的树形网络结构。

BPDU 是运行 STP 生成树协议的交换机之间交换的消息帧,BPDU 有两种类型的消息帧,一种是配置 BPDU,用于生成树的计算;另一种是拓扑变更通告(Topology Change Notification,TCN)BPDU,用于通告网络拓扑的变化。

配置 BPDU 数据帧中包含 STP 所需的各种信息,STP 就是利用这些信息来确定根网桥、根端口和指定端口,从而完成生成树的计算和生成树的形成。

在网络规划设计时,为了增强通信链路的可靠性,常采用冗余链路和设备冗余的设计方案来实现。比如,为增强接入交换机与汇聚交换机间链路的可靠性,汇聚交换机采用双机冗余的配置方案,拓扑结构如图 10.11 所示。由于接入交换机与汇聚交换机间的链路工作在数据链路层,此时就会形成二层环路,为此,在接入交换机与汇聚交换机间的网络中就必须开启使用生成树协议,以消除二层环路。

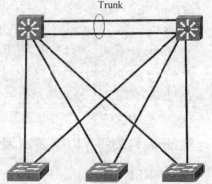

图 10.11 楼宇网络的高可靠性设计

2. 生成树协议的工作原理

最早的生成树协议是 STP,协议标准为 IEEE 802.1d。STP 为单生成树协议,对整个交换网络只生成一棵生成树实例,整个交换网络不允许出现二层环路。

随着网络技术的不断发展,生成树协议也在不断更新换代,添加融入新的功能特性,但不管怎样发展,其基本的工作原理是一致的。下面以 STP 生成树协议为例,简要介绍生成树的工作原理和相关概念,案例网络拓扑如图 10.12 所示。

生成树协议算法按以下 4 个步骤进行计算确定生成树。

(1) 选举产生根网桥

在所有运行 STP 协议的交换机中,选举产生出一个根网桥(Root Bridge)。选举方法是:根据各交换机发出的 BPDU 数据帧中的网桥 ID 字段值获得各交换机的网桥 ID,网桥 ID 值最小的,选举成为根网桥。

网桥 ID 由 8 字节组成,前 2 字节为网桥优先级,后 6 字节为网桥的 MAC 地址。对于交换机而言,网桥 MAC 地址就是交换机的 VLAN 1 接口的 MAC 地址,可使用 show int vlan 1 命令查看并获得。

网桥优先级采用 2 字节编码表示,对应的十进制取值范围为 0～65535,默认值为 32768,是一个可配置修改的参数。在比较网桥 ID 值大小时,首先比较网桥优先级的大小,优先级值最小的,将成为根网桥。若优先级相同,再比较网桥的 MAC 地址,MAC 地

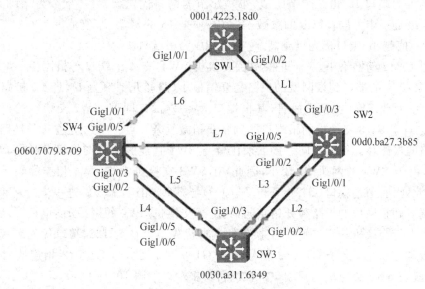

图 10.12　生成树工作原理案例拓扑

址小的将选举成为根网桥。

　　在图 10.12 的网络中,由于各交换机的网桥优先级均是默认的 32768,优先级相同,因此,接下来比较 MAC 地址的大小,SW1 交换机因 MAC 地址最小,故选举成为根网桥。

　　(2) 选举产生根端口

　　根网桥确定后,其他非根网桥交换机必须和根网桥交换机建立起链路连接,因此,接下来将在非根网桥交换机上,进行根端口(Root Port)的选举。根端口存在于非根网桥上,每个非根网桥交换机选举产生出一个根端口。

　　选举根端口的依据和顺序如下。只要比较出结果,则不再进行后续的比较。

　　① 计算非根网桥交换机与根网桥相连的端口到根网桥的根路径开销(Root Path Cost),根路径开销小的端口成为根端口。

　　② 比较与非根网桥交换机直连的交换机的网桥 ID,与网桥 ID 小的交换机相连的端口成为根端口。

　　③ 与直连交换机的最小端口 ID 相连的端口为根端口。

　　STP 生成树协议使用路径开销(路径成本)来衡量链路的"强壮性",选择使用"强壮"的链路,阻塞掉路径开销大的冗余链路,实现将环路网络修剪为无环路的树形结构。IEEE 802.1d(STP)的路径开销值如表 10.1 所示。

表 10.1　STP 生成树协议的路径开销

链路带宽	路径开销值	链路带宽	路径开销值
10Gbps	2	100Mbps	19
1Gbps	4	10Mbps	100

　　根路径开销是非根网桥交换机到根网桥交换机之间所经过的各条链路的路径开销之

和。交换机的端口 ID 由 2 字节组成,第一字节为端口优先级,第二字节为端口的编号。端口优先级是一个可配置修改的参数,其值必须是 16 的倍数,取值范围为 0～255,默认值为 128。值越小,端口优先级越高,越有可能成为根端口。

在图 10.12 的网络中,对于非根网桥交换机 SW4,有 4 个端口与根网桥 SW1 相连,但只有 G1/0/1 的端口到根网桥的根路径开销最小(路径开销值为 4),即 L6 链路的路径开销,因此,对于 SW4 交换机而言,其根端口为 G1/0/1。同理,SW2 交换机的根端口为 G1/0/3。对于 SW3 交换机的根端口的判断要稍微复杂一点。SW3 走左边的链路和走右边的链路的根路径开销均相同。接下来比较与 SW3 直连的上行交换机 SW4 和 SW2 的网桥 ID,由于 SW4 的网桥 ID 较小,因此,在 SW3 交换机中与 SW4 相连的端口是根端口,但在此处,有两个端口(G1/0/5 和 G1/0/6)与 SW4 相连,需要做进一步的判断。由于这两个端口到根网桥的根路径开销相同,到上行交换机 SW4 的网桥 ID 也相同,因此,接下来比较上行交换机的端口 ID。交换机的端口优先级默认为 128,端口优先级相同。接下来比较端口编号,由于 G1/0/2 编号小于 G1/0/3,因此,与 G1/0/2 相连的对端端口 G1/0/6 就是 SW3 交换机的根端口。根网桥与根端口如图 10.13 所示。

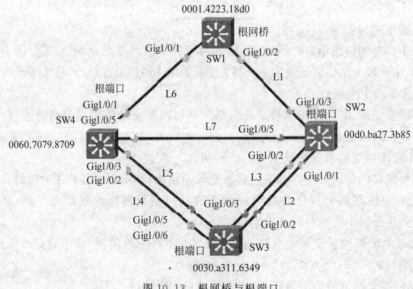

图 10.13　根网桥与根端口

(3) 选举产生指定端口

选举指定端口(Designated Port)的依据和顺序与选举根端口相同,按顺序依次是:

① 根路径开销小的端口为指定端口。

② 端口所在交换机的网桥 ID 小的为指定端口。

③ 端口 ID 值小的端口为指定端口。

根网桥 SW1 的 G1/0/1 和 G1/0/2 的根路径开销为 0,为指定端口。非根交换机与非根交换机互联的链路两端,必定有一个端口是指定端口。根端口的对端端口是指定端口。对于 SW4 与 SW3 之间的 L5 链路两端,SW4 的 G1/0/3 端口的根路径开销为 4,

SW3 的 G1/0/3 的根路径开销为 $4+4=8$。SW4 的 G1/0/3 的根路径开销小,为指定端口。在 SW3 与 SW2 之间有 L2 和 L3 两条链路,这两条链路的情况相同,SW2 的 G1/0/1 的根路径开销为 4,小于 SW3 的 G1/0/2 端口的根路径开销 8,因此,SW2 的 G1/0/1 为指定端口,同理,SW2 的 G1/0/2 也为指定端口。对于 SW4 与 SW2 之间的 L7 链路,SW4 的 G1/0/5 端口的根路径开销为 4,SW2 的 G1/0/5 的根路径开销也为 4,根路径开销相同,接下来比较端口所在交换机的网桥 ID,由于 SW4 交换机的网桥 ID 小,因此,SW4 交换机的 G1/0/5 为指定端口。指定端口如图 10.14 所示。

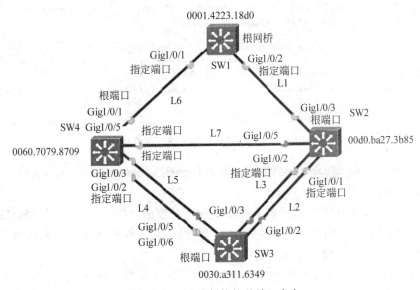

图 10.14　生成树协议的端口角色

从中可见,STP 生成树协议的端口角色(Port Role)有根端口和指定端口两种。

(4) 阻塞非根端口和非指定端口

选举确定了根端口和指定端口之后,将剩下的非根端口和非指定端口进行阻塞(Blocking)。处于阻塞状态的端口只能接收 BPDU 数据帧,不能接收和转发数据。通过对端口阻塞,让链路不允许数据业务通过,从而实现消除网络环路,将环路网络修剪为无环路的树形结构。

查看生成树的相关配置信息,可在特权模式下执行 show spanning-tree 命令来实现。例如,在 SW4 交换机中查看生成树的相关配置信息,其结果如图 10.15 所示。

3. 生成树协议的端口状态

生成树协议的端口状态有 4 种,分别说明如下。

(1) Blocking(阻塞)

处于该状态的端口只能接收 BPDU 数据帧,不能接收和转发数据,也不能进行 MAC 地址的学习。

一个处于阻塞状态的端口,如果在一个最大老化时间(Max Age Time,默认为 20s)

```
SW4#show spanning-tree
VLAN0001
  Spanning tree enabled protocol ieee
  Root ID    Priority    32769
             Address     0001.4223.18D0
             Cost        4
             Port        1(GigabitEthernet1/0/1)
             Hello Time  2 sec  Max Age 20 sec  Forward Delay 15 sec

  Bridge ID  Priority    32769  (priority 32768 sys-id-ext 1)
             Address     0060.7079.8709
             Hello Time  2 sec  Max Age 20 sec  Forward Delay 15 sec
             Aging Time  20

Interface        Role Sts Cost        Prio.Nbr Type
---------------- ---- --- ----------  -------- --------------
Gi1/0/1          Root FWD 4           128.1    P2p
Gi1/0/2          Desg FWD 4           128.2    P2p
Gi1/0/3          Desg FWD 4           128.3    P2p
Gi1/0/5          Desg FWD 4           128.5    P2p
```

图 10.15　SW4 交换机的生成树配置信息

内没有接收到邻居的 BPDU 数据帖,端口状态将转换为 Listening 状态。

（2）Listening(监听)

可以接收和发送 BPDU 数据帧不能接收和转发数据,也不能进行 MAC 地址的学习。处于该状态的端口由于可以主动发送 BPDU 数据帧,可以向其他交换机通告自己的端口信息,因此,可以参与根端口或指定端口的选举。

当交换机加电启动后,所有端口从初始化状态进入阻塞状态,经过最大老化时间(20s)后,进入 Listening 状态。根端口和指定端口的选举在端口的 Listening 状态下进行,选举结束后,根端口和指定端口经过一个转发延迟(Forward Delay,默认为15s),进入 Learning 状态。选举结束后,一个端口若没有成为根端口或指定端口,则端口状态将重新回到阻塞状态。

（3）Learning(学习)

可以接收和发送 BPDU 数据帧,可以学习 MAC 地址,并将学习到的 MAC 地址加入 MAC 地址表,为即将到来的转发状态作准备。处于该状态的端口仍不能接收和转发数据。

若一个端口在学习状态(再经过一个转发延迟时间)结束后,仍是根端口或指定端口,则端口进入转发状态,否则重回阻塞状态。

（4）Forwarding(转发)

该状态为端口的正常状态,能接收和转发业务数据,能学习 MAC 地址,能发送和接收 BPDU 数据帧。

当生成树协议收敛稳定后(默认为50s),端口要么处于转发状态,要么处于阻塞状态。之后,网桥将定时(默认每隔2s)发送 BPDU 协议数据帧,以维护链路状态。当网络拓扑发生变化时,生成树将会重新计算,端口状态也将随之改变。

4. 生成树协议的计时器

(1) Hello Time

运行 STP 协议的网桥设备(交换机)周期性地发送配置 BPDU 消息帧的时间间隔,默认为 2s。交换机每隔 Hello Time 时间会向周围的邻居交换机发送配置 BPDU 消息帧,以检测链路是否存在故障。该计时器只有在根网桥上修改才有效。

(2) Forward Delay

网桥端口在 Listening 和 Learning 阶段进行状态迁移的延迟时间。默认值为 15s。

(3) Message Age

配置 BPDU 消息帧在网络传播中的生存期。若配置 BPDU 是根网桥发出的,则 Message Age 值为 0,否则 Message Age 是从根桥发出到当前网桥接收到 BPDU 的总时间,包括传输时延。在实际实现中,配置 BPDU 报文每经过一台交换机,Message Age 值递增 1。

(4) Max Age Time

配置 BPDU 消息帧在网桥设备中能够生存的最大生存时间,默认为 20s。可在根网桥配置修改该值。非根网桥设备收到配置 BPDU 消息帧后,会将消息帧中的 Message Age 和 Max Age 进行比较,若 Message Age 小于或等于 Max Age,则该非根网桥设备会继续转发配置 BPDU 报文;若 Message Age 大于 Max Age,则该配置 BPDU 消息帧将被老化,非根网桥设备将直接丢弃该配置 BPDU 消息帧。

5. 生成树协议的种类与发展史

(1) STP 生成树协议

STP 是最早的生成树协议,协议标准为 IEEE 802.1d,前面介绍生成树协议的工作原理就是以 STP 为例。新的生成树协议是在 STP 生成树协议基础上增加了一些新的功能特性,基本的工作原理是一致的。

(2) PVST 与 PVST+生成树协议

随着虚拟局域网技术(VLAN)的流行和应用的普及,STP 的单生成树实例已不再适合虚拟局域网络。STP 协议将一条链路阻塞后,也就阻断了所有 VLAN 流量经过该条链路,无法充分利用冗余链路实现 VLAN 流量的负载均衡功能,为此,Cisco 公司推出了私有的 PVST(Per-VLAN Spanning Tree,每 VLAN 生成树)生成树协议。

PVST 生成树协议以 VLAN 为单位,为每一个 VLAN 创建和维护一个生成树实例。这种解决方案允许每个 VLAN 使用不同的逻辑拓扑结构,有利于实现基于二层的负载均衡。对于链路而言,一条链路对于某些 VLAN 阻塞,不允许其流量经过该链路,但对于另一些 VLAN 则允许其流量经过,如图 10.16 所示。

在图 10.16(a)的网络应用中使用 STP 生成树协议,接入交换机与汇聚交换机的两条级联链路中始终会有一条处于阻塞状态,以消除二层环路。被阻塞的链路不允许所有 VLAN 流量经过,所有 VLAN 流量只能走另一条处于转发状态的链路,这两条链路处于主备状态工作。

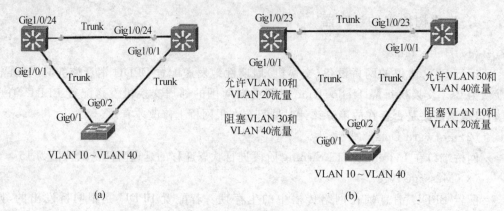

图 10.16　PVST 与 STP 使用效果对比

图 10.16(b)的网络应用中使用 PVST 生成树协议，通过在汇聚交换机上针对不同 VLAN 配置生成树优先级，可以让图 10.16(a)的汇聚交换机成为 VLAN 10 和 VLAN 20 的根网桥，让图 10.16(b)的汇聚交换机成为 VLAN 30 和 VLAN 40 的根网桥，这样，对于不同的 VLAN，通过阻塞一条链路消除环路后，就能形成不同的逻辑拓扑结构。对于 VLAN 10 和 VLAN 20，消除二层环路后的逻辑拓扑结构如图 10.17(a)所示；对于 VLAN 30 和 VLAN 40，消除二层环路后的逻辑拓扑结构如图 10.17(b)所示。

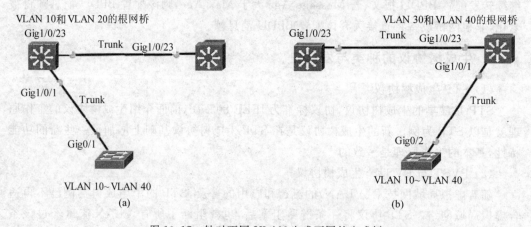

图 10.17　针对不同 VLAN 生成不同的生成树

从中可见，对于不同 VLAN 生成的生成树是不相同的。在本案例中，VLAN 10 和 VLAN 20 的流量走图 10.17(a)的级联链路，VLAN 30 和 VLAN 40 走图 10.17(b)的级联链路，从而实现了基于 VLAN 的负载均衡功能，两条链路互为备份。

PVST 的 VLAN 中继使用 Cisco 私有的 ISL 协议，而 STP 的 VLAN 中继使用 IEEE 802.1q 协议，因此，PVST 生成树协议与 STP 生成树协议不兼容，为此，Cisco 对 PVST 进行了改进，推出了 PVST＋(Per-VLAN Spanning Tree Plus，增强型 PVST)生成树协议。PVST＋生成树协议的 VLAN 中继支持 IEEE 802.1q 协议，解决了协议兼容性问题，PVST＋可以与 STP 互相通信。使用 PVST＋生成树协议时，对于 VLAN 1，运行的是 STP 协议；对于其他 VLAN，则运行 PVST 协议。由于交换机的所有端口默认均属于

VLAN 1,因此,STP 协议相当于是运行在 VLAN 1 上的。

（3）Rapid PVST＋与 RSTP 协议

当网络链路出现故障时,STP 的收敛速度较慢,其收敛算法需要一些时间来选择和确定一条可替代的链路。默认情况下,交换机的端口状态由阻塞状态（Blocking）切换为转发状态（Forwarding）需要 50s,即 20s（Blocking→Listening）＋15s（Listening→Learning）＋15s（Learning→Forwarding）。对于大型网络而言,这个时间太长了。为了提高生成树协议的收敛速度,Cisco 创新性地推出了 PortFast、UplinkFast 和 BackboneFast 三个生成树功能特性。

① PortFast。具有 PortFast 功能特性的端口,在连接终端设备后,其端口状态直接进入转发状态。PortFast 功能特性只能配置在接入层交换机上,并只能配置在用于连接终端设备的端口上,不能配置在级联端口上,否则 STP 就失去意义,会形成网络环路。

例如,若 SW1 为接入层交换机,Fa0/1～Fa0/24 口用于连接用户 PC,G0/1 和 G0/2 为上联端口。为了提高生成树的收敛速度,可将 Fa0/1～Fa0/24 口定义为 PortFast 端口,配置命令如下:

```
SW1(config)#int range Fa0/1-24
SW1(config-if-range)#spanning-tree portfast
```

② UplinkFast。该功能特性通常应用在接入层交换机的向上级联的端口上,并且是要具有冗余上行链路,且至少有一条上行链路处于阻塞状态时,该功能特性才有效,其应用场景如图 10.18 所示。接入交换机 SW1 通过 L1 和 L2 两条上行链路,分别连接到 D1 和 D2 汇聚层交换机,L1 链路处于阻塞状态,L2 链路处于活动状态。

在 SW1 交换机的 G0/1 和 G0/2 端口没有开启 UplinkFast 功能特性时,当 L2 链路失效后,L1 链路要经过 30s 才能切换活动链路,这是因为 SW1 上原处于阻塞状态的 G0/1 端口,要经过 15s（Listening→Learning）＋15s（Learning→Forwarding）才能切换为转发状态。

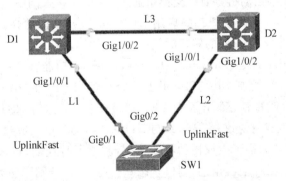

图 10.18　UplinkFast 功能特性应用场景

在 SW1 交换机上开启 UplinkFast 功能特性后,当 L2 链路失效后,SW1 交换机会立即检测到该链路失效了,UplinkFast 功能特性立即将原处于阻塞状态的 G0/1 端口直接切换为 Forwarding 状态,而不用从 Listening 和 Learning 状态进行过渡,状态切换时间为 1～5s,从而实现快速将 L1 链路恢复为活动链路。

UplinkFast 功能特性配置命令为:

```
SW1(config)#spanning-tree uplinkfast
```

UplinkFast 功能特性是全局性的,对所有 VLAN 都生效,因此,若要配置 VLAN 生成树优先级,则不能启用该特性。

③ BackboneFast。该功能特性用于诊断发现非直连链路故障,加快收敛速度。UplinkFast 功能特性只能检测到与自己直连的链路故障,并进行快速收敛。

仍以图 10.18 的网络为例,若 L3 链路出现故障中断,SW1 交换机的 UplinkFast 功能特性是检测不到该链路故障的,D1 交换机与网络的连接全部中断,只有等待(50s)SW1 交换机的 G0/1 端口由 Blocking 状态过渡切换到 Forwarding 状态之后,L1 链路才会恢复为活动链路。

若要让非直连链路的故障被其他交换机及时检测到,及时为发生了链路中断故障的交换机打开一条新的链路通道,需要在网络中的所有交换机上开启 BackboneFast 功能特性。开启方法是在全局配置模式下执行 spanning-tree backbonefast 命令来实现。

当 D1 交换机开启了 BackboneFast 功能特性后,若使用中的 L3 链路因出现故障而中断,交换机又没有处于 Blocking 状态的端口可以立即启用来代替活动链路,此时 D1 交换机就以自己为根交换机,向网络发出 Inferior BPDU 协议报文,宣告自己的链路中断。SW1 交换机从处于 Blocking 状态的 G0/1 端口收到 Inferior BPDU 报文后,发现和之前的根桥(D2)不相同,若 SW1 也开启了 BackboneFast 功能,此时 SW1 就会向之前的根桥交换机 D2 发出 Root Link Query(RLQ,根链路查询)。开启了 BackboneFast 功能特性的根交换机 D2 在收到 RLQ 报文后会做出响应,表明自己仍然有效。SW1 收到根桥交换机的应答后,将通知 D1 根网桥仍然有效,同时立即将原处于 Blocking 状态的 G0/1 端口进行状态转换(Listening→Learning→Forwarding),用时 30s。G0/1 切换到 Forwarding 状态后,链路 L1 恢复为活动链路,D1 交换机通过 L1 链路接入网络。

从整个过程可见,所有交换机都要启用 BackboneFast 功能特性,收敛时间少用 20s,节省了从 Blocking 到 Listening 的转换时间(20s)。

Cisco 将具有 PortFast、UplinkFast 和 BackboneFast 功能特性的 PVST＋生成树协议称为 Rapid PVST＋。之后,电气和电子工程师协会(IEEE)在 802.1d 基础上增加了类似 Cisco 的生成树功能特性,推出了 IEEE 802.1w 标准,称为 RSTP(Rapid Spanning Tree Protocol,快速生成树协议)。RSTP 与 STP 一样,仍是单生成树协议。

RSTP 生成树协议加快了生成树的收敛速度,新增了替代端口(Alternate Port)和备份端口(Backup Port)两种端口角色,端口状态减少为三种,分别说明如下。

- Discarding(丢弃):对应于 STP 协议的阻塞、临听状态。
- Learning(学习):对应于 STP 协议的 Learning 状态。
- Forwarding(转发):对应于 STP 协议的 Forwarding 状态。

另外,RSTP 协议还新增了边缘端口(Edge Port)和链路类型(Link Type)的概念。RSTP 的边缘端口类似于 Cisco 的 PortFast 功能特性,使用 spanning-tree portfast 命令

配置指定。边缘端口只能用于连接终端设备,由于协议本身无法判断哪些端口是边缘端口,因此,边缘端口需要手工配置指定,边缘端口的状态能直接切换到 Forwarding 状态,以加快端口的状态迁移速度。Link Type 定义了链路是 Point-to-Point 还是 Shared。如果链路两端的端口处于全双工模式,则链路类型为 point-to-point(点对点);若端口处于半双工模式,则链路类型为 Shared(共享)。配置指定链路类型有助于 RSTP 协议的高效运行。在接口配置模式,使用 spanning-tree link-type point-to-point|shared 命令进行配置指定。

(4) MSTP 协议

STP 和 RSTP 为单生成树协议,整个交换网络只生成一个生成树实例。而 Cisco 的 PVST/PVST+和 Rapid PVST+是每个 VLAN 生成一个生成树实例。这些生成树协议走了两个极端,一个是生成树实例太少,另一个是生成树实例太多,维护太多的生成树实例会占用交换机 CPU 过多的计算资源,影响交换机的交换处理性能和速度。为此,IEEE 制定并发布了新的生成树协议标准 IEEE 802.1s,称为 MSTP(Multiple Spanning Trees Protocol,多生成树协议)。

多生成树协议将一个交换网络划分为若干个生成树域,每个域内可以生成多棵生成树,生成树彼此间相互独立。可以将多个 VLAN 对应到一个生成树实例中,实现多个 VLAN 生成一棵生成树,从而减少生成树的数量。MSTP 是目前最优的生成树协议,向下兼容 STP 和 RSTP。

10.6.2 PVST+与 Rapid-PVST+配置命令

1. 开启/停止生成树协议

Cisco 交换机的 PVST/PVST+和 Rapid-PVST+都是基于 VLAN 的生成树协议,可以基于 VLAN,开启或停止生成树功能,其配置命令为:

```
spanning-tree vlan vlan-list
```

参数说明:vlan-list 代表要开启生成树功能的 VLAN 列表。各 VLAN 号之间用逗号分隔,连续的 VLAN 范围可用中划分连接表示,比如 VLAN 10~VLAN 20,可表达为 10~20。

例如,若要针对 VLAN 1、VLAN 10、VLAN 20、VLAN 30~VLAN 35 开启生成树协议,则配置命令为:

```
Switch(config)#spanning-tree vlan 1,10,20,30-35
```

Cisco 交换机默认是开启了生成树协议的。若要停止生成树协议,则配置命令为:

```
no spanning-tree vlan vlan-list
```

2. 配置生成树协议的类型

配置命令为:

```
spanning-tree mode stp|rstp|mstp|pvst|rapid-pvst
```

对于 Cisco Packet Tracer 模拟器,其交换机仅支持 pvst 和 rapid-pvst 生成树协议,其 pvst 实际上是 pvst+,rapid-pvst 实际上是 rapid-pvst+生成树协议。

3. 配置交换机的生成树桥优先级

配置命令为:

```
spanning-tree vlan vlan-list priority value
```

配置交换机对于指定的 VLAN 的网桥优先级。优先级默认为 32768,优先级的取值范围为 0~65535,增幅为 4096。优先级最小的交换机将成为指定 VLAN 的根网桥。

例如,若要配置当前交换机对于 VLAN 10 和 VLAN 20 的桥优先级为 4096,则配置命令为:

```
Switch(config)#spanning-tree vlan 10,20 priority 4096
```

4. 配置指定根网桥/次根网桥

配置命令为:

```
spanning-tree vlan vlan-list root primary|secondary
```

配置指定交换机作为指定 VLAN 的根网桥或次根网桥。该条配置命令的功效与配置交换机生成树桥优先级的配置命令相同。直接配置指定交换机为某些 VLAN 的根网桥后,在配置保存时,实际上也是转换为生成树桥优先级来保存在配置文件中的。

5. 查看生成树协议配置信息

- show spanning-tree:显示所有生成树的配置信息。
- show spanning-tree active:显示活动的生成树的配置信息。
- show spanning-tree detail:显示所有生成树的详细信息。
- show spanning-tree summary:显示生成树端口状态的统计信息。

10.6.3 Rapid-PVST+HSRP 配置应用案例

【例 10.4】 图 10.19 所示的网络是一幢楼宇的网络,采用了双汇聚交换机的设备冗余方案。本幢楼宇有 4 个 VLAN,要求配置基于 VLAN 的负载均衡,生成树协议采用 Rapid-PVST,每个网段的网关地址使用该子网的第 1 个可用的 IP 地址。VLAN 10、VLAN 20、VLAN 30 和 VLAN 40 的网段地址分别为 10.8.0.0/24、10.8.1.0/24、10.8.2.0/24、10.8.3.0/24。

配置分析:由于采用了双汇聚交换机,每台接入层交换机与这两台汇聚交换机都要级联,级联链路走的是二层模式。两台汇聚交换机之间要以中继链路级联,以便在某台汇聚交换机的上行链路出故障中断后,数据帧能通过该中继级联链路到达另一台汇聚交换

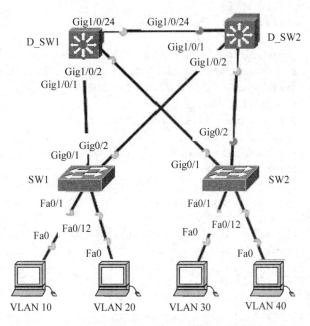

图 10.19　采用双汇聚交换机的楼宇网络

机,通过另一台汇聚交换机的上行链路到达核心交换机。这样一来,网络就形成了环路,因此必须启用生成树协议。

　　将汇聚交换机设置为每个生成树的根网桥,由于有两个汇聚交换机,一台汇聚交换机设置为某个 VLAN 或某几个 VLAN 的根网桥后,另一台汇聚交换机则设置为这些 VLAN 的次根网桥。根据负载分担的原则,一部分 VLAN 流量通过 D_SW1 汇聚交换机到达核心交换机,另一部分 VLAN 流量则通过 D_SW2 汇聚交换机到达核心交换机。

　　在两台汇聚交换机上都要创建 VLAN 和配置 VLAN 接口地址。比如 VLAN 10,在 D_SW1 和 D_SW2 交换机上都要创建 VLAN 10,但 VLAN 10 的接口地址不能配置为相同,否则会报 IP 冲突。比如在 D_SW1 交换机上,VLAN 10 的接口地址配置为 10.8.0. 2/24;在 D_SW2 交换机上,VLAN 10 的接口地址配置为 10.8.0.3/24。那么对于属于 VLAN 10 的用户主机,其网关地址配置为什么呢? 一个网段的网关地址必须唯一,这样用户主机才易设置网关地址。为此,可利用 HSRP 协议对两台汇聚交换机进行虚拟化,将其虚拟化成一台设备。虚拟化操作可基于 VLAN 接口进行,这样,D_SW1 和 D_SW2 上的 VLAN 10 接口就可虚拟化成一个 VLAN 接口,属于 VLAN 10 的主机的网关地址,就是接口的虚拟 IP 地址。

　　配置命令如下:

　　(1) 配置 D_SW1 汇聚交换机。

```
Switch(config)#hostname D_SW1
D_SW1(config)#ip routing
D_SW1(config)#vlan 10
D_SW1(config-vlan)#vlan 20
```

```
D_SW1(config-vlan)#vlan 30
D_SW1(config-vlan)#vlan 40
D_SW1(config-vlan)#int vlan 10
D_SW1(config-if)#ip address 10.8.0.2 255.255.255.0
D_SW1(config-if)#int vlan 20
D_SW1(config-if)#ip address 10.8.1.2 255.255.255.0
D_SW1(config-if)#int vlan 30
D_SW1(config-if)#ip address 10.8.2.2 255.255.255.0
D_SW1(config-if)#int vlan 40
D_SW1(config-if)#ip address 10.8.3.2 255.255.255.0
D_SW1(config-if)#int range G1/0/1-2
D_SW1(config-if-range)#switchport trunk encapsulation dot1q
D_SW1(config-if-range)#switchport mode trunk
D_SW1(config-if-range)#int G1/0/24
D_SW1(config-if)#switchport trunk encapsulation dot1q
D_SW1(config-if)#switchport mode trunk
D_SW1(config-if)#exit
```
!配置启用 rapid-pvst 生成树协议
```
D_SW1(config)#spanning-tree vlan 10,20,30,40
D_SW1(config)#spanning-tree mode rapid-pvst
```
!对于 VLAN 10 和 VLAN 30,配置当前交换机的桥优先级为 4096,使其成为这两个 VLAN 的根网桥
```
D_SW1(config)#spanning-tree vlan 10,30 priority 4096
```
!对于 VLAN 20 和 VLAN 40,配置当前交换机的桥优先级为 8192,使其成为这两个 VLAN 的次根网桥
```
D_SW1(config)#spanning-tree vlan 20,40 priority 8192
```
!针对每个 VLAN 接口,配置 HSRP 组,每个组的虚拟 IP 地址将成为该网段的网关地址。热备份组的主备关系与根网桥的主次关系保持一致
```
D_SW1(config)#int vlan 10
D_SW1(config-if)#standby 1 ip 10.8.0.1
D_SW1(config-if)#standby 1 priority 105
D_SW1(config-if)#standby 1 preempt
```
!假设 D_SW1 的上联端口为 G1/1/1 和 G1/1/2
```
D_SW1(config-if)#standby 1 track G1/1/1
D_SW1(config-if)#standby 1 track G1/1/2
D_SW1(config-if)#int vlan 20
D_SW1(config-if)#standby 2 ip 10.8.1.1
D_SW1(config-if)#standby 2 preempt
D_SW1(config-if)#standby 2 track G1/1/1
D_SW1(config-if)#standby 2 track G1/1/2
D_SW1(config-if)#int vlan 30
D_SW1(config-if)#standby 3 ip 10.8.2.1
D_SW1(config-if)#standby 3 priority 105
D_SW1(config-if)#standby 3 preempt
D_SW1(config-if)#standby 3 track G1/1/1
D_SW1(config-if)#standby 3 track G1/1/2
D_SW1(config-if)#int vlan 40
D_SW1(config-if)#standby 4 ip 10.8.3.1
D_SW1(config-if)#standby 4 preempt
D_SW1(config-if)#standby 4 track G1/1/1
```

```
D_SW1(config-if)#standby 4 track G1/1/2
D_SW1(config-if)#end
D_SW1#write
```

（2）配置 D_SW2 汇聚交换机。

```
Switch(config)#hostname D_SW2
D_SW2(config)#ip routing
D_SW2(config)#vlan 10
D_SW2(config-vlan)#vlan 20
D_SW2(config-vlan)#vlan 30
D_SW2(config-vlan)#vlan 40
D_SW2(config-vlan)#int vlan 10
D_SW2(config-if)#ip address 10.8.0.3 255.255.255.0
D_SW2(config-if)#int vlan 20
D_SW2(config-if)#ip address 10.8.1.3 255.255.255.0
D_SW2(config-if)#int vlan 30
D_SW2(config-if)#ip address 10.8.2.3 255.255.255.0
D_SW2(config-if)#int vlan 40
D_SW2(config-if)#ip address 10.8.3.3 255.255.255.0
D_SW2(config-if)#int range G1/0/1-2
D_SW2(config-if-range)#switchport trunk encapsulation dot1q
D_SW2(config-if-range)#switchport mode trunk
D_SW2(config-if-range)#int G1/0/24
D_SW2(config-if)#switchport trunk encapsulation dot1q
D_SW2(config-if)#switchport mode trunk
D_SW2(config-if)#exit
```
!配置启用 rapid-pvst 生成树协议
```
D_SW2(config)#spanning-tree vlan 10,20,30,40
D_SW2(config)#spanning-tree mode rapid-pvst
```
!对于 VLAN 10 和 VLAN 30,配置当前交换机的桥优先级为 8192,使其成为这两个 VLAN 的次根
网桥
```
D_SW2(config)#spanning-tree vlan 10,30 priority 8192
```
!对于 VLAN 20 和 VLAN 40,配置当前交换机的桥优先级为 4096,使其成为这两个 VLAN 的根网桥
```
D_SW2(config)#spanning-tree vlan 20,40 priority 4096
```
!针对每个 VLAN 接口,配置 HSRP 组,每个组的虚拟 IP 地址将成为该网段的网关地址。热备份组
的主备关系与根网桥的主次关系保持一致
```
D_SW2(config)#int vlan 10
D_SW2(config-if)#standby 1 ip 10.8.0.1
D_SW2(config-if)#standby 1 preempt
```
!假设 D_SW2 的上联端口为 G1/1/1 和 G1/1/2
```
D_SW2(config-if)#standby 1 track G1/1/1
D_SW2(config-if)#standby 1 track G1/1/2
D_SW2(config-if)#int vlan 20
D_SW2(config-if)#standby 2 ip 10.8.1.1
D_SW2(config-if)#standby 2 priority 105
D_SW2(config-if)#standby 2 preempt
D_SW2(config-if)#standby 2 track G1/1/1
D_SW2(config-if)#standby 2 track G1/1/2
D_SW2(config-if)#int vlan 30
```

```
D_SW2(config-if)#standby 3 ip 10.8.2.1
D_SW2(config-if)#standby 3 preempt
D_SW2(config-if)#standby 3 track G1/1/1
D_SW2(config-if)#standby 3 track G1/1/2
D_SW2(config-if)#int vlan 40
D_SW2(config-if)#standby 4 ip 10.8.3.1
D_SW2(config-if)#standby 4 priority 105
D_SW2(config-if)#standby 4 preempt
D_SW2(config-if)#standby 4 track G1/1/1
D_SW2(config-if)#standby 4 track G1/1/2
D_SW2(config-if)#end
D_SW2#write
```

（3）配置 SW1 交换机。

```
Switch(config)#hostname SW1
SW1(config)#int range G0/1-2
SW1(config-if-range)#switchport mode trunk
SW1(config-if-range)#exit
SW1(config)#vlan 10
SW1(config-vlan)#vlan 20
SW1(config-vlan)#int fa0/1
SW1(config-if)#switchport access vlan 10
SW1(config-if)#int fa0/12
SW1(config-if)#switchport access vlan 20
!基于 VLAN 开启生成树协议
SW1(config-if)#spanning-tree vlan 10,20
SW1(config)#spanning-tree mode rapid-pvst
!配置用户主机接入端口为 portfast 端口
SW1(config)#int range fa0/1-24
SW1(config-if-range)#spanning-tree portfast
SW1(config-if-range)#end
SW1#write
```

（4）配置 SW2 交换机。

```
Switch(config)#hostname SW2
SW2(config)#int range G0/1-2
SW2(config-if-range)#switchport mode trunk
SW2(config-if-range)#exit
SW2(config)#vlan 30
SW2(config-vlan)#vlan 40
SW2(config-vlan)#int fa0/1
SW2(config-if)#switchport access vlan 30
SW2(config-if)#int fa0/12
SW2(config-if)#switchport access vlan 40
!基于 VLAN 开启生成树协议
SW2(config-if)#spanning-tree vlan 30,40
SW2(config)#spanning-tree mode rapid-pvst
!配置用户主机接入端口为 portfast 端口
```

```
SW2(config)#int range fa0/1-24
SW2(config-if-range)#spanning-tree portfast
SW2(config-if-range)#end
SW2#write
```

配置完成后,各链路和端口状态都启用了,如图 10.20 所示。

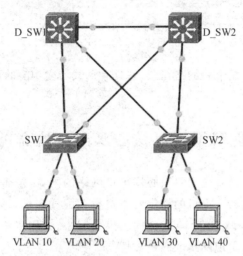

图 10.20　配置完成后的拓扑状态

(5) 配置各主机的 IP 地址和网关地址。

根据各主机所属 VLAN,分别配置这四台主机的 IP 地址和网关地址。假设 IP 地址均设置为各网段编号为 10 的 IP 地址。

(6) 配置验证与网络通畅性测试。

任选一台主机,进入命令行,首先 ping 自己的网关地址,查看能否 ping 通。若能 ping 通,再 ping 其他网段的网关地址,查看能否 ping 通。测试结果应能全部 ping 通。

(7) 追踪验证数据帧的路径走向。

切换到模拟模式,只捕获 ICMP 报文,然后分别在各主机的命令行 ping 自己的网关,查看数据报文的路径走向与配置方案是否一致。

(8) 验证出网络故障时网络的通畅性。

在 SW1 交换机上,将上行端口 G0/1 人为关闭,制造网络链路中断的故障。然后切换到模拟运行模式,在 10.8.0.10 的主机上 ping 10.8.0.1,查看报文的走向。此时将会发现报文会自动避开故障链路,自动选择另一条链路到达 D_SW2 交换机,然后通过 D_SW2 与 D_SW1 之间的级联链路到达 D_SW1 交换机,从而到达自己的网关(10.8.0.1)。从中可见,该种组网方案可提高网络的可靠性。

(9) 查看生成树配置信息和 HSRP 组的配置信息。

在 D_SW1 或 D_SW2 交换机上执行 show spanning-tree 命令和 show standby brief 命令,查看生成树配置信息和 HSRP 组的配置信息。HSRP 组的配置信息如图 10.21 所示。

```
D_SW1# show standby brief
                    P indicates configured to preempt.
                    |
Interface    Grp  Pri P State   Active       Standby      Virtual IP
V110         1    95  P Active  local        10.8.0.3     10.8.0.1
V120         2    90  P Standby 10.8.1.3     local        10.8.1.1
V130         3    95  P Active  local        10.8.2.3     10.8.2.1
V140         4    90  P Standby 10.8.3.3     local        10.8.3.1
```

图 10.21 汇聚交换机的 HSRP 组配置信息

到此为止,具有设备冗余和链路冗余,并具有负载均衡功能的高可靠性楼宇网络就配置完成了。

10.6.4 配置实现双汇聚双核心双出口的高可靠性网络

在前面的例 10.3 配置完成了双核心双出口网络的配置,汇聚层采用的是单台设备,在例 10.4 针对拥有双汇聚交换机的楼宇网络进行了配置实现。为了进一步提高整个网络的高可靠性,可将例 10.3 和例 10.4 的内容融合起来,采用双汇聚、双核心和双出口路由器的网络设计方案,以实现网络的高可靠性。

【例 10.5】 双汇聚双核心双出口路由器网络应用案例。网络拓扑结构和地址规划如图 10.22 所示,配置整个网络,实现网络的互联互通。BuildingA 的楼宇网络直接采用例 10.4 的楼宇网络。BuildingB 为另一幢楼宇的网络,拓扑结构与 BuildingA 相同,为增强汇聚交换机间的级联链路的带宽和可靠性,两台交换机均用 G1/0/23 和 G1/0/24 端口对应互联,通过端口聚合,提供聚合链路以 Trunk 模式工作。假设 BuildingA 和 BuildingB 楼宇均规划使用 16 个 24 位掩码的网段,网络地址分别为 10.8.0.0/20 和 10.8.8.0/20,整个局域网络使用的地址为 10.8.0.0/16。

RouterA 路由器的出口链路申请到 16 个公网 IP 地址,地址段为 222.177.208.0/28,NAT 地址池使用 222.177.208.8/29 子网;RouterB 路由器的出口链路申请到 32 个 IP 地址,地址段为 222.177.205.0/27,NAT 地址池使用 222.177.205.8/29 子网。

配置分析如下:

核心交换机有两台,每台汇聚交换机必须与这两台核心交换机互联,因此,针对每台汇聚交换机,在两台核心交换机上必须对应创建一个 HSRP 组,该组的虚拟 IP 地址就成为该台汇聚交换机出去的默认路由的下一跳地址。本案例统一使用每个子网中编号为 5 的 IP 地址作为虚拟 IP 地址。

在汇聚交换机上有两个端口与这两台核心交换机互联,可在汇聚交换机上创建一个 VLAN,将这两个端口划分到该 VLAN,然后在该 VLAN 接口上配置互联接口地址,该地址就成为核心交换机到楼宇网络的回程路由的下一跳地址。由于一台汇聚交换机与两台核心交换机互联,需要 3 个互联接口地址,因此,使用具有 8 个地址的子网来提供地址。双汇聚双核心双出口路由器的网络拓扑与地址规划如图 10.22 所示。

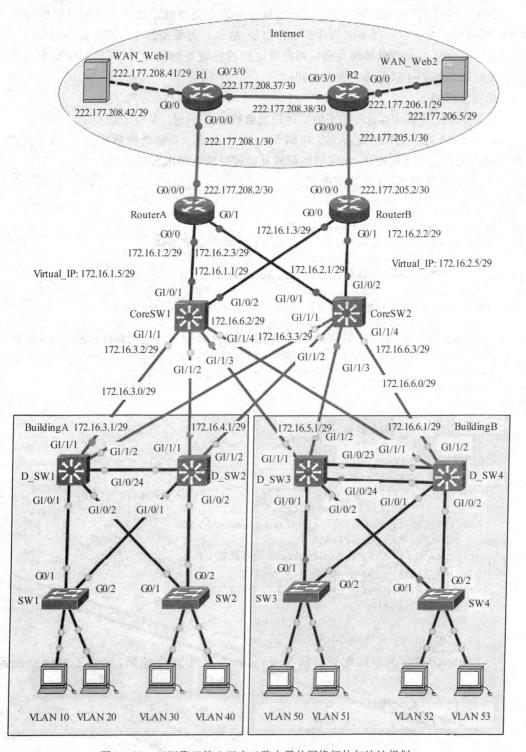

图 10.22　双汇聚双核心双出口路由器的网络拓扑与地址规划

　　由于一幢楼宇的汇聚层交换机有两台,每一台核心交换机回楼宇网络的回程路由有两条,两台核心交换机回楼宇网络共有 4 条路径,故总共需要添加 4 条路由。

　　对于两台核心交换机与两台出口路由器之间的互联互通配置方法,与汇聚交换机和核心交换机之间的互联互通配置方法相同。

　　配置方法如下:

　　(1) 补充配置 BuildingA 楼宇的汇聚层交换机。

　　BuildingA 楼宇的网络配置方法在例 10.4 中已介绍。在整个网络应用中,由于要实现与核心交换机的互联互通,还需增加配置互联接口地址和出去的路由。

　　① 补充配置 D_SW1 汇聚交换机。

```
D_SW1(config)#vlan 100
D_SW1(config-vlan)#int vlan 100
D_SW1(config-if)#ip address 172.16.3.1 255.255.255.248
D_SW1(config-if)#int range G1/1/1-2
D_SW1(config-if-range)#switchport access vlan 100
D_SW1(config-if-range)#exit
!对于 VLAN 100 不开启生成树协议。Cisco 交换机默认开启
D_SW1(config)#no spanning-tree vlan 100
!配置出去的默认路由,下一跳地址为汇聚交换机所属的 HSRP 组(核心交换机上配置)的虚拟 IP
D_SW1(config)#ip route 0.0.0.0 0.0.0.0 172.16.3.5
!保存配置
D_SW1(config)#exut
D_SW1#write
```

　　② 补充配置 D_SW2 汇聚交换机。

```
D_SW2(config)#vlan 101
D_SW2(config-vlan)#int vlan 101
D_SW2(config-if)#ip address 172.16.4.1 255.255.255.248
D_SW2(config-if)#int range G1/1/1-2
D_SW2(config-if-range)#switchport access vlan 101
D_SW2(config-if-range)#exit
!对于 VLAN 101 不开启生成树协议。Cisco 交换机默认开启
D_SW2(config)#no spanning-tree vlan 101
D_SW2(config)#ip route 0.0.0.0 0.0.0.0 172.16.4.5
D_SW2(config)#exit
D_SW2#write
```

　　(2) 配置 BuildingB 楼宇网络。

　　BuildingB 楼宇网络的配置方法与 BuildingA 楼宇网络相同,此处不再列出配置命令。

　　(3) 配置核心交换机。

　　① 配置 CoreSW1 核心交换机。

```
Switch(config)#ip routing
Switch(config)#hostname CoreSW1
!依次配置各互联接口的 IP 地址
```

```
CoreSW1(config)#int G1/1/1
CoreSW1(config-if)#no switchport
CoreSW1(config-if)#ip address 172.16.3.2 255.255.255.248
CoreSW1(config-if)#int G1/1/2
CoreSW1(config-if)#no CoreSW1port
CoreSW1(config-if)#ip address 172.16.4.2 255.255.255.248
CoreSW1(config-if)#int G1/1/3
CoreSW1(config-if)#no CoreSW1port
CoreSW1(config-if)#ip address 172.16.5.2 255.255.255.248
CoreSW1(config-if)#int G1/1/4
CoreSW1(config-if)#no CoreSW1port
CoreSW1(config-if)#ip address 172.16.6.2 255.255.255.248
CoreSW1(config-if)#exit
```
!配置与出口路由器互联的接口地址
```
CoreSW1(config)#vlan 100
CoreSW1(config-vlan)#int vlan 100
CoreSW1(config-if)#ip address 172.16.1.1 255.255.255.248
CoreSW1(config-if)#int range G1/0/1-2
CoreSW1(config-if-range)#switchport access vlan 100
```
!依次配置与汇聚交换机相连的 HSRP 组,配置时考虑负载均衡和互为备份。每幢楼宇有两台汇
　聚,这两台汇聚默认出去的路径,选择不同的核心交换机
!配置 HSRP 组 1,让 CoreSW1 成为活跃设备,使 D_SW1 汇聚交换机默认通过 CoreSW1 核心交换
　机出去,CoreSW2 成为备份
```
CoreSW1(config)#int G1/1/1
CoreSW1(config-if)#standby 1 ip 172.16.3.5
CoreSW1(config-if)#standby 1 priority 105
CoreSW1(config-if)#standby 1 preempt
CoreSW1(config-if)#standby 1 track G1/0/1
CoreSW1(config-if)#standby 1 track G1/0/2
```
!配置 HSRP 组 2,让 CoreSW2 成为活跃设备,使 D_SW2 汇聚交换机默认通过 CoreSW2 核心交换
　机出去,CoreSW1 成为备份,因此,CoreSW1 对于组 2 的优先级配低,保持默认的 100 优先级
```
CoreSW1(config)#int G1/1/2
CoreSW1(config-if)#standby 2 ip 172.16.4.5
CoreSW1(config-if)#standby 2 preempt
CoreSW1(config-if)#standby 2 track G1/0/1
CoreSW1(config-if)#standby 2 track G1/0/2
```
!配置 HSRP 组 3,让 CoreSW1 成为活跃设备,使 D_SW3 汇聚交换机默认通过 CoreSW1 核心交换
　机出去,CoreSW2 成为备份,因此,CoreSW1 对于组 3 的优先级要配高,配置为 105 优先级
```
CoreSW1(config)#int G1/1/3
CoreSW1(config-if)#standby 3 ip 172.16.5.5
CoreSW1(config-if)#standby 3 priority 105
CoreSW1(config-if)#standby 3 preempt
CoreSW1(config-if)#standby 3 track G1/0/1
CoreSW1(config-if)#standby 3 track G1/0/2
```
!配置 HSRP 组 4,让 CoreSW2 成为活跃设备,使 D_SW4 汇聚交换机默认通过 CoreSW2 核心交换
　机出去,CoreSW1 成为备份,因此,CoreSW1 对于组 4 的优先级配低,保持默认的 100 优先级

```
CoreSW1(config)#int G1/1/4
CoreSW1(config-if)#standby 4 ip 172.16.6.5
CoreSW1(config-if)#standby 4 preempt
CoreSW1(config-if)#standby 4 track G1/0/1
CoreSW1(config-if)#standby 4 track G1/0/2
CoreSW1(config-if)#exit
```
!配置出去的默认路由和到各楼宇网络的回程路由。通过配置距离度量值(distance metric)设
   置路由的优先级
```
CoreSW1(config)#ip route 10.8.0.0 255.255.240.0 172.16.3.1 10
CoreSW1(config)#ip route 10.8.0.0 255.255.240.0 172.16.4.1 20
CoreSW1(config)#ip route 10.8.16.0 255.255.240.0 172.16.5.1 10
CoreSW1(config)#ip route 10.8.16.0 255.255.240.0 172.16.6.1 20
CoreSW1(config)#ip route 0.0.0.0 0.0.0.0 172.16.1.5
```
!保存配置
```
CoreSW1(config)#exit
CoreSW1#write
```

② 配置 CoreSW2 核心交换机。

```
Switch(config)#ip routing
Switch(config)#hostname CoreSW2
```
!依次配置各互联接口的 IP 地址
```
CoreSW2(config)#int G1/1/1
CoreSW2(config-if)#no switchport
CoreSW2(config-if)#ip address 172.16.3.3 255.255.255.248
CoreSW2(config-if)#int G1/1/2
CoreSW2(config-if)#no CoreSW1port
CoreSW2(config-if)#ip address 172.16.4.3 255.255.255.248
CoreSW2(config-if)#int G1/1/3
CoreSW2(config-if)#no CoreSW1port
CoreSW2(config-if)#ip address 172.16.5.3 255.255.255.248
CoreSW2(config-if)#int G1/1/4
CoreSW2(config-if)#no CoreSW1port
CoreSW2(config-if)#ip address 172.16.6.3 255.255.255.248
CoreSW2(config-if)#exit
```
!配置与出口路由器互联的接口地址
```
CoreSW2(config)#vlan 100
CoreSW2(config-vlan)#int vlan 100
CoreSW2(config-if)#ip address 172.16.2.1 255.255.255.248
CoreSW2(config-if)#int range G1/0/1-2
CoreSW2(config-if-range)#switchport access vlan 100
```
!依次配置与汇聚交换机相连的 HSRP 组,配置时考虑负载均衡和互为备份。每幢楼宇有两台汇
   聚,这两台汇聚默认出去的路径,选择不同的核心交换机
!配置 HSRP 组 1,CoreSW1 为活跃设备,因此,CoreSW2 对于组 1 为备份设备
```
CoreSW2(config)#int G1/1/1
CoreSW2(config-if)#standby 1 ip 172.16.3.5
```

```
CoreSW2(config-if)#standby 1 preempt
CoreSW2(config-if)#standby 1 track G1/0/1
CoreSW2(config-if)#standby 1 track G1/0/2
```
!配置 HSRP 组 2,CoreSW1 为备份设备,因此,CoreSW2 应配置成为活跃设备
```
CoreSW2(config)#int G1/1/2
CoreSW2(config-if)#standby 2 ip 172.16.4.5
CoreSW2(config-if)#standby 2 priority 105
CoreSW2(config-if)#standby 2 preempt
CoreSW2(config-if)#standby 2 track G1/0/1
CoreSW2(config-if)#standby 2 track G1/0/2
```
!配置 HSRP 组 3,CoreSW1 为活跃设备,因此,CoreSW2 应配置成为备份设备
```
CoreSW2(config)#int G1/1/3
CoreSW2(config-if)#standby 3 ip 172.16.5.5
CoreSW2(config-if)#standby 3 preempt
CoreSW2(config-if)#standby 3 track G1/0/1
CoreSW2(config-if)#standby 3 track G1/0/2
```
!配置 HSRP 组 4,CoreSW1 为备份设备,因此,CoreSW2 应配置成为活跃设备。使 D_SW4 汇聚交
换机默认通过 CoreSW2 核心交换机出去
```
CoreSW2(config)#int G1/1/4
CoreSW2(config-if)#standby 4 ip 172.16.6.5
CoreSW2(config-if)#standby 4 priority 105
CoreSW2(config-if)#standby 4 preempt
CoreSW2(config-if)#standby 4 track G1/0/1
CoreSW2(config-if)#standby 4 track G1/0/2
CoreSW2(config-if)#exit
```
!配置出去的默认路由和到各楼宇网络的回程路由,通过配置距离度量值(distance metric)设
置路由的优先级,路由优先级应注意与 HSRP 组的活跃设备保持一致
```
CoreSW2(config)#ip route 10.8.0.0 255.255.240.0 172.16.4.1 10
CoreSW2(config)#ip route 10.8.0.0 255.255.240.0 172.16.3.1 20
CoreSW2(config)#ip route 10.8.16.0 255.255.240.0 172.16.6.1 10
CoreSW2(config)#ip route 10.8.16.0 255.255.240.0 172.16.5.1 20
CoreSW2(config)#ip route 0.0.0.0 0.0.0.0 172.16.2.5
```
!保存配置
```
CoreSW2(config)#exit
CoreSW2#write
```

(4) 配置出口路由器。

① 配置 RouterA 路由器。

!配置互联接口地址
```
Router(config)#hostname RouterA
RouterA(config)#int G0/0
RouterA(config-if)#no shutdown
RouterA(config-if)#ip address 172.16.1.2 255.255.255.248
RouterA(config-if)#int G0/1
RouterA(config-if)#no shutdown
```

```
RouterA(config-if)#ip address 172.16.2.3 255.255.255.248
RouterA(config-if)#int G0/0/0
RouterA(config-if)#no shutdown
RouterA(config-if)#ip address 222.177.208.2 255.255.255.252
!配置 HSRP 组 1。RouterA 为活跃路由器,RouterB 为备份路由器
RouterA(config-if)#int G0/0
RouterA(config-if)#standby 1 ip 172.16.1.5
RouterA(config-if)#standby 1 priority 105
RouterA(config-if)#standby 1 preempt
RouterA(config-if)#standby 1 track G0/0/0
!配置 HSRP 组 2。RouterA 为备份路由器,RouterB 为活跃路由器
RouterA(config-if)#int G0/1
RouterA(config-if)#standby 2 ip 172.16.2.5
RouterA(config-if)#standby 2 preempt
RouterA(config-if)#standby 2 track G0/0/0
!配置 NAT
RouterA(config)#access-list 1 permit any
RouterA(config)#ip nat pool pool_A 222.177.208.8 222.177.208.15 netmask 255.
255.255.248
RouterA(config)#int range G0/0-1
RouterA(config-if-range)#ip nat inside
RouterA(config-if-range)#int G0/0/0
RouterA(config-if)#ip nat outside
RouterA(config-if)#exit
RouterA(config)#ip nat inside source list 1 pool pool_A overload
!配置路由
RouterA(config)#ip route 0.0.0.0 0.0.0.0 222.177.208.1
RouterA(config)#ip route 10.8.0.0 255.255.0.0 172.16.1.1 10
RouterA(config)#ip route 10.8.0.0 255.255.0.0 172.16.2.1 20
RouterA(config)#exit
RouterA#write
```

② 配置 RouterB 路由器。

```
!配置互联接口地址
Router(config)#hostname RouterB
RouterB(config)#int G0/0
RouterB(config-if)#no shutdown
RouterB(config-if)#ip address 172.16.1.3 255.255.255.248
RouterB(config-if)#int G0/1
RouterB(config-if)#no shutdown
RouterB(config-if)#ip address 172.16.2.2 255.255.255.248
RouterB(config-if)#int G0/0/0
RouterB(config-if)#no shutdown
RouterB(config-if)#ip address 222.177.205.2 255.255.255.252
!配置 HSRP 组 1。RouterA 为活跃路由器,RouterB 为备份路由器
RouterB(config-if)#int G0/0
RouterB(config-if)#standby 1 ip 172.16.1.5
```

```
RouterB(config-if)#standby 1 preempt
RouterB(config-if)#standby 1 track G0/0/0
!配置 HSRP 组 2。RouterA 为备份路由器,RouterB 为活跃路由器
RouterB(config-if)#int G0/1
RouterB(config-if)#standby 2 ip 172.16.2.5
RouterB(config-if)#standby 2 priority 105
RouterB(config-if)#standby 2 preempt
RouterB(config-if)#standby 2 track G0/0/0
!配置 NAT
RouterB(config)#access-list 1 permit any
RouterB(config)#ip nat pool pool_A 222.177.205.8 222.177.205.15 netmask 255.
255.255.248
RouterB(config)#int range G0/0-1
RouterB(config-if-range)#ip nat inside
RouterB(config-if-range)#int G0/0/0
RouterB(config-if)#ip nat outside
RouterB(config-if)#exit
RouterB(config)#ip nat inside source list 1 pool pool_A overload
!配置路由
RouterB(config)#ip route 0.0.0.0 0.0.0.0 222.177.205.1
RouterB(config)#ip route 10.8.0.0 255.255.0.0 172.16.2.1 10
RouterB(config)#ip route 10.8.0.0 255.255.0.0 172.16.1.1 20
RouterB(config)#exit
RouterB#write
```

(5) 配置模拟的因特网。

配置方法在前面已做介绍,此处不再列出配置命令。

(6) 设置 IP 地址。

根据各 PC 主机所属的 VLAN,设置各 PC 主机的 IP 地址。整个网络配置完毕后,各端口和链路状态全部都启动起来了(up)。

(7) 网络通畅性测试。

在任意一台 PC 的命令行分别 ping 因特网中的两台 Web 服务器的 IP 地址,若能 ping 通,则网络通畅。接下来再用浏览器访问 Web 服务器,若服务能访问,则进一步证明网络通畅,网络配置成功。

(8) 追踪验证数据报文所走的路径。

切换到模拟运行模式,在任意一台 PC 的命令行 ping 因特网中的 Web 服务器的 IP 地址,追踪检查 ICMP 报文的走向与配置方案是否一致。

(9) 检测。

通过逐步将汇聚交换机、核心交换机和出口路由器的上行端口关闭,人为制造网络故障,然后追踪 ICMP 报文的走向,检查报文能否自动选择备用链路出去,高可靠性是否生效。

通过以上检查验证,将会发现网络运行完全符合预期,网络配置成功。本案例采用 Rapid-PVST＋HSRP 协议配置实现,也可采用 MSTP＋VRRP 协议来配置实现。

实训 1 规划设计双核心双出口的高可靠性网络

【实训目的】 熟悉和掌握双核心双出口网络的配置实现方法。
【实训环境】 Cisco Packet Tracer V7.1.1。
【实训网络拓扑】 实训网络拓扑如图 10.23 所示。

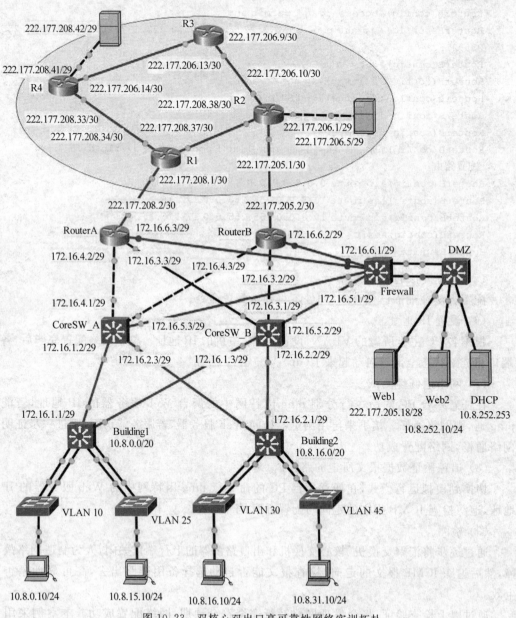

图 10.23 双核心双出口高可靠性网络实训拓扑

【实训内容与要求】

（1）某单位局域网络由多幢楼宇组成，为简化起见，本实训拓扑仅以某两幢楼宇为代表。整个局域网内网使用 10.8.0.0/16 的地址段，每幢楼宇规划使用 16 个 24 位掩码的地址段。

该单位对网络的可靠性要求非常高，拓扑结构如图 10.10 所示。有两条出口链路，申请到两个公网地址段，第一个公网地址段是 222.177.208.0/28，NAT 地址池使用 222.177.208.8/29，互联接口地址使用 222.177.208.0/30；第二个公网地址段是 222.177.205.0/27，NAT 地址池使用 222.177.205.8/29，互联接口地址使用 222.177.205.0/30，DMZ 区中的服务器使用的地址段为 222.177.205.16/28，服务器网段的网关地址为 222.177.205.17/28；另外，DMZ 区还有一个服务器使用的私网地址段，网段地址为 10.8.252.0/24，网关地址为 10.8.252.1/24。

Firewall 为一台利用三层交换机通过配置 ACL 来实现 IP 包过滤的防火墙，用于保护 DMZ 区中的服务器免受来自内网和因特网的攻击。

（2）对模拟的因特网，根据 OSPF 单区域配置方案进行配置，实现整个因特网的互联互通。

（3）配置汇聚层交换机，实现 VLAN 创建与端口 VLAN 划分，并配置接入层交换机与汇聚交换机之间的聚合链路。整个局域网络采用 DHCP 动态地址分配方式。

（4）利用 HSRP 协议，按互为热备份方案，对核心交换机进行配置。Firewall 与核心交换机的互联和汇聚交换机与核心交换机的互联实现方式相同，因此，在核心交换机上应创建 3 个 HSRP 组。

（5）利用 HSRP 协议，按互为热备份方案，对出口路由器进行配置。Firewall 与出口路由器的互联和核心交换机与出口路由器的互联实现方式相同，因此，在出口路由器上应创建 3 个 HSRP 组。出口路由器按 NAT 地址池方式配置 NAT 功能。

（6）Firewall 与 DMZ 交换机之间的链路聚合采用三层聚合，整个链路以路由模式工作，互联接口地址自行规划。配置 Firewall 交换机的路由，实现与各互联设备的互联互通。在 DMZ 交换机上创建公网地址网段和服务器私网地址网段，并进行端口 VLAN 划分和路由配置。

（7）对 Firewall 交换机进行 ACL 配置，实现因特网用户只能访问 DMZ 区各服务器的 HTTP、HTTPS、TCP 21 和 TCP 20 服务，内网用户只能访问 DMZ 区各服务器的 HTTP、HTTPS、TCP 21、TCP 20、TCP 22、TCP 3389、TCP 1433、TCP 3306、UDP 67、TCP 53 和 UDP 53 服务端口。DMZ 区中的各服务器允许访问因特网中的 HTTP、HTTPS、TCP 21、TCP 20、TCP 22、TCP 53 和 UDP 53 服务端口。其余服务端口一律禁止访问。

（8）配置 DHCP 服务器，为各网段配置 DHCP 作用域。

（9）将因特网中的一台服务器配置成 DNS 服务器，对局域网中的 222.177.205.18 服务器进行域名解析配置，服务器的域名为 www.cqu.edu.cn。最后进行网络通畅性测试与服务访问测试。

实训 2　规划设计高可靠性的楼宇网络

【实训目的】　熟悉和掌握利用 Rapid-PVST＋HSRP 协议,实现对具有双汇聚交换机冗余备份的楼宇网络的高可靠性配置实现。

【实训环境】　Cisco Packet Tracer V7.1.1。

【实训网络拓扑】　实训网络拓扑如图 10.24 所示。

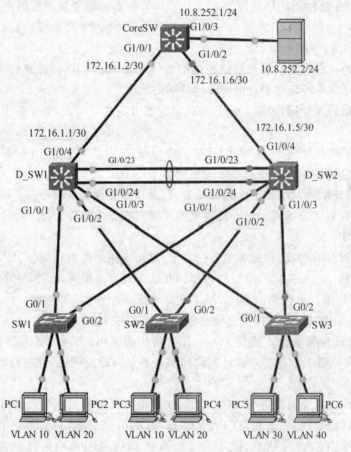

图 10.24　采用双汇聚交换机的楼宇网络拓扑

【实训内容与要求】

(1) 按图 10.24 所示的网络拓扑构建实训网络拓扑。

(2) VLAN 10、VLAN 20、VLAN 30 和 VLAN 40 的网络地址分别为 10.8.0.0/24、10.8.1.0/24、10.8.2.0/24 和 10.8.3.0/24。CoreSW 交换机和 Web 服务器是用于网络测试而增加的设备。本实训要求对整个网络进行配置,实现内网用户能访问 10.8.252.2 的 Web 服务器。配置时必须考虑基于 VLAN 的负载均衡,冗余链路实现互为备份的功能。

参 考 文 献

[1] 谢希仁. 计算机网络[M]. 4 版. 北京：电子工业出版社,2004.

[2] 李学锋,郑毅. 网络工程设计与项目实训[M]. 南京：东南大学出版社,2016.

[3] 朱宪花,郑金刚,李晨光. 网络工程设计与实施[M]. 2 版. 北京：机械工业出版社,2015.